"十二五"职业教育国家规划教材（修订版）

经全国职业教育教材审定委员会审定

电器与PLC 控制技术

第 2 版

主　编　吴　萍　陈文林

副主编　刘文新　刘　宏

参　编　陈巴国　黄亚萍　马玉林
　　　　邵红亮　熊　伟　李院军

主　审　杨杰忠

机械工业出版社

本书为"十二五"职业教育国家规划教材修订版，在产教深度融合技能型人才培养的背景下，按照新形态教材发展趋势和"十四五"职业教育国家规划教材审核要求，对本书进行了全面的修订。全书设置了7个项目，共26个任务，包括认识PLC控制系统的硬件和软件，认识PLC的基本指令，认识PLC的定时器、计数器及比较指令，认识PLC的步进指令及状态编程法，认识PLC的功能指令，触摸屏组态技术，PLC、触摸屏与变频器综合应用等内容。

本书注重知识的系统应用和前后联系，结合职业院校技能大赛机电一体化相关赛项的要求，对应知应会知识进行描述和分析，内容深入浅出、简明扼要、通俗易懂、图文并茂、实例丰富、任务典型，程序短小精练。

本书可作为中等职业学校、技工院校自动化类、机电设备类相关专业的教材，也可作为职业培训或成人教育的岗位培训教材。

为便于教学，本书配有PPT课件、电子教案、教学视频等资源，选用本书作为授课教材的教师可登录机械工业出版社教育服务网（www.cmpedu.com），注册后免费下载。

图书在版编目（CIP）数据

电器与PLC控制技术 / 吴萍，陈文林主编 . -- 2版，修订本 . -- 北京：机械工业出版社，2024.7. --（"十二五"职业教育国家规划教材）. -- ISBN 978-7-111-76226-3

Ⅰ. TM571

中国国家版本馆CIP数据核字第2024GN3528号

机械工业出版社（北京市百万庄大街22号　邮政编码100037）
策划编辑：赵红梅　　　　　　责任编辑：赵红梅　曲世海
责任校对：龚思文　王　延　　封面设计：张　静
责任印制：任维东
河北鹏盛贤印刷有限公司印刷
2024年9月第2版第1次印刷
184mm×260mm・18.5印张・459千字
标准书号：ISBN 978-7-111-76226-3
定价：49.00元

电话服务　　　　　　　　　网络服务
客服电话：010-88361066　　机 工 官 网：www.cmpbook.com
　　　　　010-88379833　　机 工 官 博：weibo.com/cmp1952
　　　　　010-68326294　　金 书 网：www.golden-book.com
封底无防伪标均为盗版　　机工教育服务网：www.cmpedu.com

前　言

"十二五"职业教育国家规划教材《电器与 PLC 控制技术》自 2015 年 10 月出版以来，被全国部分中等职业学校及技工院校选为自动化类和机电设备类专业通用教材，受到了广大读者的高度评价，同时也得到了一些使用者反馈的建设性意见。为深入贯彻党的二十大精神，遵循"产教融合、科教融汇"的要求，按照新形态教材发展趋势和"十四五"职业教育国家规划教材审核要求，结合编者多年的教学经验和读者的建议，对第 1 版内容进行了重新审读、修订。本书设置了 7 个项目、26 个任务，通过任务实施组织相关的知识和技能训练，围绕任务需要编排相关知识点，使知识和技能融为一体，紧扣"岗课赛证"，从"立德树人、岗课对接、课证融合、课赛融汇"4 个方面凸显职业教育的课程特色。

1. 立德树人、德技并修

本书坚持"课程是教育思想、目标和内容的主要载体"的基本要求，在内容设计上，注重对动手操作能力、思考能力、安全行为规范、学习态度等职业素养与学习精神的培养与考核。将职业道德、工匠精神、双碳概念、绿色环保等核心元素渗透到课程教学内容中，使学生在学习和应用本书知识的过程中，能够从职业发展和个人发展的角度来审视问题。

2. 岗课对接、重构体系

本书注重教育教学实践性和职业性，充分考虑中等职业学校学生的认知水平以及已有知识、经验、兴趣和技能基础，强化知识和岗位操作技能。本书以职业教育国家规划教材建设为引领，深化"三教"改革，打破传统的学科课程体系，与岗位紧密对接，以项目引领、任务驱动重构知识体系。甄选企业实际生产项目，提炼典型工作任务，将工作过程与学习过程融合。以"任务目标"明确学习目标；通过扫描二维码观看任务情景视频，沉浸式进入"任务描述"，激发学习兴趣；以"任务准备"梳理知识要点；以"任务实施"实施教学；以"任务评价"促进全面发展，任务评价环节有机融入了 7S 管理，注重过程性和增值性评价，培养具有评估能力的学习者，提升师生的反馈素养。

3. 课证融合、强化实训

本书以突出知识在工程技术中的实际应用为主线，按照自动化类和机电设备类专业人才培养目标中的素质、知识和能力要求，依据 1+X 职业技能等级证书标准，把握教材内容的难度、深度和广度，采用"理实一体化"教学模式，突出实践操作环节，使学生掌握自动化类和机电设备类专业必备的基本技能，课证融合中实现学生由学习者向工作者的身份转换，为学生在自动化类和机电设备类相关技术领域职业生涯发展打下良好的基础。

4. 课赛融汇、活页教材

综合考虑学生、实训设备、师资条件差异等因素，考虑不同地区、不同学校、不同专业类别之间的差异性，本书更新了"拓展任务"的环节，以二维码形式穿插于书中。"拓展任务"采用活页式编写模式，引入职业院校技能大赛机电一体化相关赛项中的部分训练模块作为教学案例，借鉴职业院校技能大赛机电一体化相关赛项训练课题的训练思路，选取了日常生活中常见的控制实例，以便进一步激发学生的学习兴趣和学习主动性。"拓展任务"将教学内容分为必修内容与选学内容，本书中的"拓展任务"均为选学内容。"拓展任务"既是对前面知识的巩固、应用、拓展和提升，又相对独立自成体系，方便教材的更新，也方便各职业院校根据教学实际灵活选用。

为适应新形势下的学习方式，满足线上线下混合式学习，本书配有 PPT 课件、电子教案、教学视频等信息化教学资源。本书实例较多，且都短小精练，涉及的知识点、技能点可满足不同教学及自学者的需求。

本书建议采用理实一体化教学，教学总学时不少于 144 学时，其中必选内容教学为136 学时，选学内容教学为 8 学时，各教学项目学时分配建议如下表。

序号	项目名称	建议学时（含选学内容）
1	项目一　认识 PLC 控制系统的硬件和软件	16
2	项目二　认识 PLC 的基本指令	14
3	项目三　认识 PLC 的定时器、计数器及比较指令	18
4	项目四　认识 PLC 的步进指令及状态编程法	18
5	项目五　认识 PLC 的功能指令	30
6	项目六　触摸屏组态技术	16
7	项目七　PLC、触摸屏与变频器综合应用	30
	机动	2
	合计	144

本书由吴萍（江苏省靖江中等专业学校）、陈文林（重庆市立信职业教育中心）任主编，由刘文新（中卫市职业技术学校）、刘宏（中卫市职业技术学校）任副主编，陈巴国（福建省永安职业中专学校）、黄亚萍（江阴华姿中等专业学校）、马玉林（重庆市立信职业教育中心）、邵红亮（南京六合中等专业学校）、熊伟（南京莫愁中等专业学校）、李院军（中卫市职业技术学校）参与编写。全书由吴萍统稿，杨杰忠（广西机电技师学院）审稿。本书在编写过程中，得到了孚尔默（太仓）机械有限公司万利以及江苏省靖江市星火微机应用研究所王新宇的大力支持和帮助。在编写过程中参阅了很多优秀专家的大量资料，在此一并向他们表示由衷的敬意和诚挚的谢意。

由于编者的水平有限，书中难免存在疏漏，恳请读者批评指正。

编　者

（续）

名称	图形	页码	名称	图形	页码
位组合元件移位指令		176	MCGS 组态程序		229
算术运算指令		188	项目七　拓展任务		252
逻辑字与、或、异或指令		198	PLC 控制送料机构运行		259
条件跳转指令		207	PLC 控制机械手机构运行		267
子程序调用和返回指令		209	PLC 控制变频器运行		278
项目六　拓展任务		218	PLC 控制物料识别与分拣机构自动运行		285
触摸屏与 PLC 通信		224			

目　录

项目一

认识 PLC 控制系统的硬件和软件

可编程逻辑控制器（Programmable Logic Controller，PLC）采用可编程的存储器，用于存储程序，执行逻辑运算、顺序控制、定时 / 计数与算术操作等面向用户的指令，并通过数字式或模拟式的输入 / 输出，控制各种类型的机械或生产过程，广泛应用于工业控制领域。

现代工业中使用的可编程逻辑控制器已经接近于一台轻巧型计算机，甚至已经出现整合个人计算机（采用嵌入式操作系统）与 PLC 架构的 PC-BASE 控制器，能透过数字式或模拟式输入 / 输出模组控制机器设备、制造处理流程及其他控制模组的电子系统。PLC 可接收（输入）及发送（输出）多种型态的电气或电子信号，并使用它们来控制或监督各类机械与电气系统。

本项目包含 4 个任务，共 20 个知识点，任务一为了解 PLC 的基础知识，包括 PLC 的产生与定义、PLC 的特点及主要功能、PLC 的分类、PLC 的品牌及应用领域、PLC 的发展历史和发展趋势、三菱 FX 系列 PLC 型号含义等内容；任务二为认识 PLC 的硬件系统，包括 PLC 硬件系统的组成、PLC 的输入继电器和输出继电器、PLC 的输入元件、PLC 的执行元件、PLC 的保护电器等内容；任务三为认识 PLC 的软件系统，包括 PLC 软件系统的组成、PLC 的控制原理、PLC 的编程语言、PLC 的数据结构、PLC 内部编程元件、手持编程器、手持编程器的操作等内容；任务四为认识编程软件，包括三菱编程软件 GX Works 2 和三菱编程软件 GX Developer 等内容。

❖ 学习重点

　　1. 认识 PLC 的软、硬件系统，了解 PLC 硬件系统的结构组成。
　　2. 认识 PLC 的编程软件。

❖ 学习难点

　　1. 认识 PLC 的软件系统。
　　2. 认识 PLC 的编程软件。
　　建议课时：16。

 拓展任务

任务一 了解 PLC 的基本知识

任务目标

知识目标：1. 了解 PLC 的产生及定义。

2. 了解 PLC 的特点及主要功能。

3. 了解 PLC 的分类。

4. 了解 PLC 的发展历史及发展趋势。

能力目标：1. 了解 PLC 与继电器、计算机控制系统的区别。

2. 了解 PLC 主流厂商、主流品牌、主流型号。

3. 了解实训室中 PLC 实训设备。

4. 了解 PLC 的应用领域。

素质目标：1. 培养仔细观察、做好记录的习惯，掌握科学的学习方法。

2. 学会通过网络查阅资料，实现课堂学习举一反三，养成查阅资料的习惯。

3. 培养独立思考的习惯和合作学习的精神。

任务描述

某企业的 PLC 控制柜如图 1-1-1 所示。

图 1-1-1　某企业的 PLC 控制柜

1）上网查阅资料，了解 PLC 与其他工业控制系统的区别。

2）在教师指导下，参观实训室中 PLC 相关实训设备，了解 PLC 的主要应用领域。

3）上网查阅资料，了解 PLC 主要生产厂家的主流型号有哪些。

任务分析

本任务主要是从 PLC 的应用、功能，PLC 常用品牌及各自的特点等方面进行介绍，通过学习达到初识 PLC 的目的，为后续的学习奠定基础。

任务准备

一、PLC 的产生与定义

1. PLC 的产生

为了使汽车改型或改变工艺流程时不改动原有继电器柜内的接线，以便降低生产成本，缩短新产品的开发周期，满足生产的需求，美国通用汽车公司于 1968 年提出了研制新型控制装置的 10 项指标，其主要内容如下：

1）编程简单，可在现场修改和调试程序。

2）价格便宜，性价比高于继电器控制系统。

3）可靠性高于继电器控制系统。

4）体积小于有继电器控制柜的体积，能耗少。

5）能与计算机系统数据通信。

6）输入是交流 115V 电压信号（美国电网电压是 120V）。

7）输出是交流 115V、2A 以上，能直接驱动电磁阀等。

8）具有灵活的扩展能力。

9）硬件维护方便，采用插入式模块结构。

10）用户存储器容量至少在 4KB 以上（根据当时的汽车装配过程的要求提出）。

1969 年，美国数字设备公司（DEG）根据上述要求研制出第一台可编程逻辑控制器，型号为 PDP-14，并在通用汽车公司的生产线上试用成功，第一台可编程逻辑控制器诞生。此后几十年，PLC 在工业领域得到了广泛应用，图 1-1-2 所示为几种常见的 PLC。

台达PLC　　　西门子PLC　　　信捷PLC　　　三菱PLC

图 1-1-2　几种常见的 PLC

2. PLC 的定义

1985 年，国际电工委员会（IEC）对 PLC 进行了定义：PLC 是一种数字运算操作的电子系统。它采用可编写程序的存储器，在其内部存储执行逻辑运算、顺序运算、定时 / 计数和算术运算等操作的指令，并能通过数字式或模拟式的输入和输出，控制各种类型的机械或生产过程。

二、PLC 的特点及主要功能

1. PLC 的特点

1）无触点免配线，可靠性高，抗干扰能力强。

2）通用性强，控制程序可变，使用方便。

3）硬件配套齐全，用户使用方便，适应性强。

4）编程简单，容易掌握。

5）系统的设计、安装、调试工作量少。

6）维修工作量小，维护方便。

7）体积小，能耗低。

2. PLC 的主要功能

（1）开关逻辑和顺序控制　可以进行各种开关逻辑运算和顺序逻辑控制，从而实现各种控制要求。

（2）模拟量控制　在工业生产过程中控制连续变化的物理量，如温度、压力、流量、液位等，这些都属于模拟量控制。

（3）定时 / 计数控制　PLC 具有很强的定时、计数功能，它可以为用户提供数十甚至上百个定时器与计数器。

（4）步进控制　PLC 为用户提供了一定数量的移位寄存器，用移位寄存器可方便地完成步进控制功能。

（5）运动控制　在机械加工行业，PLC 与数控装置（CNC）集成在一起，用以完成机床的运动控制。

（6）数据处理　大部分 PLC 都具有不同程度的数据处理能力，它不仅能进行算术运算、数据传送，而且还能进行数据比较、数据转换、数据显示打印等操作，有些 PLC 还可以进行浮点运算和函数运算。

（7）通信联网　PLC 具有通信联网的功能，它使 PLC 与 PLC 之间、PLC 与上位计算机以及其他智能设备之间能够交换信息，形成一个统一的整体，实现分散集中控制。

三、PLC 的分类

1. 按控制规模分类

1）微型机：I/O 点数为几十点。

2）小型机：I/O 点数为 500 点以下。

3）中型机：I/O 点数为 500 ~ 1000 点。

4）大型机：I/O 点数为 1000 点以上。

5）超大型机：I/O 点数为 10000 点。

2. 按结构形式分类

根据结构形式不同，PLC 可分为整体式和模块式。

一般的微型和小型 PLC 多为整体式结构，是把电源、CPU、内存、I/O 系统等装配成一个整体的装置，如图 1-1-3 所示。它的优点是结构紧凑、体积小、成本低、安装方便，缺点是主机的 I/O 点数固定、使用不灵活。常见的产品有西门子公司的 S7-200，三菱公司的 FX_{3U} 系列等。

模块式结构又称为积木式结构。这种结构形式的特点是把 PLC 的每个工作单元都制成独立的模块，如 CPU 模块、输入模块、输出模块、电源模块、通信模块等，如图 1-1-4 所示。另外，机器上还有一个模块，实质上就是计算机总线。把根据控制系统需要选取的模块插到带有插槽的母板上，就构成了一个完整的 PLC。它的优点是系统构成非常灵活，安装、扩展、维修都很方便，缺点是体积比较大。常见的产品有 OMRON 公司的 C200H、C1000H、C2000H，西门子公司的 S5-115U、S7-300、S7-400 系列等。

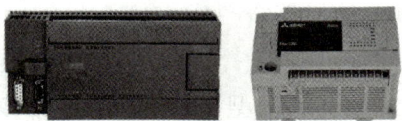

图 1-1-3　整体式结构

图 1-1-4　模块式结构

3. 按功能分类

根据功能不同，PLC 可分为低档、中档和高档。

（1）低档 PLC　具有逻辑运算、定时、计数、移位、自诊断以及监控等基本功能，还可以有少量模拟量输入 / 输出、算术运算、数据传送和比较、通信等功能。主要用于逻辑控制、顺序控制或少量模拟量控制的单机控制系统。

（2）中档 PLC　除具有低档 PLC 的功能外，还具有较强的模拟量输入 / 输出、算术运算、数据传送和比较、数制转换、远程 I/O、子程序、通信联网等功能。有些还可增设中断控制、PID 控制等功能，适用于复杂控制系统。

（3）高档 PLC　除具有中档 PLC 的功能外，还增加了带符号算术运算、矩阵运算、位逻辑运算、平方根运算及其他特殊功能函数的运算、制表及表格传送功能等。高档 PLC 具有更强的通信联网功能，可用于大规模过程控制或构成分布式网络控制系统，实现工厂自动化。

四、PLC 的品牌及应用领域

PLC 主要应用在汽车、粮食加工、化学 / 制药、金属 / 矿山、纸浆 / 造纸等行业。我国应用的 PLC 几乎涵盖了世界所有的品牌，但从行业上分，各品牌有各自的应用领域。大中型集控系统采用欧美 PLC 居多，小型控制系统、机床、设备单体自动化及 OEM 产品采用日本的 PLC 居多。欧美 PLC 在网络和软件方面具有优势，而日本 PLC 在灵活性和价位方面占优势。某些品牌会侧重于一些行业，如施耐德更加注重电力行业，罗克韦尔在冶金行业表现出众。

此外，随着使用 PLC 进行控制的设备越来越多，国产 PLC 品牌发展迅速。现在发展较好的国产 PLC 品牌有台达、汇川、永宏、丰炜、和利时、信捷等。

1. 台湾台达

台达 PLC 是与欧美国际品牌同台竞争的世界级自动化品牌，主要产品有 DVP-EH2、DVP-ES2/EX2、DVP-PM 系列、DVP-10MC、AH-500 等系列。台达 PLC 的基本特性主要有配置灵活、控制可靠和环境适应能力强。

2. 汇川

汇川 PLC 是深圳汇川技术旗下产品，包括 H1U、H3U、H5U 和 Easy 系列小型 PLC，AM400 和 AM600 系列中型 PLC，AC700 和 AC800 系列智能机械控制器。中型 PLC 和智能控制器使用其自主开发的 InoProShop 软件进行编程，除支持标准化编程语言外，还提供的基于 PackML 的标准化程序开发模板及专有行业工艺算法库。

3. 无锡信捷

无锡信捷是国产 PLC 中进入市场比较早的厂商，成功开发了 FC 系列小型 PLC 和 OP

系列显示器之后，又陆续推广了功能更为强大、更贴近用户需要的 XC 系列 PLC、TP 系列工业触摸屏、集 PLC 和 TP 功能于一体的 XP 系列一体机等新产品。

4. 北京和利时

在离散自动化方向，和利时提供自主开发的 LK 系列大中型 PLC、LE/LM 系列小型 PLC、MC 系列运动控制器和配套的触摸屏、步进系统、伺服系统，并提供机器装备电控系统方案定制设计服务，产品广泛应用于机器装备控制、地铁、矿井、油田、水处理等行业。在矿山自动化方向，和利时提供自主开发的本安 PLC、矿井集控系统、矿山综合监控系统，致力于提高采矿行业的安全性和生产效率。

五、PLC 的发展历程和发展趋势

1. PLC 的发展历程

从 PLC 产生到现在，已发展到第四代产品，其过程基本可分为：

（1）第一代 PLC（1969—1972 年）　大多用一位机开发，用磁芯存储器存储，只具有单一的逻辑控制功能，机种单一，没有形成系列化。

（2）第二代 PLC（1973—1975 年）　采用了 8 位微处理器及半导体存储器，增加了数字运算、传送、比较等功能，能实现模拟量的控制，开始具备自诊断功能，初步形成系列化。

（3）第三代 PLC（1976—1983 年）　随着高性能微处理器及位片式 CPU 在 PLC 中大量的使用，PLC 的处理速度大大提高，从而促使它向多功能及联网通信方向发展，增加了多种特殊功能，如浮点数的运算、三角函数、表处理、脉宽调制输出等，自诊断功能及容错技术发展迅速。

（4）第四代 PLC（1983 年至今）　不仅全面使用 16 位、32 位高性能微处理器、高性能位片式微处理器、RISC（reducedinstructionsetcomputer）精简指令系统 CPU 等高级 CPU，而且在一台 PLC 中配置多个微处理器，进行多通道处理，同时生产了大量内含微处理器的智能模块，使得第四代 PLC 产品成为具有逻辑控制功能、过程控制功能、运动控制功能、数据处理功能、联网通信功能的真正名符其实的多功能控制器。

2. PLC 的发展趋势

随着 PLC 技术的推广、应用，PLC 将向两个方面发展：一方面向着大型化的方向发展；另一方面则向着小型化的方向发展。

（1）PLC 向大型化方向发展　主要表现在大中型 PLC 高功能、大容量、智能化、网络化发展，使之能与计算机组成集成控制系统，对大规模、复杂系统进行综合的自动控制。

（2）PLC 向小型化方向发展　主要表现在为了减小体积、降低成本，向高性能的整体型发展；在提高系统可靠性的基础上，产品的体积越来越小，功能越来越强；应用的专业性，使得控制质量大大提高。

PLC 总的发展趋势是高功能、高速度、高集成度、容量大、体积小、成本低、通信联网功能强。

六、三菱 FX 系列 PLC 型号含义

在 PLC 的正面，一般都有表示该 PLC 型号的符号，通过阅读该符号即可以获得该

PLC 的基本信息，如图 1-1-5 所示。

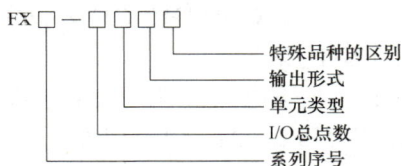

三菱 FX 系列 PLC 的型号命名基本格式如图 1-1-6 所示。

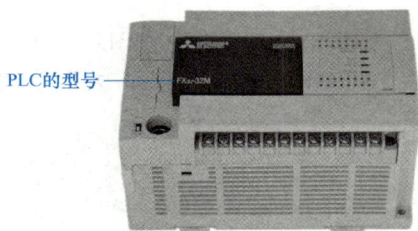

图 1-1-5　PLC 面板上的型号信息　　　图 1-1-6　三菱 FX 系列 PLC 型号命名

1）FX 系列序号：0、0S、0N、2、2C、1N、1S、2N、2NC、3U 等。

2）I/O 总点数：10 ～ 256。

3）单元类型：M 代表基本单元；E 代表输入 / 输出混合扩展单元及扩展模块；EX 代表输入专用扩展模块；EY 代表输出专用扩展模块。

4）输出形式：R 代表继电器输出；T 代表晶体管输出；S 代表晶闸管输出。

5）特殊品种区别：D 代表 DC 电源，DC 输入，A1 代表 AC 电源，AC 输入。

若特殊品种一项无符号，说明通指 AC 电源、DC 输入、横排端子排；继电器输出 2A/ 点；晶体管输出 0.5A/ 点；晶闸管输出 0.3A/ 点。

例如：FX_{3U}–32MR 含义为 FX_{3U} 系列，输入 / 输出总点数为 32 点，继电器输出，DC 电源，DC 输入。又如 FX–4EYSH 的含义为 FX 系列，输入点数为 0 点，输出点数为 4 点，晶闸管输出，大电流输出。

任务实施

一、上网查阅 PLC 相关资料

1. PLC 控制系统与其他工业控制系统的比较

（1）PLC 控制系统与继电器控制系统比较　继电器控制系统采用硬接线方式装配而成，只能完成既定的功能；PLC 控制系统只要改变程序并改动少量的接线端子，就可适应生产工艺的改变；从适应性、可靠性及设计、安装、维护等各方面进行比较，传统的继电器控制系统大多数将被 PLC 控制系统所取代。

（2）PLC 控制系统与工业控制机比较　工业控制机要求开发人员具有较高的计算机专业知识和微机软件编程的能力；PLC 控制系统采用了工厂技术人员熟悉的梯形图语言编程，易学易懂，便于推广应用。在模型复杂、计算量大且较难、实时性要求较高的环境中，工业控制机则更能发挥其专长；PLC 控制系统是专为工业现场应用而设计的，具有更高的可靠性。

2. PLC 的主要生产厂家及主流型号

PLC 的生产厂家国内国外都有，其点数、容量、功能各有差异。

国外比较有影响的厂家及型号有：

1）日本三菱公司的 Q、A、FX 系列 PLC。

2）美国通用电气公司的 GE 系列 PLC。

3）美国艾伦 – 布拉德利公司的 PLC–5 系列。

4）德国西门子公司的 S5、S7 系列 PLC。

5）日本欧姆龙公司的微型系列 PLC 有 CPM1A、CPM2A、CP1H、CP1L；小型系列 PLC 有 CPM2C、CQM1H、CJ1M；中型系列 PLC 有 C200H、CJ1、CS1；大型系列 PLC 有 CV、CS1D 等。

6）日本松下电工公司的 FP1 系列 PLC。

国内生产 PLC 的厂家及型号有：

1）永宏 PLC。

2）台达 PLC。

3）信捷 PLC。

4）汇川 PLC。

二、了解 PLC 实训设备及 PLC 的主要应用领域

1. 实训室中的 PLC 实训设备

图 1-1-7 所示为实训室中基于 PLC 控制的实训装置。

2. PLC 的主要应用领域

图 1-1-8 所示为 PLC 应用举例。

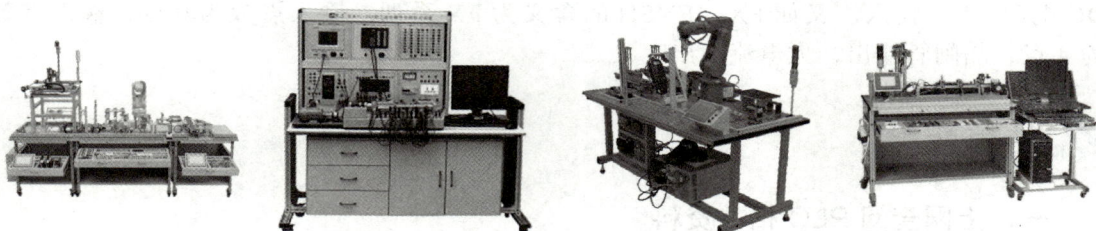

a) 光机电一体化实训考核装置　　b) YL-361型实验装置　　c) 工业机器人实训装置　　d) 机电一体化实训装置

图 1-1-7　实训室中基于 PLC 控制的实训装置

a) 智能制造　　　　　　　b) 新能源汽车生产

c) 航空航天技术　　　　　d) 新材料生产加工

图 1-1-8　PLC 应用举例

三、认识三菱 FX₃ᵤ–32M PLC 的面板

三菱 FX₃ᵤ–32M PLC 的面板如图 1-1-9 所示。

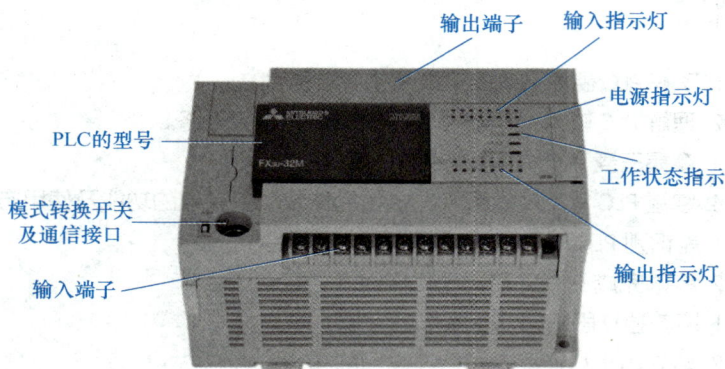

图 1-1-9　三菱 FX₃ᵤ–32M PLC 的面板

任务评价

对任务实施的完成情况进行检查，并将结果填入表 1-1-1 中。

表 1-1-1　任务测评表

序号	主要内容	考核要求	评分标准	配分	扣分	得分
1	PLC 与其他工业控制系统的区别	了解 PLC 与继电器、工业控制机的区别	1. 列举 PLC 控制系统与继电器控制系统的区别，每错一处扣 5 分，共 20 分 2. 列举 PLC 控制系统与工业控制机的区别，每错一处扣 5 分，共 20 分	40 分		
2	PLC 的主要生产厂家及主流型号	了解主流厂商、主流品牌、主流型号	1. 列举出 3 家国外 PLC 主流厂商的主流品牌、主流型号，每错一处扣 5 分，共 15 分 2. 列举出 3 家国内 PLC 厂商、品牌、型号，每错一处扣 5 分，共 15 分	30 分		
3	实验室中的 PLC 实训设备	了解实训室中基于 PLC 控制的实训设备	列举出至少 3 种基于 PLC 控制的实训装置，每少列一种扣 5 分	15 分		
4	PLC 的主要应用领域	了解 PLC 的应用领域	简述目前国内 PLC 的应用现状，列举出 3 个应用 PLC 的行业，每错一处扣 5 分，共 15 分	15 分		
合计				100 分		
开始时间：		结束时间：				
学生姓名：		指导教师：		任务实施日期：		

任务二 认识 PLC 的硬件系统

任务目标

知识目标：1. 了解 PLC 硬件系统的组成及主要功能。

2. 理解 PLC 输入继电器和输出继电器的等效电路。

3. 掌握三菱 PLC 输入输出端的编号方法。

4. 掌握 PLC 常用输入元件、执行元件及保护电器的功能及使用方法。

能力目标：1. 能识别 PLC 常见的输入元件及执行元件。

2. 能够完成 PLC 外部端子的接线。

素质目标：1. 培养独立思考和动手操作的习惯。

2. 培养小组协调能力和合作学习的精神。

任务描述

PLC 在实际应用中需要连接外部输入输出设备，构成一个以 PLC 为控制核心的控制系统，通过载入控制程序，发挥 PLC 的控制功能，学习 PLC 也需要借助相应的实训设备才能开展各种实训任务。目前，各教学仪器厂商已开发出各种不同类型的 PLC 实训装置，如图 1-1-7 所示。同时，也可以自己动手搭建简易的 PLC 实训环境，图 1-2-1 所示为 PLC 实训板电气元件布置图，该实训板采用 2 块 600mm × 800mm 网孔板拼接而成，请根据图 1-2-1 所示布置图，选用 PLC 常用输入元件、执行元件及保护电器，在网孔板上完成 PLC 实训环境的搭建。

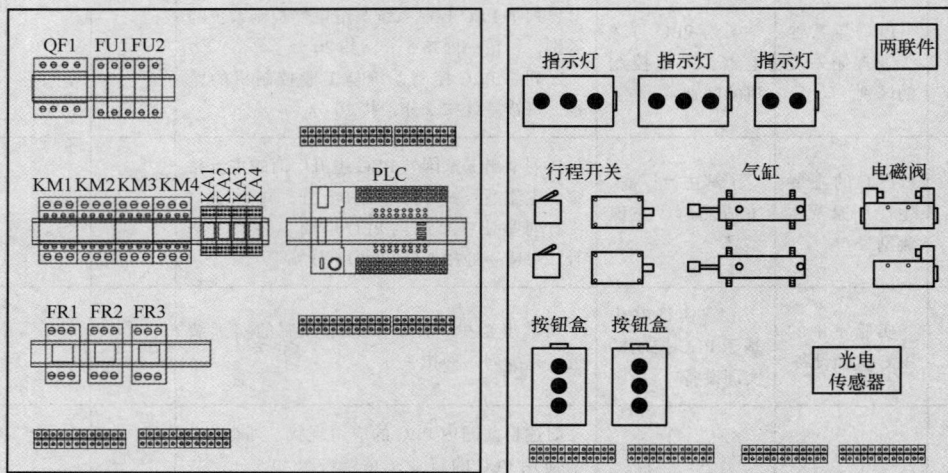

图 1-2-1　PLC 实训板电气元件布置图

任务分析

本任务主要从 PLC 常用输入元件、执行元件及保护电器入手，理解 PLC 的硬件环境，为后续的学习奠定基础。

任务准备

一、PLC 硬件系统的组成

PLC 硬件系统由主机系统、输入 / 输出扩展环节及外部设备组成。PLC 和计算机是一样的，都由中央处理器（CPU）、存储器和输入 / 输出接口等构成。因此，从硬件结构来说，可编程控制器实际上就是计算机，图 1-2-2 所示为 PLC 硬件系统的简化框图，从图中可以看出 PLC 主要内部部件。

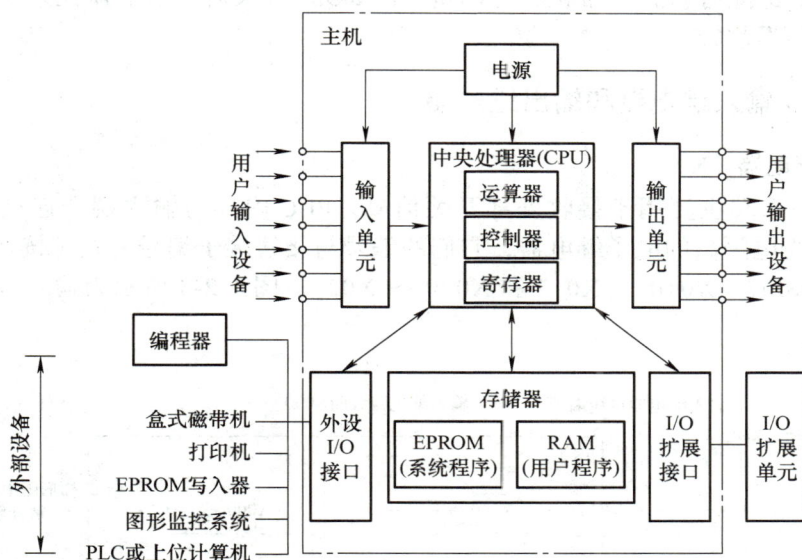

图 1-2-2　PLC 硬件系统的简化框图

1. 中央处理器（CPU）

一般由控制器、运算器和寄存器组成，这些电路都集成在一个芯片内。CPU 通过数据总线、地址总线和控制总线与存储器、输入 / 输出单元相连接。与一般的计算机一样，CPU 是整个 PLC 的控制中枢，它按系统程序赋予的功能指挥 PLC 有条不紊地工作。PLC 通常采用的中央处理器有通用中央处理器、单片中央处理器（即单片机）、位片式中央处理器 3 种。

2. 存储器

（1）系统程序存储器　用于存放系统工作程序（监控程序）、模块化应用功能子程序、命令解释功能子程序的调用管理程序，以及对应定义 I/O、内部继电器、计时器、计数器、移位寄存器等存储系统参数等功能。

（2）用户程序存储器　用于存放用户程序，即存放通过编程器输入的用户程序。常用的用户存储方式及容量形式有 CMOSRAM、EPROM 和 E^2PROM，信息存储常用盒式磁带和磁盘。

3. 输入 / 输出单元（I/O 模块）

I/O 模块是 CPU 与现场 I/O 装置或其他外部设备之间的连接部件。I/O 模块将外界输入信号变成 CPU 能接受的信号，或将 CPU 的输出信号变成需要的控制信号去驱动控制对象，确保整个系统正常工作。

4. 电源

PLC 内部配有一个专用开关型稳压电源，它将交流 / 直流供电电源变换成系统内部各单元所需的电源，即为 PLC 各模块的集成电路提供工作电源。

5. 外部设备

一般 PLC 都配有盒式磁带机、打印机、EPROM 写入器、图形监控系统、PLC 或上位计算机等外部设备。

二、PLC 输入继电器和输出继电器

1. 输入继电器（X）

PLC 的输入端主要用于接收外部开关信号，PLC 内部与输入端子连接的输入继电器（X）采用光电隔离的电子继电器，它们的编号与接线端子编号一致（按八进制输入），为 X000 ～ X007、X010 ～ X017 和 X020 ～ X027。图 1-2-3 所示为输入继电器的等效电路。

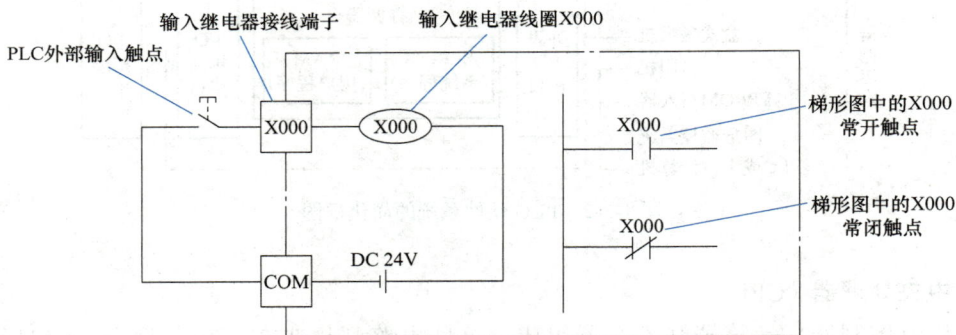

图 1-2-3　输入继电器的等效电路

输入继电器线圈的状态只取决于 PLC 外部输入触点的状态，如图 1-2-3 所示，当外部输入触点闭合，则输入继电器线圈 X000 得电，梯形图中的 X000 常开触点闭合，X000 常闭触点断开；当外部输入触点断开，则输入继电器线圈 X000 失电，梯形图中的 X000 常开触点断开，X000 常闭触点闭合。

2. 输出继电器（Y）

PLC 的输出端主要用于向外部输出信号，PLC 内部与输出端子连接的输出继电器（Y）用来将 PLC 内部信号传送给外部负载（用户输出设备）。输出继电器线圈由 PLC 内部程序的指令驱动，输出继电器的外部输出主触点接到 PLC 的输出端子上供外部负载使用，其余常开 / 常闭触点供内部程序使用。各基本单元都是八进制输出，输出为 Y000 ～ Y007、Y010 ～ Y017 和 Y020 ～ Y027。图 1-2-4 所示为输出继电器的等效电路。

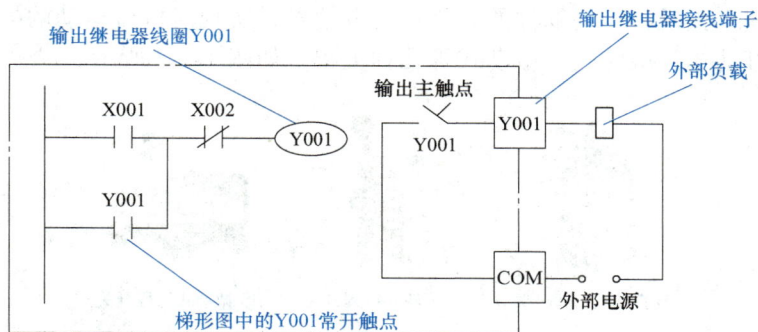

图 1-2-4　输出继电器的等效电路

输出继电器线圈的状态取决于控制程序，如图 1-2-4 所示，当输出继电器线圈 Y001 得电时，梯形图中的 Y001 常开触点闭合，Y001 常闭触点断开，PLC 输出主触点 Y001 闭合，外部负载接通运行；当输出继电器线圈 Y001 失电时，梯形图中的 Y001 常开触点断开，Y001 常闭触点闭合，PLC 输出主触点 Y001 断开，外部负载断开，停止运行。

三、PLC 输入元件

1. 按钮

按钮主要分为自锁型按钮、复位型按钮和急停按钮，如图 1-2-5 所示。自锁型按钮一般是指按钮自带机械锁定功能，按钮按下去松手后不自动复位，处于锁定状态，需要再按一次，才能解锁复位。复位型按钮按下时，按钮接通，其常开触点闭合，常闭触点断开，松手后按钮弹起来，自动复位。急停按钮也可以称为紧急停止按钮，属于自锁型按钮的一种，发生紧急情况时，可以通过快速按下此按钮来达到保护设备的目的。

2. 转换开关

转换开关是一种可供两路或两路以上电源或负载转换用的开关电器，如图 1-2-6 所示。

a) 自锁型按钮　　　b) 复位型按钮　　　c) 急停按钮

图 1-2-5　各种类型的按钮

图 1-2-6　转换开关

转换开关又称组合开关，可进行左右旋转的平面操作。转换开关具有多触点、多位置等优点，可直接控制小容量异步电动机不频繁起动、停止及换向等。

3. 行程开关

行程开关又称限位开关或位置开关，用于控制机械设备的行程及限位保护。在实际生产中，将行程开关安装在预先安排的位置，当装于生产机械运动部件上的挡块撞击行程开关时，开关连杆驱动开关的触点，使闭合的触点分断或者断开的触点闭合，实现电路的切

换。因此，行程开关是将运动部件的位移变为电信号，实现对机械运动的电气控制。常用的行程开关有直动式、滚轮式、微动式等几种类型，如图 1-2-7 所示。

a) 直动式行程开关　　b) 滚轮式行程开关　　c) 微动式行程开关

图 1-2-7　行程开关

4. 传感器

（1）光电传感器　光电传感器是采用光电元件作为检测元件的传感器，通过把光强度的变化转换成电信号的变化来实现控制的，在生产中常用作有料检测，配合 PLC 也可以实现物料计数、物料停留时间检测。常用的光电传感器有反射型和漫反射型，如图 1-2-8 所示。

（2）磁性传感器　磁性传感器又称为磁性开关，是一种利用磁场信号来控制的线路开关器件，也称为磁控开关，主要用来检测液压与气动系统中气缸或液压缸活塞位置，即主要用来检测活塞的运动行程，如图 1-2-9 所示。磁性开关可以分为常开型、常闭型和可转换型。

a) 反射型光电传感器　b) 漫反射型光电传感器

图 1-2-8　光电传感器

图 1-2-9　磁性传感器

（3）光纤传感器　光纤传感器可用于位移、震动、转动、压力、弯曲、速度、加速度、电流、磁场、电压、湿度、温度、声场、流量、浓度、PH 值和应变等物理量的测量。图 1-2-10 所示的光纤传感器用来检测和识别颜色，配合 PLC 实现物料计数等功能，分为模拟式和数字式两种。光纤传感器主要由光纤放大器、光纤、光纤头三部分组成，光纤放大器又分为模拟式和数字式。

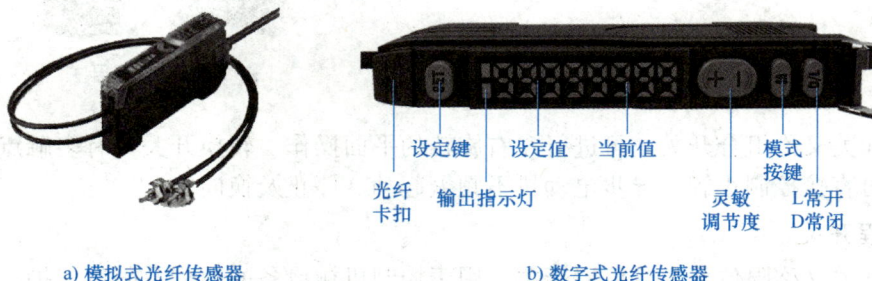

设定键　设定值　当前值　模式按键
光纤卡扣　输出指示灯　灵敏调节度 L常开 D常闭

a) 模拟式光纤传感器　　b) 数字式光纤传感器

图 1-2-10　光纤传感器

（4）电感式传感器　电感式传感器利用电磁感应原理将被测非电量（如位移、压力、

流量、振动等）转换成线圈自感系数或互感系数的变化，再由测量电路转换为电压或电流的变化量输出，如图 1-2-11 所示。在自动化设备中，主要用来检测和识别金属物料，以及机械手旋转气缸左右限位。

（5）电容式传感器　如图 1-2-12 所示，电容式传感器的感应面由两个同轴金属电极构成，很像"打开的"电容器电极，两个电极构成一个电容器，串接在 RC 振荡电路内。电源接通时，RC 振荡器不振荡，当物体靠近电容器时，电容器的容量增加，RC 振荡器开始振荡。通过后级电路的处理，将信号转换成开关信号，从而起到检测有无物体的目的。电容式传感器能检测金属物体，也能检测非金属物体，对金属物体可以获得最大的动作距离；而非金属物体动作距离取决于材料的介电常数，材料的介电常数越大，可获得的动作距离越大。

图 1-2-11　电感式传感器

图 1-2-12　电容式传感器

（6）超声波传感器　超声波传感器是将超声波信号转换成其他能量信号（通常是电信号）的传感器，具有频率高、波长短、绕射现象小、定向传播等优点，如图 1-2-13 所示。超声波传感器采用振动频率高于 20kHz 的机械波，对液体、固体的穿透能力强，碰到杂质或分界面会产生显著的反射回波，碰到活动物体能产生多普勒效应。超声波传感器广泛应用于工业、国防、生物医学等方面。

5. 条码扫描器

条码扫描器又称为扫描枪，采用摄像方式识读条码，支持手动、智能感应和自动读码方式，如图 1-2-14 所示，现应用于很多的行业。扫描枪可以分为有线扫描枪和无线扫描枪两种，同时无线扫描枪又有 WiFi 和蓝牙两种。

图 1-2-13　超声波传感器

图 1-2-14　条码扫描器

四、PLC 执行元件

1. 信号指示灯

信号指示灯主要用于指示有关照明、灯光信号、工作系统的技术状况等，并对异常情况发出灯光警报信号。常用的指示灯颜色有红色、黄色、绿色、蓝色和白色等几种，在一

般工作运用中常将红色指示灯作为电源指示，绿色信号灯作为运行指示，如图 1-2-15 所示。

2. 蜂鸣器

蜂鸣器是一种一体化结构的电子讯响器，采用直流电压供电，在计算机、打印机、复印机、报警器、电子玩具、汽车电子设备、电话机、定时器等电子产品中用作发声器件。常见的蜂鸣器如图 1-2-16 所示。

图 1-2-15 常见的信号指示灯

绿色

红色

3. 电磁阀

电磁阀是用电磁控制的工业设备，是用来控制流体的自动化基础元件，属于执行器，并不限于液压和气动。用在工业控制系统中调整介质的方向、流量、速度和其他的参数。电磁阀可以配合不同的电路来实现预期的控制。电磁阀根据控制方式分为单电控电磁阀和双电控电磁阀，如图 1-2-17 所示。单电控电磁阀用来控制气缸单个方向运动，实现气缸活塞杆的伸出和缩回运动。双电控电磁阀用来控制气缸进气和出气，从而实现气缸活塞杆的伸出和缩回运动。电控阀内装的红色指示灯有正负极性，虽然极性接反了也能正常工作，但指示灯不会亮。

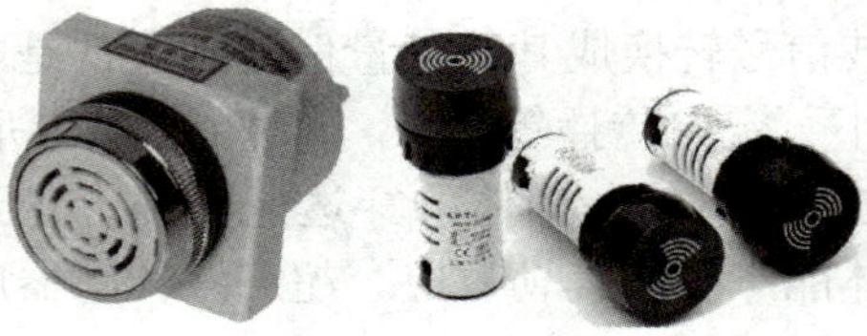

图 1-2-16 常见的蜂鸣器

a) 单电控电磁阀 b) 双电控电磁阀

图 1-2-17 电磁阀

单、双电控电磁阀的区别在于双电控电磁阀初始位置是任意的，可以随意控制两个位置；而单电控电磁阀初始位置是固定的，只能控制一个方向。

4. 交流接触器

接触器是一种应用广泛的电磁式自动切换电器。通过电磁力作用下的吸合和反向弹簧力作用下的释放，使触点闭合和分断，从而控制电路的接通和关断。同时还具有失电压和欠电压保护的功能（常用于控制电动机）。交流接触器主要由电磁系统、触头系统、灭弧装置、绝缘外壳及附件（如各种弹簧、传动机构、短路环、接线柱）等组成，如图 1-2-18 所示。

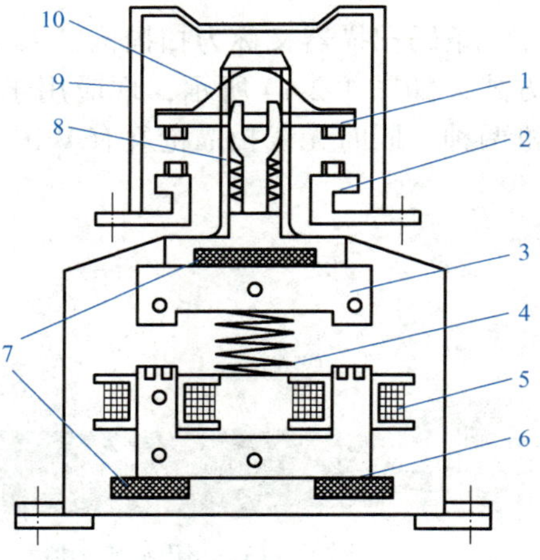

5. 继电器

（1）速度继电器 速度继电器是当转速达到规定值时动作的继电器，其作用是与接触器配合实现

图 1-2-18 交流接触器结构

1—动触头 2—静触头 3—衔铁 4—缓冲弹簧
5—电磁线圈 6—铁心 7—垫毡 8—触头弹簧
9—灭弧罩 10—触头压力弹簧

对电动机的制动，所以又称为反接制动继电器。速度继电器由转子、定子及触头 3 部分组成。转子是一块永久磁铁，能绕轴旋转，使用时应装在被控制电动机的同一根轴上，随电

动机一起转动。定子的结构与笼型异步电动机的转子相似，由硅钢片叠成并装有绕组，能够围绕转轴转动，如图 1-2-19 所示。

（2）中间继电器　中间继电器通常用来传递信号和同时控制多个电路，也可用来直接控制小容量电动机或其他电气执行元件，如图 1-2-20 所示。中间继电器的结构和工作原理与交流接触器基本相同，主要区别是触点数目较多，且触点容量较小。在选用中间继电器时，主要考虑电压等级和触点数目。

6. 直流电动机

直流电动机常作为 PLC 的执行元件拖动工作机构。当 DC 24V 电源接通时，直流电动机转动，当电源断开时电动机停止，极性接反时电动机会反转，如图 1-2-21 所示。

图 1-2-19　速度继电器　　　　图 1-2-20　中间继电器　　　　图 1-2-21　24V 直流电动机

五、PLC 保护电器

1. 断路器

断路器又称自动空气开关或自动开关，是一种既可接通分断电路，又能对负荷电路进行自动保护的低压电器，如图 1-2-22 所示。当电路发生严重的过载、短路以及失电压等故障时，断路器能够自动切断故障电路，有效地保护串接在它后面的电气设备。断路器具有操作安全、动作值可调整、分段能力较高的优点。在正常条件下，用于不频繁接通和断开的电路中以及控制电动机等。

2. 熔断器

熔断器是低压电路中一种最简单的短路保护电器，具有结构简单、价格低、使用维护方便、体积小、质量小等优点，如图 1-2-23 所示。熔断器内装有一个低熔点熔体，并串联在电路中，正常工作时，相当于导体，保证电路接通。当电路发生过载或短路时，熔体熔断，电路随之自动断开，从而保护了线路和设备。一般制作熔体的材料有两种：一种是低熔点材料，如由铅、锡、锌以及铅锡合金等制成的不同直径的熔丝，俗称保险丝，由于熔点低、不易息弧，一般用于小电流电路中；另一种是高熔点材料，如银、铜等，灭弧较容易，但会引起熔断器发热，一般用于大电流电路中，由于对过载时的保护作用较差，所以只能用作短路保护。

图 1-2-22　断路器　　　　　　　　　图 1-2-23　熔断器

3. 热继电器

热继电器是一种利用电流的热效应来切换电路的保护电器，它在电路中用作电动机的过载保护，如图 1-2-24 所示。当电动机绕组因过载引起电流变大时，发热元件所产生的热量足以使双金属片弯曲，推动导板向右移动，又推动了温度补偿片，使推杆绕轴转动，推动动触头连杆，使动触头与静触头分开，从而使电动机线路中的接触器线圈断电释放，将电源切断，起到过载保护作用。热继电器动作后的复位有手动复位和自动复位两种。

图 1-2-24　热继电器

任务实施

一、元器件检查

清点 PLC 实训环境搭建需要的设备、工具及材料，见表 1-2-1。

表 1-2-1　PLC 实训环境搭建配置清单

序号	名称	型号	数量	作用
1	PLC 模块	FX_{3U}-32MR	1 块	控制电动机、指示灯的运行
2	按钮	专配	6 个	操作按钮，红色、绿色、黑色各 2 个
3	交流电源	AC 380V	1 个	提供三相五线电源
4	直流电源	DC 24V	1 个	提供 DC 24V 电源
5	电动机	专配	2 台	负载
6	指示灯	DC 24V	8 个	负载，黄色 2 个，绿色、红色各 3 个
7	交流接触器	CJX2-09	4 个	控制电动机运行
8	断路器	DZ47sLE	1 个	电源开关
9	熔断器	3P.RT28N-32X	1 个	短路保护
10	熔断器	2P.RT28N-32X	1 个	短路保护
11	热继电器	NR2-25	3 个	电动机过载保护
12	行程开关	LX19-001	2 个	位置控制
13	行程开关	KW-7-3-4	2 个	限位保护
14	光电开关	KS-G22	1 个	传感器信号

（续）

序号	名称	型号	数量	作用
15	磁性传感器	3C-D-C73L	2个	控制气缸活塞位置
16	单电控电磁阀	4V110-06	1个	控制气缸运行
17	双电控电磁阀	4V120-06	1个	控制气缸运行
18	气缸	CDJ2B10-60-B	2个	负载
19	气源组件	专配	1套	提供气缸运行气源
20	连接导线	专配	若干	电路连接
21	端子排	TB-2512L	若干	电路接线
22	扎带	ϕ120mm	若干	电路连接工艺
23	斜口钳或者剪刀		1把	剪扎带
24	计算机	安装有编程软件	1台	用于编写、下载程序等

二、元器件安装

1. 元器件检查
利用万用表检查元器件好坏。

2. 元器件安装
根据图 1-2-25 所示的电气元件布置图安装元器件，完成后的效果图如图 1-2-26 所示。

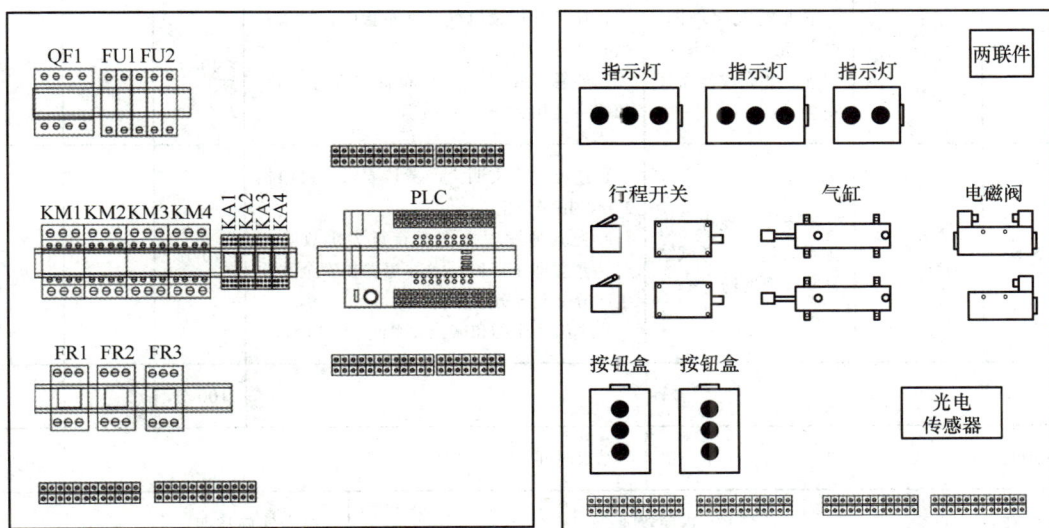

图 1-2-25　PLC 实训环境搭建电气元件布置图

图 1-2-26　PLC 实训环境搭建效果图

任务评价

对任务实施的完成情况进行检查，并将结果填入表 1-2-2 中。

表 1-2-2　任务测评表

序号	主要内容	考核要求	评分标准	配分	扣分	得分
1	PLC 的输入元件	了解 PLC 的常用输入元件，掌握元器件检测方法	按钮、转换开关、常用传感器的检测，每错一处扣 4 分	20 分		
2	PLC 的执行元件	了解 PLC 的执行元件	交流接触器、指示灯、蜂鸣器、电磁阀、中间继电器、速度继电器检测，每错一处扣 4 分	20 分		
3	PLC 的保护电器	了解电路常用的保护电器	能列举出至少 2 种 PLC 电路保护电器，每少列一种扣 5 分	10 分		
4	电气元件布置图识图及安装	掌握电气原理图、电气元件布置图的识读，并完成元器件安装	1. 能正确识读电气元件布置图，每错一处扣 2 分，共 20 分 2. 能够根据电气元件布置图进行安装，每错一处扣 2 分，共 20 分	40 分		
5	安全文明生产	遵守操作规程，讲文明懂礼貌，考试结束要清理现场	1. 违反安全文明生产考核要求，每项扣 2 分，扣完为止 2. 当教师发现操作者有重大事故隐患时，要立即予以制止，并每次扣安全文明生产分，共 5 分 3. 小组协作不和谐、效率低下，扣 5 分	10 分		
		合计		100 分		

开始时间：　　　　　　　　　　结束时间：

学生姓名：　　　　　　指导教师：　　　　　　任务实施日期：

任务三 认识 PLC 的软件系统

任务目标

知识目标：1. 了解 PLC 软件系统的基本组成。

2. 了解 PLC 的控制原理。

3. 了解 PLC 的编程语言。

4. 理解梯形图、指令表和流程图等基本概念。

5. 了解 PLC 内部编程元件。

能力目标：1. 能利用手持编程器正确写入 PLC 控制程序。

2. 能利用手持编程器实现 PLC 控制程序的清除、插入、删除操作。

3. 能利用手持编程器正确读出 PLC 控制程序。

素质目标：1. 善于发现问题，逐步培养解决问题的能力。

2. 培养勤学苦练、精益求精的工匠精神。

任务描述

利用手持编程器 FX–20P 在三菱 FX$_{3U}$–32M PLC 中写入如图 1-3-1 所示的指令表程序，并能够正确读出。

0	LD	X001
1	OR	Y000
2	ANI	X000
3	ANI	X002
4	ANI	Y001
5	OUT	Y000
6	LD	X002
7	OR	Y001
8	ANI	X000
9	ANI	X001
10	ANI	Y000
11	OUT	Y001
12	END	

图 1-3-1 指令表程序

任务分析

本任务主要了解 PLC 的软件系统，在此基础上完成操作。

任务准备

一、PLC 软件系统的组成

PLC 软件系统由系统程序（或称系统软件）和用户程序（或称应用软件）两大部分组成。

1. 系统程序

系统程序由 PLC 的制造企业编写，固化在 PROM 或 EPROM 中，安装在 PLC 上，随产品提供给用户。系统程序包括系统管理程序、用户指令解释程序和供系统调用的标准子程序模块等。

（1）系统管理程序　用于系统管理，包括 PLC 的运行管理（各种操作的时间分配）、存储空间的管理（生成用户数据区）和系统自诊断管理（如电源、系统出错、程序语法等）。

（2）用户指令解释程序　解释程序用于将编程语言变成机器语言，以便 CPU 操作。

（3）标准子程序模块　为提高运行速度，在程序执行中，某些信息处理（如 I/O 处理）或特殊运算等是通过调用标准子程序来完成的。

2. 用户程序

用户程序是根据生产过程控制的要求，由用户使用 PLC 制造企业提供的编程语言自行编写的应用程序。用户程序包括开关量逻辑控制程序、模拟量运算程序、闭环控制程序和操作站系统应用程序等。

PLC 的编程语言多种多样，不同的 PLC 厂家，不同系列的 PLC 采用的编程语言不尽相同，常用的编程语言有梯形图、指令表、顺序功能流程图等。用户程序是通过专业的编程软件编写的，各 PLC 厂商均开发了针对自己产品的专业编程软件，如西门子公司的 STEP 7 软件、ABB 公司的 Freelance 800F 软件、三菱公司的 GX Developer、Works2 和 Works3 软件等。

二、PLC 的控制原理

当 PLC 投入运行后，其工作过程一般分为输入采样、用户程序执行和输出刷新 3 个阶段。完成上述 3 个阶段称作 1 个扫描周期。在整个运行期间，PLC 的 CPU 以一定的扫描速度重复执行上述 3 个阶段，如图 1-3-2 所示。

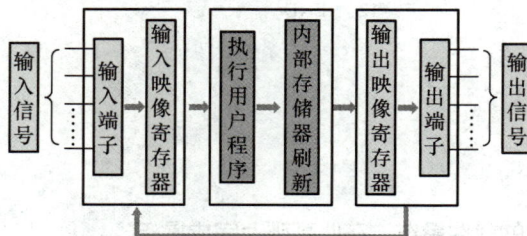

图 1-3-2　PLC 的工作过程示意图

1. 输入采样阶段

PLC 以扫描方式依次读入所有输入状态和数据，并将它们存入 I/O 映像区的相应的单元内。输入采样结束后，转入用户程序执行和输出刷新阶段。在这两个阶段中，即使输入状态和数据发生变化，I/O 映像区的相应单元的状态和数据也不会改变。因此，如果输入是脉冲信号，则该脉冲信号的宽度必须大于 1 个扫描周期，才能保证在任何情况下，该输入均能被读入。

2. 用户程序执行阶段

PLC 按由上而下的顺序依次地扫描用户程序（梯形图）。在扫描每一条梯形图时，又总是先扫描梯形图左边的由各触点构成的控制线路，并按先左后右、先上后下的顺序对由触点构成的控制线路进行逻辑运算，然后根据逻辑运算的结果，刷新该逻辑线圈在系统 RAM 存储区中对应位的状态；或者刷新该输出线圈在 I/O 映像区中对应位的状态；或者确定是否要执行该梯形图所规定的特殊功能指令。即在用户程序执行过程中，只有输入点在 I/O 映像区内的状态和数据不会发生变化，而其他输出点和软设备在 I/O 映像区或系统 RAM 存储区内的状态和数据都有可能发生变化，而且排在上面的梯形图，其程序执行结果会对排在下面的，用到这些线圈或数据的梯形图起作用；相反，排在下面的梯形图，其被刷新的逻辑线圈的状态或数据只能到下一个扫描周期才能对排在其上面的程序起作用。

3. 输出刷新阶段

扫描用户程序结束后，PLC 就进入输出刷新阶段。在此期间，CPU 按照 I/O 映像区对应的状态和数据刷新所有的输出锁存电路，再经输出电路驱动相应的外部设备。这时，才是 PLC 的真正输出。

同样的若干条梯形图，其排列次序不同，执行的结果也不同。

三、PLC 的编程语言

根据国际电工委员会制定的工业控制编程语言标准（IEC1131-3），PLC 的编程语言包括梯形图语言（LD）、指令表语言（IL）、功能模块图语言（FBD）、顺序功能流程图语言（SFC）及结构化文本语言（ST）5 种。三菱 FX$_{3U}$ 系列支持指令表编程、梯形图编程和顺序功能流程图编程 3 种编程方式。

1. 梯形图语言（LD）

梯形图语言是 PLC 程序设计中最常用的编程语言，是与继电器控制类似的一种编程语言。由于电气设计人员对继电器控制较为熟悉，梯形图编程语言受到了广泛欢迎，应用较多。梯形图编程语言与继电器控制的不同点：梯形图中的能流不是实际意义的电流；内部的继电器也不是实际存在的继电器，是虚拟的继电器，但功能与继电器相同；应用时，需要与原有继电器控制的概念区别对待。

梯形图编程语言的特点：与电气操作原理图相对应，具有直观性和对应性；与原有继电器控制相一致，电气设计人员易于掌握。图 1-3-3 所示为三菱 FX$_{3U}$ PLC 的梯形图示例。

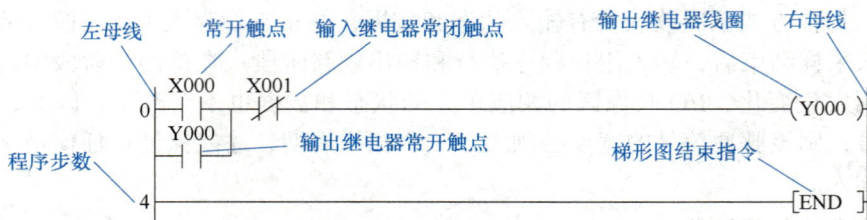

图 1-3-3　三菱 FX_{3U} PLC 的梯形图示例

2. 指令表语言（IL）

指令表编程语言是与汇编语言类似的一种助记符编程语言，由操作码和操作数组成。在无计算机的情况下，适合采用 PLC 手持编程器对用户程序进行编写。同时，指令表语言与梯形图语言一一对应，在 PLC 编程软件下可以相互转换。例如，图 1-3-3 所示的梯形图与图 1-3-4 所示的指令表相对应。

程序步数	操作码	操作数
0	LD	X000
1	OR	Y000
2	ANI	X001
3	OUT	Y000
4	END	

图 1-3-4　三菱 FX_{3U} PLC 的指令表示例

指令表编程语言的特点：采用助记符来表示操作功能，容易记忆，便于掌握；在手持编程器的键盘上采用助记符表示，便于操作，可在无计算机的场合进行编程设计；与梯形图有一一对应关系，其特点与梯形图语言基本一致。

3. 功能模块图语言（FBD）

功能模块图语言是与数字逻辑电路类似的一种 PLC 编程语言，采用功能模块图的形式来表示模块所具有的功能，不同的功能模块有不同的功能。

功能模块图编程语言的特点：以功能模块为单位，分析理解控制方案简单容易；用图形表达功能，直观性强，具有数字逻辑电路基础的设计人员很容易掌握；对于规模大、控制逻辑关系复杂的控制系统，由于功能模块图能够清楚表达功能关系，使编程调试时间大大减少。

4. 顺序功能流程图语言（SFC）

顺序功能流程图语言是为了满足顺序逻辑控制而设计的编程语言。编程时将顺序流程动作的过程分成步和转换条件，根据转换条件对控制系统的功能流程顺序进行分配，一步一步地按照顺序动作。每一步代表一个控制功能任务，用方框表示，方框内含有用于完成相应控制功能任务的梯形图逻辑。顺序功能流程图语言使程序结构清晰，易于阅读及维护，大大减轻编程人员的工作量，缩短编程和调试时间，用于系统规模较大、程序关系较复杂的场合。顺序功能流程图表示方法如图 1-3-5 所示。

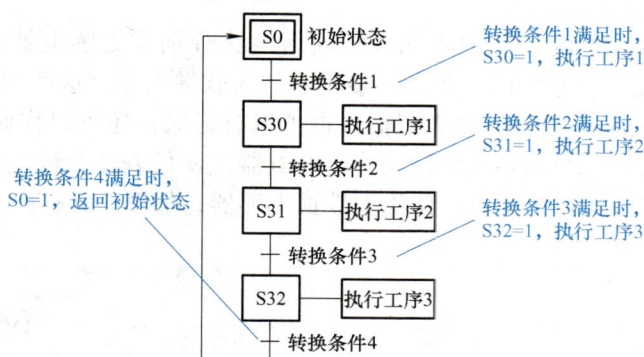

图 1-3-5　顺序功能流程图表示方法

5. 结构化文本语言（ST）

结构化文本语言是用结构化的描述文本来描述程序的一种编程语言，类似于高级语言。在大中型 PLC 系统中，常采用结构化文本语言来描述控制系统中各个变量的关系，主要用于其他编程语言较难实现的用户程序的编写。结构化文本语言采用计算机的描述方式来描述系统中各种变量之间的运算关系，完成所需的功能或操作。大多数 PLC 制造商采用的结构化文本语言与 BASIC 语言、Pascal 语言或 C 语言等高级语言相类似，但为了应用方便，在语句的表达方法及语句的种类等方面都进行了简化。

结构化文本语言的特点：采用高级语言进行编程，可以完成较复杂的控制运算；需要有一定的计算机高级语言的知识和编程技巧，对工程设计人员要求较高；直观性和操作性较差。

四、PLC 的数据结构

在 PLC 内部结构和用户应用程序中使用着大量的数据。这些数据从结构或数制上具有以下几种形式：

（1）十进制数　十进制数在三菱 PLC 中又称字数据。它主要存在于定时器和计数器的设定值 K，辅助继电器、定时器、计数器、状态寄存器等的编号，定时器和计数器当前值等区域。

（2）二进制数　一位二进制数在 PLC 中又称位数据。它主要存在于各类继电器、定时器、计数器的触点及线圈。

（3）八进制数　三菱 FX 系列 PLC 的输入继电器、输出继电器的地址编号采用八进制数。

（4）十六进制数　十六进制数用于指定应用指令中的操作数或指定动作。

（5）BCD 码　BCD 码是以 4 位二进制数表示十进制数个位 0 ～ 9 数值的方法。在三菱 PLC 中常将十进制数以 BCD 码的形式出现，用于 BCD 输出形式的数字开关或七段码的显示器控制等。

（6）常数 K、H　常数是三菱 PLC 内部定时器、计数器、应用指令不可分割的一部分。十进制常数 K 是定时器、计数器的设定值；十进制常数 K 与十六进制常数 H 也是应用指令的操作数。

五、PLC 内部编程元件

三菱 FX_{3U} 系列 PLC 内部的编程元件按通俗叫法分别称为继电器、定时器和计数器等，但它们与真实元件有很大的差别，一般称它们为软继电器。这些编程用的继电器在不同的指令操作下，其工作状态可以无记忆，也可以有记忆，还可以作脉冲数字元件使用。一般情况下，X 代表输入继电器，Y 代表输出继电器，M 代表辅助继电器，T 代表定时器，C 代表计数器，S 代表状态寄存器，D 代表数据寄存器，如图 1-3-6 所示。

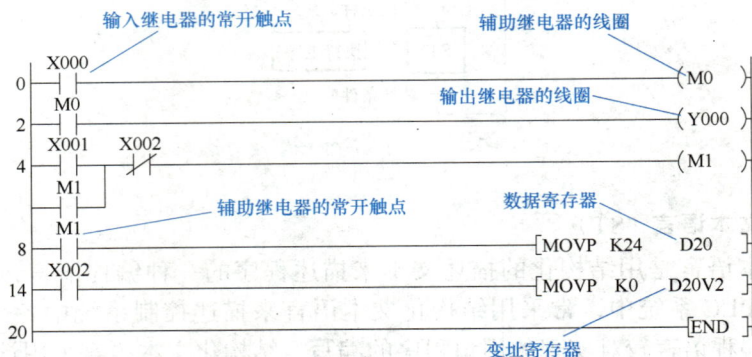

图 1-3-6　PLC 内部编程元件

1. 辅助继电器（M）

PLC 内有很多的辅助继电器，其线圈与输出继电器一样，由 PLC 内各软元件的触点驱动。辅助继电器也称中间继电器，它没有与外部的任何联系，只供内部编程使用，不能用于驱动外部负载。FX_{3U} 系列 PLC 辅助继电器主要有通用辅助继电器、断电保持辅助继电器、特殊辅助继电器等。FX_{3U} 系列 PLC 中，M0 ～ M499 为通用辅助继电器；M500 ～ M1023（可根据设定参数改为通用辅助继电器）、M1024 ～ M7679（不可更改）为断电保持辅助继电器；M8000 ～ M8511 为特殊辅助继电器，可分成触点型和线圈型两大类，触点型特殊辅助继电器的线圈由 PLC 自动驱动，用户只可使用其触点。

例如，M8002：初始脉冲（仅在运行开始时瞬间接通），M8003 与 M8002 相反逻辑。

M8011、M8012、M8013 和 M8014 分别是产生 10ms、100ms、1s 和 1min 时钟脉冲的特殊辅助继电器。M8000、M8002、M8012 的波形图如图 1-3-7 所示。

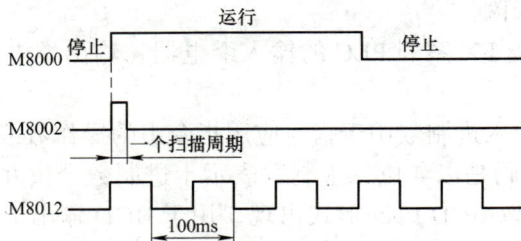

图 1-3-7　M8000、M8002、M8012 的波形图

2. 数据寄存器（D）

PLC 在进行输入输出处理、模拟量控制、位置控制时，需要许多数据寄存器存储数

据和参数。数据寄存器为 16 位，最高位为符号位。可用两个数据寄存器来存储 32 位数据，最高位仍为符号位。

D0 ～ D199 为通用数据寄存器，共 200 点。当 M8033 为 ON 时，D0 ～ D199 有断电保护功能；当 M8033 为 OFF 时，无断电保护功能，这种情况下，当 PLC 由 RUN → STOP 或停电时，数据清零。

D200 ～ D7999 为断电保持数据寄存器，共 7800 点，其中 D200 ～ D511（共 12 点）有断电保持功能，可以利用外部设备的参数设定改变通用数据寄存器和有断电保持功能数据寄存器的分配；D490 ～ D509 供通信用；D512 ～ D7999 的断电保持功能不能用软件改变，但可用指令清除它们的内容。根据参数设定可以将 D1000 以上作为文件寄存器。

D8000 ～ D8511 为特殊数据寄存器，共 512 点。特殊数据寄存器的作用是用来监控 PLC 的运行状态，如扫描时间、电池电压等。

3. 文件寄存器（R）和扩展文件寄存器（ER）

文件寄存器（R）是数据寄存器（D）的扩展软元件，通过电池来实现停电保持。当使用存储器盒时，可以将扩展寄存器（D）的内容保存到扩展文件寄存器（ER）中。**注意：只有在使用存储器盒时才可以使用扩展文件寄存器。**

4. 变址寄存器（V、Z）

FX$_{3U}$ 系列 PLC 有 V0 ～ V7 和 Z0 ～ Z7 共 16 个变址寄存器，它们都是 16 位的寄存器。变址寄存器（V、Z）实际上是一种特殊用途的数据寄存器，其作用相当于计算机中的变址寄存器，用于改变元件的编号（变址），例如，若 V0=5，则当执行 D20V0 时，被执行的编号为 D25（D20+5）。变址寄存器可以像其他数据寄存器一样进行读写，当需要进行 32 位操作时，可将 V、Z 串联使用（Z 为低位，V 为高位）。

5. 状态寄存器（S）

状态寄存器用来记录系统运行中的状态，是编写顺序控制程序的重要编程元件，它与步进顺控指令 STL 配合应用。状态寄存器有 5 种类型，分别为：初始状态寄存器 S0 ～ S9，共 10 点；回零状态寄存器 S10 ～ S19，共 10 点；通用状态寄存器 S20 ～ S499，共 480 点；具有状态断电保持的状态寄存器 S500 ～ S899（可根据设定参数改为通用状态寄存器）和 S1000 ～ S4095（不可更改）；供报警用的状态寄存器（可用作外部故障诊断输出）S900 ～ S999，共 100 点。

6. 定时器（T）

PLC 内的定时器是根据时钟脉冲累积计时的。当所计时间达到设定值时，定时器输出触点动作，时钟脉冲有 1ms、10ms、100ms。定时器可以将用户程序存储器内的常数 K 作为设定值，也可以将数据寄存器（D）的内容作为设定值。后一种情况时，一般使用有断电保护功能的数据寄存器。

7. 计数器（C）

FX$_{3U}$ 系列 PLC 中有 16 位计数器（C0 ～ C199）、32 位增减计数器（C200 ～ C234）和高数计数器。其中，16 位增计数器是在计数信号的上升沿进行计数，它有两个输入，一个用于复位，一个用于计数；每一个计数脉冲上升沿使原来的数值减 1，当现时值减到零时，停止计数，同时触点闭合；当复位控制信号的上升沿输入时，触点才断开，设定值

又写入，再次进入计数状态；其设定值在 $K1 \sim K32767$ 范围内有效。32 位增减计数器的计数范围是 $-2147483648 \sim 2147483647$。高数计数器使用通用输入 X000 ～ X007。**注意：**不能连接电压输出型或绝对型编码器到高数计数器上。

8. 指针（P、I）

指针有分支用和中断用两种。分支用指针（P）用于指定 CJ（FNC 00）条件转移和 CALL（FNC 01）子程序调用的对象目的地。中断用指针（I）用于指定输入中断、定时器中断或是计数器中断的中断子程序。

9. 常数（K、H、E）

可编程控制器中使用的各种数值中，K 表示十进制数，H 表示十六进制数，E 表示实数（浮点数），这些都用作定时器和计数器的设定值及当前值，或是应用指令的操作数。

六、手持编程器

手持编程器通常使用 FX–20P 简易编程器，由液晶显示屏、ROM 写入器接口、存储器卡盒接口，以及包括功能键、指令键、元件符号键和数字键等的键盘组成。图 1-3-8 所示为 FX–20P 简易编程器的基本组成及说明。

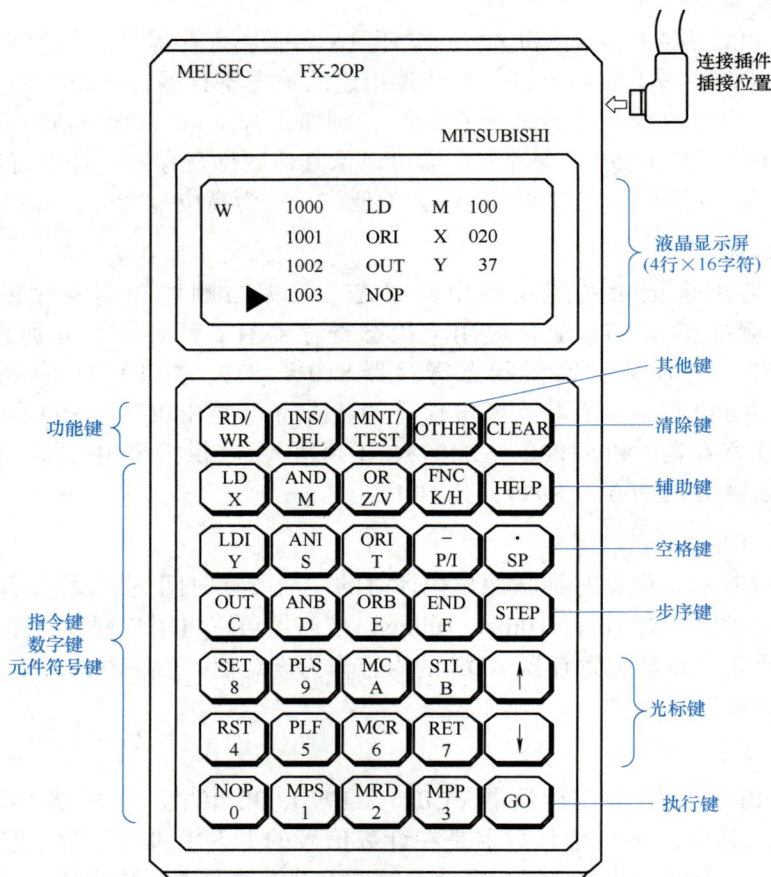

图 1-3-8　FX–20P 简易编程器的基本组成及说明

1. 液晶显示屏

液晶显示屏在编程时显示指令（程序的地址、指令、数据），在运行监控时显示元器件工作状态。液晶显示屏只能同时显示 4 行，每行 16 个字符。图 1-3-9 所示为 FX–20P 简易编程器液晶显示屏的功能说明。

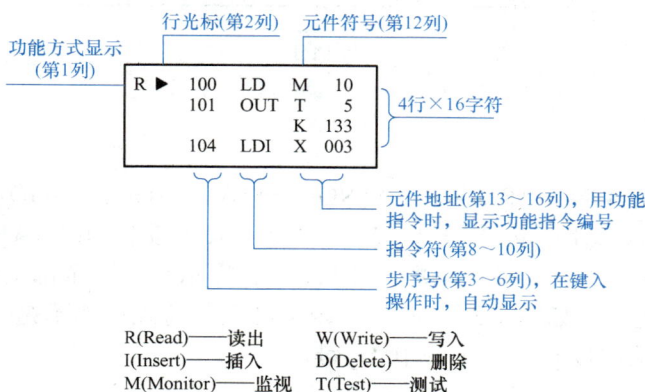

图 1-3-9 FX–20P 简易编程器液晶显示屏的功能说明

2. 手持编程器的键盘

（1）功能键

1）[RD/WR]——读出 / 写入，R——程序读出，W——程序写入。

2）[INS/DEL]——插入 / 删除，I——程序插入，D——程序删除。

3）[MNT/TEST]——监视 / 测试，M——监视，T——测试。

各功能键交替起作用，按一次时选择第一个功能，再按一次，则选择第二个功能。

（2）执行键 [GO] 用于指令的确认、执行、显示画面和检索。

（3）清除键 [CLEAR] 如在按执行键 [GO] 前按此键，则清除键入的数据，该键也可以用于清除显示屏上的错误信息或恢复原来的画面。

（4）其他键 [OTHER] 在任何状态下按此键，将显示方式项目菜单。安装 ROM 写入模块时，在脱机方式项目上进行项目选择。

（5）帮助键 [HELP] 显示应用指令一览表。在监视方式下，进行十进制数和十六进制数的转换。

（6）空格键 [SP] 输入指令时，用此键指定元件号和常数。

（7）步序键 [STEP] 设定步序号。

（8）光标键 [↑]、[↓] 移动光标和提示符，指定当前元件的前一个或后一个地址号的元件，作行滚动。

（9）指令键、元件符号键和数字键 这些键都是复用键，每个键的上面为指令符号，下面为元件符号或者数字。上、下面的功能根据当前所执行的操作自动进行切换，其中下面的元件符号 Z/V、K/H、P/I 是交替使用的，反复按键时，交替切换。

七、手持编程器的操作

三菱手持编程器基本操作流程如图 1-3-10 所示。

准备：与PLC连接

↓

启动系统：接通PLC电源及复位编程器([RST]+[GO])

↓

设定联机方式：用方式设定画面，选择联机方式按[GO]键，选择脱机方式按[↓]+[GO]键

↓

编程操作：利用写入、读出、插入、删除等功能编制程序

↓

结束

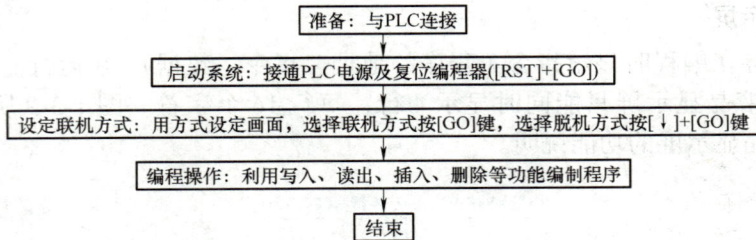

图 1-3-10　三菱手持编程器基本操作流程

1.程序清零

清除过程：[RD/WR] → [RD/WR] → [NOP] → [A] → [GO] → [GO]。

在 PLC STOP 状态下，进入写入（W）功能，依次按 [NOP]+[A]+[GO] 键，则出现 "ALL　CLEAR？　OK → GO　NO → CLEAR"，提示是否要全部清除。如要全部清除则按 [GO] 键，清零结果如图 1-3-11 所示，表示已全部清除；如不是，则再重复 NOP 的成批写入操作，即依次按 [NOP]+[A]+[GO] 键。

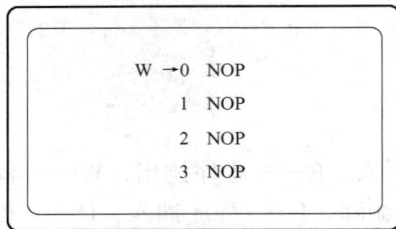

```
W → 0   NOP
     1   NOP
     2   NOP
     3   NOP
```

图 1-3-11　三菱手持编程器程序清零结果

2.程序写入

（1）基本指令的写入

1）仅有指令助记符，不带元件，操作方法：[写入功能] → [指令] → [GO]。

2）有指令助记符和一个元件，操作方法：[写入功能] → [指令] → [元件符号] → [元件号] → [GO]。

3）有指令助记符带两个元件，操作方法：[写入功能] → [指令] → [第 1 元件符号] → [第 1 元件号] → [SP] → [第 2 元件符号] → [第 2 元件号] → [GO]。

（2）功能指令的写入　写入功能指令时，按 [FNC] 键后再输入功能指令号。

功能指令的输入方法有两种：

1）直接输入指令号，如图 1-3-12 所示。

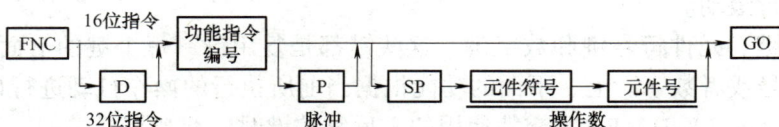

```
          16位指令    功能指令
[FNC]───────────────→  编号  ──────────────────────────────────────→ [GO]
  │                     │
  └──[D]──┘             └──[P]──[SP]──[元件符号]──[元件号]──┘
  32位指令              脉冲              操作数
```

图 1-3-12　直接输入指令号

2）借助于 [HELP] 键的功能，在所显示的指令一览表上检索指令编号后再输入，如图 1-3-13 所示。

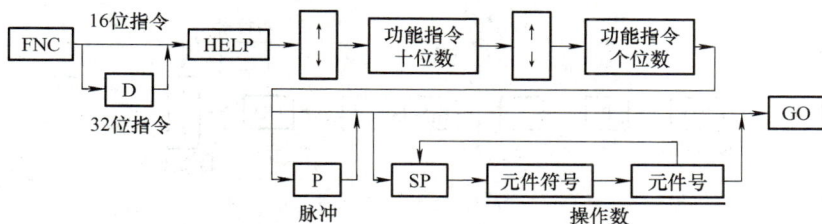

图 1-3-13 借助于 [HELP] 键的功能

（3）标号的写入 当程序中 P（指针）、I（中断指针）作为标号使用时，其输入方法和指令相同，即按 [P] 或 [I] 键，再键入标号编号，最后按 [GO] 键，如图 1-3-14 所示。

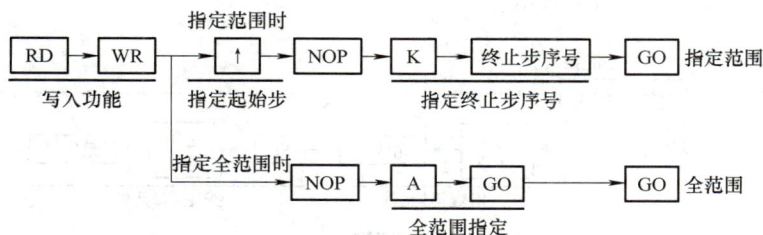

图 1-3-14 标号的写入

3. 程序读出

从 PLC 的内存中读出程序，可以根据步序号、指令、元件及指针等几种方式读出，如图 1-3-15 所示。

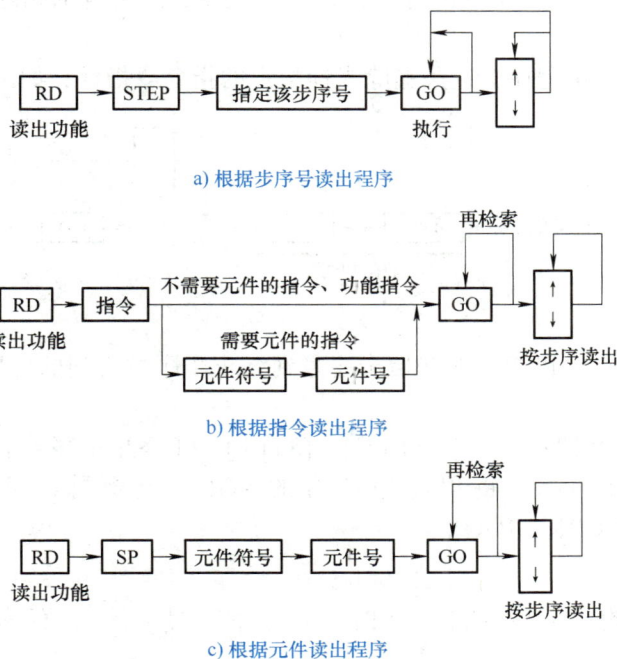

a) 根据步序号读出程序

b) 根据指令读出程序

c) 根据元件读出程序

图 1-3-15 读出程序

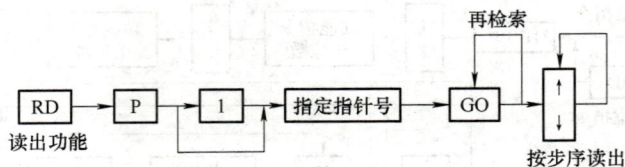

d) 根据指针读出程序

图 1-3-15　读出程序（续）

4. 插入程序

PLC 处于 STOP 状态时进行插入程序操作，根据步序号读出程序，在指定的位置上插入指令或指针，如图 1-3-16 所示。

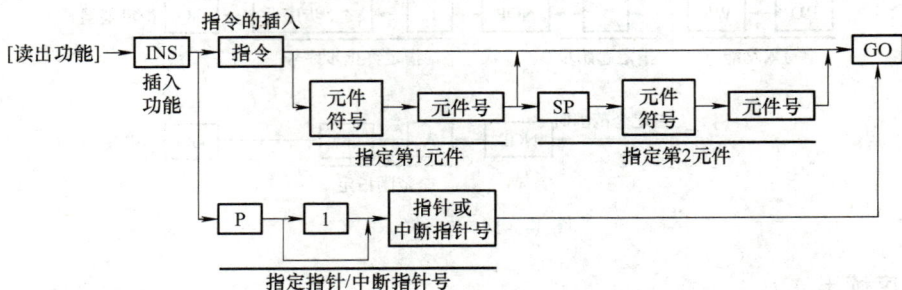

图 1-3-16　插入程序

5. 删除程序

删除程序是在 STOP 状态时进行，分为逐条删除、指定范围删除和 NOP 式成批删除 3 种方式。

1）逐条删除。读出程序，逐条删除光标指定的指令或指针，如图 1-3-17 所示。

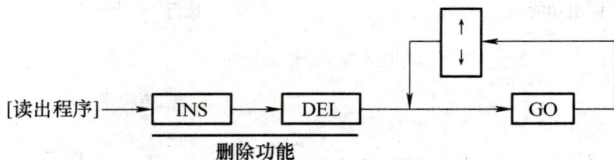

图 1-3-17　逐条删除程序

2）指定范围删除。将指定的起始步序号到终止步序号之间的程序成批删除，可按下述操作进行：

D：[STEP] → [起始步序号] → [SP] → [STEP] → [终止步序号] → [GO]。

3）NOP 式成批删除。将程序中所有的 NOP 一起删除，可按下述操作进行：[INS] → [DEL] → [NOP] → [GO]。

6. 程序的监控

1）元件监控过程：[MNT] → [SP] → [元件符号] → [元件号] → [GO] → [↑]、[↓]。

2）元件的强制 ON/OFF。先进行元件监控，而后进行测试功能。强制 ON/OFF 的过

程：[MNT] → [SP] → [元件符号] → [元件号] → [GO] → [TEST] → [SET]/[RST]。其中
[SET] 为强制 ON，[RST] 为强制 OFF。

注意：在 PLC 为 RUN 状态时，可能会使强制失效，为验证强制输出，PLC 最好为
STOP 状态。

⫽ 任务实施

一、手持编程器与 PLC 连接

将简易编程器 FX–20P 与三菱 FX 系列 PLC 利用编程电缆进行连接。

二、选择联机方式

接通电源，简易编程器 FX–20P 开机画面如图 1-3-18 所示。选择联机操作方式，按
执行建 [GO]。

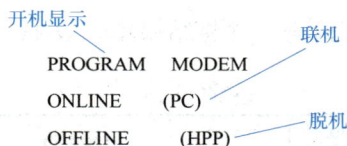

开机显示
联机
PROGRAM 　 MODEM
ONLINE 　 (PC)
脱机
OFFLINE 　 (HPP)

图 1-3-18　简易编程器 FX–20P 开机画面

三、程序的输入

将 PLC 模式转换开关置于 STOP 模式。

1）程序清零。清除过程：[RD/WR] → [RD/WR] → [NOP] → [A] → [GO] → [GO]。
清除完毕后的画面如图 1-3-11 所示。

2）指令表程序编辑。按下功能键 [RD/WR] 进入写入（W）功能，按照表 1-3-1 的步
骤进行操作。

表 1-3-1　手持编程器操作步骤

序号	操作内容	操作方法
1	输入 "0 LD X001"	依次按 [LD] → [X] → [0] → [1] → [GO]
2	输入 "1 OR Y000"	依次按 [OR] → [Y] → [0] → [GO]
3	输入 "2 ANI X000"	依次按 [ANI] → [X] → [0] → [GO]
4	输入 "3 ANI X002"	依次按 [ANI] → [X] → [0] → [2] → [GO]
5	输入 "4 ANI Y001"	依次按 [ANI] → [Y] → [0] → [1] → [GO]
6	输入 "5 OUT Y000"	依次按 [OUT] → [Y] → [0] → [GO]
7	输入 "6 LD X002"	依次按 [LD] → [X] → [0] → [2] → [GO]
8	输入 "7 OR Y001"	依次按 [OR] → [Y] → [0] → [1] → [GO]
9	输入 "8 ANI X000"	依次按 [ANI] → [X] → [0] → [GO]
10	输入 "9 ANI X001"	依次按 [ANI] → [X] → [0] → [1] → [GO]

（续）

序号	操作内容	操作方法
11	输入 "10 ANI Y000"	依次按 [ANI] → [Y] → [0] → [GO]
12	输入 "11 OUT Y001"	依次按 [OUT] → [Y] → [0] → [1] → [GO]
13	输入 "12 END"	依次按 [END] → [GO]

3）程序的执行。将 PLC 模式转换开关置于 RUN 模式，分别扳动三菱 PLC 模块的钮子开关 X1、X2、X0，观察 OUT 输出指示灯 0、1 的显示情况。

4）程序的监控。按功能键 [MNT/TEST] 进入监视（M）功能，对程序进行监视，可以看到有些符号前加有"黑块"，表明这些符号代表的触点或线圈处于闭合或得电状态。

5）程序的读出。将 PLC 模式转换开关置于 STOP 模式。按功能键 [RD/WR] 进入写入（R）功能，可以浏览输入的指令表程序。可以参考程序读出方式进行操作练习。

任务评价

对任务实施的完成情况进行检查，并将结果填入表 1-3-2 中。

表 1-3-2 任务测评表

序号	主要内容	考核要求	评分标准	配分	扣分	得分
1	手持编程器与 PLC 连接	掌握连接方法	1. 通信电缆的连接错误，扣 5 分 2. 无法正确选择 PLC 的型号，扣 5 分；通信失败，扣 10 分	15 分		
2	程序清零	清除原有的程序	1. 不能识别清除状态，扣 5 分 2. 不能够执行程序清零操作，扣 15 分	20 分		
3	程序编辑	正确输入指令表程序	1. 不熟悉手持编程器的键盘，扣 5 分 2. 不能够正确键入指令表程序，扣 10 分 3. 不能够对键入的程序进行更改，扣 10 分 4. 不能够对键入的程序进行删除，扣 10 分	35 分		
4	程序监控	监控 PLC 的执行情况	1. 不能进入程序监控状态，扣 10 分 2. 不能读出 PLC 中的程序，扣 10 分	20 分		
5	安全文明生产	遵守操作规程，讲文明懂礼貌，训练结束要清理现场	1. 违反安全文明生产考核要求，每项扣 2 分，扣完为止 2. 当教师发现操作者有重大事故隐患时，要立即予以制止，并每次扣安全文明生产分，共 5 分 3. 小组协作不和谐、效率低下，扣 5 分	10 分		
	合计			100 分		

开始时间：		结束时间：	
学生姓名：	指导教师：		任务实施日期：

任务四　认识编程软件

任务目标

知识目标：1. 认识 GX Works2 编程软件，掌握 GX Works2 编程软件的编程方法。
　　　　　2. 认识 GX Developer 编程软件，掌握 GX 编程软件的编程方法。

能力目标：1. 能利用 GX Works2 编程软件正确编辑 PLC 控制程序。
　　　　　2. 能利用 GX Works2 编程软件改写、转换、保存 PLC 控制程序。
　　　　　3. 能利用 GX Works2 编程软件向 PLC 写入、读取控制程序。

素质目标：1. 善于发现问题，逐步培养解决问题的能力。
　　　　　2. 培养勤学苦练、精益求精的工匠精神。

任务描述

在 GX Works2 编程软件中编写如图 1-4-1 所示的梯形图控制程序，编写完成后保存程序，同时输出如图 1-4-2 所示的指令表程序。

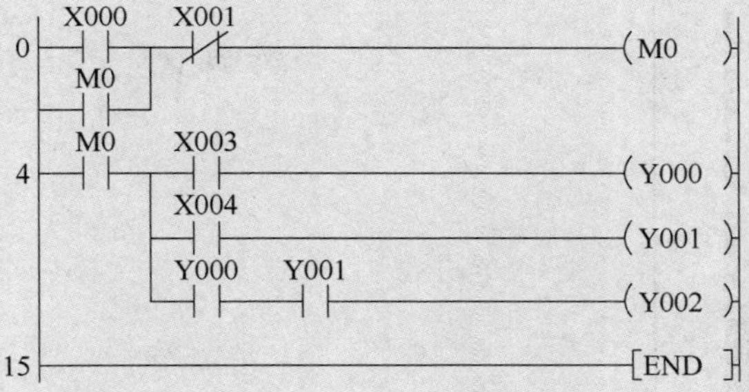

图 1-4-1　梯形图控制程序

0	LD	X000	8	MRD	
1	OR	M0	9	AND	X004
2	ANI	X001	10	OUT	Y001
3	OTU	M0	11	MPP	
4	LD	M0	12	AND	Y000
5	MPS		13	AND	Y001
6	AND	X003	14	OUT	Y002
7	OUT	Y000	15	END	

图 1-4-2　指令表程序

任务分析

本任务需要在 GX Works2 编程软件中完成梯形图的输入和下载，并输出指令表程序。

任 务 准 备

一、三菱 GX Works2 编程软件

1. GX Works2 编程软件的编程界面

GX Works2 编程软件有简单工程和结构工程两种编程方式，支持梯形图、指令表、顺序功能流程图、结构化文本、结构化梯形图等编程语言，集成了 GX Simulator2 程序仿真软件，具备程序编辑、参数设定、网络设定、监控、仿真调试、在线更改、智能功能模块设置等功能，适用于三菱 Q 系列和 FX 系列 PLC，可实现 PLC 与 HMI、运动控制器的数据共享。图 1-4-3 所示为 GX Works2 编程软件的编程界面。

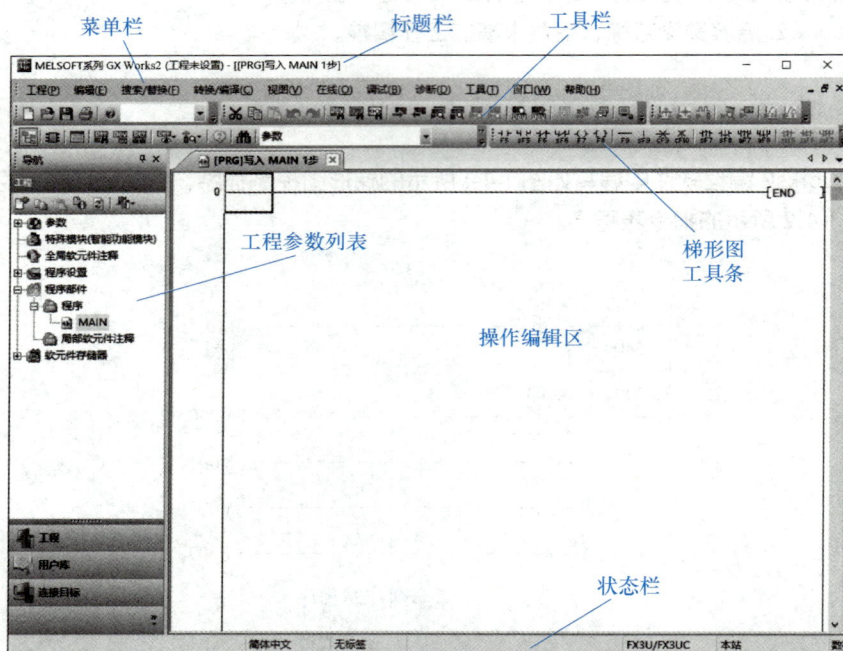

图 1-4-3　GX Works2 编程软件的编程界面

（1）菜单栏　GX Works2 编程软件的菜单栏如图 1-4-4 所示，软件的各种操作主要通过菜单栏来选择，当文件处于编辑状态时，单击想要选择的菜单项，如果该菜单项还有子菜单，指针下移，根据要求选择子菜单项，如果该菜单项没有下级子菜单，则该菜单项就是一个操作命令，单击即执行命令。

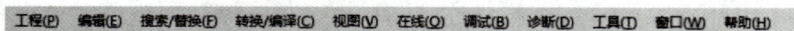

图 1-4-4　GX Works2 编程软件的菜单栏

（2）工具栏　工具栏上共有两类工具，一类是梯形图的编辑及操作工具，另一类是视图工具，GX Works2 编程软件工具栏如图 1-4-5 所示。

图 1-4-5　GX Works2 编程软件的工具栏

1）程序通用工具栏。用于梯形图的剪切、复制、粘贴、撤销、搜索，PLC 程序的读写、运行监视等操作。程序通用工具栏如图 1-4-6 所示。

图 1-4-6　程序通用工具栏

2）窗口操作工具栏。用于导航、部件选择、输出、软元件使用列表、监视等窗口的打开 / 关闭操作。窗口操作工具栏如图 1-4-7 所示。

图 1-4-7　窗口操作工具栏

3）梯形图工具栏。用于编辑梯形图的常开和常闭触点、线圈、功能指令、画线、删除线、边沿触发触点等，以及进行软元件注释编辑、声明编辑、注解编辑、梯形图放大 / 缩小等操作。梯形图工具栏如图 1-4-8 所示。

图 1-4-8　梯形图工具栏

4）标准工具栏。用于工程的创建、打开和关闭等操作。标准工具栏如图 1-4-9 所示。

5）智能模块工具栏。用于特殊功能模块的操作。智能模块工具栏如图 1-4-10 所示。

图 1-4-9　标准工具栏

图 1-4-10　智能模块工具栏

2. GX Works2 编程软件的使用步骤

（1）软件的启动　找到 GX Works2 编程软件的图标，双击打开软件，如图 1-4-11 所示。也可以单击"开始→程序→ MELSOFT → GX Works2。GX Works2 编程软件打开后的初始界面如图 1-4-3 所示。

（2）新建工程　单击菜单栏上的"工程→新建"，弹出"新建"对话框，根据所用的 PLC 型号，系列选择"FXCPU"，机型选择"FX3U/FX3UC"，工程类型及程序语言默认，**注意**：不勾选"使用标签"，如图 1-4-12a 所示。单击"确定"，进入编程界面，如图 1-4-12b 所示。

图 1-4-11　GX Works2 编程软件图标

a) "新建"对话框　　　　　b) 编程界面

图 1-4-12　新建工程

（3）程序编辑　以图 1-4-13 所示的梯形图程序为例，介绍梯形图程序的编辑方法。

步骤 1：将小光标移到图 1-4-12b 所示的左边母线最上端处。

步骤 2：输入一个常开触点 X000。单击菜单栏"工具→触点→常开触点"，弹出"梯形图输入"对话框，如图 1-4-14 所示。

图 1-4-13　梯形图程序示例

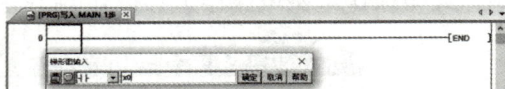

图 1-4-14　"梯形图输入"对话框

步骤 3：在对话框中输入"X000"，单击"确定"，如图 1-4-15 所示。

步骤 4：输入一个线圈 Y000，单击"工具→线圈"，在弹出的对话框中输入"Y000"，单击"确定"，如图 1-4-16 所示。

图 1-4-15　输入常开触点 X000

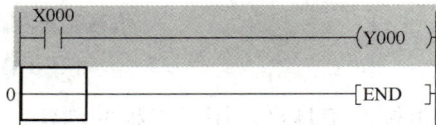

图 1-4-16　输入线圈 Y000

（4）梯形图的转换　梯形图编辑完成后，程序带有灰色的阴影，代表梯形图没有经过转换。梯形图需要经过转换，生成指令表程序，才能下载到 PLC 中执行。单击菜单栏上的"转换/编译"，或者菜单栏上的"工具→转换"，转换完成后梯形图上的阴影部分消失了，说明梯形图已经成功转换，如图 1-4-17 所示。

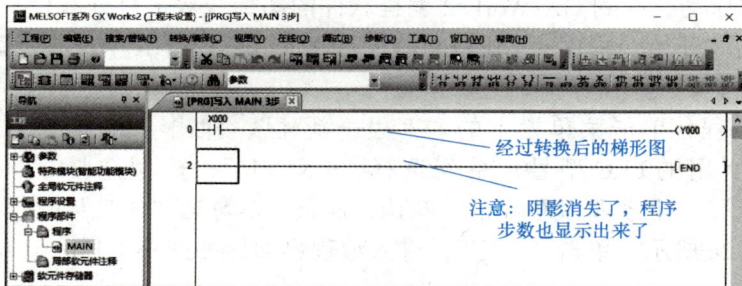

图 1-4-17　梯形图转换成功

（5）保存程序　梯形图编辑完成，并经过转换后，单击菜单栏上的"文件→保存"，或者单击工具栏上的"保存"图标，弹出"工程另存为"对话框，如图 1-4-18 所示。

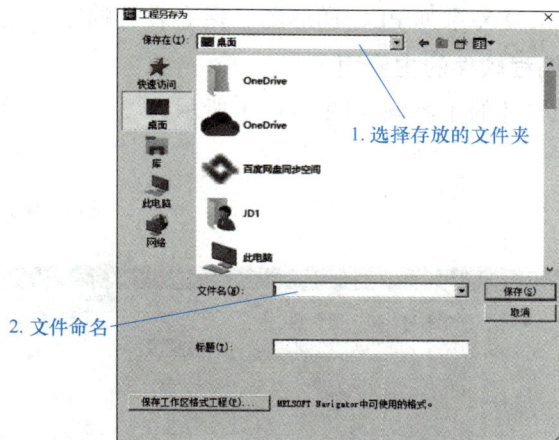

图 1-4-18　保存程序

（6）改写程序　在编辑梯形图的过程中，有时会碰到因输入错误需要改写程序的情况，例如改变某个常开触点或常闭触点的软元件地址编号，或者删除某个指令，如图 1-4-19 和图 1-4-20 所示。

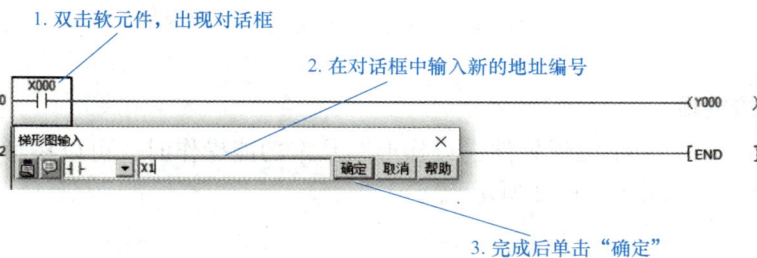

图 1-4-19　梯形图中软元件地址编号的修改

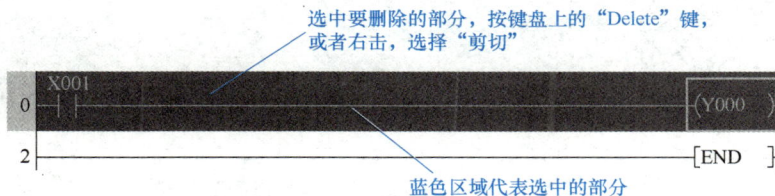

图 1-4-20　删除梯形图中的软元件或指令

（7）上传程序　若要把 PLC 中的程序读回 GX Works2 编程软件中，首先要设置好通信端口，单击"PLC→读入"，弹出"PLC 类型设置"对话框，选择 PLC 类型，单击"确定"，读入开始。结束后状态栏中显示程序步数。这时在 GX Works2 编程软件中可以查看 PLC 中的运行程序。

二、三菱 GX Developer 编程软件

GX Developer 是三菱通用性较强的编程软件，它能够完成 Q 系列、QnA 系列、A 系列（包括运动控制 CPU）、FX 系列 PLC 梯形图、指令表、顺序功能流程图等的编辑。

1. GX Developer 编程软件的主界面

GX Developer 编程软件的主界面如图 1-4-21 所示。

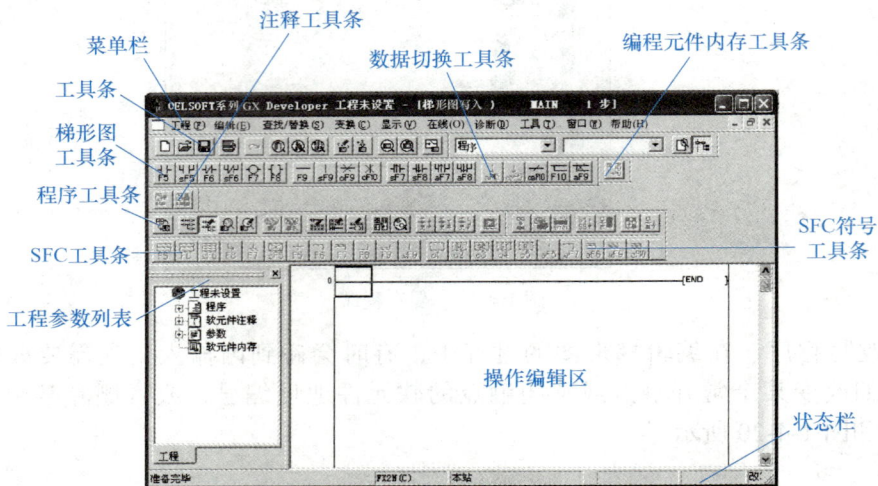

图 1-4-21　GX Developer 编程软件的主界面

2. 梯形图的编辑

在使用 GX Developer 编程软件进行梯形图基本功能操作时，可以参考 GX Works2 编程软件的操作步骤，如图 1-4-22 所示。

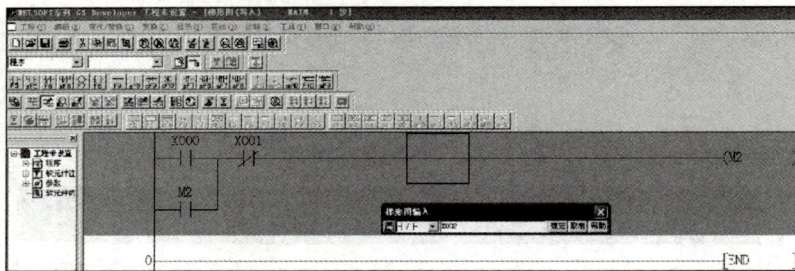

图 1-4-22　GX Developer 编程软件梯形图编辑

任务实施

一、启动 GX Works2 编程软件

单击"开始→程序→ MELSOFT → GX Works2"，启动 GX Works2 编程软件。

二、选择 PLC 的型号

单击菜单栏上的"文件→新建工程",在弹出的"新建"对话框中选择 PLC 机型为 FX3U/FX3UC,设置完成后单击"确定",进入梯形图编程界面。

三、编辑程序

1)将光标移到左边母线最上端处。输入一个常开触点 X000,单击菜单栏"工具→触点→常开触点",弹出"梯形图输入"对话框,如图 1-4-23 所示。

2)在对话框中输入"X000",单击"确定",如图 1-4-24 所示。

图 1-4-23　"梯形图输入"对话框

图 1-4-24　输入常开触点 X000

3)输入一个常闭触点 X001。单击菜单栏"工具→触点→常闭触点",在弹出的"梯形图输入"对话框中输入"X001",单击"确定",如图 1-4-25 所示。

4)输入一个中间继电器线圈 M0。单击菜单栏"工具→线圈",在弹出的"梯形图输入"对话框中输入"M0",单击"确定",如图 1-4-26 所示。

图 1-4-25　输入常闭触点 X001

图 1-4-26　输入中间继电器线圈 M0

5)输入一个并联的常开触点 M0。单击工具栏带有连接线的常开触点,在弹出的"梯形图输入"对话框中输入"M0",单击"确定",如图 1-4-27 所示。

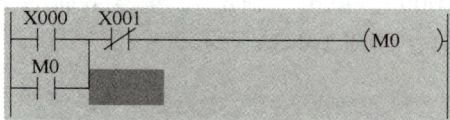

6)将光标移到如图 1-4-28 所示的位置。

图 1-4-27　输入并联的常开触点 M0

图 1-4-28　移动光标

7)输入一个常开触点 M0,单击菜单栏"工具→触点→常开触点",在弹出的"梯形图元件"对话框中输入"M0",单击"确定",如图 1-4-29 所示。

8)输入一个常开触点 X003,单击菜单栏"工具→触点→常开触点",在弹出的"梯形图输入"对话框中输入"X003",单击"确定",如图 1-4-30 所示。

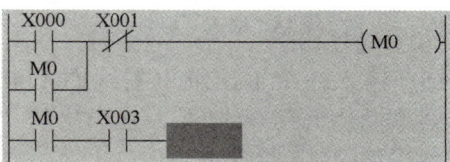

图 1-4-29　输入常开触点 M0

图 1-4-30　输入常开触点 X003

9）输入一个输出继电器线圈 Y000，单击菜单栏"工具→线圈"，在弹出的"梯形图输入"对话框中输入"Y000"，单击"确定"，如图 1-4-31 所示。

10）把光标移动到常开触点 X003 上，单击工具栏上的"垂直线"，如图 1-4-32 所示。

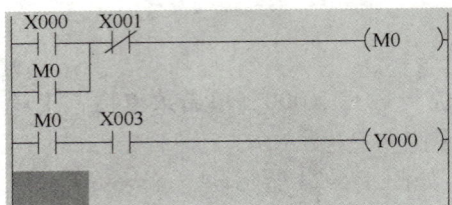

图 1-4-31　输入输出继电器线圈 Y000

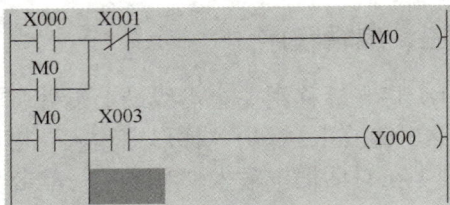

图 1-4-32　输入一段垂直线

11）在垂直线右下方输入一个常开触点 X004，单击菜单栏"工具→触点→常开触点"，在弹出的"梯形图输入"对话框中输入"X004"，单击"确定"，如图 1-4-33 所示。

12）输入一个输出继电器线圈 Y001，单击菜单栏"工具→线圈"，在弹出的"梯形图输入"对话框中输入"Y001"，单击"确定"，如图 1-4-34 所示。

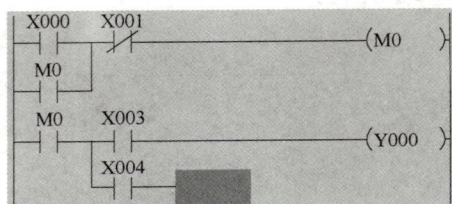

图 1-4-33　在垂直线右下方输入常开触点 X004

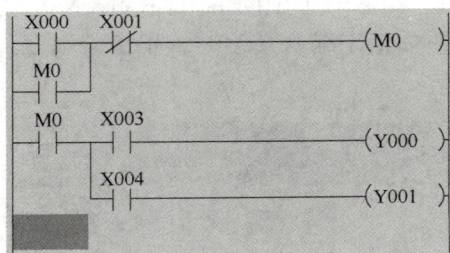

图 1-4-34　输入输出继电器线圈 Y001

13）把光标移动到常开触点 X004 上，单击工具栏上的"垂直线"，如图 1-4-35 所示。

14）在垂直线右下方输入一个常开触点 Y000，单击菜单栏"工具→触点→常开触点"，在弹出的"梯形图输入"对话框中输入"Y000"，单击"确定"，重复上面的操作，在常开触点 Y000 的后面再输入一个常开触点 Y001，如图 1-4-36 所示。

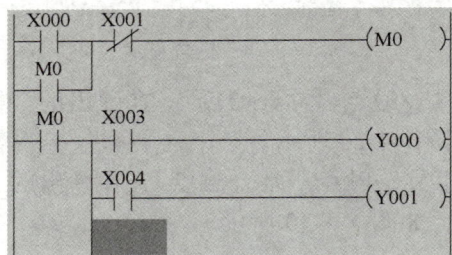

图 1-4-35　输入一段垂直线

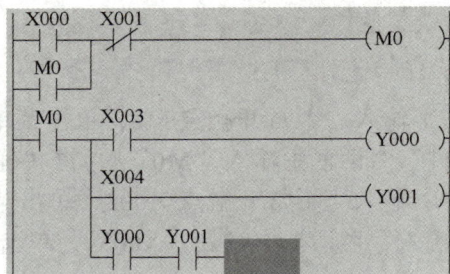

图 1-4-36　输入常开触点 Y000 和 Y001

15）输入一个输出继电器线圈 Y002，按"F7"或单击功能图中的"输出线圈"或点击菜单栏"工具→线圈"，在弹出的"梯形图输入"对话框中输入"Y002"，单击"确定"，如图 1-4-37 所示。

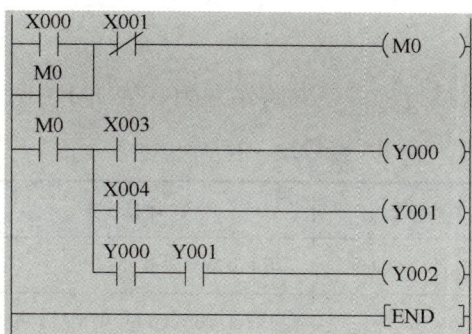

图 1-4-37　输入输出继电器线圈 Y002

四、梯形图的转换

转换梯形图，单击工具栏上的"转换"，梯形图上的阴影部分消失了，说明梯形图已经成功转换，如图 1-4-38 所示。

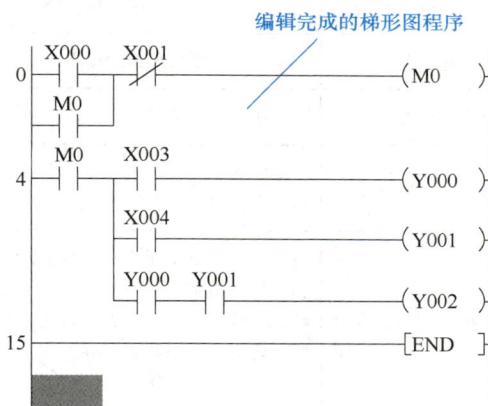

编辑完成的梯形图程序

图 1-4-38　梯形图的转换

五、保存程序

梯形图编辑完成并经过转换后，单击菜单栏上的"文件→保存"，或者单击工具栏上的"保存"图标，弹出"工程另存为"对话框，输入文件名后单击"确定"，程序保存完毕。

六、输出指令表程序

梯形图编辑完成并经过转换后，在操作编辑区右击，选择"写入至 CSV 文件"并单击"是"。在弹出的对话框中输入文件名，单击"确定"，程序保存完毕，如图 1-4-39 所示。

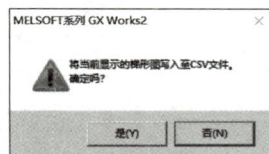

a) 输出指令表　　　　b) 输出指令表保存位置

图 1-4-39　输出指令表程序

任务评价

对任务实施的完成情况进行检查，并将结果填入表 1-4-1 中。

表 1-4-1　任务测评表

序号	主要内容	考核要求	评分标准	配分	扣分	得分
1	软件启动	掌握软件启动方法	不能正确启动软件，扣 5 分	5 分		
2	PLC 类型选择	熟悉 PLC 型号	不能正确选择 PLC 的型号，扣 5 分	5 分		
3	编辑界面转换	正确使用编程软件	不能在梯形图编程界面和指令表编程界面之间相互转换，扣 10 分	10 分		
4	程序编辑	学会程序编辑方法	1. 不能正确使用快捷键、功能图、菜单栏进行程序编辑，每错一次扣 5 分 2. 不能在梯形图编程界面正确输入触点、指令，每错一次扣 5 分	50 分		
5	程序改写	学会程序改写方法	不能正确改写程序，扣 5 分	5 分		
6	程序删除	学会程序删除方法	不能正确删除出错的程序，扣 5 分	5 分		
7	程序保存	学会程序保存方法	不能按要求保存程序，扣 5 分	5 分		
8	程序转换	学会程序转换方法	不能将编辑完成的梯形图程序转换成指令表程序，扣 5 分	5 分		
9	安全文明生产	遵守操作规程，讲文明懂礼貌，训练结束要清理现场	1. 违反安全文明生产考核要求，每项扣 2 分，扣完为止 2. 当教师发现操作者有重大事故隐患时，要立即予以制止，并每次扣安全文明生产分，共 5 分 3. 小组协作不和谐、效率低下，扣 5 分	10 分		
合计				100 分		

开始时间：　　　　　　　　　　　　　　结束时间：

学生姓名：　　　　　　指导教师：　　　　　　　任务实施日期：

项目二

认识 PLC 的基本指令

项 目 导 学

PLC 的编程语言既不同于高级语言，也与其他汇编语言不同，与普通的计算机语言相比具有鲜明特点，它既要满足控制要求，还要具有简单、易修改等特点，是使用 PLC 完成控制操作至关重要的一个环节。

三菱 PLC 有其独特的编程语言，其程序由图形方式表达，PLC 的块式结构使得程序简单，不同的程序块功能不同，有助于程序的完善和修改；指令由不同符号组成，便于编写、分析和修改，图形符号决定了运算功能，参数可按照实际情况填写，不同型号的产品参数选定范围有所不同，必要时需要经过查找手册等方法确定；三菱 PLC 重视自身的调试环节，利用编程器上的按键或者编程软件，在仿真软件的配合下，诊断和调试操作极其方便。

项目二包含 5 个任务，共 13 个知识点，任务一为点动控制的编程，包括取指令、取反指令及输出指令，取上升沿指令与取下降沿指令和梯形图的编程规则等内容；任务二为自锁控制电路的编程，包括触点串、并联指令的要素，触点串、并联指令的应用，触点串、并联指令的用法说明；任务三为多台电动机顺序控制电路的编程，包括电路块"或"操作指令和电路块"与"操作指令；任务四为单台电动机的多档位组合控制，包括主控触点指令和堆栈指令；任务五为电动机正反转控制电路的连接与编程，包括置位与复位指令、微分输出指令和逻辑反、空操作与结束指令等内容。

❖ 学习重点

1. PLC 基本指令应用。

2. PLC 编程应用及电气控制案例分析。

3. PLC 编程与实训（或实践）。

❖ 学习难点

1. PLC 基本指令的应用。

2. PLC 控制电动机运行。

3. PLC 编程实践。

建议课时：14。

 拓展任务

任务一　点动控制电路的编程

任务目标

知识目标：1. 会使用取指令、取反指令与输出指令。
　　　　　2. 掌握取上升沿指令与取下降沿指令的使用方法。
　　　　　3. 理解梯形图的编程规则，并学会简单的梯形图编程。
能力目标：1. 根据任务要求，在网孔板上选择合适的电气控制模块完成任务。
　　　　　2. 掌握取指令、取反指令、输出指令、取上升沿指令与取下降沿指令编程方法，编写简单的梯形图。
素质目标：1. 培养从点滴入手、脚踏实地的学习习惯。
　　　　　2 培养全方面分析问题和思考问题的能力，发扬团结互助的精神。

任务描述

在电动葫芦的操作中，按下按钮时，电动机会拖动吊钩上升下降、左右移动、前后移动；松开按钮时，电动机就会停止，吊钩停止移动；这种控制方式称为点动。应如何实现？

在电气控制中，我们学习过继电器控制电动机的点动运行，现对电动机点动控制电路进行 PLC 改造，如图 2-1-1 所示。选择需要的电气模块，进行电动机点动控制电路连接，按照控制要求编写 PLC 控制程序。控制要求如下：

1）按下 SB，电动机起动；松开 SB，电动机停止。
2）电动机运行时，HL2 亮，HL3 灭。电动机停止时，HL3 亮，HL2 灭。

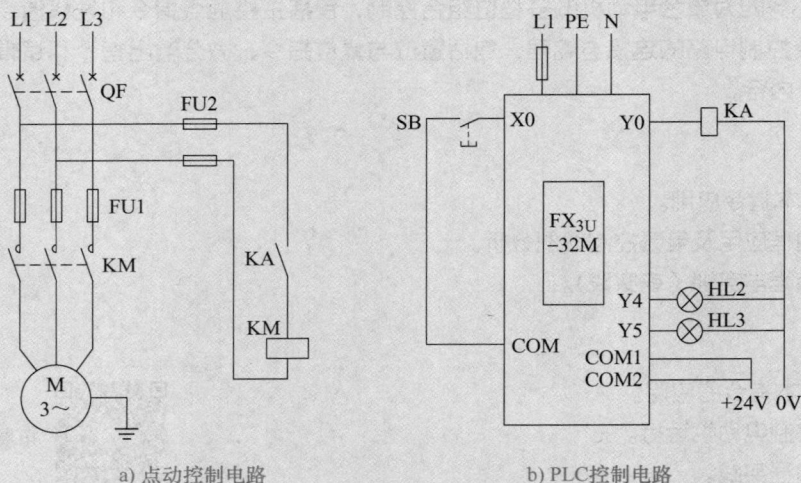

a) 点动控制电路　　　　b) PLC控制电路

图 2-1-1　电动机点动控制电气原理图

任务分析

1. 点动控制

点动控制在电动机控制中是最基本的控制方式。它是按钮"一点就动，松开就停"的电动机控制方式。

2. 工作原理

合上电源开关 QF。

起动：按下 SB → Y000 输出→ KA 线圈得电→ KM 线圈得电→ KM 主触点闭合→电动机起动运转。

停止：松开 SB → Y000 无输出→ KA 线圈失电→ KM 线圈失电→ KM 主触点断开→电动机断电停转。

任务准备

一、取指令、取反指令及输出指令

1. 指令组成

PLC 指令由操作码、操作数组成。

（1）操作码　用助记符表示，用来表明要执行的功能，如 LD 表示取，OR 表示或。

（2）操作数　操作数一般由标识符和参数组成，用来表示操作的对象。标识符表示操作数的类别，参数表明操作数的地址或设定一个预制值。

例如指令表程序 LD　X000，LD 代表指令（操作码），X000 代表编程元件（操作数），其中，X 是标识符，0 是参数。

2. 取指令、取反指令及输出指令的使用要素

取指令、取反指令及输出指令的使用要素见表 2-1-1。

表 2-1-1　取指令、取反指令及输出指令的使用要素

梯形图	指令	功能	操作元件	程序步
⊢⊢	LD	读取第一个常开触点	X、Y、M、S、T、C	1 步
⊢/⊢	LDI	读取第一个常闭触点	X、Y、M、S、T、C	1 步
—( )	OUT	驱动输出线圈	Y、M、T、C	Y、M：1 步；特殊 M：2 步；T：3 步；C：3～5 步

3. 取指令、取反指令及输出指令的应用

1）取指令（LD）是指常开触点与左母线连接的指令，每一个以常开触点开始的逻辑行都用此指令。取指令的用法如图 2-1-2 所示。

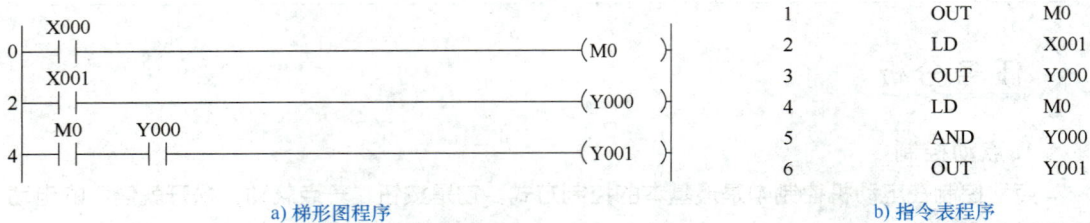

1	OUT	M0
2	LD	X001
3	OUT	Y000
4	LD	M0
5	AND	Y000
6	OUT	Y001

a) 梯形图程序   b) 指令表程序

图 2-1-2　取指令的用法

2）取反指令（LDI）是指常闭触点与左母线连接指令，每一个以常闭触点开始的逻辑行都用此指令。取反指令用法如图 2-1-3 所示。

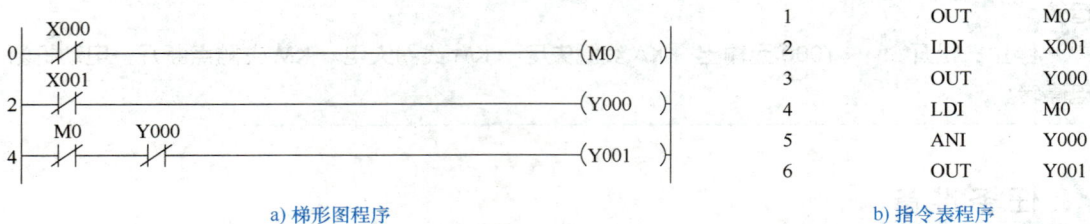

1	OUT	M0
2	LDI	X001
3	OUT	Y000
4	LDI	M0
5	ANI	Y000
6	OUT	Y001

a) 梯形图程序   b) 指令表程序

图 2-1-3　取反指令的用法

3）输出指令（OUT）是指对线圈进行驱动的指令。输出指令可用于输出继电器、辅助继电器、定时器、计数器、状态寄存器等，但不能用于输入继电器。输出指令用于并行输出，能连续使用多次。输出指令的用法如图 2-1-4 所示。

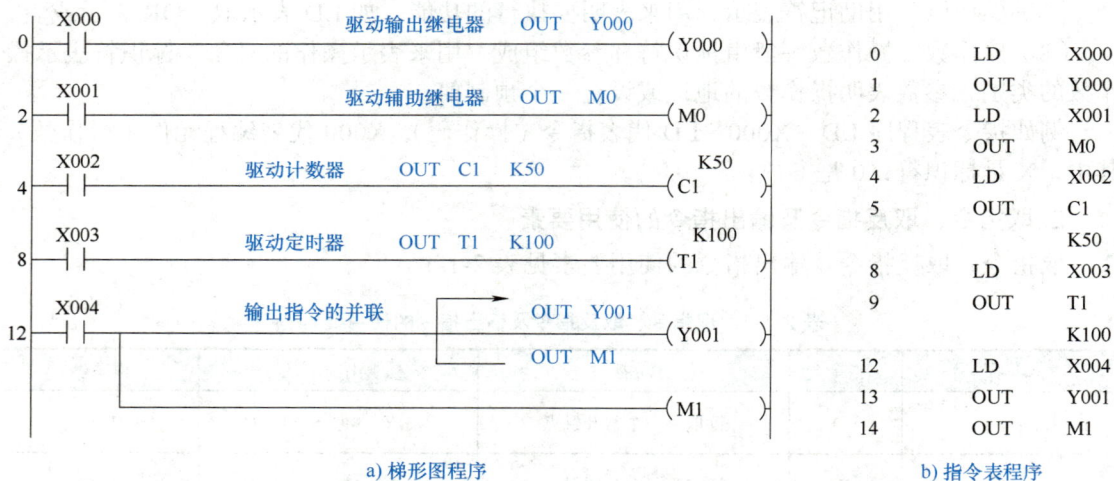

0	LD	X000
1	OUT	Y000
2	LD	X001
3	OUT	M0
4	LD	X002
5	OUT	C1
		K50
8	LD	X003
9	OUT	T1
		K100
12	LD	X004
13	OUT	Y001
14	OUT	M1

a) 梯形图程序   b) 指令表程序

图 2-1-4　输出指令的用法

4. 取指令与输出指令的使用说明

1）LD、LDI 指令既可用于输入左母线相连的触点，也可与 ANB、ORB 指令配合实现块逻辑运算。

2）LD、LDI、LDP、LDF 指令的目标元件为 X、Y、M、T、C、S。

3）OUT 指令可以连续使用若干次（相当于线圈并联），对于定时器和计数器，在

OUT 指令之后应设置常数 K 或数据寄存器。

4）OUT 指令目标元件为 Y、M、T、C 和 S，不能用于 X。

二、取上升沿指令与取下降沿指令

1. 取上升沿指令与取下降沿指令的使用要素

取上升沿指令与取下降沿指令的使用要素见表 2-1-2。

表 2-1-2　取上升沿指令与取下降沿指令的使用要素

梯形图	指令	功能	操作元件	程序步
┤↑├	LDP	上升沿检测	X、Y、M、S、T、C	1 步
┤↓├	LDF	下降沿检测	X、Y、M、S、T、C	1 步

2. 取上升沿指令与取下降沿指令的应用

1）取上升沿指令（LDP）是指与左母线连接的常开触点的上升沿检测指令，仅在指定位元件的上升沿（OFF → ON）时接通 1 个扫描周期。取上升沿指令与取指令的区别如图 2-1-5 所示。

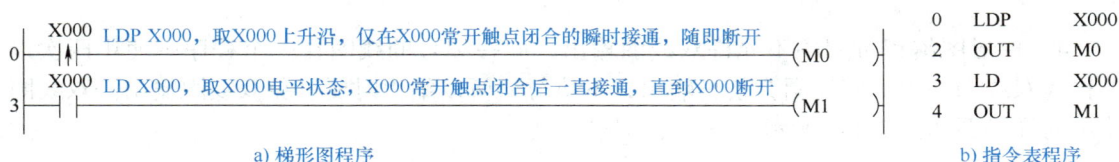

a) 梯形图程序　　　　　　　　　　　　　　　　　　b) 指令表程序

图 2-1-5　取上升沿指令与取指令的区别

2）取下降沿指令（LDF）是指与左母线连接的常闭触点的下降沿检测指令，仅在指定位元件的下降沿（ON → OFF）时接通 1 个扫描周期。取下降沿指令与取指令的区别如图 2-1-6 所示。

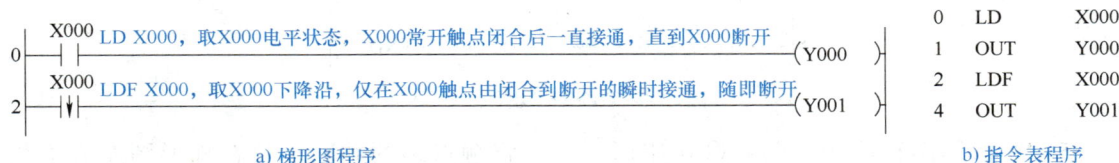

a) 梯形图程序　　　　　　　　　　　　　　　　　　b) 指令表程序

图 2-1-6　取下降沿指令与取指令的区别

3. 取上升沿指令与取下降沿指令的用法说明

1）LDP、LDF 指令仅在对应元件有效时维持 1 个扫描周期的接通。例如，图 2-1-6 所示程序中，当 X0 有一个下降沿时，则 Y001 只有 1 个扫描周期为 ON。

2）LDP、LDF 指令常与置位指令和复位指令配合使用。

三、梯形图的编程规则

1）外部输入 / 输出继电器、内部继电器、定时器、计数器等软元件的触点可重复使用，没有必要特意采用复杂程序结构来减少触点的使用次数，如图 2-1-7 所示。

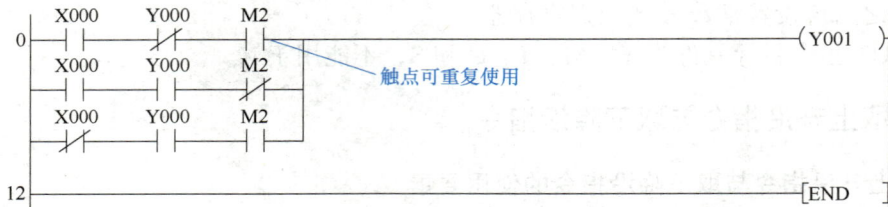

图 2-1-7　软元件的触点可重复使用

2）梯形图每一行都是从左母线开始，线圈接在最右边。在继电器控制原理图中，继电器的触点可以放在线圈的右边，但在梯形图中触点不允许放在线圈的右边。

3）线圈不能直接与左母线相连，即线圈输出作为逻辑结果必须有条件，如图 2-1-8 所示。

图 2-1-8　线圈不能直接与左母线相连

4）梯形图编程过程中不允许双线圈输出，同一编号的线圈在一个程序中使用两次以上称为双线圈输出。双线圈会禁止输出，不执行，所以编程时要避免双线圈输出。双线圈输出的梯形图如图 2-1-9 所示。

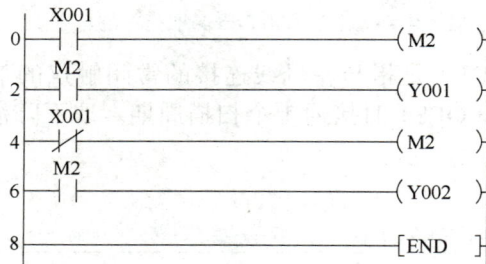

图 2-1-9　双线圈输出的梯形图

5）在梯形图程序中，当并联块串联时，应将触点多的并联块放在梯形图左方（左重右轻原则），图 2-1-10a 所示为不符合"左重右轻"原则的梯形图，经过优化以后，图 2-1-10b 所示为符合"左重右轻"原则的梯形图。

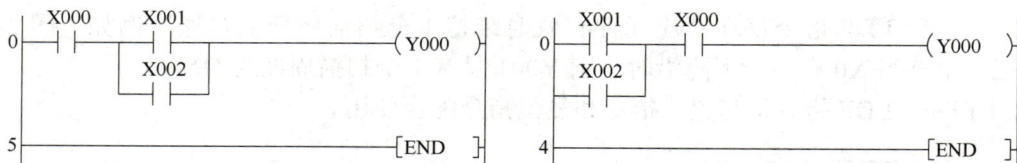

a) 不符合"左重右轻"原则的梯形图　　　　b) 符合"左重右轻"原则的梯形图

图 2-1-10　"左重右轻"原则的梯形图

6）当串联块并联时，应将触点多的串联块放在梯形图的上方（上重下轻的原则），这样可使程序简洁，且减少指令的扫描时间，对于一些大型的程序尤为重要。图 2-1-11a 所示为不符合"上重下轻"原则的梯形图，经过优化以后，图 2-1-11b 所示为符合"上重下轻"原则的梯形图。

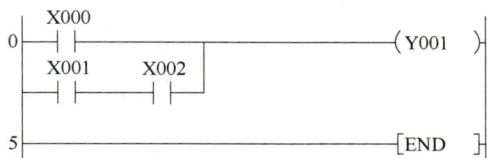

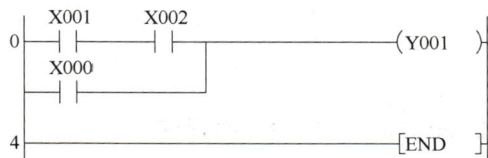

a) 不符合"上重下轻"原则的梯形图　　　　b) 符合"上重下轻"原则的梯形图

图 2-1-11　"上重下轻"原则的梯形图

7）梯形图中的触点可以任意串联或并联，触点的使用次数不受限制。但继电器线圈只能并联而不能串联。

8）以 END 结束程序。

任务实施

一、元器件检查

清点任务所需的设备、工具及材料，并利用万用表检查元器件好坏。

二、建立 I/O 分配表

根据任务，分析做出输入输出 I/O 分配表，见表 2-1-3。

表 2-1-3　输入输出 I/O 分配表

输入			输出		
输入元件	功能作用	输入继电器	输出元件	控制对象	输出继电器
SB	控制按钮	X000	KA	KM	Y000
			HL2	运行指示灯	Y004
			HL3	停止指示灯	Y005

三、电路连接

按照接线要求，完成电动机主电路及 PLC 控制电路的连接，**注意：不能带电接线**。完成接线后进行通电前检查，保证符合工艺规范，电路连接正确。

四、程序编写与下载

1. 电动机控制程序

按下 SB，电动机起动。松开 SB，电动机停止。说明当 X000=0 时，Y000=0；当

X000=1 时，Y000=1，可利用取指令及输出指令编程实现控制功能，电动机点动控制程序如图 2-1-12 所示。

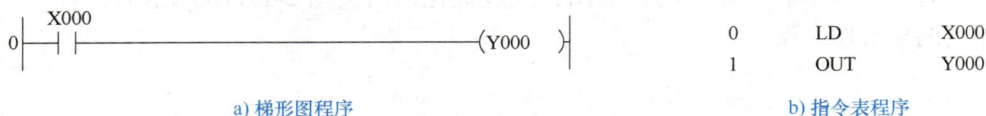

a) 梯形图程序   b) 指令表程序

图 2-1-12　电动机点动控制程序

2. HL2 和 HL3 的控制程序

电动机运行时，HL2 亮，HL3 灭。电动机停止时，HL3 亮，HL2 灭。说明当 Y000=0 时，Y004=0、Y005=1；当 Y000=1 时，Y004=1、Y005=0。可利用取指令、取反指令及输出指令编程实现控制功能，HL2、HL3 的控制程序如图 2-1-13 所示。

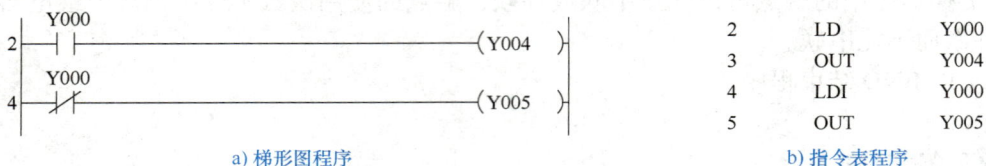

a) 梯形图程序   b) 指令表程序

图 2-1-13　HL2、HL3 的控制程序

程序解析：Y000 的常开触点闭合时，Y004 的线圈得电，Y000 的常开触点断开时，Y004 的线圈失电；Y000 的常闭触点闭合时，Y005 的线圈得电，Y000 的常闭触点断开时，Y005 的线圈失电。

综上所述，电动机点动控制程序如图 2-1-14 所示。

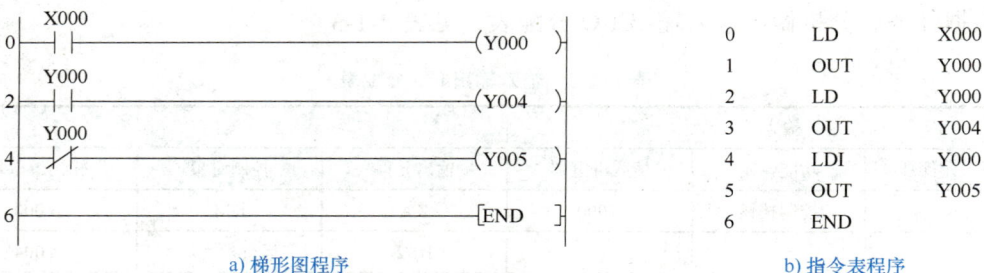

a) 梯形图程序   b) 指令表程序

图 2-1-14　电动机点动控制程序

程序编辑完成后，对编写程序进行转换、修改并保存文件。然后，完成 PLC 程序的写入。通过 RS485 通信连接线，确保计算机串口与 PLC 已经正常连接，在 PLC 已经上电的情况下，单击"在线"菜单中的"PLC 写入"或者单击常用操作工具栏中的"PLC 写入"，按软件操作提示完成写入操作，将编写好的程序正确写入 PLC 中。

五、调试与运行

程序正确写入 PLC 后进入监控状态，进行调试。根据调试过程，将电动机点动控制系统调试记录填入表 2-1-4 中。

电动机点动控制系统调试

表 2-1-4　电动机点动控制系统调试记录

步骤	调试流程	正确现象	观察结果及解决措施
1	按下 SB	电动机运行 HL2 亮，HL3 灭	
2	松开 SB	电动机停止 HL2 灭，HL3 亮	

六、实训场地现场清理

实训完成后，对所操作设备进行复位、还原。拆除安全插接线、整理工位、清点工具、清扫现场卫生，并填写设备使用登记表。

任务评价

对任务实施的完成情况进行检查，并将结果填入表 2-1-5 中。

表 2-1-5　任务测评表

序号	主要内容	考核要求	评分标准	配分	扣分	得分
1	控制电路的连接	根据任务要求，连接控制电路	1. 不能正确连接指示灯，扣 10 分 2. 不能正确连接按钮，扣 10 分 3. 不能正确连接 PLC，扣 10 分 4. 不能正确连接主电路，扣 10 分	40 分		
2	编写控制程序	根据任务要求，编写控制程序	1. 两个信号指示灯不能按要求点亮，每出错一次扣 10 分，共 20 分，扣完为止 2. 编写程序不能达到控制要求扣 10 分，调整一次程序仍不能达到要求扣 10 分，共 20 分，扣完为止	40 分		
3	工艺符合技能大赛标准	根据任务要求，布线合理、美观	1. 电路连接跨过端子排，每处扣 1 分 2. 导线捆扎间隔距离为 60 ~ 80mm，未达到每处扣 0.5 分 3. 网孔板上的导线悬空，固定线夹子间距不为 100 ~ 160mm，每处扣 0.5 分 4. 导线从模块内部穿过，每处扣 1 分	10 分		
4	安全文明生产	遵守操作规程，尊重考评员，讲文明懂礼貌，考试结束要清理现场	1. 考试中，违反安全文明生产考核要求，每项扣 2 分，扣完为止 2. 当教师发现操作者有重大事故隐患时，要立即予以制止，并扣安全文明生产分，共 5 分 3. 小组协作不和谐、效率低下，扣 5 分	10 分		
		合计		100 分		

开始时间：		结束时间：	
学生姓名：		指导教师：	任务实施日期：

任务二 自锁控制电路的编程

任务目标

知识目标：1. 掌握触点串联指令的功能及用法。

2. 掌握触点并联指令的功能及用法。

能力目标：1. 能正确使用触点并联指令，能使用触点并联指令编写程序。

2. 能正确使用触点串联指令，能使用触点串联指令编写程序。

素质目标：1. 养成独立思考和动手操作的习惯。

2. 培养小组协调能力和合作学习的精神。

任务描述

在设备的操作中，按下起动按钮，电动机起动运行；按下停止按钮，电动机停止运行；这种控制方式称为自锁。应如何实现？

在电气控制中，我们学习过继电器控制电动机的自锁，现在对电动机自锁控制电路进行 PLC 改造，如图 2-2-1 所示。选择需要的电气模块，进行电动机自锁控制电路连接，按照控制要求编写 PLC 控制程序。控制要求如下：

1）按下 SB1，电动机起动，连续运行。

2）按下 SB2，电动机停止。

3）电动机运行时，HL2 亮，HL3 灭。电动机停止时，HL3 亮，HL2 灭。

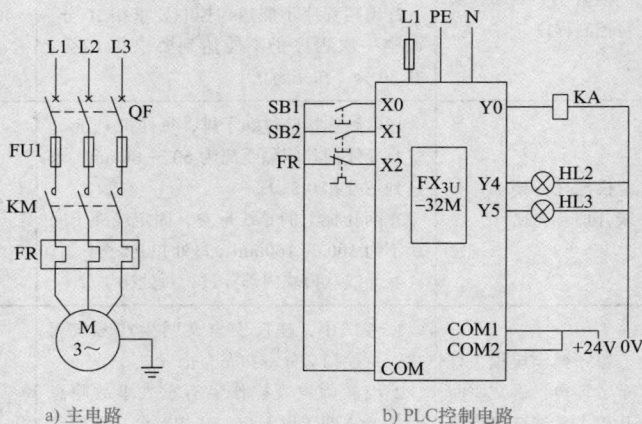

a) 主电路   b) PLC控制电路

图 2-2-1　电动机自锁控制电气原理图

任务分析

1. 自锁控制

自锁控制的连续运行在电动机控制中是最基本的电路。按下按钮，电动机运转；松开按钮，

电动机还处于运转状态，这种状态称为自锁控制。

2. 工作原理

合上电源开关 QF。

起动：按下 SB1 → Y0 输出 → KA 线圈得电 → KM 线圈得电 → KM 常开触点闭合 → 自锁；KM 主触点闭合 → 电动机起动运转。

停止：按下 SB2 → Y0 无输出 → KA 线圈失电 → KM 线圈失电 → KM 主触点断开 → 电动机断电停转。

任务准备

一、触点串、并联指令的要素

触点串联指令包括与指令（AND）、与反指令（ANI）、上升沿检测串联连接指令（ANDP）以及下降沿检测串联连接指令（ANDF）4 种。触点并联指令包括或指令（OR）、或非指令（ORI）、上升沿检测并联连接指令（ORP）以及下降沿检测并联连接指令（ORF）4 种。触点串、并联指令的使用要素见表 2-2-1。

表 2-2-1　触点串、并联指令的使用要素

梯形图	指令	功能	操作元件	程序步
	AND	串联一个常开触点	X、Y、M、S、T、C	1 步
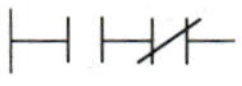	ANI	串联一个常闭触点	X、Y、M、S、T、C	1 步
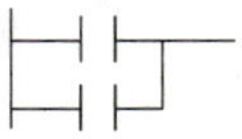	OR	并联一个常开触点	X、Y、M、S、T、C	1 步
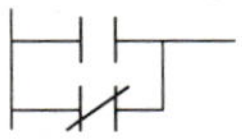	ORI	并联一个常闭触点	X、Y、M、S、T、C	1 步
	ANDP	上升沿检测串联连接	X、Y、M、S、T、C	2 步
	ANDF	下降沿检测串联连接	X、Y、M、S、T、C	2 步
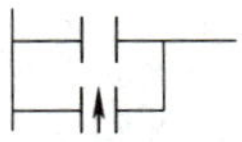	ORP	上升沿检测并联连接	X、Y、M、S、T、C	2 步
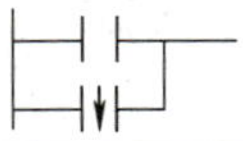	ORF	下降沿检测并联连接	X、Y、M、S、T、C	2 步

二、触点串、并联指令的应用

1. 与指令（AND）

与指令是常开触点串联连接指令，完成逻辑"与"运算。与指令的用法如图 2-2-2 所示，图中的 3 个常开触点是串联关系。

```
0    LD     X000
1    AND    X001
2    AND    X002
3    OUT    Y000
```

a) 梯形图程序　　　　　b) 指令表程序

图 2-2-2　与指令的用法

2. 与反指令（ANI）

与反指令是常闭触点串联连接指令，完成逻辑"与非"运算。与反指令的用法如图 2-2-3 所示。

```
0    LD     X000
1    ANI    X001
2    ANI    X002
3    OUT    Y000
```

a) 梯形图程序　　　　　b) 指令表程序

图 2-2-3　与反指令的用法

综上所述，与指令（AND）和与反指令（ANI）的区别在于，若串联常开触点，则使用 AND 指令；若串联常闭触点，则使用 ANI 指令。

3. 或指令（OR）

或指令是常开触点并联连接指令，完成逻辑"或"运算。或指令的用法如图 2-2-4 所示。

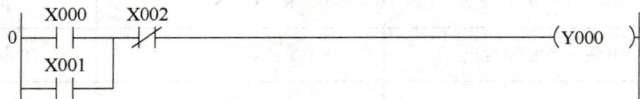

```
0    LD     X000
1    OR     X001
2    ANI    X002
3    OUT    Y000
```

a) 梯形图程序　　　　　b) 指令表程序

图 2-2-4　或指令的用法

4. 或非指令（ORI）

或非指令是常闭触点并联连接指令，完成逻辑"或非"运算。或非指令的用法如图 2-2-5 所示。

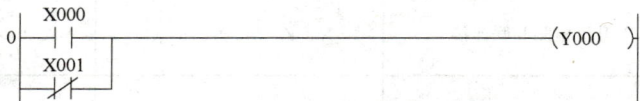

```
0    LD     X000
1    ORI    X001
2    OUT    Y000
```

a) 梯形图程序　　　　　b) 指令表程序

图 2-2-5　或非指令的用法

综上所述，或指令（OR）和或非指令（ORI）的区别在于，若并联常开触点，则使用 OR 指令；若并联常闭触点，则使用 ORI 指令。

5. 上升沿检测串联连接指令（ANDP）

ANDP 指令是上升沿检测的串联连接指令，仅在指定的位元件上升沿（OFF → ON）时，接通 1 个扫描周期，操作的目标元件是 X、Y、M、S、T、C。上升沿检测的串联连

接指令的用法如图 2-2-6 所示。

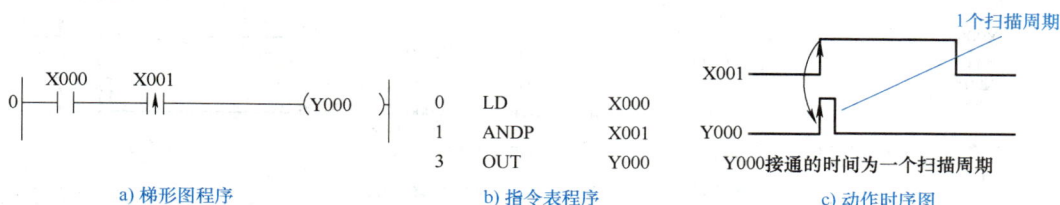

a) 梯形图程序　　　　　　　b) 指令表程序　　　　　　　c) 动作时序图

图 2-2-6　上升沿检测串联连接指令的用法

6. 下降沿检测串联连接指令（ANDF）

ANDF 指令是下降沿检测的串联连接指令，仅在指定的位元件下降沿（ON → OFF）时，接通 1 个扫描周期，操作的目标元件是 X、Y、M、S、T、C。下降沿检测的串联连接指令的用法如图 2-2-7 所示。

a) 梯形图程序　　　　　　　b) 指令表程序　　　　　　　c) 动作时序图

图 2-2-7　下降沿检测串联连接指令的用法

7. 上升沿检测并联连接指令（ORP）

ORP 指令是上升沿检测的并联连接指令，仅在指定的位元件上升沿（OFF → ON）时，接通 1 个扫描周期，操作的目标元件是 X、Y、M、S、T、C。上升沿检测的并联连接指令的用法如图 2-2-8 所示。

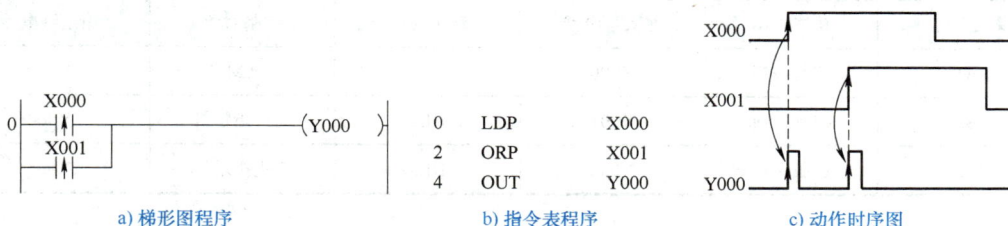

a) 梯形图程序　　　　　　　b) 指令表程序　　　　　　　c) 动作时序图

图 2-2-8　上升沿检测并联连接指令的用法

8. 下降沿检测并联连接指令（ORF）

ORF 指令是下降沿检测的并联连接指令，仅在指定的位元件下降沿（ON → OFF）时，接通 1 个扫描周期，操作的目标元件是 X、Y、M、S、T、C。下降沿检测的并联连接指令的用法如图 2-2-9 所示。

三、触点串、并联指令的用法说明

1）AND、ANI、ANDP、ANDF 都是指单个触点串联连接的指令，串联次数没有限制，可反复使用。

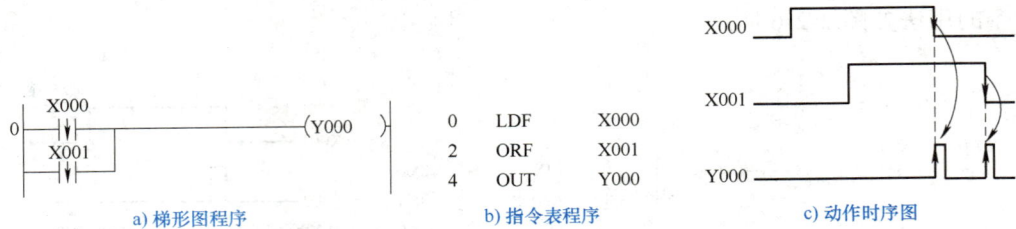

a) 梯形图程序   b) 指令表程序   c) 动作时序图

图 2-2-9   下降沿检测并联连接指令的用法

2）OR、ORI、ORP、ORF 指令都是指单个触点的并联，并联触点的左端接到 LD、LDI、LDP 或 LPF 处，右端与前一条指令对应触点的右端相连。触点并联指令连续使用的次数不限。

3）AND、ANI、ANDP、ANDF、OR、ORI、ORP、ORF 指令可操作的元件为 X、Y、M、T、C 和 S。

任务实施

一、元器件检查

清点任务所需的设备、工具及材料，并利用万用表检查元器件好坏。

二、建立 I/O 分配表

根据任务，分析做出输入输出 I/O 分配表，见表 2-2-2。

表 2-2-2   输入输出 I/O 分配表

输入			输出		
输入元件	功能作用	输入继电器	输出元件	控制对象	输出继电器
SB1	控制按钮	X000	KA	KM	Y000
SB2	控制按钮	X001	HL2	运行指示灯	Y004
FR	过载保护	X002	HL3	停止指示灯	Y005

三、电路连接

按照接线要求，完成电动机主电路及 PLC 控制电路的连接，**注意：不能带电接线。** 完成接线后进行通电前检查，保证符合工艺规范，电路连接正确。

四、程序编写与下载

1. 电动机控制程序

按下 SB1，电动机起动，自锁运行。按下 SB2，电动机停止。说明当 X000=0、X001=0 时，Y000=0；当 X000=1、X001=0 时，Y000=1；当 X001=1 时，Y000=0，可利用取指令及输出指令编程实现控制功能，电动机自锁控制程序如图 2-2-10 所示。

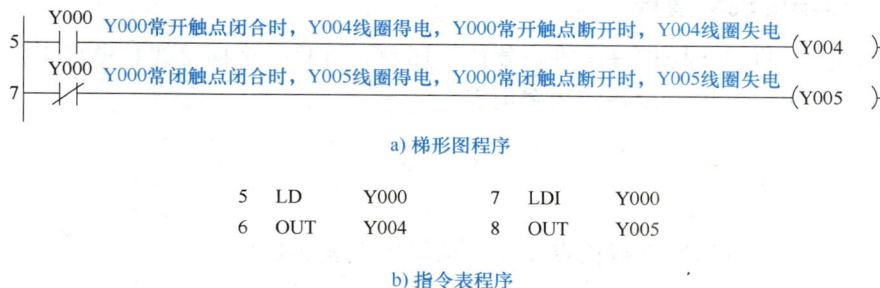

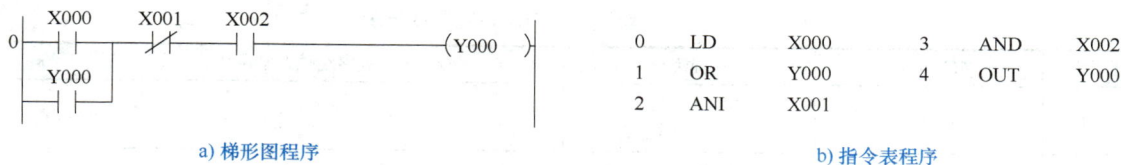

a) 梯形图程序　　　　　　　　　　b) 指令表程序

图 2-2-10　电动机自锁控制程序

2. HL2 和 HL3 的控制程序

电动机运行时，HL2 亮，HL3 灭。电动机停止时，HL3 亮，HL2 灭。说明当 Y000=0 时，Y004=0、Y005=1；当 Y000=1 时，Y004=1、Y005=0。可利用取指令、取反指令及输出指令编程实现控制功能，HL2、HL3 的控制程序如图 2-2-11 所示。

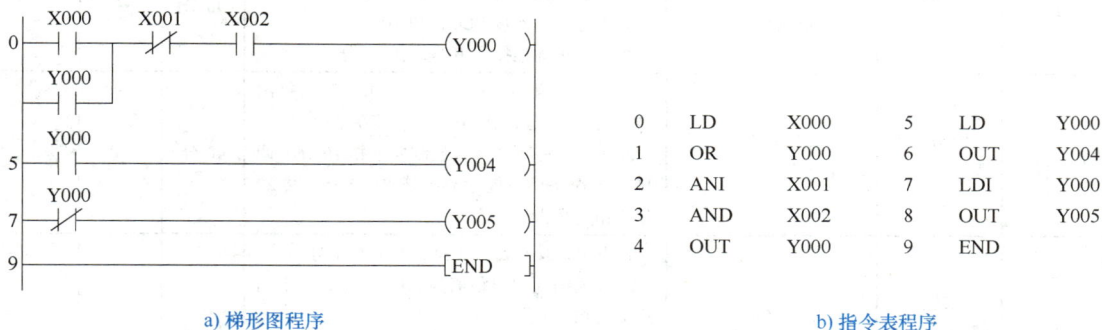

a) 梯形图程序

| 5 | LD | Y000 | 7 | LDI | Y000 |
| 6 | OUT | Y004 | 8 | OUT | Y005 |

b) 指令表程序

图 2-2-11　HL2、HL3 的控制程序

综上所述，电动机自锁控制程序如图 2-2-12 所示。

0	LD	X000	5	LD	Y000
1	OR	Y000	6	OUT	Y004
2	ANI	X001	7	LDI	Y000
3	AND	X002	8	OUT	Y005
4	OUT	Y000	9	END	

a) 梯形图程序　　　　　　　　　　b) 指令表程序

图 2-2-12　电动机自锁控制程序

程序编辑完成后，对编写程序进行转换、修改并保存文件。然后，完成 PLC 程序的写入。通过 RS485 通信连接线，确保计算机串口与 PLC 已经正常连接，在 PLC 已经上电的情况下，单击"在线"菜单中的"PLC 写入"或者单击常用操作工具栏中的"PLC 写入"，将编写好的程序正确写入 PLC 中。

五、调试与运行

程序正确写入 PLC 后进入监控状态，进行调试。根据调试过程，将电动机自锁控制系统调试记录填入表 2-2-3 中。

电动机自锁控制系统调试

表 2-2-3　电动机自锁控制系统调试记录

步骤	调试流程	正确现象	观察结果及解决措施
1	初始状态	电动机停止 HL3 亮、HL2 灭	
2	按下 SB1	电动机运行 HL2 亮，HL3 灭	
3	松开 SB1	电动机运行 HL2 亮，HL3 灭	
4	按下 SB2	电动机停止 HL2 灭，HL3 亮	

六、实训场地现场清理

实训完成后，将对所操作设备进行复位、还原。拆除安全插接线、整理工位、清点工具、清扫现场卫生，并填写设备使用登记表。

任务评价

对任务实施的完成情况进行检查，并将结果填入表 2-2-4 中。

表 2-2-4　任务测评表

序号	主要内容	考核要求	评分标准	配分	扣分	得分
1	控制电路的连接	根据任务要求，连接控制电路	1. 不能正确连接信号指示灯，扣 10 分 2. 不能正确连接按钮，扣 10 分 3. 不能正确连接 PLC，扣 10 分 4. 不能正确连接主电路，扣 10 分	40 分		
2	编写控制程序	根据任务要求，编写控制程序	1. 两个信号指示灯不能按要求点亮，每出错一次扣 10 分，共 20 分，扣完为止 2. 编写程序不能达到控制要求扣 10 分，调整一次程序仍不能达到要求扣 10 分，共 20 分，扣完为止	40 分		
3	工艺符合技能大赛标准	根据任务要求，布线合理、美观	1. 电路连接跨过端子排，每处扣 1 分 2. 导线捆扎间隔距离为 60～80mm，未达到每处扣 0.5 分 3. 网孔板上的导线悬空，固定线夹子间距不为 100～160mm，每处扣 0.5 分 4. 导线从模块内部穿过，每处扣 1 分	10 分		
4	安全文明生产	遵守操作规程，尊重考评员，讲文明懂礼貌，考试结束要清理现场	1. 考试中，违反安全文明生产考核要求，每项扣 2 分，扣完为止 2. 当老师发现操作者有重大事故隐患时，要立即予以制止，并扣安全文明生产分，共 5 分 3. 小组协作不和谐、效率低下，扣 5 分	10 分		
		合计		100 分		

开始时间：		结束时间：	
学生姓名：	指导教师：		任务实施日期：

任务三　多台电动机顺序控制电路的编程

任务目标

知识目标：1. 学会电路块"或"操作指令和电路块"与"操作指令的功能及用法。

2. 掌握电动机顺起逆停的控制原理。

能力目标：1. 能够应用电路块"或"操作指令和电路块"与"操作指令编写程序。

2. 掌握选用电气元器件的方法。

3. 能正确连接电路，编写控制程序。

素质目标：1. 培养积极动手操作的习惯。

2. 提高举一反三的能力和分析解决问题的能力。

3. 鼓励小组协调和合作学习的精神。

任务描述

在一些生产设备上，不同电动机起到不同的作用，多台电动机有时必须按照一定的顺序起动或停止，才能保证生产设备的安全运行，这种方式称为电动机的顺序控制。

在电气控制中，我们学习过继电器控制电动机的顺序控制，现对电动机顺序控制电路进行PLC 改造，如图 2-3-1 所示，选择需要的电气模块，进行电动机顺序控制电路连接，按照控制要求编写 PLC 控制程序。控制要求如下：

1）M1 的运行指示灯为 HL2，停止指示灯为 HL3；M2 的运行指示灯为 HL5，停止指示灯为HL6；M3 的运行指示灯为 HL7，停止指示灯为 HL8。

2）M1 的起动按钮是 SB1，停止按钮是 SB2；M2 的起动按钮是 SB4，停止按钮是 SB5；M3的起动按钮是 SB3，停止按钮是 SB6。

3）三台电动机的控制关系为顺序起动，即 M1 → M2 → M3。当 M2 起动时，必须 M1 先起动，否则无法起动；当 M3 起动时，必须 M1、M2 都起动，否则无法起动。停止时无要求。

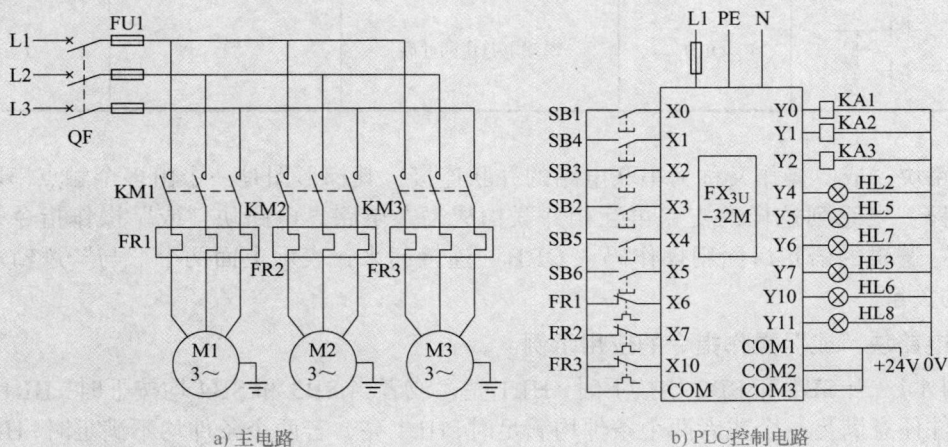

a) 主电路　　　　　　　　　　　　　　　　b) PLC控制电路

图 2-3-1　多台电动机顺序控制电气原理图

任务分析

1. 顺序控制

几台电动机的起动或者停止必须按照一定的顺序来完成的控制方式称为电动机的顺序控制。

2. 工作原理

合上电源开关 QF。

起动：按下 SB1 → Y000 输出 → KA1 线圈得电 → KM1 线圈得电 → KM1 常开触点闭合 → 自锁；KM1 主触点闭合 → M1 起动运转。

同理，按下 SB4 → M2 起动运转，按下 SB3 → M3 起动运转。

停止：按下 SB2 → Y000 无输出 → KA1 线圈失电 → KM1 线圈失电 → KM1 主触点断开 → M1 断电停转。

同理，按下 SB5 → M2 断电停转，按下 SB6 → M3 断电停转。

任务准备

一、电路块"或"操作指令（ORB）

在梯形图中，可能会出现电路块与电路块并联的情况，这时，就要使用电路块"或"操作指令（ORB）。

1. 电路块"或"操作指令的使用要素

电路块"或"操作指令的使用要素见表 2-3-1。

表 2-3-1　电路块"或"操作指令的使用要素

梯形图	指令	功能	操作元件	程序步
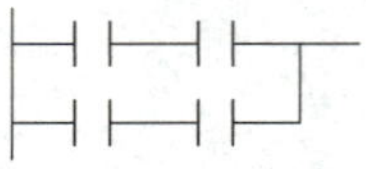	ORB	串联电路块的并联	无	1 步

电路块"或"操作又称为串联电路的并联连接，其梯形图是一个由多个触点串联构成一条支路，一系列这样的支路再互相并联构成复杂电路。电路块"或"操作指令是在两个"与"逻辑的语句后面用操作码"ORB"连接起来，表示上面两个"与"逻辑之间是"或"的关系。

2. 电路块"或"操作指令的应用示例

【例1】 当 SB1 和 SB2 均按下时，HL1 亮，或者当 SB3 和 SB4 均按下时，HL1 也亮，两个条件任意满足一个或者两个条件均满足时，HL1 亮，若两个条件均不满足时，HL1 灭。

根据控制要求，分析任务并做出输入输出 I/O 分配表，见表 2-3-2。

表 2-3-2 输入输出 I/O 分配表

输入			输出		
输入元件	功能作用	输入继电器	输出元件	控制对象	输出继电器
SB1	控制按钮	X000	HL1	信号指示灯	Y000
SB2	控制按钮	X001			
SB3	控制按钮	X002			
SB4	控制按钮	X003			

案例分析:

1)当 SB1 和 SB2 均按下时,HL1 亮,说明 X000、X001 是"与"的关系,表现在电路形式上为串联,X000 与 X001 串联后形成电路块 A。

2)当 SB3 和 SB4 均按下时,HL1 亮,说明 X002、X003 是"与"的关系,表现在电路形式上为串联,X002 与 X003 串联后形成电路块 B。

3)电路块 A 和电路块 B 任意接通一个或两个都接通时,HL1 亮,说明两个电路块为"或"的关系,表现在电路形式上为并联。

根据案例分析,编写控制程序,如图 2-3-2 所示。

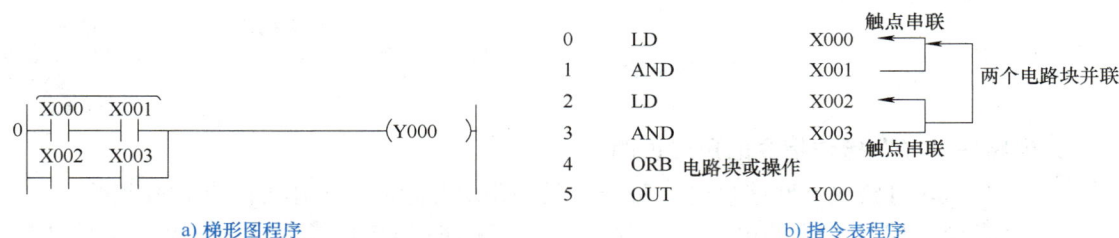

a) 梯形图程序   b) 指令表程序

图 2-3-2 电路块"或"操作指令示例 1

【例 2】 当 SB1 和 SB2 两个控制按钮任意一个按下时(注意:必须是 1 个),HL1 亮,若两个控制按钮均不按下或者两个按钮都按下时,HL1 灭。

根据控制要求,分析任务并做出输入输出 I/O 分配表,见表 2-3-3。

表 2-3-3 输入输出 I/O 分配表

输入			输出		
输入元件	功能作用	输入继电器	输出元件	控制对象	输出继电器
SB1	控制按钮	X000	HL1	信号指示灯	Y000
SB2	控制按钮	X001			

案例分析:

根据控制要求,用数字 1 代表按钮按下或信号指示灯亮,用数字 0 代表按钮松开或信号指示灯灭,分析任务并做出控制真值表,见表 2-3-4。

表 2-3-4 控制真值表

序号	输入		输出	控制描述
	X000	X001	Y000	
1	0	0	0	SB1、SB2 两个按钮均不按下时，信号指示灯灭
2	0	1	1	SB1 不按下且 SB2 按下时，信号指示灯亮
3	1	0	1	SB1 按下且 SB2 不按下时，信号指示灯亮
4	1	1	0	SB1、SB2 两个按钮均按下时，信号指示灯灭

由表 2-3-4 可知，在信号指示灯的控制过程中，有两种情况可以使得信号指示灯亮，这两种情况任意满足一种即可使信号指示灯亮，因此这两种情况在电路上的表现形式为电路块的并联。

根据案例分析，用 0 代表常闭触点，用 1 代表常开触点，编写梯形图程序，如图 2-3-3 所示。

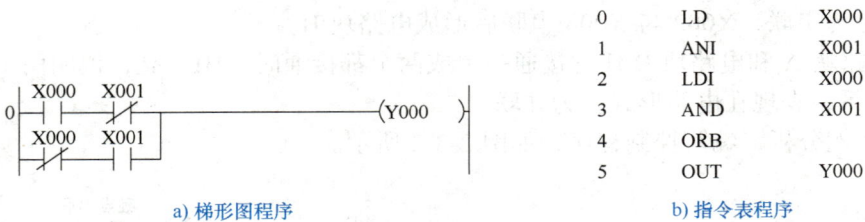

a) 梯形图程序   b) 指令表程序

图 2-3-3 电路块"或"操作指令示例 2

3. 电路块"或"操作指令的用法说明

1）几个串联电路块并联连接时，每个串联电路块开始时应该用 LD 或 LDI 指令。

2）有多个电路块并联的电路，如对每个电路块使用 ORB 指令，则并联的电路块数量没有限制。

3）ORB 指令也可以连续使用，但这种程序写法不推荐，LD 或 LDI 指令的使用次数不得超过 8 次，也就是 ORB 只能连续使用 8 次以下。

4）单个触点与前面电路并联时不能用电路块"或"操作指令，如图 2-3-4 所示。

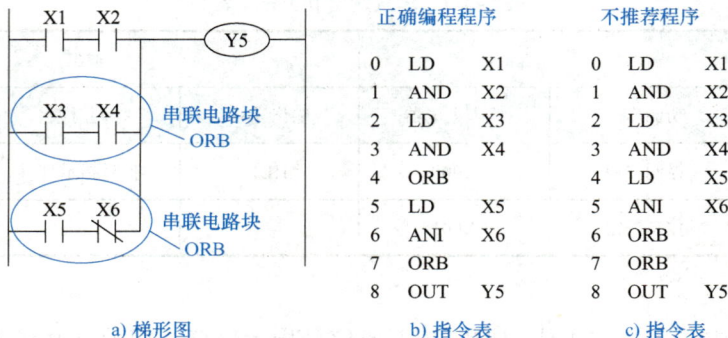

a) 梯形图   b) 指令表   c) 指令表

图 2-3-4 电路块"或"操作指令用法说明

二、电路块"与"操作指令（ANB）

在梯形图中，可能会出现电路块与电路块串联的情况，这时，就要使用电路块"与"操作指令（ANB）。

1. 电路块"与"操作指令的使用要素

电路块"与"操作指令的使用要素见表 2-3-5。

表 2-3-5　电路块"与"操作指令的使用要素

梯形图	指令	功能	操作元件	程序步
	ANB	并联电路块的串联	无	1 步

电路块"与"操作又称为并联电路的串联连接，其梯形图是一个由多个触点并联构成一个局部电路，一系列这样的局部电路再互相串联构成复杂电路。电路块"与"操作指令是在两个"或"逻辑的语句后面用操作码"ANB"连接起来，表示上面两个"或"逻辑之间是"与"的关系。

2. 电路块"与"操作指令的应用示例

【例 1】　SB1 和 SB2 两个按钮至少按下一个，并且 SB3 和 SB4 两个按钮至少按下一个时，HL2 亮，两个条件均满足时，HL2 亮；若两个条件只满足一个或者两个都不满足时，HL2 灭。

根据控制要求，分析任务并做出输入输出 I/O 分配表，见表 2-3-6。

表 2-3-6　输入输出 I/O 分配表

输入			输出		
输入元件	功能作用	输入继电器	输出元件	控制对象	输出继电器
SB1	控制按钮	X000	HL2	信号指示灯	Y001
SB2	控制按钮	X001			
SB3	控制按钮	X002			
SB4	控制按钮	X003			

案例分析：

1）电路块 A：SB1 和 SB2 两个按钮至少按下一个，是 HL2 亮的必要条件之一，至少按下一个的意思是 SB1 和 SB2 两个按钮按下一个也可以，按下两个也可以。说明 X000、X001 是"或"的关系，表现在电路形式上为并联，X000 与 X001 并联后形成电路块 A。

2）电路块 B：SB3 和 SB4 两个按钮至少按下一个，是 HL2 亮的必要条件之一，说明 X002、X003 是"或"的关系，表现在电路形式上为并联，X2 与 X3 并联后形成电路块 B。

3）电路块 A 和电路块 B 必须都接通，HL2 亮，说明两个电路块为"与"的关系，表现在电路形式上为串联。

根据案例分析，编写程序如图 2-3-5 所示。

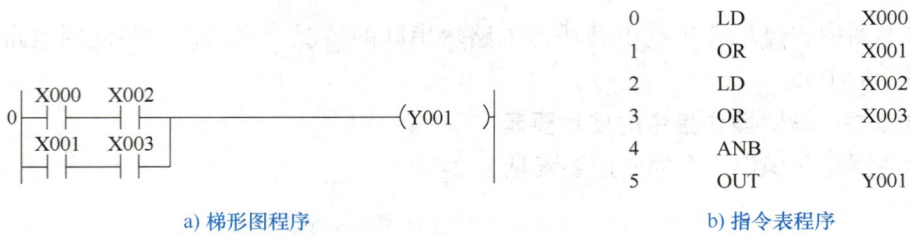

0	LD	X000
1	OR	X001
2	LD	X002
3	OR	X003
4	ANB	
5	OUT	Y001

a) 梯形图程序   b) 指令表程序

图 2-3-5　电路块"与"操作指令示例

【例 2】 SB1 和 SB2 两个控制按钮任意按下一个（**注意**：必须是一个），并且 SB3 和 SB4 两个按钮至少按下一个时（**注意**：按下一个或两个），HL1 亮；若两个条件中有一个不满足或者两个都不满足时，HL1 灭。

根据控制要求，分析任务并做出输入输出 I/O 分配表，见表 2-3-7。

表 2-3-7　输入输出 I/O 分配表

输入			输出		
输入元件	功能作用	输入继电器	输出元件	控制对象	输出继电器
SB1	控制按钮	X000	HL1	信号指示灯	Y001
SB2	控制按钮	X001			
SB3	控制按钮	X002			
SB4	控制按钮	X003			

案例分析：

1）用数字 1 代表按钮按下或条件一成立，用数字 0 代表按钮松开或条件一不成立，分析任务并做出条件一的控制真值表，见表 2-3-8。

表 2-3-8　条件一的控制真值表

序号	输入		条件一	控制描述
	X000	X001	M0	
1	0	0	0	SB1、SB2 两个按钮均不按下时，条件一不成立
2	0	1	1	SB1 不按下并且 SB2 按下时，条件一成立
3	1	0	1	SB1 按下并且 SB2 不按下时，条件一成立
4	1	1	0	SB1、SB2 两个按钮均按下时，条件一不成立

由表 2-3-8 可知，在条件一的控制过程中，有两种情况可以使得条件一成立，这两种情况任意满足一种即可使条件一成立，因此这两种情况在电路上的表现形式为电路块的并联，用辅助继电器 M0 代表条件一。

2）用数字 1 代表按钮按下或条件二成立，用数字 0 代表按钮松开或条件二不成立，分析任务并做出条件二的控制真值表，见表 2-3-9。

表 2-3-9 条件二控制真值表

序号	输入		条件二	控制描述
	X002	X003	M1	
1	0	0	0	SB3、SB4 两个按钮均不按下时，条件二不成立
2	0	1	1	SB3 不按下且 SB4 按下时，条件二成立
3	1	0	1	SB3 按下且 SB4 不按下时，条件二成立
4	1	1	1	SB3、SB4 两个按钮均按下时，条件二成立

由表 2-3-9 可知，在条件二的控制过程中，有 3 种情况可以使得条件二成立，这 3 种情况任意满足一种即可使条件二成立，因此这 3 种情况在电路上的表现形式为电路块的并联，用辅助继电器 M1 来表示条件二，则：$M1 = \overline{X002}X003 + X002\overline{X003} + X002X003 = X002 + X003$，即条件二在逻辑上的表现形式为 X002、X003 相"或"，在电路上的表现形式为 X002 常开触点和 X003 常开触点并联。

3）若两个条件都满足时，HL1 亮，若两个条件中有一个不满足或者两个都不满足时，HL1 灭。说明条件一和条件二在逻辑上的表现形式为相"与"，在电路上的表现形式为串联。

编写控制程序方法如下：

1）方法一：利用辅助继电器编程。

如图 2-3-6 所示，根据案例分析，用 0 代表常闭触点，用 1 代表常开触点。

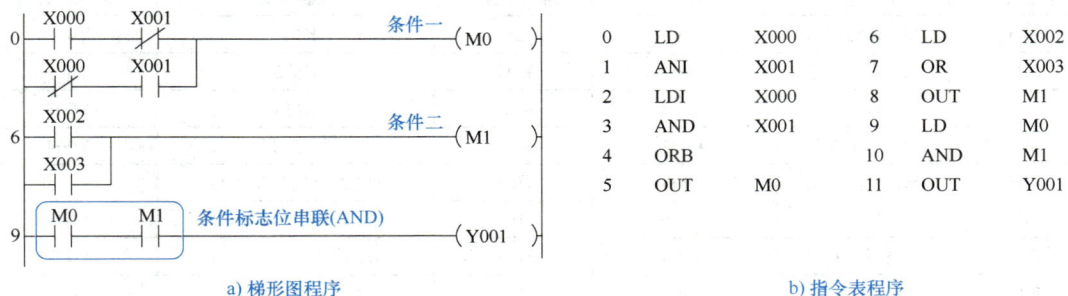

0	LD	X000	6	LD	X002
1	ANI	X001	7	OR	X003
2	LDI	X000	8	OUT	M1
3	AND	X001	9	LD	M0
4	ORB		10	AND	M1
5	OUT	M0	11	OUT	Y001

a) 梯形图程序　　　　　　b) 指令表程序

图 2-3-6 利用辅助继电器编程

2）方法二：利用电路块"与"操作指令编程。

如图 2-3-7 所示，可以利用电路块"与"操作指令将条件一和条件二直接串联起来，省去辅助继电器 M0 和 M1。

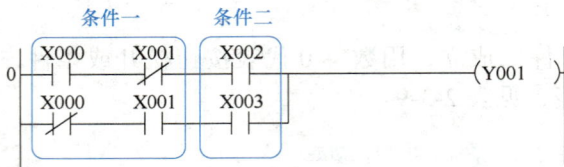

```
0   LD    X000
1   ANI   X001
2   LDI   X000
3   AND   X001
4   ORB
5   LD    X002
6   OR    X003
7   ANB
8   OUT   Y001
```

a) 梯形图程序　　　　　　　　b) 指令表程序

图 2-3-7　利用电路块"与"操作指令编程的程序

3. 电路块"与"操作指令的用法说明

1）并联电路块串联连接时，并联电路块的开始均用 LD 或 LDI 指令。

2）多个并联电路块按顺序和前面的电路串联连接时，ANB 指令的使用次数没有限制。也可连续使用 ANB，但与 ORB 一样，使用次数在 8 次以下。

3）应注意 ANB 指令与 AND 指令之间的区别，能不用 ANB 指令时，尽量不用。

4）单个触点与前面电路串联时不能用电路块"与"操作指令。

任务实施

一、元器件检查

清点任务所需的设备、工具及材料，并利用万用表检查元器件好坏。

二、建立 I/O 分配表

根据任务，分析做出输入输出 I/O 分配表，见表 2-3-10。

表 2-3-10　输入输出 I/O 分配表

输入			输出		
输入元件	功能作用	输入继电器	输出元件	控制对象	输出继电器
SB1	M1 起动按钮	X000	KA1	KM1	Y000
SB4	M2 起动按钮	X001	KA2	KM2	Y001
SB3	M3 起动按钮	X002	KA3	KM3	Y002
SB2	M1 停止按钮	X003	HL2	M1 运行信号指示灯	Y004
SB5	M2 停止按钮	X004	HL5	M2 运行信号指示灯	Y005
SB6	M3 停止按钮	X005	HL7	M3 运行信号指示灯	Y006
FR1	过载保护	X006	HL3	M1 停止信号指示灯	Y007
FR2	过载保护	X007	HL6	M2 停止信号指示灯	Y010
FR3	过载保护	X010	HL8	M3 停止信号指示灯	Y011

三、电路连接

按照接线要求，完成电动机主电路及 PLC 控制电路的连接，注意不能带电接线。完

成接线后进行通电前检查，保证符合工艺规范，电路连接正确。

四、程序编写与下载

1. 电动机控制程序

M1 的起动按钮是 SB1，停止按钮是 SB2；M2 的起动按钮是 SB4，停止按钮是 SB5；M3 的起动按钮是 SB3，停止按钮是 SB6。三台电动机的控制关系为顺序起动，即 M1 → M2 → M3。当 M2 起动时，必须 M1 先起动，否则无法起动。当 M3 起动时，必须 M1、M2 都起动，否则无法起动，停止时无要求。电动机顺起逆停控制程序如图 2-3-8 所示。

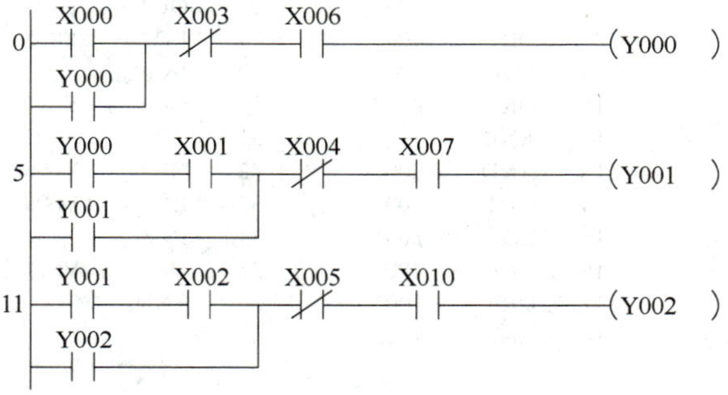

0	LD	X000
1	OR	Y000
2	LDI	X003
3	OR	Y001
4	ANB	
5	AND	X006
6	OUT	Y000
7	LD	Y000
8	AND	X001
9	OR	Y001
10	LDI	X004
11	OR	Y002
12	ANB	
13	AND	X007
14	OUT	Y001
15	LD	Y001
16	AND	X002
17	OR	Y002
18	ANI	X005
19	AND	X010
20	OUT	Y002

a) 梯形图程序　　　b) 指令表程序

图 2-3-8　电动机顺起逆停控制程序

2. 信号指示灯的控制程序

M1 的运行指示灯为 HL2，停止指示灯为 HL3；M2 的运行指示灯为 HL5，停止指示灯为 HL6；M3 的运行指示灯为 HL7，停止指示灯为 HL8。信号指示灯的控制程序如图 2-3-9 所示。说明：当 Y000=0 时，Y004=0；当 Y000=1 时，Y004=1。当 Y004=0 时，Y007=1；当 Y004=1 时，Y007=0。当 Y001=0 时，Y005=0；当 Y001=1 时，Y005=1。当 Y005=0 时，Y010=1；当 Y005=1 时，Y010=0。当 Y002=0 时，Y006=0；当 Y002=1 时，Y006=1。当 Y006=0 时，Y011=1；当 Y006=1 时，Y011=0。可利用取指令、取反指令及输出指令编程实现控制功能。

21	LD	Y000
22	OUT	Y004
23	LD	Y004
24	INV	
25	OUT	Y007
26	LD	Y001
27	OUT	Y005
28	LD	Y005
29	INV	
30	OUT	Y010
31	LD	Y002
32	OUT	Y006
33	LD	Y006
34	INV	
35	OUT	Y011

a) 梯形图程序　　　b) 指令表程序

图 2-3-9　信号指示灯的控制程序

综上所述，多台电动机顺序控制程序如图 2-3-10 所示。

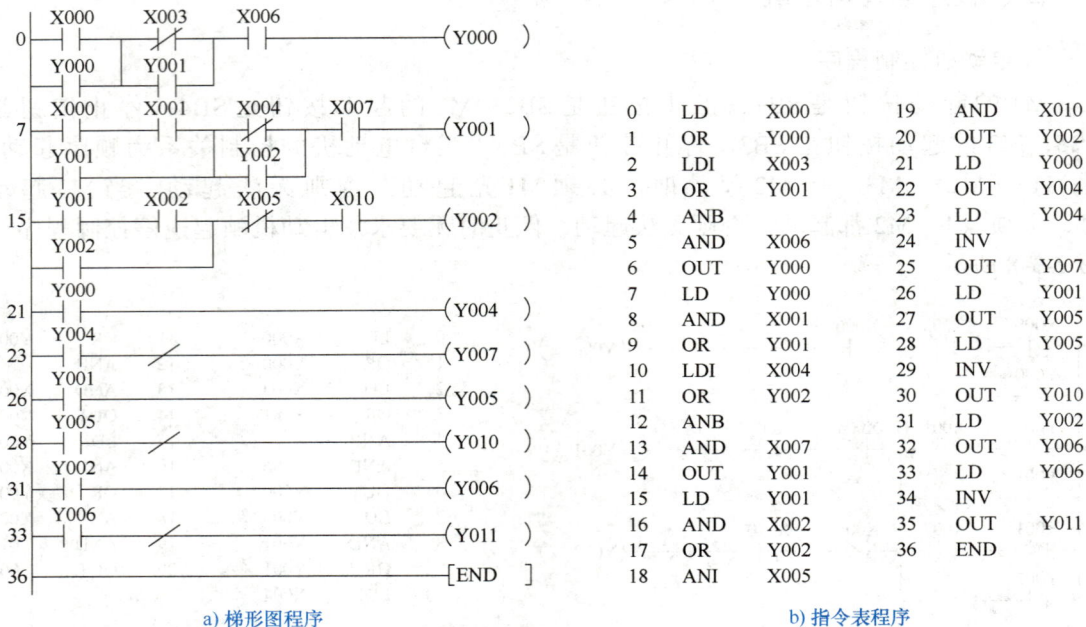

a) 梯形图程序

0	LD	X000	19	AND	X010
1	OR	Y000	20	OUT	Y002
2	LDI	X003	21	LD	Y000
3	OR	Y001	22	OUT	Y004
4	ANB		23	LD	Y004
5	AND	X006	24	INV	
6	OUT	Y000	25	OUT	Y007
7	LD	Y000	26	LD	Y001
8	AND	X001	27	OUT	Y005
9	OR	Y001	28	LD	Y005
10	LDI	X004	29	INV	
11	OR	Y002	30	OUT	Y010
12	ANB		31	LD	Y002
13	AND	X007	32	OUT	Y006
14	OUT	Y001	33	LD	Y006
15	LD	Y001	34	INV	
16	AND	X002	35	OUT	Y011
17	OR	Y002	36	END	
18	ANI	X005			

b) 指令表程序

图 2-3-10　多台电动机顺序控制程序

程序编辑完成后，对编写程序进行转换、修改并保存文件。然后，完成 PLC 程序的写入。通过 RS232 通信连接线，确保计算机串口与 PLC 已经正常连接，在 PLC 已经上电的情况下，单击"在线"菜单中的"PLC 写入"或者单击常用操作工具栏中的"PLC 写入"，将编写好的程序正确写入 PLC 中。

五、调试与运行

程序正确写入 PLC 后进入监控状态，进行调试。根据调试过程，将多台电动机顺序控制系统调试记录填入表 2-3-11 中。

表 2-3-11　多台电动机顺序控制系统调试记录

步骤	调试流程	正确现象	观察结果及解决措施
1	上电无动作	HL3、HL6、HL8 亮	
2	按下 SB1	M1 运行，HL2 亮，HL3 灭	
3	按下 SB4	M2 运行，HL5 亮，HL6 灭	
4	按下 SB3	M3 运行，HL7 亮，HL8 灭	
5	按下 SB6	HL8，HL7 灭，M3 停止	
6	按下 SB5	HL6 亮，HL6 灭，M2 停止	
7	按下 SB2	HL3 亮，HL2 灭，M1 停止	

六、实训场地现场清理

实训完后，将对所操作设备进行复位、还原。拆除安全插接线、整理工位、清点工具、清扫现场卫生，并填写设备使用登记表。

任务评价

对任务实施的完成情况进行检查，并将结果填入表 2-3-12 中。

表 2-3-12 任务测评表

序号	主要内容	考核要求	评分标准	配分	扣分	得分
1	控制电路的连接	根据任务要求，连接控制电路	1. 不能正确连接信号指示灯，扣5分 2. 不能正确连接按钮，扣5分 3. 不能正确连接 PLC 供电回路，扣10分 4. 不能正确连接 PLC，扣10分 5. 不能正确连接主电路，扣10分	40分		
2	编写控制程序	根据任务的控制要求，编写控制程序	1. HL1 ～ HL6 不能按要求点亮，每出现一次扣5分，共20分，扣完为止 2. 编写程序不能达到控制要求，扣10分；调整一次程序仍不能达到要求，扣10分，共20分，扣完为止	40分		
3	工艺符合技能大赛标准	根据任务要求，布线合理、美观	1. 电路连接跨过端子排，每处扣1分 2. 导线捆扎间隔距离为60～80mm，未达到每处扣0.5分 3. 网孔版上的导线悬空，固定线夹子间距不为100～160mm，每处扣0.5分 4. 导线从模块内部穿过，每处扣1分	10分		
4	安全文明生产	遵守操作规程，尊重考评员，讲文明懂礼貌，考试结束要清理现场	1. 考试中，违反安全文明生产考核要求，每项扣2分，扣完为止 2. 当教师发现学生有重大事故隐患时，要立即予以制止，并扣安全文明生产分，共5分 3. 小组协作不和谐、效率低下，扣5分	10分		
合计				100分		

开始时间：　　　　　　　　　　结束时间：

学生姓名：　　　　　　指导教师：　　　　　　任务实施日期：

任务四　单台电动机的多档位组合控制

任务目标

知识目标：1. 掌握主控指令和堆栈指令的功能及用法。

2. 学会电动机多档位组合控制原理。

能力目标：1. 能灵活运用主控指令、堆栈指令编写程序。

2. 根据任务要求，选用正确的电气元件并正确连接电路。

3. 正确编写电动机多档位组合控制程序。

素质目标：1. 培养全面分析和解决问题的能力。

2. 培养勤观察、勤动手的良好习惯。

3. 培养小组协调能力和合作学习的精神。

任务描述

在电动机的控制中，通常需要电动机以不同的方式运行，如正转、反转、点动、连续等，如何利用 PLC 控制电动机以不同的方式运动呢？

电气控制中，我们学习过继电器控制电动机的连续与点动混合控制电路以及正反转控制电路，现对电动机连续与点动及正反转控制电路进行 PLC 改造，选择需要的电气模块，进行单台电动机多档位组合控制电路连接，按照控制要求编写 PLC 控制程序。单台电动机多档位组合控制电气原理图如图 2-4-1 所示。

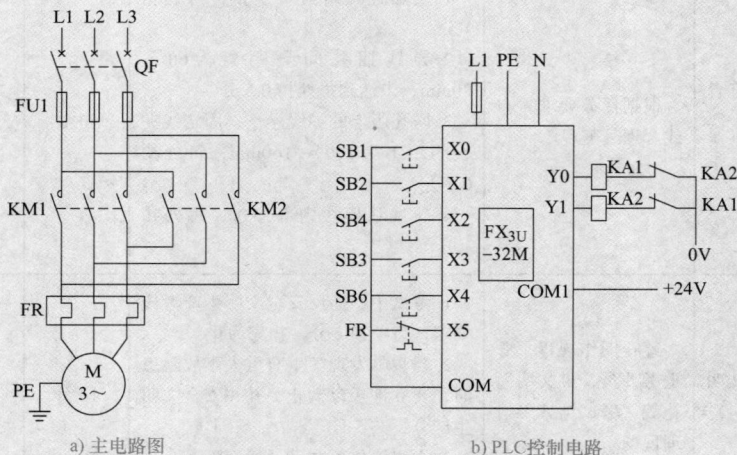

a) 主电路图　　　　　　　　　　　　b) PLC控制电路

图 2-4-1　单台电动机多档位组合控制电气原理图

控制要求如下：

1）SB1 为控制系统的起动按钮，SB2 为控制系统的停止按钮。

2）SB3 和 SB6 为系统控制档位的控制按钮，即当控制系统起动后，控制档位根据表 2-4-1 进行选择。

3）一档位控制时，按下 SB4，M1 正转（连续）；二档位控制时，按下 SB4，M1 反转（连续）；三档位控制时，按下 SB4，M1 正转（点动）；四档位控制时，按下 SB4，M1 反转（点动）。

4）任意时刻按下 SB2 按钮，系统停止运行，M1 立即停止，此时按下 SB4 无效。

表 2-4-1　控制档位的选择

档位及选择开关	SB3	SB6	作用
一档位	0	0	控制 M1 连续正转
二档位	0	1	控制 M1 连续反转
三档位	1	0	控制 M1 点动正转
四档位	1	1	控制 M1 点动反转

任务分析

多档位控制就是利用选择开关（按钮）的不同状态构成不同的档位，在不同的档位下，电动机以不同的形式运动，这种控制形式称为电动机的多档位控制。

任务准备

一、主控触点指令

1. 多路输出

在编程时常会出现多个线圈同时受一个或一组触点控制，即出现多路输出的情况，如果在每个线圈的控制电路中都串入同样的触点，将占用很多存储单元，此时使用主控触点指令就可以解决这一问题，如图 2-4-2 所示。

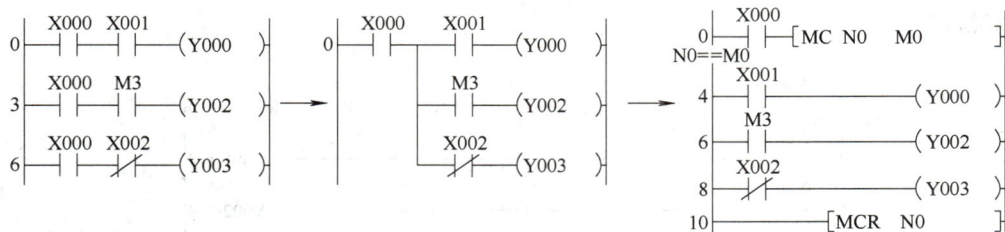

图 2-4-2　用主控触点指令解决多路输出问题

2. 主控触点指令的使用要素

主控触点指令的使用要素见表 2-4-2。

表 2-4-2 主控触点指令的使用要素

梯形图	指令	功能	操作元件	程序步
MC Nx Y M	MC	主控电路块起点	M（除特殊继电器外）	3 步
MCR Nx	MCR	主控电路块终点	M（除特殊继电器外）	2 步

（1）MC 指令　通过 MC 指令操作元件 Y 或 M 的常开触点将左母线临时移到一个所需的位置，产生一个临时左母线，形成一个主控电路块。

（2）MCR 指令　取消临时左母线，即将左母线返回到原来位置，结束主控电路块。

3. 主控触点指令的应用示例

【例 1】 将图 2-4-3 所示的多路输出梯形图改写成用 MC、MCR 指令编程的梯形图，并写出指令表程序。

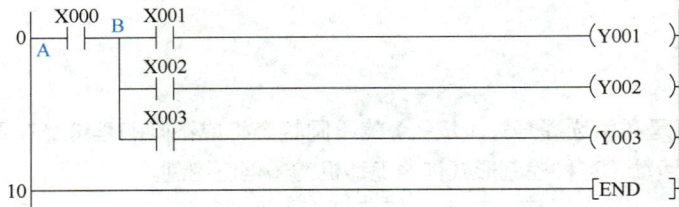

图 2-4-3 多路输出梯形图 1

用 MC、MCR 指令对图 2-4-3 所示的多路输出梯形图进行无嵌套使用改写，如图 2-4-4 所示。当 X000 的常开触点闭合时，嵌套层数为 N0 的主控指令执行，辅助继电器 M0 线圈被驱动，辅助继电器 M0 的常开触点闭合，此时 M0 的常开触点称为主控触点，规定主控触点只能画在垂直方向，使其有别于规定画在水平方向的普通触点。当主控触点 M0 闭合后，左母线由图 2-4-3 中 A 的位置，临时移到 B 的位置，接入主控电路块。此时，当 X001 的常开触点闭合时，Y001 线圈驱动输出；当 X002 的常开触点闭合时，Y002 线圈驱动输出；X003 的常开触点闭合时，Y003 线圈驱动输出。当 PLC 逐行对主控电路块所有逻辑行进行扫描，执行到 MCR N0 指令时，嵌套层数为 N0 的主控指令结束，临时左母线由 B 点返回到 A 点。如果 X000 的常开触点是断开的，则主控电路块这一段程序不执行。

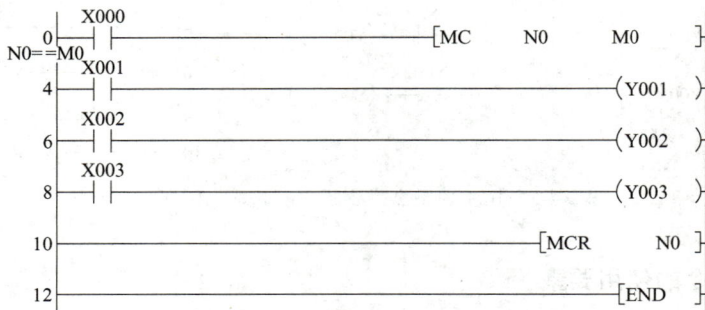

a) 梯形图程序

图 2-4-4 主控触点指令示例 1

0	LD	X000		7	OUT	Y002
1	MC	N0	M0	8	LD	X003
4	LD	X001		9	OUT	Y003
5	OUT	Y001		10	MCR	N0
6	LD	X002		12	END	

b) 指令表程序

图 2-4-4　主控触点指令示例 1（续）

【例 2】 将图 2-4-5 所示的多路输出梯形图程序改写成用 MC、MCR 指令编程的梯形图，并写出指令表程序。

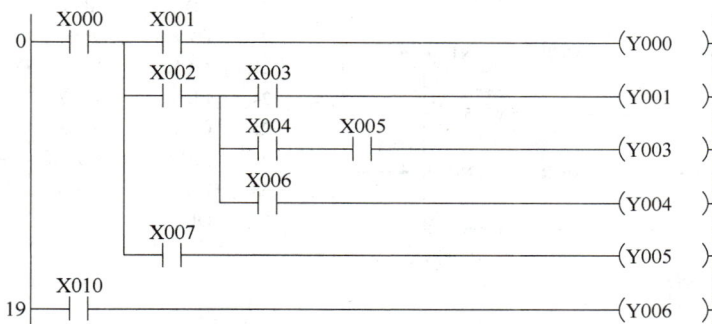

图 2-4-5　多路输出梯形图 2

用 MC、MCR 指令对图 2-4-5 所示的多路输出梯形图进行嵌套使用，如图 2-4-6 所示。图中 A 为 N0 嵌套控制范围，N0 是 N1、N2 的前提条件。当 X000=0 时，N0 嵌套内的程序不能运行。当 X000=1 时，N0 嵌套内的程序可以运行。图中 B 为 N1 嵌套控制范围，N1 是 N2 的前提条件。当 X002=0 时，N0 嵌套内的程序不能运行。当 X002=1 时，N0 嵌套内的程序可以运行。图中 C 为 N2 嵌套控制范围，当 X004=0 时，N0 嵌套内的程序不能运行，当 X004=1 时，N0 嵌套内的程序可以运行。

4. 主控触点指令用法说明

1）MC 指令的操作元件可以是输出继电器 Y 或辅助继电器 M，在实际使用中，一般都是使用辅助继电器 M。**注意：不能用特殊继电器。**

2）执行 MC 指令后，因左母线移到临时位置，即主控电路块前，所以，主控电路块必须用 LD 指令或 LDI 指令开始写指令表，主控电路块中触点之间的逻辑关系可以用触点连接的基本指令表示。

3）MC 指令后，必须用 MCR 指令使左母线由临时位置返回到原来位置。

4）MC 和 MCR 指令可以嵌套使用，即 MC 指令内可以在使用 MC 指令，这时嵌套级编号是从 N0～N7 按顺序增加，顺序不能颠倒。最后主控返回用 MCR 指令时，必须从大的嵌套级编号开始返回，也就是按 N7～N0 的顺序返回，不能颠倒，最后一定是 MCR N0 指令。

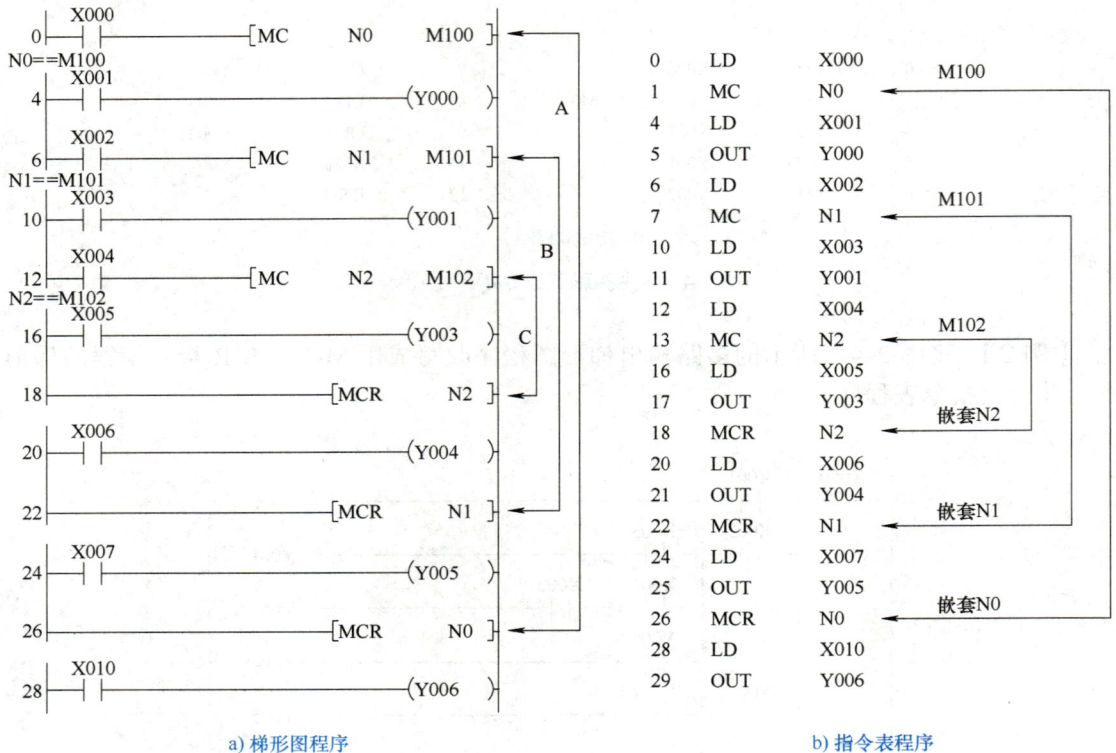

a) 梯形图程序　　　　　　　　　　b) 指令表程序

图 2-4-6　主控触点指令示例 2

二、堆栈指令

1．堆栈指令的使用要素

在 FX2 系列 PLC 中，有 11 个存储运算中间结果的存储器，称为栈存储器。栈存储器将触点之间的逻辑运算结果存储后，就可以用指令将这个结果读出，再参与其他触点之间的逻辑运算。

堆栈指令的功能是将连接点的结果（位）按堆栈的形式存储。堆栈指令的使用要素见表 2-4-3。

表 2-4-3　堆栈指令的使用要素

梯形图	指令	指令功能	操作数	程序步
MPS	MPS	进栈	无	1 步
MRD	MRD	读栈	无	1 步
MPP	MPP	出栈	无	1 步

1）进栈指令（MPS）：将 MPS 指令前的逻辑运算结果送入栈的最上层存储单元中，栈存储器中原来的数据依次向下推移。

2）读栈指令（MRD）：读出栈存储器最上层存储单元中的数据，栈存储器中每个单元的内容不发生变化。

3）出栈指令（MPP）：将栈存储器最上层存储单元中的结果取出，栈存储器中其他单元的数据依次向上推移。

2. 堆栈指令使用说明及应用示例

1）MPS 指令和 MPP 指令必须成对使用，缺一不可，MRD 指令有时可以不用。如图 2-4-7 所示为 MPS、MRD 和 MPP 指令应用示例。

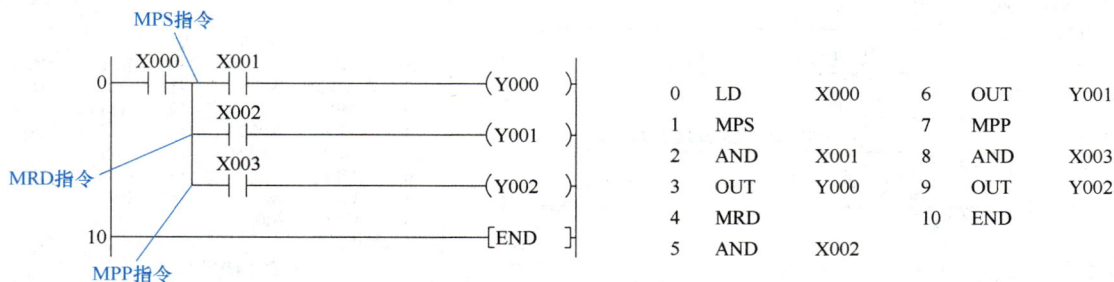

a) MPS、MRD和MPP指令配合使用示例梯形图

0	LD	X000	6	OUT	Y001
1	MPS		7	MPP	
2	AND	X001	8	AND	X003
3	OUT	Y000	9	OUT	Y002
4	MRD		10	END	
5	AND	X002			

b) MPS、MRD和MPP指令配合使用示例指令表

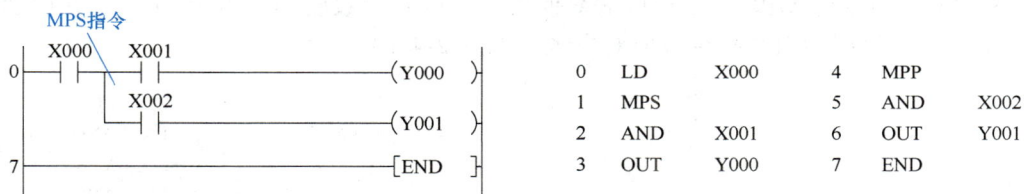

c) MPS和MPP指令配合使用示例梯形图

0	LD	X000	4	MPP	
1	MPS		5	AND	X002
2	AND	X001	6	OUT	Y001
3	OUT	Y000	7	END	

d) MPS和MPP指令配合使用示例指令表

图 2-4-7　MPS、MRD 和 MPP 指令应用示例

2）MPS 指令连续使用次数最多不能超过 11 次。如图 2-4-8 所示，MPS 指令连续使用 3 次。MPS 指令连续多次使用的情况下，进栈和出栈指令遵循先进后出、后进先出的次序。

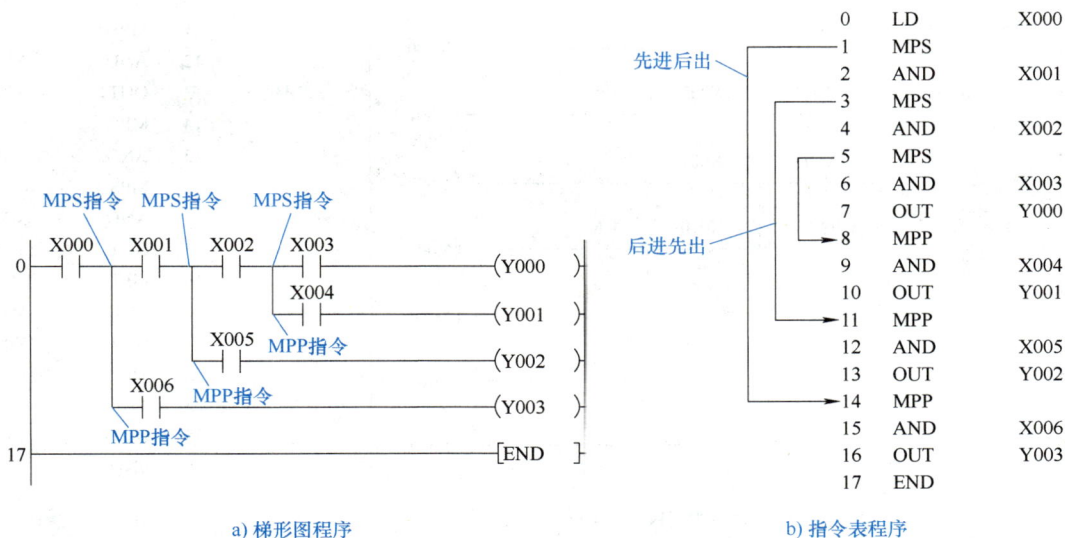

a) 梯形图程序

0	LD	X000
1	MPS	
2	AND	X001
3	MPS	
4	AND	X002
5	MPS	
6	AND	X003
7	OUT	Y000
8	MPP	
9	AND	X004
10	OUT	Y001
11	MPP	
12	AND	X005
13	OUT	Y002
14	MPP	
15	AND	X006
16	OUT	Y003
17	END	

b) 指令表程序

图 2-4-8　MPS 指令连续使用应用示例

3）MPS、MRD 和 MPP 指令之后若有单个常闭触点或常开触点串联，则应该用 ANI 指令或 AND 指令，如图 2-4-8b 所示。

4）MPS、MRD 和 MPP 指令之后若有触点组成的电路块串联，则应该用 ANB 指令。MPS、MRD 和 MPP 指令之后若无触点串联，直接驱动线圈，则应该用 OUT 指令，如图 2-4-9 所示。

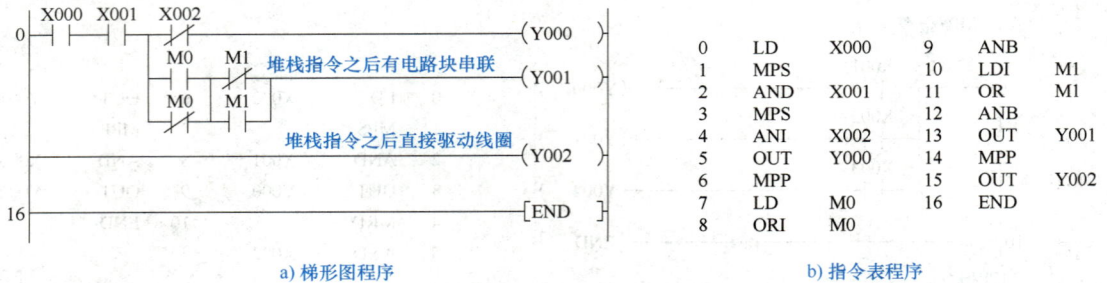

0	LD	X000	9	ANB	
1	MPS		10	LDI	M1
2	AND	X001	11	OR	M1
3	MPS		12	ANB	
4	ANI	X002	13	OUT	Y001
5	OUT	Y000	14	MPP	
6	MPP		15	OUT	Y002
7	LD	M0	16	END	
8	ORI	M0			

a) 梯形图程序　　　　b) 指令表程序

图 2-4-9　堆栈指令之后有电路块串联和直接驱动线圈应用示例

5）MPS 指令与 MPP 指令可以嵌套使用，但嵌套层数应小于等于 11 层，在嵌套使用过程中 MPS 指令与 MPP 指令应成对出现，如图 2-4-10 所示。

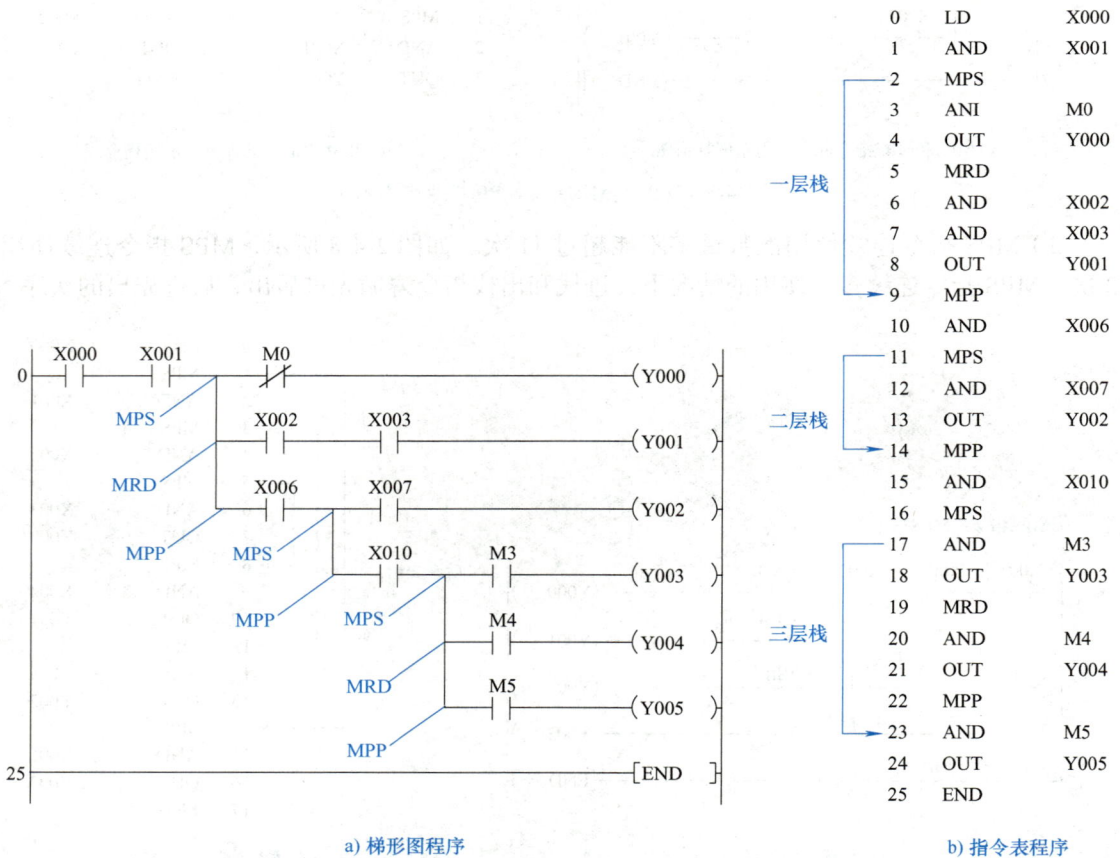

a) 梯形图程序　　　　b) 指令表程序

图 2-4-10　堆栈指令的三层栈嵌套使用应用示例

任务实施

一、元器件检查

清点任务所需的设备、工具及材料，并利用万用表检查元器件好坏。

二、建立 I/O 分配表

根据任务，分析做出输入输出 I/O 分配表，见表 2-4-4。

表 2-4-4　输入输出 I/O 分配表

输入			输出		
输入元件	功能作用	输入继电器	输出元件	控制对象	输出继电器
SB1	系统起动按钮	X000	KA1	KM1	Y000
SB2	系统停止按钮	X001	KA2	KM2	Y001
SB4	起动按钮	X002			
SB3	控制按钮	X003			
SB6	控制按钮	X004			
FR	过载保护	X005			

三、电路连接

按照接线要求，完成电动机主电路及 PLC 控制电路的连接，**注意：不能带电接线**。完成接线后进行通电前检查，保证符合工艺规范，电路连接正确。

四、程序编写与下载

1. 系统启动与停止控制程序（见图 2-4-11）

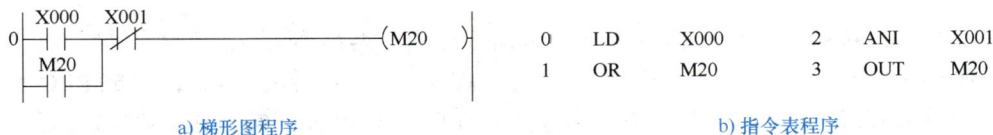

0	LD	X000	2	ANI	X001
1	OR	M20	3	OUT	M20

a) 梯形图程序　　　　　　　　　　　　b) 指令表程序

图 2-4-11　系统启动与停止的控制程序

2. 档位选择控制程序

SB3、SB6 为系统控制档位的控制按钮，即当控制系统起动后，控制档位根据表 2-4-1 进行选择。系统档位选择控制程序如图 2-4-12 所示。

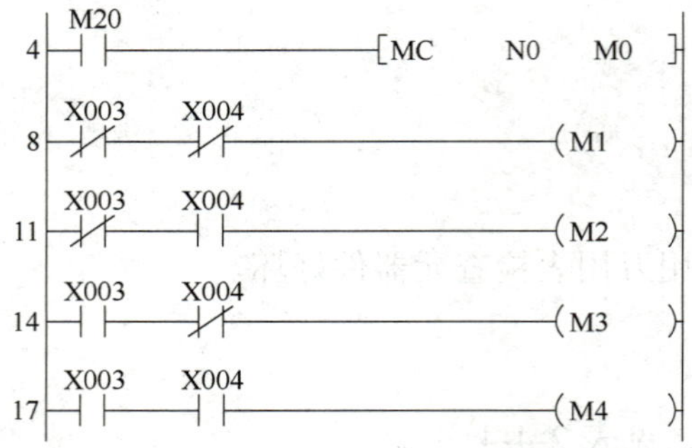

8	LDI	X003	14	LD	X003
9	ANI	X004	15	ANI	X004
10	OUT	M1	16	OUT	M3
11	LDI	X003	17	LD	X003
12	AND	X004	18	AND	X004
13	OUT	M2	19	OUT	M4

a) 梯形图程序　　　　　　　　　　b) 指令表程序

图 2-4-12　系统档位选择控制程序

3. 电动机运行控制程序

一档位控制时，按下 SB4，M1 正转（连续）；二档位控制时，按下 SB4，M1 反转（连续）；三档位控制时，按下 SB4，M1 正转（点动）；四档位控制时，按下 SB4，M1 反转（点动）。电动机运行控制程序如图 2-4-13 所示。

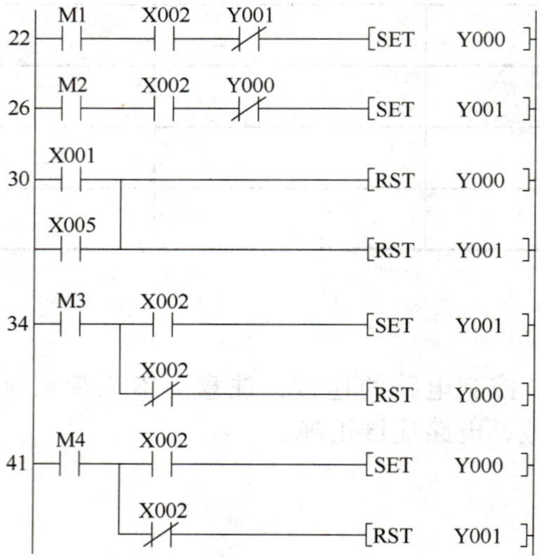

22	LD	M1	35	MPS	
23	AND	X002	36	AND	X002
24	ANI	Y001	37	SET	Y001
25	SET	Y000	38	MPP	
26	LD	M2	39	ANI	X002
27	AND	X002	40	RST	Y000
28	ANI	Y000	41	LD	M4
29	SET	Y001	42	MPS	
30	LD	X001	43	AND	X002
31	OR	X005	44	SET	Y000
32	RST	Y000	45	MPP	
33	RST	Y001	46	ANI	X002
34	LD	M3	47	RST	Y001

a) 梯形图程序　　　　　　　　　　b) 指令表程序

图 2-4-13　电动机运行控制程序

综上所述，单台电动机多档位组合控制程序如图 2-4-14 所示。

程序编辑完成后，对编写程序进行转换、修改并保存文件。然后，完成 PLC 程序的写入。通过 RS232 通信连接线，确保计算机串口与 PLC 已经正常连接，在 PLC 已经上电的情况下，单击"在线"菜单中的"PLC 写入"或者单击常用操作工具栏中的"PLC 写入"，将编写好的程序正确写入 PLC 中。

五、调试与运行

程序正确写入 PLC 后进入监控状态，进行调试。根据调试过程，将单台电动机多档位组合控制系统调试记录填入表 2-4-5 中。

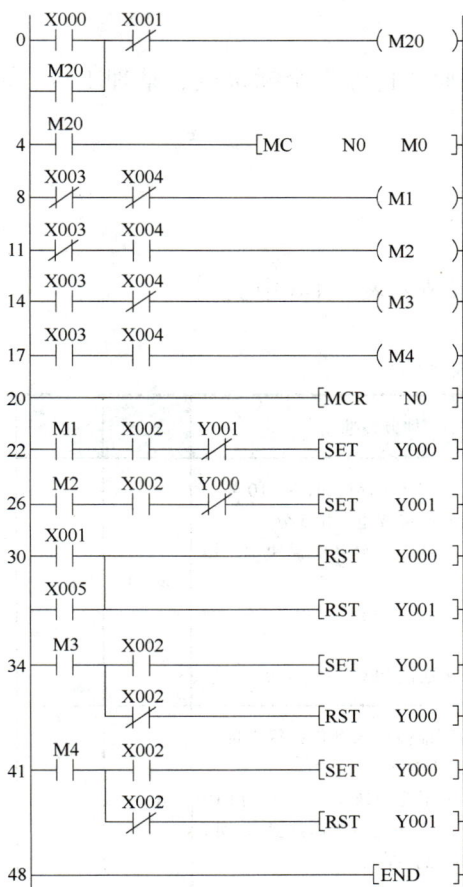

```
 0  X000  X001                        ( M20 )
    ─┤├──┤/├────────────────────────
    M20
    ─┤├─

 4  M20
    ─┤├──────────────────[MC    N0    M0 ]

 8  X003  X004                         ( M1 )
    ─┤├──┤├─────────────────────────

11  X003  X004                         ( M2 )
    ─┤/├──┤├────────────────────────

14  X003  X004                         ( M3 )
    ─┤├──┤/├────────────────────────

17  X003  X004                         ( M4 )
    ─┤├──┤├─────────────────────────

20                                  [MCR   N0 ]

22  M1   X002  Y001
    ─┤├──┤├──┤/├──────────────────[SET   Y000 ]

26  M2   X002  Y000
    ─┤├──┤├──┤/├──────────────────[SET   Y001 ]

30  X001
    ─┤├────────────────────────────[RST   Y000 ]
    X005
    ─┤├────────────────────────────[RST   Y001 ]

34  M3   X002
    ─┤├──┤├───────────────────────[SET   Y001 ]
         X002
         ─┤/├──────────────────────[RST   Y000 ]

41  M4   X002
    ─┤├──┤├───────────────────────[SET   Y000 ]
         X002
         ─┤/├──────────────────────[RST   Y001 ]

48                                  [END ]
```

0	LD	X000		26	LD	M2
1	OR	M20		27	AND	X002
2	ANI	X001		28	ANI	Y000
3	OUT	M20		29	SET	Y001
4	LD	M20		30	LD	X001
5	MC	N0		31	OR	X005
		M0		32	RST	Y000
8	LDI	X003		33	RST	Y001
9	ANI	X004		34	LD	M3
10	OUT	M1		35	MPS	
11	LDI	X003		36	AND	X002
12	AND	X004		37	SET	Y001
13	OUT	M2		38	MPP	
14	LD	X003		39	ANI	X002
15	ANI	X004		40	RST	Y000
16	OUT	M3		41	LD	M4
17	LD	X003		42	MPS	
18	AND	X004		43	AND	X002
19	OUT	M4		44	SET	Y000
20	MCR	N0		45	MPP	
22	LD	M1		46	ANI	X002
23	AND	X002		47	RST	Y001
24	ANI	Y001		48	END	
25	SET	Y000				

a) 梯形图程序　　　　　　　　　　　　b) 指令表程序

图 2-4-14　单台电动机多档位组合控制程序

表 2-4-5　单台电动机多档位组合控制系统调试记录

步骤	调试流程		正确现象	观察结果及解决措施
1		按下 SB1	系统起动	
2	一档位	按下 SB4	电动机正转（连续）	
3		按下 SB2	电动机停止	
4		按下 SB1	系统起动	
5	二档位	按下 SB4	电动机反转（连续）	
6		按下 SB2	电动机停止	
7		按下 SB1	系统起动	
8	三档位	按下 SB4	电动机正转（点动）	
9		松开 SB4	电动机停止	
10		按下 SB1	系统起动	
11	四档位	按下 SB4	电动机反转（点动）	
12		松开 SB4	电动机停止	
13	按下 SB6		系统复位	

六、实训场地现场清理

实训完后，将对所操作设备进行复位、还原。拆除安全插接线、整理工位、清点工具、清扫现场卫生，并填写设备使用登记表。

任务评价

对任务实施的完成情况进行检查，并将结果填入表 2-4-6 中。

表 2-4-6　任务测评表

序号	主要内容	考核要求	评分标准	配分	扣分	得分
1	控制电路的连接	根据任务要求，连接控制电路	1. 不能正确连接选择按钮，扣 10 分 2. 不能正确连接按钮，扣 5 分 3. 电源不能正常通到各个模块中，扣 5 分 4. 不能正确连接 PLC 供电回路，扣 10 分 5. 不能正确连接 PLC，扣 10 分	40 分		
2	编写控制程序	根据任务的控制要求，编写控制程序	1. 接触器不能按要求动作，每出现一次扣 10 分，共 20 分 2. 编写程序不能达到控制要求，扣 10 分；调整一次程序仍不能达到要求，扣 10 分，共 20 分，扣完为止	40 分		
3	工艺符合技能大赛标准	根据任务要求，布线合理、美观	1. 电路连接跨过端子排，每处扣 1 分 2. 导线捆扎间隔距离为 60 ~ 80mm，未达到每处扣 0.5 分 3. 网孔板上的导线悬空，固定线夹子间距不为 100 ~ 160mm，每处扣 0.5 分 4. 导线从模块内部穿过，每处扣 1 分	10 分		
4	安全文明生产	遵守操作规程，尊重考评员，讲文明懂礼貌，考试结束要清理现场	1. 考试中，违反安全文明生产考核要求，每项扣 2 分，扣完为止 2. 当教师发现学生有重大事故隐患时，要立即予以制止，并扣安全分，共 5 分 3. 小组协作不和谐、效率低下，扣 5 分	10 分		
合计				100 分		

开始时间：　　　　　　　　　　　　结束时间：

学生姓名：　　　　　　　指导教师：　　　　　　　任务实施日期：

任务五　电动机正反转控制电路连接与编程

任务目标

知识目标：1. 学会置位与复位指令、微分输出指令的功能及用法。

　　　　　2. 学会逻辑反、空操作、结束等指令的功能及用法。

　　　　　3. 掌握电动机的正反转控制原理。

能力目标：1. 能够运用置位、复位、微分输出、逻辑反、空操作、结束等指令编写程序。

　　　　　2. 根据任务要求，正确选用电器元件。

　　　　　3. 能正确连接电路，出现故障时能够检查并排除故障。

素质目标：1. 培养多角度分析和解决问题的能力。

　　　　　2. 树立最优化解决问题的思想，鼓励倡导合作学习的精神。

任务描述

在设备操作中，常要求设备实现正、反两个方向的运行。例如自动门的开、关，工作台的前进、后退，升降设备的上升、下降。要实现设备的这些控制就需要电动机能够正、反方向转动。

在机床工作台电气控制中，可利用电动机的正反转实现控制，现对机床工作台控制电路进行 PLC 改造，如图 2-5-1 所示，选择需要的电气模块，进行电动机正反转控制电路连接，按照控制要求编写 PLC 控制程序。控制要求如下：

1）按下 SB1，电动机正转起动，HL2 亮。

2）按下 SB3，电动机反转起动，HL2 灭，HL5 亮。

3）任意时刻按下 SB2，电动机停止运行，系统恢复初始状态。HL3 亮，其余灯灭。

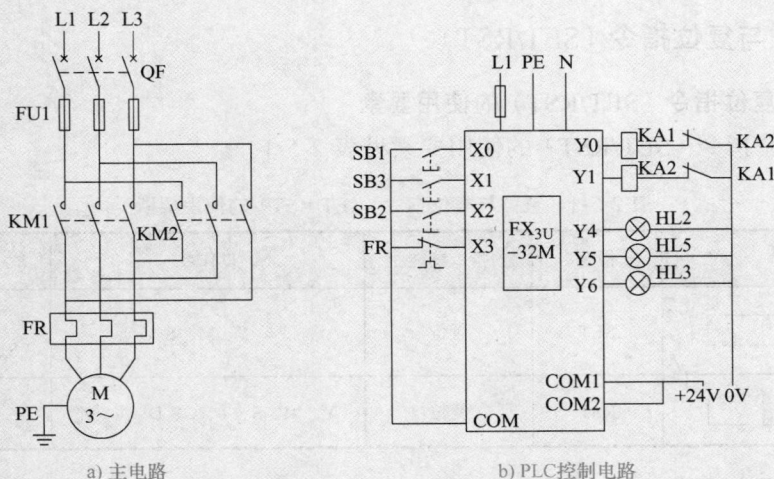

图 2-5-1　电动机正反转控制电气原理图

任务分析

机床工作台的前进、后退是电动机正反转控制实现的，通过改变电动机三相电源的相序（对调任意两相的接线），就可以实现此控制要求。

1. 工作原理

合上电源开关 QF。

正转起动：按下 SB1 → Y000 输出 → KA1 得电 → KM1 线圈得电 → KM1 主触点闭合 → 电动机 M 起动运转。

正转停止：按下 SB2 → Y000 无输出 → KA1 失电 → KM1 线圈失电 → KM1 主触点断开 → 电动机 M 断电停转。

反转起动：按下 SB3 → Y001 输出 → KA2 得电 → KM2 线圈得电 → KM2 主触点闭合 → 电动机 M 起动运转。

反转停止：按下 SB2 → Y001 无输出 → KA2 失电 → KM2 线圈失电 → KM2 主触点断开 → 电动机 M 断电停转。

电动机正反转切换时，必须先按下 SB2。

2. 互锁控制

互锁控制是电气控制或机械操作机构用语，也称为联锁控制。此电路中，当一个接触器得电时，另一个接触器必须自动断开电路，这样可以有效防止两个接触器同时通电造成机械故障或人身伤害事故。常用的正反转互锁控制电路还有按钮互锁正反转控制电路和双重互锁正反转控制电路。

任务准备

一、置位与复位指令（SET/RST）

1. 置位与复位指令（SET/RST）的使用要素

置位与复位指令（SET/RST）的使用要素见表 2-5-1。

表 2-5-1 置位与复位指令（SET/RST）的使用要素

梯形图	指令	指令功能	操作数	程序步
├─┤ ├─ SET	SET	置位	Y、M、S	Y、M：1 步；S、特殊 M：2 步
├─┤ ├─ RST	RST	复位	Y、M、S、T、C、D、V、Z	

（1）置位指令（SET） 使被操作的目标元件置位并保持。

（2）复位指令（RST） 使被操作的目标元件复位并保持清零状态。

2. 置位与复位指令（SET/RST）的应用示例

【例1】　控制按钮 SB1、SB2、SB3 分别控制 HL1 和 HL2，按下 SB1 时，HL1 亮；松开 SB1 时，HL1 灭。按下 SB2 时，HL2 亮；松开 SB2 时，HL2 继续保持亮灯状态。按下 SB3 时，HL2 灭；松开 SB3 时，HL2 继续保持灯灭的状态。

根据控制要求，分析任务并做出输入输出 I/O 分配表，见表 2-5-2。

表 2-5-2　输入输出 I/O 分配表

输入			输出		
输入元件	功能作用	输入继电器	输出元件	控制对象	输出继电器
SB1	控制按钮	X000	HL1	信号指示灯 1	Y000
SB2	控制按钮	X001	HL2	信号指示灯 2	Y001
SB3	控制按钮	X002			

根据任务要求可知，HL1 为点动控制方式，HL2 为常动控制方式，编程方法有两种，一种是利用输出指令（OUT）编程实现，第二种是利用置位与复位指令（SET/RST）编程实现。

利用输出指令（OUT）编写的程序如图 2-5-2 所示。

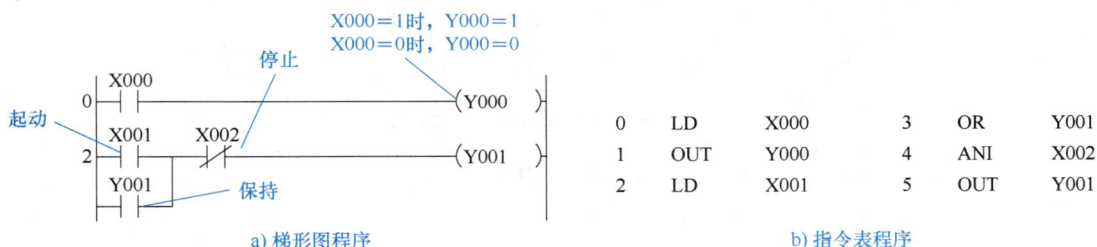

a) 梯形图程序　　　　b) 指令表程序

图 2-5-2　利用输出指令（OUT）编写的程序

在图 2-5-2a 所示的梯形图程序中，当 X000 常开触点闭合时，Y000 线圈得电，X000 常开触点断开时，Y000 线圈失电，Y000 线圈的得电状态不能保持。

Y001 线圈得电状态的保持是利用 Y001 常开触点自锁实现的，即当 Y001 线圈得电时，Y001 常开触点闭合，即使 X001 常开触点断开，但 Y001 常开触点仍闭合，使 Y001 线圈保持得电状态。

利用置位与复位指令（SET/RST）编写的程序如图 2-5-3 所示。

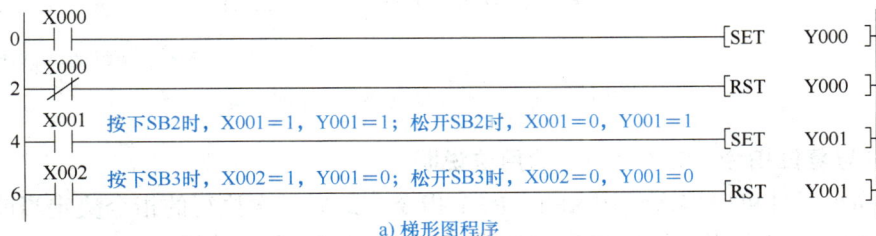

a) 梯形图程序

图 2-5-3　利用置位与复位指令（SET/RST）编写的程序

0	LD	X000	4	LD	X001	
1	SET	Y000	5	SET	Y001	
2	LDI	X000	6	LD	X002	
3	RST	Y000	7	RST	Y001	

b) 指令表程序

图 2-5-3　利用置位与复位指令（SET/RST）编写的程序（续）

【例 2】将如图 2-5-4 所示的梯形图程序转换成指令表程序，并画出 X0、X1、Y0 的动作时序图。

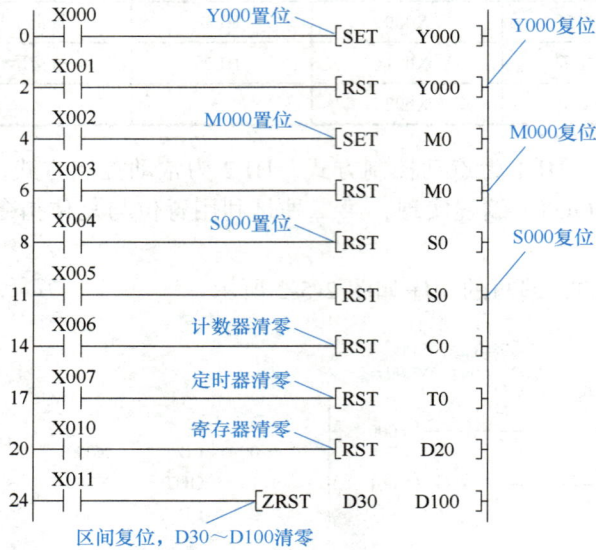

a) 梯形图程序

0	LD	X000	11	LD	X005		
1	SET	Y000	12	RST	S0		
2	LD	X001	14	LD	X006		
3	RST	Y000	15	RST	C0		
4	LD	X002	17	LD	X007		
5	SET	M0	18	RST	T0		
6	LD	X003	20	LD	X010		
7	RST	M0	21	RST	D20		
8	LD	X004	24	LD	X011		
9	RST	S0	25	ZRST	D30	D100	

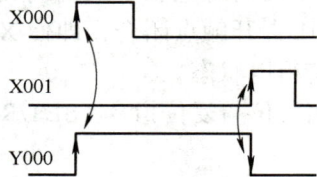

b) 指令表程序　　　　　　　　　　c) X000、X001、Y000 的动作时序图

图 2-5-4　置位与复位指令（SET/RST）操作编程应用示例

3. 置位与复位指令（SET/RST）的用法说明

1）对同一元件可以多次使用 SET、RST 指令，最后一次执行的指令决定当前的状态。

2）RST 指令可以用来复位积算定时器 T246 ～ T255 和计数器。如不希望计数器和积算定时器具有断电保持功能，可在用户程序开始运行时用初始化脉冲 M8002 复位。

3）任何情况下，RST 指令都优先执行。

二、微分输出指令

1. 微分输出指令的使用要素

微分输出指令的使用要素见表 2-5-3。

表 2-5-3　微分输出指令的使用要素

梯形图	指令	指令功能	操作数	程序步
┤├─┤├─[PLS]	PLS	上升沿微分输出	Y、M	2 步
┤├─┤├─[PLF]	PLF	下降沿微分输出	Y、M	2 步

（1）上升沿微分输出指令（PLS）　当输入条件为 ON 时（上升沿），相应的输出位元件 Y 或 M 接通 1 个扫描周期。

（2）下降沿微分输出指令（PLF）　当输入条件为 OFF 时（下降沿），相应的输出位元件 Y 或 M 接通 1 个扫描周期。

这两条指令都是 2 个程序步，它们的目标元件是 Y 和 M，但特殊辅助继电器不能作为目标元件。微分输出指令的示例程序如图 2-5-5 所示。

a) 梯形图程序

0	LD	X000		5	LD	X001
1	PLS	M0		6	PLF	M1
3	LD	M0		8	LD	M1
4	SET	Y000		9	RST	Y000

b) 指令表程序

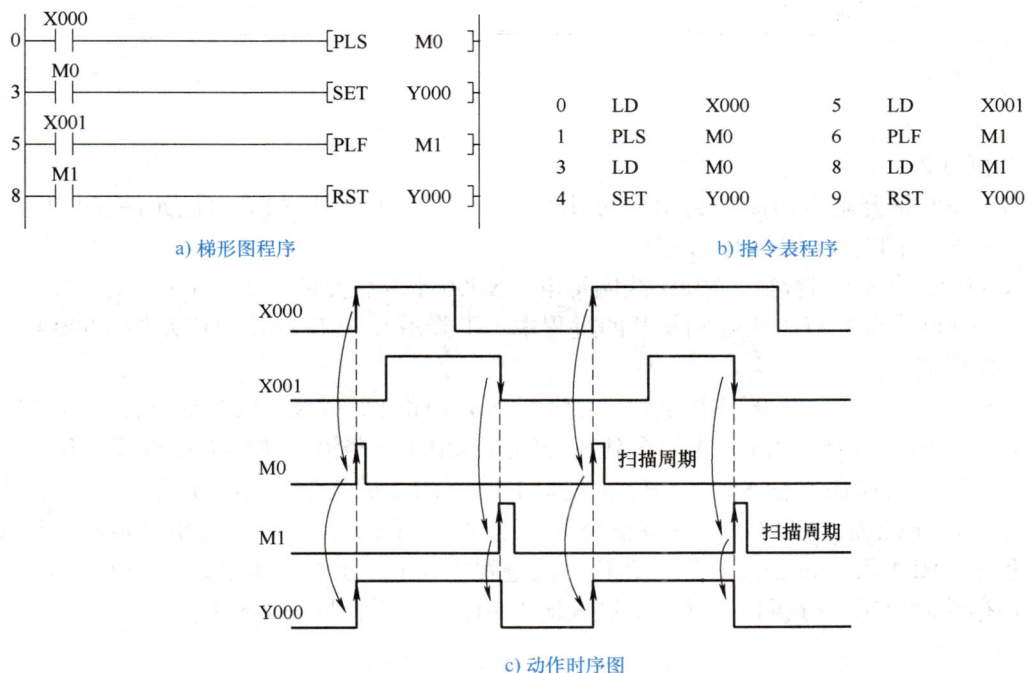

c) 动作时序图

图 2-5-5　微分输出指令的示例程序 1

2. 微分输出指令的应用示例

【例 1】　分析如图 2-5-6 所示的梯形图程序的功能，将梯形图程序转换为指令表程序，并画出动作时序图。

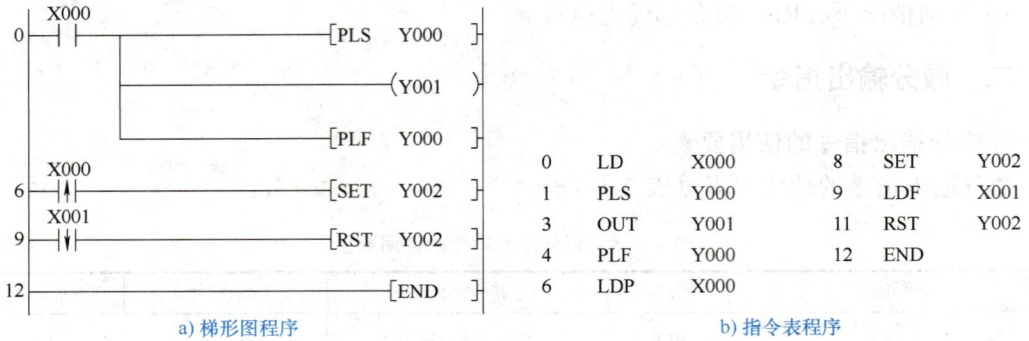

a) 梯形图程序

0	LD	X000	8	SET	Y002
1	PLS	Y000	9	LDF	X001
3	OUT	Y001	11	RST	Y002
4	PLF	Y000	12	END	
6	LDP	X000			

b) 指令表程序

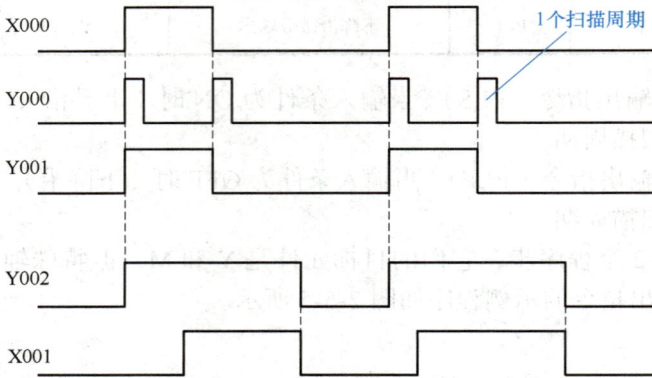

c) 动作时序图

图 2-5-6　微分输出指令的示例程序 2

案例分析：

在 X000 常开触点由断开到闭合的过程中（上升沿），相应的输出位元件 Y000 接通 1 个扫描周期，同时 Y002 线圈置位。

X000 常开触点闭合后，Y001 线圈得电，X000 常开触点断开后，Y001 线圈失电。

在 X000 常开触点由闭合到断开的过程中（下降沿），相应的输出位元件 Y000 再接通 1 个扫描周期。

X001 常开触点由断开到闭合（上升沿）、X001 闭合后以及 X001 断开后均不对 Y002 线圈造成影响，只有在 X001 由闭合到断开的过程中（下降沿），使 Y002 线圈复位。

【例 2】　用控制按钮 SB1、SB2 实现对 HL1、HL2 的控制，在 SB1 控制按钮按下的过程中，HL1 点亮，在 SB1 控制按钮松开的过程中，HL2 也点亮；在 SB2 控制按钮按下的过程中，HL1 灭，在 SB2 控制按钮松开的过程中，HL2 也灭。要求设计 PLC 控制程序。

根据控制要求，分析任务并做出输入输出 I/O 分配表，见表 2-5-4。

表 2-5-4　输入输出 I/O 分配表

输入			输出		
输入元件	功能作用	输入继电器	输出元件	控制对象	输出继电器
SB1	控制按钮	X000	HL1	信号指示灯 1	Y000
SB2	控制按钮	X001	HL2	信号指示灯 2	Y001

案例分析：

① 利用 X000 由断开到闭合的过程（上升沿），使中间继电器 M0 接通 1 个扫描周期，用于置位 Y000。

② 利用 X000 由闭合到断开的过程（下降沿），使中间继电器 M1 接通 1 个扫描周期，用于置位 Y001。

③ 利用 X001 由断开到闭合的过程（上升沿），使中间继电器 M3 接通 1 个扫描周期，用于复位 Y000。

④ 利用 X001 由闭合到断开的过程（下降沿），使中间继电器 M4 接通 1 个扫描周期，用于复位 Y001。

根据案例分析，编写程序，如图 2-5-7 所示。

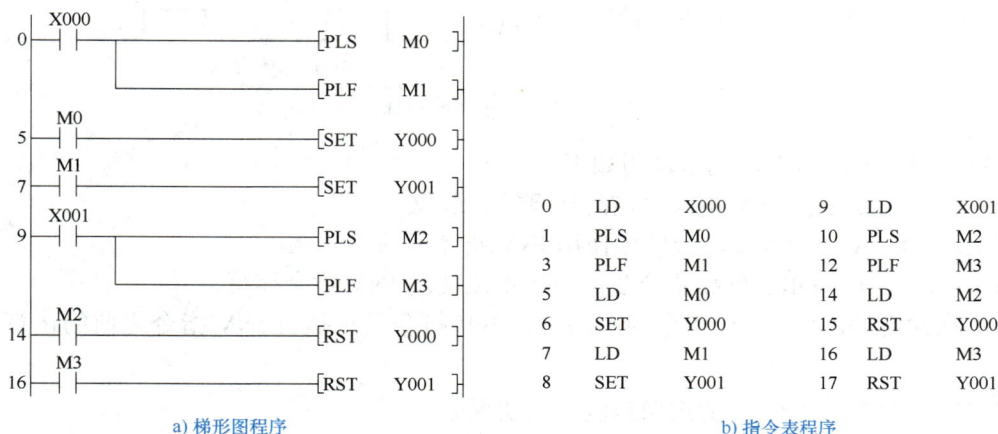

a) 梯形图程序

0	LD	X000	9	LD	X001
1	PLS	M0	10	PLS	M2
3	PLF	M1	12	PLF	M3
5	LD	M0	14	LD	M2
6	SET	Y000	15	RST	Y000
7	LD	M1	16	LD	M3
8	SET	Y001	17	RST	Y001

b) 指令表程序

图 2-5-7 微分输出指令的示例程序 3

3. 微分输出指令的用法说明

1）PLS 指令和 PLF 指令只能用于输出继电器 Y 和辅助继电器 M（不包括特殊辅助继电器）。

2）PLC 从 RUN 到 STOP，再从 STOP 到 RUN 时，PLS M0 指令将输出一个脉冲，如果用的是断电保持型的辅助继电器，则不会输出脉冲。

三、逻辑反、空操作与结束指令

1. 逻辑反、空操作与结束指令的使用要素

逻辑反、空操作与结束指令的使用要素见表 2-5-5。

表 2-5-5 逻辑反、空操作与结束指令的使用要素

梯形图	指令	指令功能	操作数	程序步
⊢—⊣/○	INV	运算结果取反	无	1 步
⊢—[NOP]	NOP	无动作	无	1 步
⊢—[END]	END	输入 / 输出处理，程序返回到开始	无	1 步

2. 逻辑反指令的应用示例及用法说明

逻辑反指令（INV）是指将执行 INV 指令之前的运算结果反转的指令，是不带操作数的独立指令。逻辑反指令（INV）的示例程序如图 2-5-8 所示。

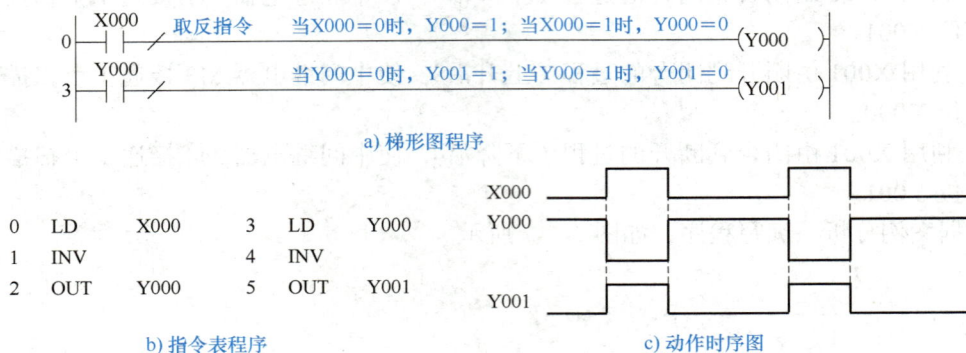

a) 梯形图程序

```
0    LD    X000        3    LD    Y000
1    INV                4    INV
2    OUT   Y000         5    OUT   Y001
```

b) 指令表程序

c) 动作时序图

图 2-5-8   逻辑反指令的示例程序

逻辑反指令（INV）的用法说明如下：

1）INV 指令是将 INV 电路之前的运算结果取反。

2）AND、ANI 指令步的位置可使用 INV 指令编写。

3）LD、LDI、OR、ORI 指令步的位置不能使用 INV 指令编写。

4）在含有 ORB、ANB 指令的电路中，INV 指令是将执行 INV 指令之前的运算结果取反。

3. 空操作指令（NOP）的应用示例及用法说明

空操作指令（NOP）不执行操作，但占一个程序步。执行 NOP 指令时并不做任何事，有时可用 NOP 指令短接某些触点或用 NOP 指令将不要的指令覆盖。当 PLC 执行了清除用户存储器操作后，用户存储器的内容全部变为空操作指令。

如图 2-5-9 所示，当把 AND X001 换成 NOP 指令，则触点 X001 被消除，把 ANI X002 换成 NOP 指令，触点 X002 被消除。

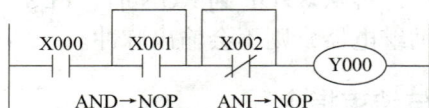

图 2-5-9   空操作指令（NOP）使用说明

指令表程序中的 NOP 指令如图 2-5-10 所示。

```
0    LD    X000        4    INV
1    INV                5    OUT   Y001
2    OUT   Y000         6    NOP
3    LD    Y000         7    NOP
```

图 2-5-10   指令表程序中的 NOP 指令

4. 结束指令（END）应用示例及用法说明

结束指令（END）表示程序结束。若程序的最后不写 END 指令，则 PLC 不管实际用

户程序多长，都从用户程序存储器的第一步执行到最后一步；若有 END 指令，当扫描到 END 指令时，则结束执行程序，这样可以缩短扫描周期。在程序调试时，可在程序中插入若干 END 指令，将程序划分为若干段，在确定前面程序段无误后，依次删除 END 指令，直至调试结束。如果程序结束不用 END 指令，在程序执行时会扫描完整个用户存储器，延长程序的执行时间，有的 PLC 还会提示程序出错，程序不能运行。

结束指令（END）应用示例如图 2-5-11 所示。

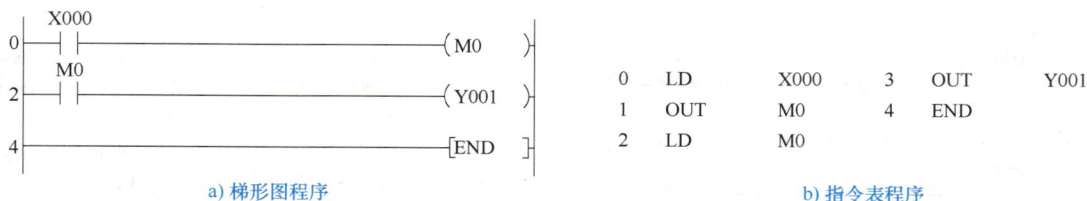

a) 梯形图程序 　　　　　　　　　　　　　　　　　b) 指令表程序

图 2-5-11　结束指令（END）应用示例

任务实施

一、元器件检查

清点任务所需的设备、工具及材料，并利用万用表检查元器件好坏。

二、建立 I/O 分配表

根据任务，分析做出输入输出 I/O 分配表，见表 2-5-6。

表 2-5-6　输入输出 I/O 分配表

输入			输出		
输入元件	功能作用	输入继电器	输出元件	控制对象	输出继电器
SB1	控制按钮	X000	KA1	KM1	Y000
SB3	控制按钮	X001	KA2	KM2	Y001
SB2	控制按钮	X002	HL2	电动机正转指示	Y004
FR	过载保护	X003	HL5	电动机反转指示	Y005
			HL3	电动机停止指示	Y006

三、电路连接

按照接线要求，完成电动机主电路及 PLC 控制电路的连接，**注意：不能带电接线。**完成接线后进行通电前检查，保证符合工艺规范，电路连接正确。

四、程序编写与下载

电动机正反转控制程序如图 2-5-12 所示。

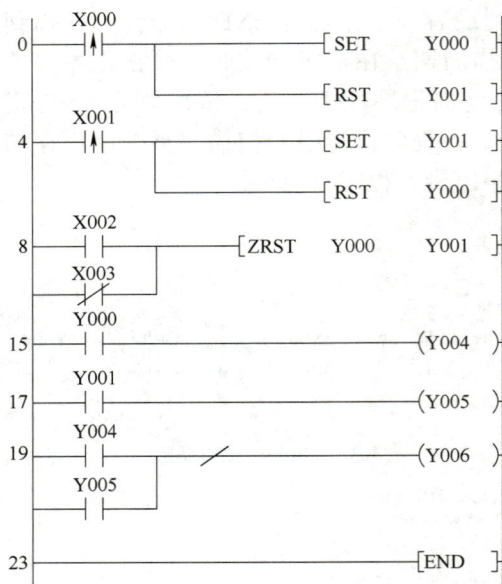

a) 梯形图程序　　　　　　　　　　　　　　　　　　　　b) 指令表程序

图 2-5-12　电动机正反转控制程序

　　程序编辑完成后，对编写程序进行转换、修改并保存文件。然后，完成 PLC 程序的写入。通过 RS485 通信连接线，确保计算机串口与 PLC 已经正常连接，在 PLC 已经上电的情况下，单击"在线"菜单中的"PLC 写入"或者单击常用操作工具栏中的"PLC 写入"，将编写好的程序正确写入 PLC 中。

五、调试与运行

　　程序正确写入 PLC 后进入监控状态，进行调试。根据调试过程，将电动机正反转控制系统调试记录填入表 2-5-7 中。

电动机正反转控制系统调试

表 2-5-7　电动机正反转控制系统调试记录

步骤	调试流程	正确现象	观察结果及解决措施
1	初始状态	按钮没有按下时，HL3 亮，灯 HL2 灭，灯 HL5 灭	
		电动机停止	
2	按下 SB1	HL2 亮，HL3 灭，HL5 灭	
		电动机正转	
3	按下 SB2	HL3 亮	
		电动机停止	
4	按下 SB3	HL5 亮，HL2 灭，HL3 灭	
		电动机反转	
5	按下 SB2	HL3 亮	
		电动机停止	

六、实训场地现场清理

实训完成后，将对所操作设备进行复位、还原。拆除安全插接线、整理工位、清点工具、清扫现场卫生，并填写设备使用登记表。

任务评价

对任务实施的完成情况进行检查，并将结果填入表 2-5-8 中。

表 2-5-8　任务测评表

序号	主要内容	考核要求	评分标准	配分	扣分	得分
1	控制电路的连接	根据任务，连接控制电路	1. 不能正确连接信号指示灯，扣10分 2. 不能正确连接按钮，扣10分 3. 不能正确连接 PLC，扣10分 4. 不能正确连接主电路，扣10分	40分		
2	编写控制程序	根据任务要求，编写控制程序	1. 两个信号指示灯不能按要求点亮，每出错一次扣10分，共20分，扣完为止 2. 编写程序不能达到控制要求，扣10分；调整一次程序仍不能达到要求，扣10分，共20分，扣完为止	40分		
3	工艺符合技能大赛标准	根据任务要求，布线合理、美观	1. 电路连接跨过端子排，每处扣1分 2. 导线捆扎间隔距离为60～80mm，未达到每处扣0.5分 3. 网孔板上的导线悬空，固定线夹子间距不为100～160mm，每处扣0.5分 4. 导线从模块内部穿过，每处扣1分	10分		
4	安全文明生产	遵守操作规程，尊重考评员，讲文明懂礼貌，考试结束要清理现场	1. 考试中，违反安全文明生产考核要求，每项扣2分，扣完为止 2. 当教师发现学生有重大事故隐患时，要立即予以制止，并扣安全文明生产分，共5分 3. 小组协作不和谐、效率低下，扣5分	10分		
		合计		100分		

开始时间：　　　　　　　　　结束时间：

学生姓名：　　　　　指导教师：　　　　　任务实施日期：

项目三

认识 PLC 的定时器、计数器及比较指令

项 目 导 学

　　PLC 内部具有定时器和计数器软元件，用于对时间、数值的统计、计算和控制，是 PLC 功能中重要的组成部分。

　　PLC 的定时器编程元件与继电器控制系统中常用的时间继电器的用途是相同的，都可以实现通电延时和断电延时控制，二者不同之处在于 PLC 的定时器可以提供无限制的常开、常闭延时触点，其计时的精确度可以达到 1ms，通过编程组合可实现无限时长计时；定时器还具有断电保持及计时积算功能。

　　PLC 的计数器编程元件用于对数值的计数和控制。PLC 内部有两种计数器，一种是对 PLC 内部信号进行计数的普通计数器，另一种是对外部输入信号进行计数的高速计数器，在 PLC 中，这两种计数器的用途、功能不同，工作中不能互相替代。

　　比较指令是 PLC 中常用的指令。生产控制中，用于对现场实时数据与预设的基准数据进行比较，以确定运行控制是否符合预设的控制要求，并按设定程序进行相应的调整，确保生产过程按既定程序运行。在 PLC 控制中，比较指令常常与传送指令配合使用，以实现相关控制功能。

　　项目三包括 3 个任务，涉及 8 个知识点，任务一为电动机星 – 三角形减压起动控制编程，包括 PLC 定时器和 PLC 定时器的典型应用与扩展应用等内容；任务二为链板输送机顺序起停控制编程，包括数据比较指令、区间比较指令、触点型比较指令和比较指令应用实例等内容；任务三为盘磨机系统控制编程，包括 PLC 计数器和 PLC 计数器的典型应用与扩展应用等内容。

❖ 学习重点

　　1. PLC 定时器知识及典型应用。

　　2. 比较指令格式及含义。

　　3. PLC 定时器、计数器、比较指令应用及电气控制案例分析。

❖ 学习难点

　　1. PLC 定时器、计数器组合应用。

　　2. 比较指令编程应用。

　　3. 工程案例编程解析与实践。

　　建议课时：18。

拓展任务

任务一　电动机星 – 三角形减压起动控制编程

任务目标

知识目标：1. 掌握定时器的编程格式和工作原理。

2. 掌握定时器的类型、时基的选择和预设值的设定。

3. 掌握定时器的通电延时、断电延时及多定时器组合延时的编程应用。

能力目标：1. 掌握定时器指令编写方法，编写定时器应用程序的梯形图。

2. 根据任务要求，在计算机上完成控制程序编程并通过 PLC 模拟软件完成验证，或在 YL–235A1 型光机电一体化实训装置上选择合适的电气控制模块完成任务。

素质目标：1. 培养学生从生活、生产入手观察学习的能力。

2. 培养分析问题、思考问题、解决问题的能力，在学习中探索并发扬团结互助的精神。

任务描述

三相异步电动机三角形联结起动控制中，为了减小起动电流，减少电动机起动对电网电压的影响，常采用星 – 三角形减压起动的控制方式，即起动时三相绕组采用星形联结，正常运行时采用三角形联结。采用继电器控制方式时，从星形联结转换成三角形联结通常采用时间继电器进行转换控制，如图 3-1-1 所示。需要用到的电器主要有隔离开关、熔断器、接触器、热继电器、时间继电器、按钮等，如图 3-1-2 所示。星 – 三角形减压起动器如图 3-1-3 所示。

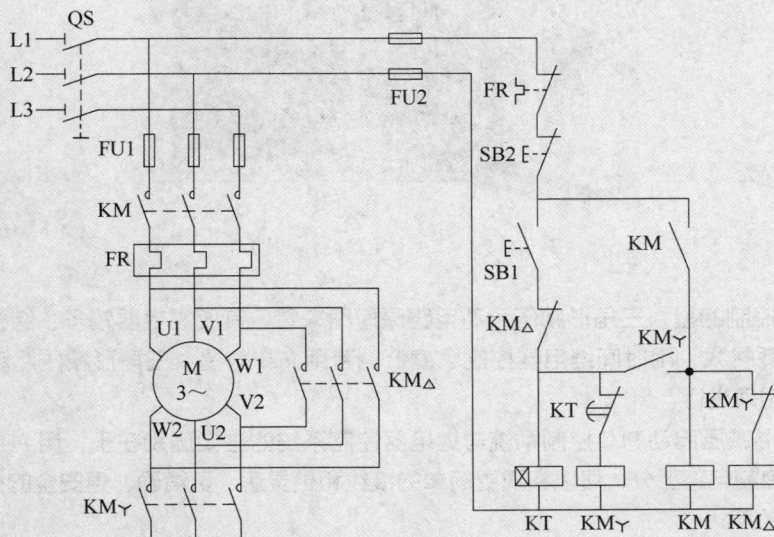

图 3-1-1　时间继电器控制星 – 三角形减压起动控制电气原理图

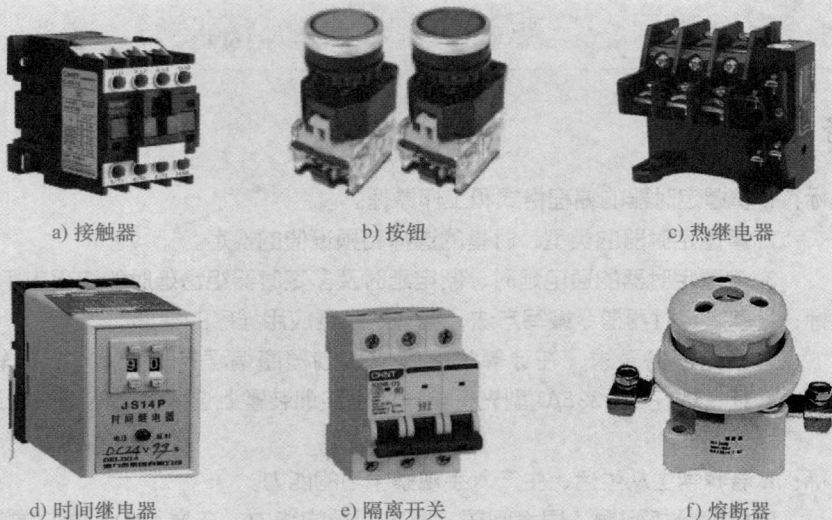

a) 接触器　　　　　　　b) 按钮　　　　　　　c) 热继电器

d) 时间继电器　　　　　e) 隔离开关　　　　　f) 熔断器

图 3-1-2　常用低压电器

图 3-1-3　星 – 三角形减压起动器

　　从继电器控制的星 – 三角形减压起动电路原理图来看，其所需电器较多、结构复杂、接线工艺要求高、耗材大，用时间继电器控制精度低。若用 PLC 对星 – 三角形减压起动控制电路进行改造，应该如何进行？

　　星 – 三角形减压起动 PLC 控制系统与继电器控制系统的主要区别在于：用 PLC 替换继电器控制系统中的控制电路部分，可以实现更简单的接线和更灵活、更精确、更安全的控制。

　　控制要求如下：

　　如图 3-1-4 所示，某浆料储存系统由浆料池搅拌系统、浆料输入输出系统构成。其中浆料泵由 M2 拖动运行。当按下 SB1 时，M2 以星形联结方式低速起动，运行 30s 后自动切换为三角

形联结方式高速运行，拖动浆料泵将浆料池中的浆料打入出料管道，并流送至下一个生产环节，任意时刻按下 SB2，M2 停止转动，浆料泵停止运行。请设计电气控制原理图及 PLC 接线图，编写控制程序，并在网孔板上安装调试电路。

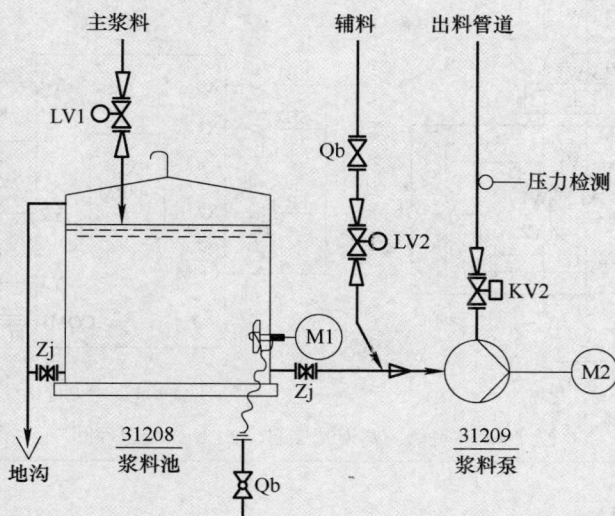

图 3-1-4　浆料储存系统示意图

任务分析

星 – 三角形减压起动 PLC 控制原理图如图 3-1-5 所示，其工作原理分析如下：

1. 星形联结起动

按下 SB1，主接触器 KM 和星形联结接触器 KM~ 线圈得电，KM 和 KM~ 主触点闭合，电动机得电，开始星形联结起动。

2. 三角形联结运行

当星形联结起动的时间达到设定的时间时，KM~ 线圈先断电，星形联结起动结束，KM△ 线圈得电，KM△ 主触点闭合，进入三角形联结运行状态。

3. 停止

按下 SB2 后，KM、KM~、KM△ 失电，电动机运行停止。

4. 热保护

当主电路产生过载电流达到热继电器设定的动作值时，热继电器触点发出信号，KM、KM~ 或 KM△ 线圈断电，各主触点断开切断电动机电源，电动机得到保护。

5. 双重互锁保护

1）继电器互锁保护：在 KM、KM△ 线圈回路中分别串联 KM△、KM~ 的常闭触点进行联锁。

2）触点为指令互锁保护：在 PLC 控制程序中设置互锁触点保护。

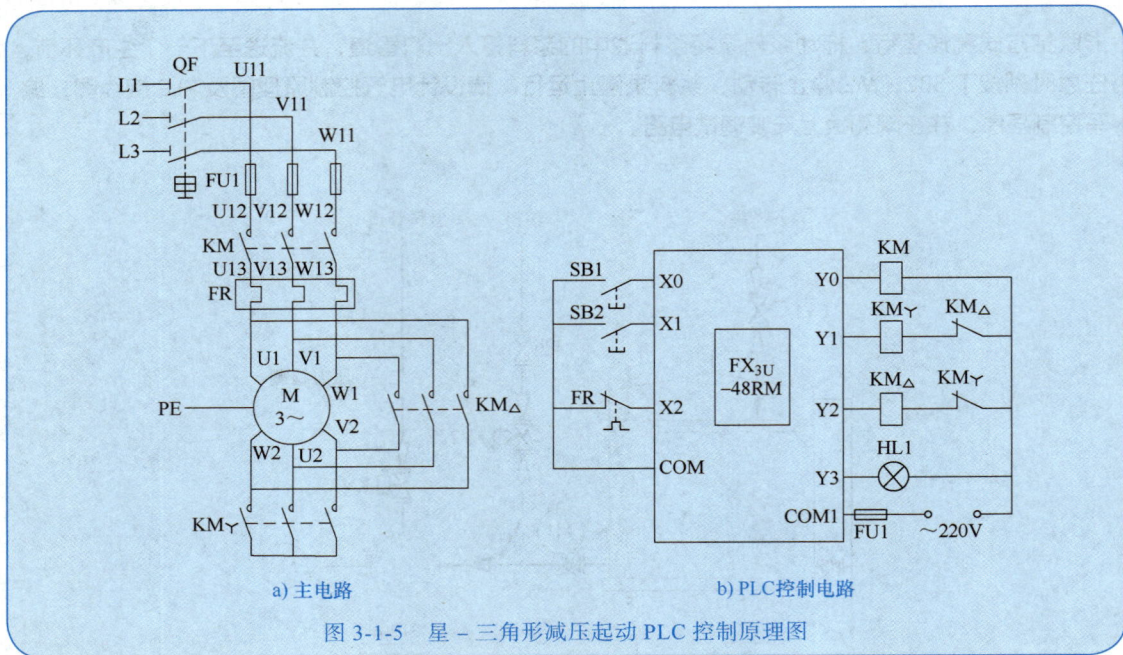

a) 主电路　　　　　　　　　　　　　b) PLC控制电路

图 3-1-5　星 – 三角形减压起动 PLC 控制原理图

任务准备

一、PLC 定时器（T）

1. 元件组成及格式

定时器由代码"T"、地址编号和预设值组成，如，T1 表示 1 号定时器。定时器预设值的设定有直接设定和间接设定两种方式。定时器的预设值可以用常数 K 直接设定，如图 3-1-6a 的 K100；还可以通过指定数据寄存器的元件号来间接设定，如图 3-1-6b 的 D0，如果 D0 的预设值为 100，那么与设定 K100 是等效的。

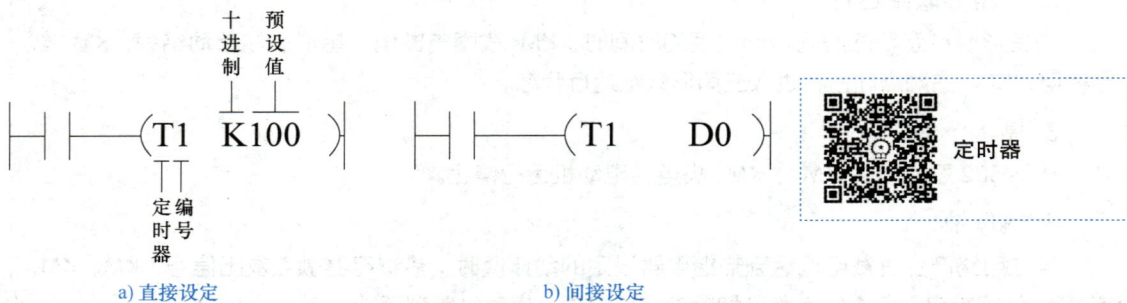

a) 直接设定　　　　　　　　　　b) 间接设定

图 3-1-6　定时器元件组成及格式

2. 定时器的类型及工作原理

FX$_{2N}$、FX$_{3U}$ 系列 PLC 中定时器可分为通用定时器和积算定时器两种类型。它们是通

过对某一时基的时钟脉冲计数进行累计而实现定时的，时基脉冲的周期有 1ms、10ms、100ms 3 种，当所计脉冲个数达到设定值时，被控制的触点动作。设定值可用常数 K 或数据寄存器 D 的赋值来设置。定时器可提供无限对动合（常开）、动断（常闭）延时触点。

（1）通用型定时器识别及应用　通用定时器不具备断电的保持功能，即当输入电路断开或停电时定时器复位。

1）100ms 通用定时器（T0～T199）共 200 点，其中 T192～T199 为子程序和中断服务程序专用定时器。这种类型定时器是对 100ms 时基脉冲进行累积计数的，设定值为 1～32767，所以其定时范围为 0.1～3276.7s。

2）10ms 通用定时器（T200～T245）共 46 点。这种类型定时器是对 10ms 时基脉冲进行累积计数的，设定值为 1～32767，所以其定时范围为 0.01～327.67s。

3）1ms 通用定时器（T256～T511）共 256 点，这种类型定时器是对 1ms 时基脉冲进行累积计数的，定时范围为 0.001～32.767s。

（2）通用定时器预设值的设置与工作过程分析　定时器预设值为十进制数值，其设置与选择的定时器类型有关。

$$预设值 = 定时值 / 时基$$

例如要设置定时器的定时值为 10s。当选用的定时器为 T0～T199 中的某一个，因其计时时基为 100ms，预设值 =10s/100ms=10s/0.1s=100，即预设值为 K100。当选用的定时器为 T200～T245 中的某一个，因其计时时基为 10ms，预设值 =10s/10ms=10s/0.01s=1000，即预设值为 K1000。

如图 3-1-7 所示，当输入 X000 接通时，定时器 T1 从 0 开始对 100ms 时基脉冲进行累积计数，当计数值与预设值 K100 相等时，定时器的常开触点接通，Y000 接通输出，经过的时间为 100×0.1s=10s。当 X000 断开后，定时器复位，计数值复位为 0，其常开触点断开，Y000 也随之断开。通用定时器的特点是不具备断电的保持功能，即当输入电路断开或停电时定时器自动复位，计时值自动清零。当 X000 接通 8s 后断开，则 T1 当前累积计时值自动清零，当 X000 再次接通时，定时器 T1 又从 0 开始计时。

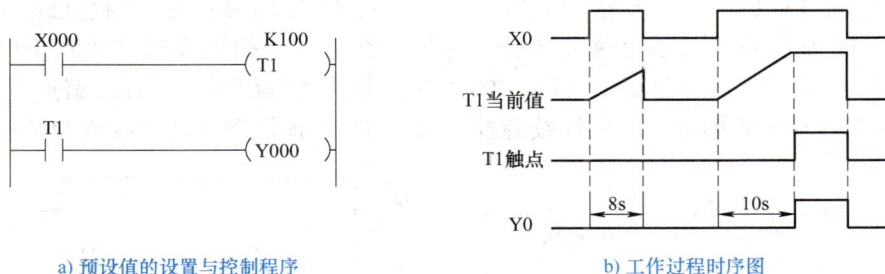

a) 预设值的设置与控制程序　　　　　　　　b) 工作过程时序图

图 3-1-7　通用定时器预设值的设置与工作过程

（3）积算型定时器识别及应用　积算定时器预设值的设置与通用定时器预设值的设置方法相同。

积算定时器既具有计数累积的功能又具有断电保持功能，即在定时过程中，如果系统设备断电或定时器线圈断开，积算定时器将保持当前的计数值（当前值），设备恢复供电或定时器线圈再次接通后，继续累积。积算定时器只有通过复位指令才能使当前值变为 0。

1）1ms 积算定时器（T246 ～ T249）共 4 点，是对 1ms 时基脉冲进行累积计数的，定时的时间范围为 0.001 ～ 32.767s。

2）100ms 积算定时器（T250 ～ T255）共 6 点，是对 100ms 时基脉冲进行累积计数的，定时的时间范围为 0.1 ～ 3276.7s。

（4）积算定时器工作过程分析　如图 3-1-8 所示，当 X000 接通时，T250 当前值开始累积 100ms 的时基脉冲的个数。当 X000 经过 $t0$ 后断开时，若 T250 当前值尚未达到预设值 K100，其计数的当前值自动保存。当 X000 再次接通，T250 从保存时的当前值开始继续累积，再经过 $t1$ 后，当前值达到 K100 时，定时器的触点动作。累积的时间为 $t0+t1=0.1 \times 100s=10s$。当复位输入 X001 接通时，定时器自动复位，当前值变为 0，定时器触点也随之复位，Y000 断电停止。

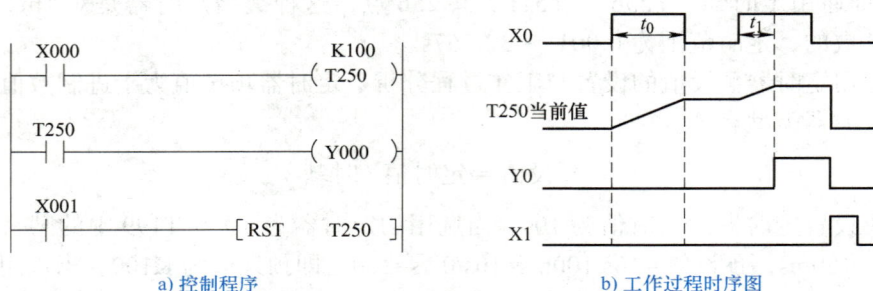

a) 控制程序　　　　　　　　　　b) 工作过程时序图

图 3-1-8　积算定时器工作过程

二、PLC 定时器的典型应用与扩展应用

1. 脉冲信号发生器

（1）周期可调的脉冲信号发生器　如图 3-1-9 所示，周期可调的脉冲信号发生器采用定时器 T0 产生一个周期可调节的连续脉冲。当 X000 的常开触点闭合后，第一次扫描到 T0 常闭触点时，因为它是闭合的，于是 T0 线圈得电，经过 1s 延时，T0 常闭触点断开。T0 常闭触点断开后的下一个扫描周期中，当扫描到 T0 常闭触点时，因它已断开，使 T0 线圈失电，T0 常闭触点又随之恢复闭合。这样，在下一个扫描周期扫描到 T0 常闭触点时，又使 T0 线圈得电，重复以上动作，T0 的常闭触点连续闭合、断开，就产生了脉宽为 1 个扫描周期（脉冲周期为 1s）的连续脉冲。改变 T0 的预设值，就可以改变脉冲周期。

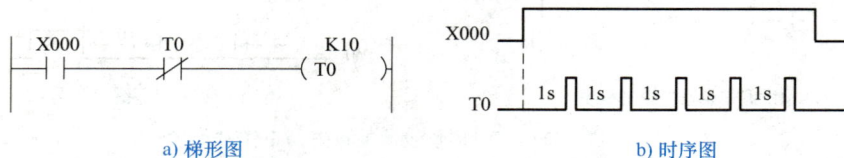

a) 梯形图　　　　　　　　　　　b) 时序图

图 3-1-9　周期可调的脉冲信号发生器

（2）占空比可调的脉冲信号发生器　如图 3-1-10 所示，占空比可调的脉冲信号发生器采用两个定时器产生连续脉冲信号，脉冲周期为 5s，占空比为 3∶2（接通时间∶断开时间）。接通时间 3s 由定时器 T1 设定；断开时间 2s 由定时器 T0 设定；Y000 为连续脉冲输出端。

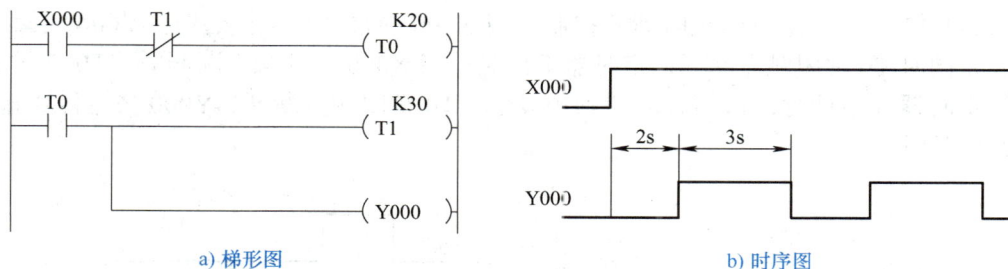

a) 梯形图   b) 时序图

图 3-1-10 占空比可调的脉冲信号发生器

（3）顺序脉冲发生器 如图 3-1-11a 所示，顺序脉冲发生器用 3 个定时器产生一组顺序脉冲。当 X004 接通时，T40 开始延时，同时 Y31 通电。定时 10s 时间到后，T40 常闭触点断开，Y31 断电；T40 常开触点闭合，T41 开始延时，同时 Y32 通电。当 T41 定时 15s 时间到后，T41 常闭触点断开 Y32 断电；T41 常开触点闭合，T42 开始延时，同时 Y33 通电。T42 定时 20s 时间到后，T42 的常闭触点断开 Y33 断电。如果 X004 仍接通，则重新开始产生顺序脉冲，直至 X004 断开。当 X004 断开时，所有的定时器全部断电，定时器触点复位，输出 Y31、Y32 及 Y33 全部断电。

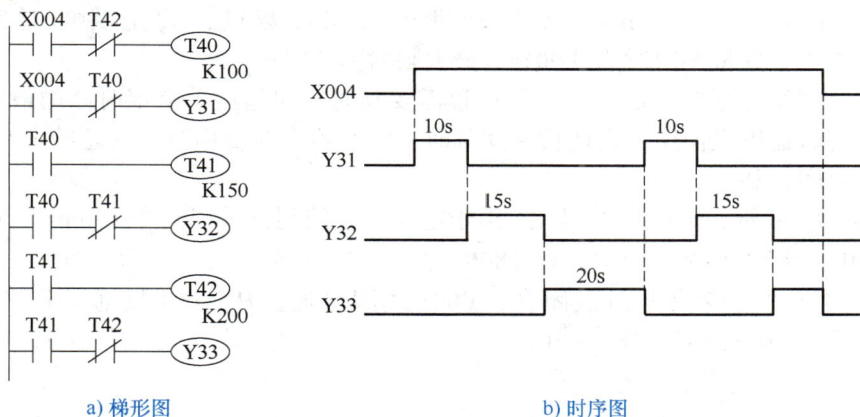

a) 梯形图   b) 时序图

图 3-1-11 顺序脉冲发生器

2. 定时器延时接通与延时断开控制

图 3-1-12 所示为定时器延时接通控制，当 X000 接通时，M0 线圈通电并自锁，同时 T0 开始计时，2s 后计时达到预设值，T0 接通，Y000 得电输出，实现通电延时。

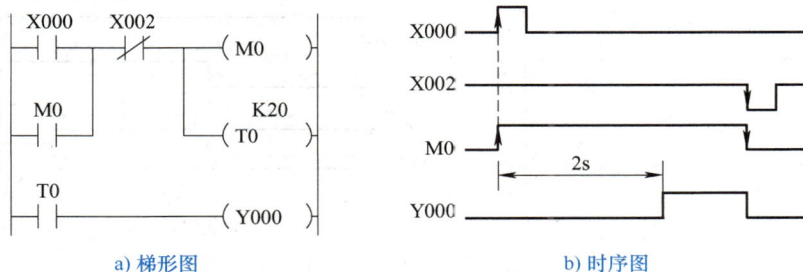

a) 梯形图   b) 时序图

图 3-1-12 定时器延时接通控制

图 3-1-13 所示为定时器延时断开控制，当 X000 的常开触点接通时，Y000 线圈通电并自锁，同时 T0 常闭触点断开，定时器不计时；当 X000 常开触点断开时，T0 常闭触点复位，定时器开始计时，1s 后计时达到预设值，T0 常闭触点断开，Y000 失电停止输出，实现断电延时。

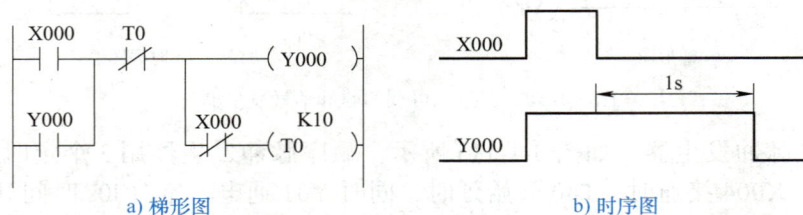

| a) 梯形图 | b) 时序图 |

图 3-1-13　定时器延时断开控制

3. 多个定时器组合的延时控制

（1）最大限时与最小限时控制　一般 PLC 的单个定时器的延时时间都较短，其最小限时与最大限时控制取决于所选用的定时器的时基。如选用的 1ms 积算定时器（T246 ～ T249），是对 1ms 时基脉冲进行累积计数的，其定时的时间范围为 0.001 ～ 32.767s，即最小限时为 0.001s，最大限时为 32.767s。

（2）定时器组合延时控制　当控制过程需要延时时间超过单个定时器的最大限时时，可采用多个定时器串级使用来实现长时间延时。定时器串级使用时，其总的定时时间为各定时器定时时间之和。

如图 3-1-14 所示，辅助继电器 M1 用于定时启停控制，采用两个 100ms 定时器 T1 和 T2 串级使用。当 T1 开始定时后，经 1800s 延时，T1 的常开触点闭合，使 T2 开始定时，又经 1800s 的延时，T2 常开触点闭合，Y001 线圈接通。从 X001 接通，到 Y001 输出，其延时时间为 1800s+1800s=3600s=1h。

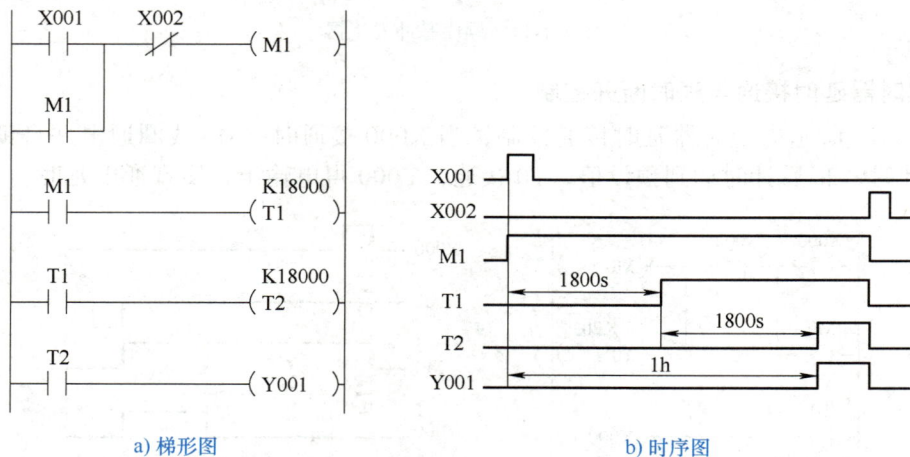

| a) 梯形图 | b) 时序图 |

图 3-1-14　定时器组合延时控制

任务实施

一、元器件检查

清点任务所需的设备、工具及材料，并使用万用表检查元器件好坏。

二、建立 I/O 分配表

根据任务，分析做出输入输出 I/O 分配表，见表 3-1-1。

表 3-1-1 输入输出 I/O 分配表

输入			输出		
输入元件	功能作用	输入继电器	输出元件	控制对象	输出继电器
SB1	起动按钮	X000	KM	主接触器	Y000
SB2	停止按钮	X001	KM$_\curlyvee$	星形联结接触器	Y001
FR	过载保护	X002	KM$_\triangle$	三角形联结接触器	Y002

三、电路连接

1. 安装元器件

在网孔板上摆放元器件，并用螺钉进行固定。

2. 电路连接

按照接线要求，完成电动机主电路及 PLC 控制电路的连接，**注意：不能带电接线。**完成接线后进行通电前检查，保证符合工艺规范，电路连接正确。

四、程序编写与下载

1. 程序编写及分析

电动机星 – 三角形减压起动控制梯形图与指令表如图 3-1-15 所示。

（1）起动过程及互锁控制 按下 SB1 → X000 的常开触点闭合 → Y000、Y001 得电并自锁，Y002 互锁 → 电动机星形联结起动，定时器开始计时 → 30s 后 T1 的常闭触点断开，常开触点闭合 → Y001 失电停止（起动结束），定时器复位，Y002 得电并自锁，Y001 互锁 → 电动机三角形联结运行。

（2）停止过程控制 按下 SB2 → X001 的常闭触点断开 → Y000、Y002 失电 → 电动机停止运行。

（3）过载保护过程控制 发生过载 → X002 的常闭触点断开 → Y000、Y001 或 Y002 失电 → 电动机停止运行。

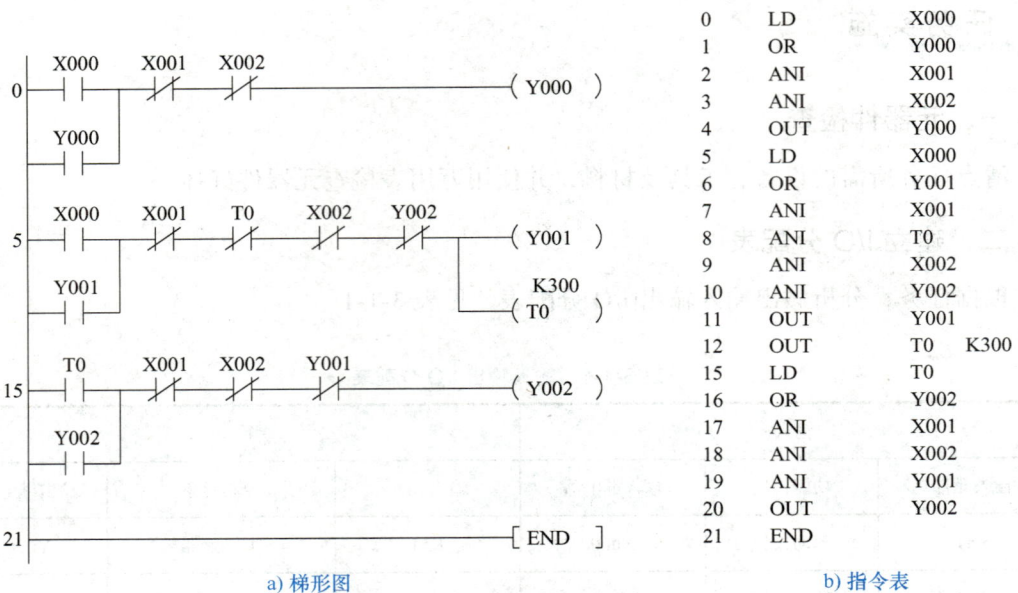

0	LD	X000
1	OR	Y000
2	ANI	X001
3	ANI	X002
4	OUT	Y000
5	LD	X000
6	OR	Y001
7	ANI	X001
8	ANI	T0
9	ANI	X002
10	ANI	Y002
11	OUT	Y001
12	OUT	T0 K300
15	LD	T0
16	OR	Y002
17	ANI	X001
18	ANI	X002
19	ANI	Y001
20	OUT	Y002
21	END	

a) 梯形图   b) 指令表

图 3-1-15 电动机星 – 三角形减压起动控制梯形图与指令表

2. 程序下载

程序编辑完成后，对编写程序进行转换、修改并保存文件。然后，完成 PLC 程序的写入。通过 RS485 通信连接线，确保计算机串口与 PLC 已经正常连接，在 PLC 已经上电的情况下，单击"在线"菜单中的"PLC 写入"或者单击常用操作工具栏中的"PLC 写入"，按软件操作提示完成写入操作，将编写好的程序正确写入 PLC 中。

五、调试与运行

程序正确写入 PLC 后进入监控状态，进行调试。根据调试过程，将电动机星 – 三角形减压起动控制系统调试记录填入表 3-1-2 中。

表 3-1-2 星 – 三角形减压起动控制系统调试记录

步骤	调试流程	正确现象	观察结果及解决措施
1	按下 SB1	电动机星形联结起动	
		30s 后自动切换为三角形联结运行	
2	按下 SB2	电动机停止运行	
3	FR 动作触发	电动机停止运行	

六、实训场地现场清理

实训完成后，将对所操作设备进行复位、还原。拆除安全插接线、整理工位、清点工具、清扫现场卫生，并填写设备使用登记表。

任务评价

对任务实施的完成情况进行检查，并将结果填入表 3-1-3 中。

表 3-1-3　任务测评表

序号	主要内容	考核要求	评分标准	配分	扣分	得分
1	控制电路的连接	根据任务要求，连接控制电路	1. 不能正确连接信号指示灯，扣 10 分 2. 不能正确连接按钮，扣 10 分 3. 不能正确连接 PLC，扣 10 分 4. 不能正确连接主电路，扣 10 分	40 分		
2	编写控制程序	根据任务要求，编写控制程序	1. 电动机不能实现星 – 三角形减压起动，每错一次扣 10 分，共 20 分，扣完为止 2. 信号指示灯指示不正确，每错一次扣 5 分，共 10 分，扣完为止 3. 编写程序不能达到控制要求，扣 10 分；调试一次程序仍不能达到要求，扣 10 分，共 20 分，扣完为止	40 分		
3	工艺符合标准	根据任务要求，布线合理、美观	布线不美观、导线不整齐，扣 10 分	10 分		
4	安全文明生产	遵守操作规程，尊重考评员，讲文明懂礼貌，考试结束要清理现场	1. 考试中，违反安全文明生产考核要求，每项扣 2 分，扣完为止 2. 当教师发现操作者有重大事故隐患时，要立即予以制止，并扣安全文明生产分，共 5 分 3. 小组协作不和谐、效率低下，扣 5 分	10 分		
		合计		100 分		

开始时间：		结束时间：	
学生姓名：	指导教师：		任务实施日期：

任务二　链板输送机（四节链板）顺序起停控制编程

任务目标

知识目标：1. 掌握比较指令的编程格式和工作原理。
2. 掌握比较指令类型的选择和预设值的设定。
3. 掌握比较指令的编程应用。

能力目标：1. 掌握比较指令应用编写方法，能够编写比较指令应用程序。
2. 根据任务要求，在计算机上完成比较指令控制程序编程并通过 PLC 模拟软件完成验证，或在 YL-235A1 型光机电一体化实训装置上选择合适的电气控制模块完成任务。

素质目标：1. 培养学生从生活、生产入手观察学习的能力。
2. 培养学生分析问题、思考问题、解决问题的能力。
3. 树立工程技术观念，倡导自主学习，提高专业综合素质。

任务描述

顺序控制是指按照规定的顺序依次完成各种操作的控制系统。根据预先规定的系统操作的时间顺序、逻辑顺序或互锁及联动规则，自动完成一系列动作的操作，最终控制系统运行状态的过程，从而实现电气设备按设定的工作运行状态自动转换，是一种开环控制方式，主要应用于机械、化工、机床、物料装卸运输等过程控制、机械手和生产自动线。

如图 3-2-1 所示，本任务以链板输送机的控制为例，学习 PLC 顺序控制的应用。

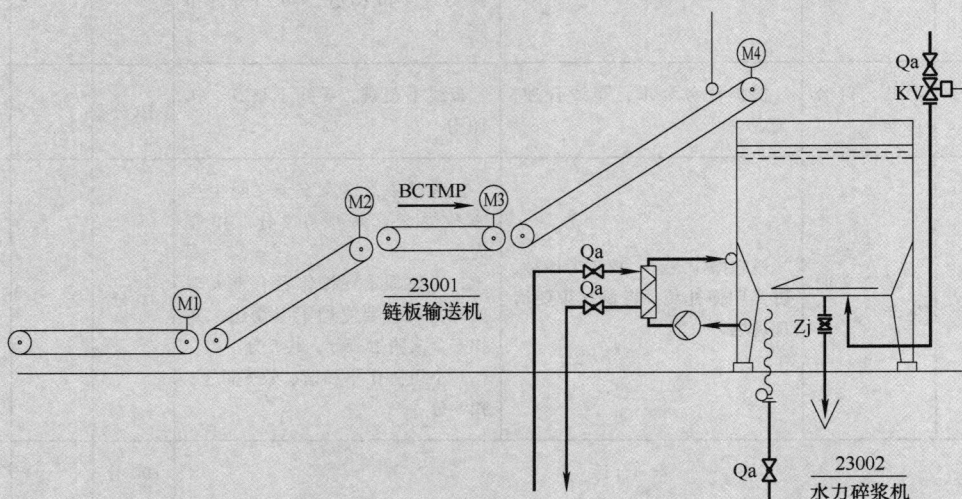

图 3-2-1　链板输送机示意图

在某生产系统中，设备号为 23001 的链板输送机由四节链板构成，该系统分别由 M1 ~ M4 四台电动机拖动，输送介质 BCTMP 到水力碎浆机进行生产处理。现需对设备进行运行前测试，

按下 SB1，M1 拖动一级链板运行 30s 后自动停止，一级链板停止时，二级链板起动运行 30s 后自动停止，三级链板和四级链板也按上述规律运行，若没有按下停止按钮，则自动循环运行，任意时刻按下 SB2，链板输送机停止运行。根据任务描述和 PLC 控制电路（见图 3-2-2）选择需要的电气模块，进行电动机顺序起停控制电路连接，按照控制要求编写 PLC 控制程序。

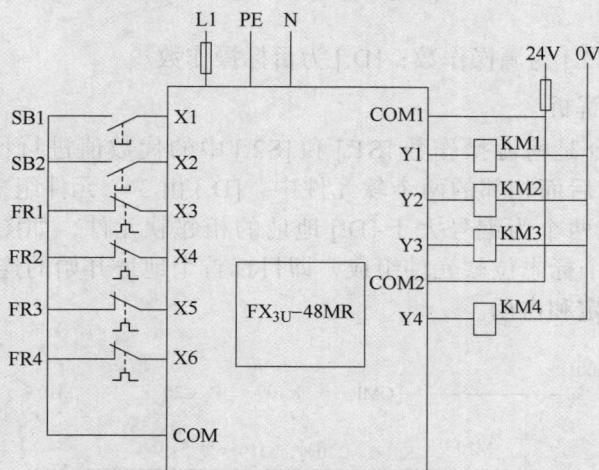

图 3-2-2　链板输送机 PLC 控制电路

任务分析

本任务为典型的顺序控制电路，系统的起动由单一的 SB1 控制，系统运行操作按时间顺序进行。4 台电动机 M1 ~ M4 按顺序以 30s 为间隔分别起停，并自动循环；停止由 SB2 控制，通常由 4 个接触器控制 4 台电动机主电路，4 个热继电器作为 4 台电动机的过载保护，即有 6 个控制信号、4 个控制对象。由分析可知，采用比较指令进行控制编程，可使程序简洁，逻辑关系易于分析，所以顺序控制系统可优先考虑这一编程方法。

任务准备

比较指令将比较结果用目标元件的状态来表示，其使用元素见表 3-2-1。

比较指令

表 3-2-1　比较指令的使用元素

指令名称	指令编号	助记符	操作数		
			S1	S2	D
数据比较	FNC10	CMP	K、H、KnX、KnY、KnM、KnS、T、C、D、V、Z		Y、M、S
区间比较	FNC11	ZCP	K、H、T、C、D、V、Z、KnX、KnY、KnM、KnS、		Y、S、M

一、数据比较指令（CMP）

1. 指令格式

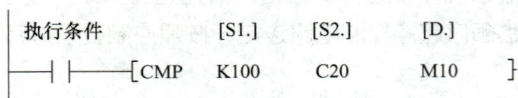

其中，[S1.] 和 [S2.] 为源操作数；[D.] 为目标操作数。

2. 数据比较指令解析

1）数据比较指令是将源操作数 [S1.] 和 [S2.] 中的代数值进行比较，并将结果送到目标操作数 [D.] 及其后面相邻的两个软元件中。[D.] 由 3 个元件组成，指令中 [D.] 给出软元件首地址，其他两个为编号大于 [D.] 地址的相邻软元件，如图 3-2-3 所示，[D.] 由 M10、M11、M12 三个标志位软元件组成，即目标首个地址开始的连续 3 个软元件 M10、M11、M12 被自动指定和占用。

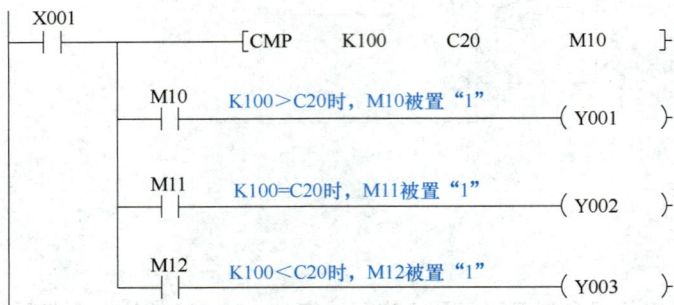

图 3-2-3　数据比较指令动作过程分析

2）当执行条件由 ON 变为 OFF 时，CMP 指令不执行，但 [D.] 中软元件的状态保持不变，如果要清除比较结果，需要用 RST 指令或 ZRST 指令复位。

3）该指令可以进行 16/32 位数据处理和连续 / 脉冲执行方式。

4）如果指令中指定的操作数不全、元件超出范围、软元件地址不对时，程序出错。

3. 数据比较指令动作过程分析

如图 3-2-3 所示，当 X001 接通时，若 K100>C20，则 M10 被置"1"（接通），Y000 输出；若 K100=C20，则 M11 被置"1"，Y002 输出；若 K100<C20，则 M12 被置"1"，Y003 输出。由此可知，CMP 指令执行后，3 个标志位软元件中必有一个被置"1"，其余两个均为"0"，若 X001 断开，则 CMP 指令不执行，M10、M11、M12 三个标志位软元件保持原来的状态不变。

二、区间比较指令（ZCP）

1. 指令格式

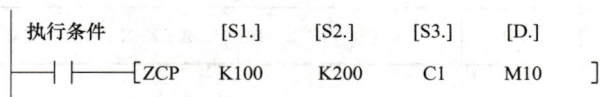

2. 区间比较指令解析

1）区间比较指令（ZCP）是将一个数据 [S3.] 与两个源数据 [S1.] 和 [S2.] 间的数据进行代数比较，比较结果送到目标操作数 [D.] 及其后面相邻的两个软元件中。

2）ZCP 指令中的 [S1.] 和 [S2.] 可以是所有字元件，[D.] 为 Y、M、S。

3）源操作数 [S1.] 的内容比源操作数 [S2.] 的内容要小，如果 [S1.]>[S2.]，则 [S2.] 被看作与 [S1.] 一样大。

4）若要清除比较结果，要采用复位指令（RST）。在不执行指令需清除比较结果时，也要用 RST 指令或 ZRST 指令复位。

3. 区间比较指令动作过程分析

ZCP 指令动作与 CMP 指令动作原理相似，ZCP 指令的数据比较是进行代数值大小比较（即带符号比较）。所有的源数据均按二进制数处理。如图 3-2-4 所示，当 X001 断开时，ZCP 指令不执行，M10、M11、M12 保持在 X001 断开前的状态。当 X001 接通时，若 C20<K100，则 M10 被置"1"；若 K100≤C20≤K200，则 M11 被置"1"；若 C0>K200，则 M12 被置"1"。

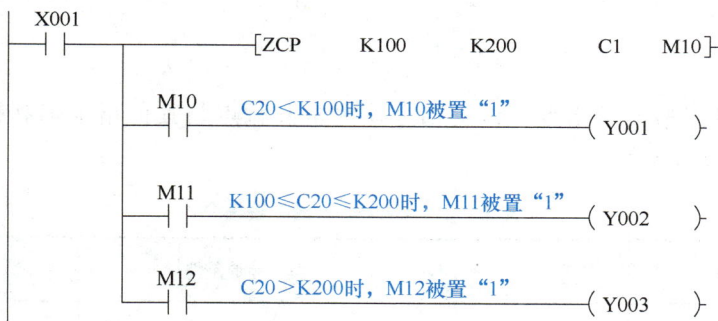

图 3-2-4 区间比较指令动作过程分析

三、触点型比较指令

1. 触点型比较指令功能

触点型比较指令相当于一个触点，执行时比较源操作数 [S1.] 和 [S2.]，符合比较条件则触点闭合；反之断开。触点型比较指令共有 18 条。

2. 触点型比较指令类型和编程格式

根据触点在程序编写中与左母线及其他指令的逻辑关系，触点型比较指令可分为 LD 触点型比较指令、AND 触点型比较指令和 OR 触点型比较指令 3 种。

（1）LD 触点型比较指令 该指令与左母线相连接，助记符为"LD"，见表 3-2-2。

表 3-2-2 LD 触点型比较指令

功能指令代码	助记符	导通条件	非导通条件
FNC224	（D）LD=	[S1.]=[S2.]	[S1.] ≠ [S2.]

（续）

功能指令代码	助记符	导通条件	非导通条件
FNC225	（D）LD>	[S1]>[S2.]	[S1.]≤[S2.]
FNC226	（D）LD<	[S1]<[S2.]	[S1.]≥[S2.]
FNC228	（D）LD<>	[S1.] ≠ [S2.]	[S1.]=[S2.]
FNC229	（D）LD≤	[S1.]≤[S2.]	[S1.]>[S2.]
FNC230	（D）LD≥	[S1.]≥[S2.]	[S1.]>[S2.]

应用示例：图 3-2-5 所示为 "LD=" 指令的使用，当计数器 C20 的当前值为 200 时，Y000 被置 "1"。

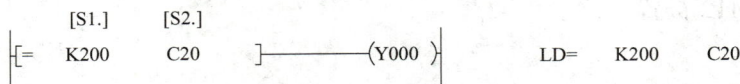

图 3-2-5 "LD=" 指令的使用

（2）AND 触点型比较指令　该类指令作为常开触点与其他指令串联，且不能直接与母线相连，见表 3-2-3。

表 3-2-3　AND 触点型比较指令

功能指令代码	助记符	导通条件	非导通条件
FNC232	（D）AND=	[S1.]=[S2.]	[S1.] ≠ [S2.]
FNC233	（D）AND>	[S1]>[S2.]	[S1.]≤[S2.]
FNC234	（D）AND<	[S1.]<[S2.]	[S1.]≥[S2.]
FNC236	（D）AND<>	[S1.] ≠ [S2.]	[S1.]=[S2.]
FNC237	（D）AND≤	[S1.]≤[S2.]	[S1.]>[S2.]
FNC238	（D）AND≥	[S1.]≥[S2.]	[S1.]<[S2.]

应用示例：图 3-2-6 所示为 "AND=" 指令的使用，当 X000 为 ON 且计数器 C20 的当前值为 200 时，Y000 被置 "1"。

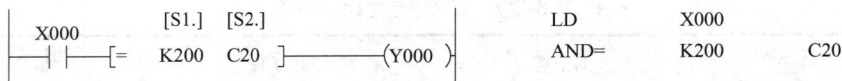

图 3-2-6 "AND=" 指令的使用

（3）OR 触点型比较指令 该类指令作为常开触点与其他指令并联，且必须在有其他触点与之并接的情况下才能编写，见表 3-2-4。

表 3-2-4 OR 触点型比较指令

功能指令代码	助记符	导通条件	非导通条件
FNC240	(D) OR=	[S1.]=[S2.]	[S1.] ≠ [S2.]
FNC241	(D) OR>	[S1]>[S2.]	[S1.]≤[S2.]
FNC242	(D) OR<	[S1.]<[S2.]	[S1.]≥[S2.]
FNC244	(D) OR<>	[S1.] ≠ [S2.]	[S1.]=[S2.]
FNC245	(D) OR≤	[S1.]≤[S2.]	[S1.]>[S2.]
FNC246	(D) OR≥	[S1.]≥[S2.]	[S1.]<[S2.]

应用示例："OR="指令的使用如图 3-2-7 所示，当 C10 处于 ON 或计数器 C20 的当前值为 200 时，Y000 被置"1"。

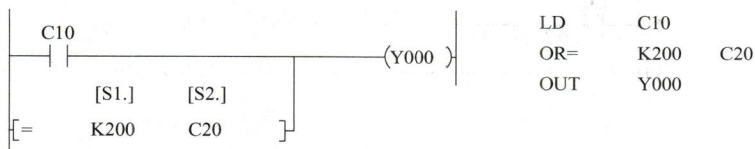

图 3-2-7 "OR="指令的使用

3. 触点型比较指令功能应用分析

触点型比较指令功能应用分析如图 3-2-8 所示。

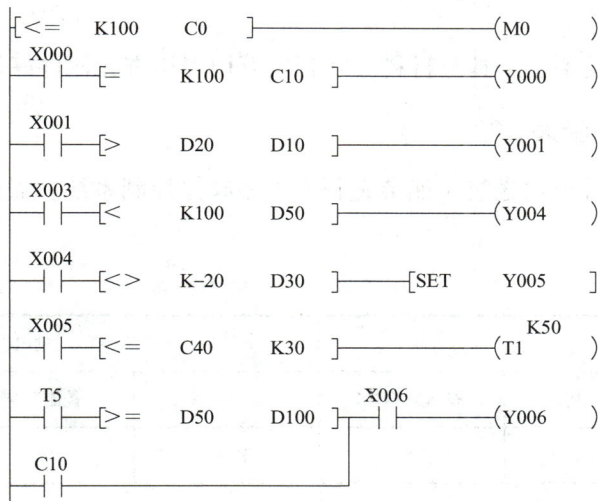

图 3-2-8 触点型比较指令功能应用分析

1）当 K100≤C0 时，则 M0 置"1"。

2）当 X000 接通，且 C10=K200 时，则 Y000 置"1"。

3）当 X001 接通，且 D20>D10 时，则 Y001 置"1"。

4）当 X003 接通，且 K100<D50 时，则 Y004 得电。

5）当 X004 接通，且 K-20 ≠ D30 时，置位 Y005。

6）当 X005 接通，且 C40≤K30 时，则驱动 T1 计时。

7）当 T5 的常开触点闭合，且 D50≥D100 时，或 C10 接通，且 X006 接通时，则 Y006 置"1"。

四、比较指令应用实例

应用比较指令的单按钮顺序起停控制程序如图 3-2-9 所示。当 X001 第一次接通时，C0=1、K2>C0，则 Y000 输出；当 X001 第二次接通时，C0=2、K2=C0，则 Y000 停止，同时 C0 复位。

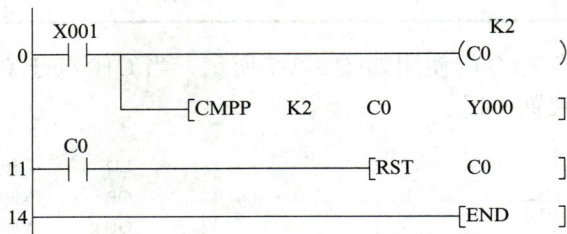

图 3-2-9　应用比较指令的单按钮顺序起停控制程序

任务实施

一、元器件检查

清点任务所需的设备、工具及材料，并利用万用表检查元器件好坏。

二、建立 I/O 分配表

根据任务，分析链板输送机（四节链板）顺序起停控制系统，做出输入输出 I/O 分配表，见表 3-2-5。

表 3-2-5　输入输出 I/O 分配表

输入			输出		
输入元件	功能作用	输入继电器	输出元件	控制对象	输出继电器
SB1	起动按钮	X001	KM1	M1	Y001
SB2	停止按钮	X002	KM2	M2	Y002

（续）

输入			输出		
输入元件	功能作用	输入继电器	输出元件	控制对象	输出继电器
FR1	过载保护 1	X003	KM3	M3	Y003
FR2	过载保护 2	X004	KM4	M4	Y004
FR3	过载保护 3	X005			
FR4	过载保护 4	X006			

三、电路连接

1. 安装元器件

在网孔板上摆放元器件，并用螺钉进行固定。

2. 电路连接

按照接线要求，完成电动机主电路及 PLC 控制电路的连接，**注意：不能带电接线。**完成接线后进行通电前检查，保证符合工艺规范，电路连接正确。

四、程序编写与下载

链板输送机（四节链板）顺序起停控制程序如图 3-2-10 所示。

程序编辑完成后，对编写程序进行转换、修改并保存文件。然后，完成 PLC 程序的写入。通过 RS485 通信连接线，确保计算机串口与 PLC 已经正常连接，在 PLC 已经上电的情况下，单击"在线"菜单中的"PLC 写入"或者单击常用操作工具栏中的"PLC 写入"，按软件操作提示完成写入操作，将编写好的程序正确写入 PLC 中。

五、调试与运行

程序正确写入 PLC 后进入监控状态，进行调试。根据调试过程，将链板输送机（四节链板）控制系统调试记录填入表 3-2-6 中。

表 3-2-6　链板输送机（四节链板）控制系统调试记录

步骤	调试流程	观察对象	观察结果及解决措施
1	按下 SB1	M1 运行 30s	
2		M2 运行 30s	
3		M3 运行 30s	
4		M4 运行 30s	
5	按下 SB2	M1 ~ M4 停止运行	

（续）

步骤	调试流程	观察对象	观察结果及解决措施
6	触发 FR1 动作	M1 ～ M4 停止运行	
7	触发 FR2 动作	M1 ～ M4 停止运行	
8	触发 FR3 动作	M1 ～ M4 停止运行	
9	触发 FR4 动作	M1 ～ M4 停止运行	

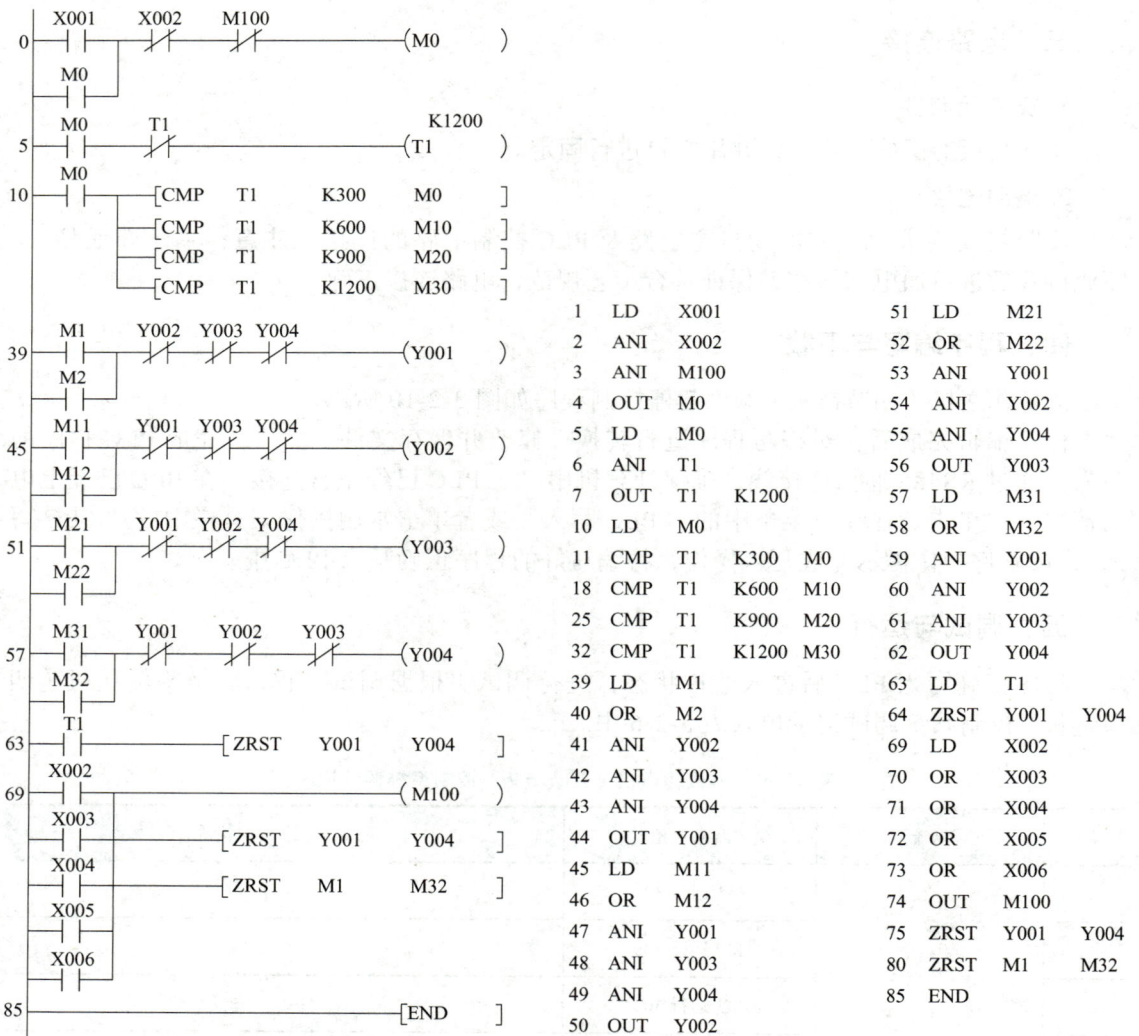

1	LD	X001			51	LD	M21	
2	ANI	X002			52	OR	M22	
3	ANI	M100			53	ANI	Y001	
4	OUT	M0			54	ANI	Y002	
5	LD	M0			55	ANI	Y004	
6	ANI	T1			56	OUT	Y003	
7	OUT	T1	K1200		57	LD	M31	
10	LD	M0			58	OR	M32	
11	CMP	T1	K300	M0	59	ANI	Y001	
18	CMP	T1	K600	M10	60	ANI	Y002	
25	CMP	T1	K900	M20	61	ANI	Y003	
32	CMP	T1	K1200	M30	62	OUT	Y004	
39	LD	M1			63	LD	T1	
40	OR	M2			64	ZRST	Y001	Y004
41	ANI	Y002			69	LD	X002	
42	ANI	Y003			70	OR	X003	
43	ANI	Y004			71	OR	X004	
44	OUT	Y001			72	OR	X005	
45	LD	M11			73	OR	X006	
46	OR	M12			74	OUT	M100	
47	ANI	Y001			75	ZRST	Y001	Y004
48	ANI	Y003			80	ZRST	M1	M32
49	ANI	Y004			85	END		
50	OUT	Y002						

a) 梯形图　　　　b) 指令表

图 3-2-10　链板输送机（四节链板）顺序起停控制程序

六、实训场地现场清理

实训完成后，将对所操作设备进行复位、还原。拆除安全插接线、整理工位、清点工具、清扫现场卫生，并填写设备使用登记表。

任务评价

对任务实施的完成情况进行检查，并将结果填入表 3-2-7 中。

表 3-2-7　任务测评表

序号	主要内容	考核要求	评分标准	配分	扣分	得分
1	控制电路的连接	根据任务要求，连接控制电路	1. 不能正确连接信号指示灯，扣 10 分 2. 不能正确连接按钮，扣 10 分 3. 不能正确连接 PLC，扣 10 分	30 分		
2	编写控制程序	根据任务要求，编写控制程序	1. 电动机 M1 ～ M4 不能按要求运行，每错一次扣 5 分，共 20 分，扣完为止 2. 编写程序不能达到控制要求，扣 10 分；调试一次程序仍不能达到要求，扣 10 分，共 30 分，扣完为止	50 分		
3	工艺符合标准	根据任务要求，布线美观	布线不美观、导线不整齐，扣 10 分	10 分		
4	安全文明生产	遵守操作规程，尊重考评员，讲文明懂礼貌，考试结束要清理现场	1. 考试中，违反安全文明生产考核要求，每项扣 2 分，扣完为止 2. 当教师发现操作者有重大事故隐患时，要立即予以制止，并扣安全文明生产分，共 5 分 3. 小组协作不和谐、效率低下，扣 5 分	10 分		
	合计			100 分		

开始时间：		结束时间：	
学生姓名：	指导教师：		任务实施日期：

任务三 盘磨机系统控制编程

任务目标

知识目标：1. 掌握计数器的编程格式和工作原理。

2. 掌握计数器类型的选择和预设值的设定。

3. 掌握计数器的编程应用。

能力目标：1. 掌握计数器指令应用编写方法，能够编写计数器应用程序。

2. 根据任务要求，在计算机上完成控制程序编程并通过 PLC 模拟软件完成验证；在 PLC 实训设备或 YL-235A1 型光机电一体化实训装置上选择合适的电气控制模块完成任务。

素质目标：1. 培养学生从生活、生产入手观察学习的能力。

2. 培养学生分析问题、思考问题、解决问题的能力。

3. 树立工程技术观念，倡导自主学习，提高专业综合素质。

任务描述

在生产中，电动机正反转运行方式常常应用于需要前后、左右、上下移动的生产机械控制中，如塔吊、超重机、电梯、升降操作平台的上升与下降，混凝土搅拌机的正转与反转等。自动循环控制常应用在需要重复相同动作的生产机械控制中，如机床加工过程中工作台的往返运动等。为提升工作效率或适应生产过程的变化，产生了可变周期的控制方式，可变周期是指相同的动作过程，但各个不同动作过程的时间发生改变的一种生产运行方式。本任务以电动机拖动的工业盘磨机的可变周期控制为例，学习可变周期的 PLC 控制编程与调试。任务如下：

如图 3-3-1 所示，在某生产系统中，有一台工业盘磨机，由 M1 拖动运行。SB3 ～ SB5 为档位选择按钮。按下 SB1 后，若选择 A 档，则按下 SB3，若选择 B 档，则按下 SB4，以此类推。

A 档运行：电动机以正转 20s、停 10s，反转 20s、停 10s 为一个运行周期，拖动盘磨机循环运行，运行 30 个周期后自动停止。

B 档运行：电动机以正转 30s、停 10s，反转 30s、停 10s 为一个运行周期，拖动盘磨机循环运行，运行 60 个周期后自动停止。

C 档运行：电动机以正转 40s、停 10s，反转 40s、停 10s 为一个运行周期，拖动盘磨机循环运行，运行 90 个周期后自动停止。

任意时刻，按下 SB2，盘磨机立即停止运行，运行档位恢复到空档，系统恢复初始状态。请设计电气控制原理图及 PLC 接线图，编写控制程序，并在相关设备上安装调试电路。盘磨机 PLC 控制电路图如图 3-3-2 所示。

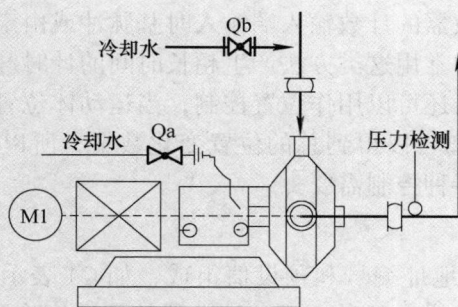

图 3-3-1　盘磨机示意图

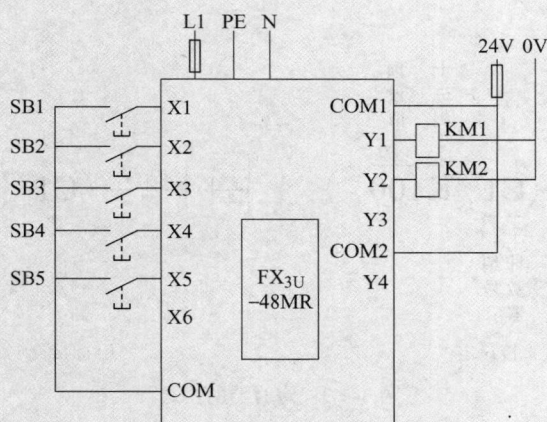

图 3-3-2　盘磨机 PLC 控制电路图

任务分析

本任务需要用 5 个控制按钮来控制起动、停止及档位的选择，控制对象为电动机主接触器。系统起动后需要进行运行档位的选择才能开始按要求工作，当按下停止按钮时，系统停止工作并复位。通过分析可知，采用计数器或定时器和相应功能指令进行控制编程，可使程序简洁，逻辑关系易于分析，所以变周期的控制可以实现这一编程方法。

任务准备

一、PLC 计数器（C）

1. PLC 计数器的用途

PLC 计数器的基本用途是计数，可以用于对产品的数量进行计数和统计，可以用于数量控制，也可以作为机械的动作计数。除计数外，计数器可以方便地转换为计时器，计

数器不仅能用于对时钟脉冲计数，还可以用于分频、定时、产生节拍脉冲和脉冲序列以及进行数字运算等。如在计数器的计数输入端输入时基脉冲或由定时器震荡产生的脉冲，计数器就成了计时器，编程中常用这类方法产生超长时间的计时脉冲或非标准时基的具体时长脉冲。在控制中，计数器还可以用作位置控制，当运动体位置变化等长距离而发出一个脉冲时，脉冲计数乘以距离可以得到总的位置变化数量，所以，PLC 中的计数器可以通过与其他元件的组合实现多种控制需要。

2. 元件组成及格式

计数器由代码"C"、地址编号和预设值组成，如 C1 表示 1 号计数器。计数器预设值的设定有直接设定和间接设定两种方式。计数器的预设值除了可以用常数 K 直接设定，如图 3-3-3a 的 K100，还可以通过指定数据寄存器的元件号来间接设定，如图 3-3-3b 的 D0，如果 D0 的预设值为 100，那么与设定 K100 是等效的，如图 3-3-3b 所示。

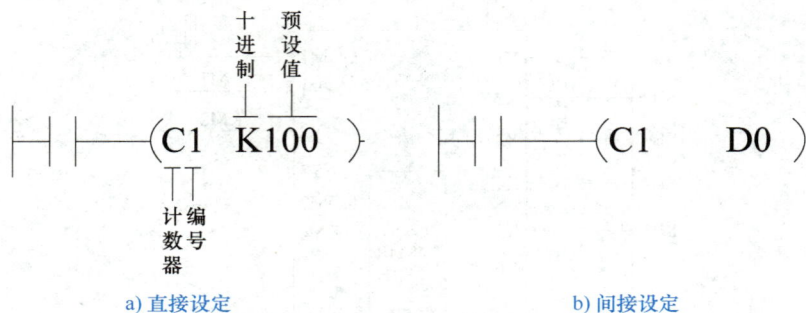

a) 直接设定　　　　　　　　b) 间接设定

图 3-3-3　定时器的格式

3. 计数器类型

FX$_{2N}$、FX$_{3U}$ 系列 PLC 有 256 个计数器，其编号为 C000 ～ C255。FX$_{2N}$、FX$_{3U}$ 系列 PLC 中计数器可分为通用计数器和高速计数器两种，其中高速计数器在特定场合才会使用；按预设值寄存器的不同可分 16 位计数器和 32 位计数器；按是否具备断电保持功能可分为通用型计数器和积算型计数器。常用的计数器有如下几类。

1）16 位通用递增计数器 C0 ～ C99，共 100 点，设定值为 1 ～ 32767，16 位是指其预设值寄存器为 16 位。

2）32 位通用加/减双向计数器 C200 ～ C219，共 20 点，设定值为 -2147483648 ～ 2147483647。32 位是指其预设值寄存器为 32 位。C200 ～ C255 加/减双向计数器的计数方向由特殊辅助继电器 M8200 ～ M8255 设定，当对应的特殊辅助继电器为 ON 时，为减计数器，反之为加计数器。

3）16 位积算型加计数器 C100 ～ C199，共 100 点，设定值为 1 ～ 32767。

4）32 位通用加/减双向计数器 C200 ～ C219，共 20 点，设定值为 -2147483648 ～ 2147483647。32 位是指其预设值寄存器为 32 位。

4. 高速计数器

三菱 FX$_{3U}$C 系列 PLC 高速计数器（C235 ～ C255）只对应 DC 输入型的基本单元，共 21 点，见表 3-3-1。

表 3-3-1　高速计数器类型

类型	编号	备注
一相无起动 / 复位端子高速计数器	C235 ～ C240	用于高速计数器的输入端子只有 8 点（X000 ～ X007）。如果其中一个被占用，它就不能再用于其他高速计数器或者其他用途，因此，只能有 8 个高速计数器同时工作
一相带起动 / 复位端子高速计数器	C241 ～ C245	
一相 2 输入双向高速计数器	C246 ～ C250	
两相 A–B 型高速计数器	C251 ～ C255	

高速计数器为 32 位积算型加 / 减双向计数器 C235 ～ C255，设定值为 –2147483648 ～ 2147483647。

21 点高速计数器 C235 ～ C255 共用 PLC 的 8 个高速计数器输入端 X000 ～ X007，某一输入端同时只能供一个高速计数器使用。不同类型的高速计数器可以同时使用，但是它们的高速计数器输入不能冲突。

高速计数器的运行建立在中断的基础上，这意味着事件的触发与扫描时间无关。在对外部高速脉冲计数时，梯形图中高速计数器的线圈应一直通电，以表示与它有关的输入点已被使用，其他高速计数器的处理不能与它冲突。可用运行时一直为 ON 的 M8000 常开触点来驱动高速计数器的线圈。

例如，在图 3-3-4 中，当 X013 为 ON 时，选择了高速计数器 C235，从表 3-3-2 可知，C235 的计数输入端是 X000，但是它并不在程序中出现，计数信号不是 X013 提供的。所以当前值的增减与触点 X013 的动作无关。

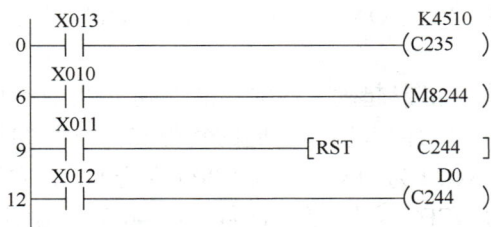

图 3-3-4　一相高速计数器

高速计数器对应的输入端子的元件号见表 3-3-2，表中的 U、D 分别为加、减计数输入端，A、B 分别为 A、B 相输入端，R 为复位输入端，S 为置位输入端。

表 3-3-2　高速计数器对应的输入端子元件号

中断输入	一相无起动 / 复位端子高速计数器						一相带起动 / 复位端子高速计数器				
	C235	C236	C237	C238	C239	C240	C241	C242	C243	C244	C245
X000	U/D						U/D			U/D	
X001		U/D					R			R	
X002			U/D					U/D			U/D
X003				U/D				R			R

（续）

中断输入	一相无起动/复位端子高速计数器						一相带起动/复位端子高速计数器				
	C235	C236	C237	C238	C239	C240	C241	C242	C243	C244	C245
X004					U/D				U/D		
X005						U/D			R		
X006										S	
X007											S

中断输入	一相 2 输入双向高速计数器					两相 A–B 型高速计数器				
	C246	C247	C248	C249	C250	C251	C252	C253	C254	C255
X000	U	U		U		A	A		A	
X001	D	D		D		B	B		B	
X002		R		R			R		R	
X003			U		U			A		A
X004			D		D			B		B
X005			R		R			R		R
X006			S						S	
X007					S					S

（1）一相高速计数器　C235～C240 为一相无起动/复位输入端的高速计数器，C241～C245 为一相带起动/复位端的高速计数器，可用 M8235～M8245 来设置 C235～C240 的计数方向，M 为 ON 时为减计数，为 OFF 时为加计数。C235～C240 只能用 RST 指令来复位。

图 3-3-4 中的 C244 是一相带起动/复位端的高速计数器，由表 3-3-2 可知，X001 和 X006 分别为复位输入端和起动输入端，它们的复位和起动与扫描工作方式无关，其作用是立即的和直接的。如果 X012 为 ON，一旦 X006 变为 ON，立即开始计数，计数输入端为 X000。如果 X006 变为 OFF，立即停止计数，C244 的预设值由 D0 和 D1 指定。除用 X001 来立即复位外，也可以在梯形图中用复位指令复位。

（2）一相 2 输入双向高速计数器　一相 2 输入双向高速计数器（C246～C250）有一个加计数输入端和一个减计数输入端，例如 C246 的加、减计数输入端分别是 X000 和 X001，当计数器的线圈通电时，在 X000 的上升沿，计数器的当前值加 1，在 X001 的上升沿，计数器的当前值减 1。某些计数器还有复位和置位输入端。

（3）两相 A–B 型高速计数器　C251～C255 为两相 A–B 型高速计数器，它们有两个计数输入端，某些计数器还有复位和置位输入端。

在调速控制系统中测量转速时，旋转编码器可将输出轴的角位移、角速度等机械量转换成相应的电脉冲，以数字量输出，同时旋转编码器可以配合 PWM 技术实现对速度的调节。旋转编码器有单路输出、双路输出和三路输出等类型。其中双路输出即为两相 A–B 相高速计数器的输入信号源，通过双路输出脉冲，不仅可以测量转速，还可以判断旋转的方向。设机械正转时自动进行加计数，反转时自动进行减计数，则当 A 相输入为 ON 时，

若 B 相输入由 OFF → ON，为加计数；当 A 相为 ON 时，若 B 相由 ON → OFF，为减计数。当图 3-3-5 中的 X012 为 ON 时，C251 通过对 X000 输入的 A 相信号和 X001 输入的 B 相信号的动作进行计数（X000 和 X001 为计数信号，不需要在程序中出现）。当 X011 为 ON 时，C251 被复位，当计数值大于等于预设值时，Y002 的线圈通电，若计数值小于预设值时，Y002 的线圈断电；通过 M8251 可监视 C251 的加 / 减计数状态，即 M8251 是正反向计数的标志，加计数时 M8251 为 OFF，减计数时 M8251 为 ON。

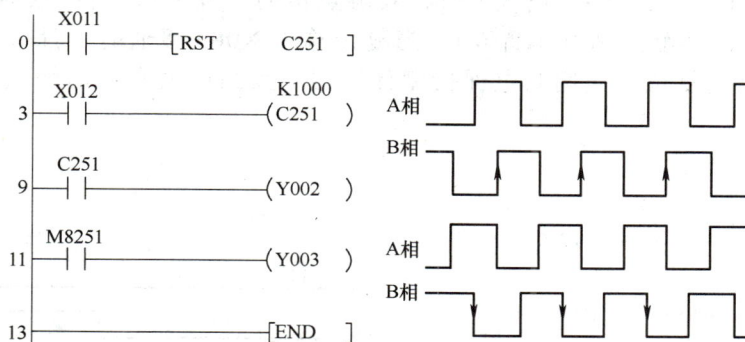

图 3-3-5　两相 A–B 型高速计数器

（4）高速计数器的计数速度　FX_{3U} 系列基本单元的通用输入端子可以进行最大 100kHz（单相）的计数；高速输入特殊适配器可以输入差动输出的信号，可以进行最大 200kHz（单相）的计数。

5. 计数器的工作原理

计数器是在执行扫描操作时对内部器件（如 X、Y、M、S、T 和 C）的信号脉冲进行计数的计数器，其接通时间和断开时间比 PLC 的扫描周期稍长。当所计脉冲个数达到预设值时，被控制的触点动作。计数器可提供无限对动合（常开）、动断（常闭）延时触点。

（1）通用递增计数器的工作过程　如图 3-3-6a 所示，X000 是计数输入端，每当 X000 接通一次，计数器当前值加 1。当 X000 接通 5 次，计数器的当前值为 5 时，计数器 C0 的触点接通，Y000 输出。之后即使 X000 接通次数再增加，计数器的当前值也保持不变。当复位输入 X001 接通时，执行 RST 指令复位，计数器当前值复位为 0，输出触点也断开。通用递增计数器时序图如图 3-3-6b 所示。

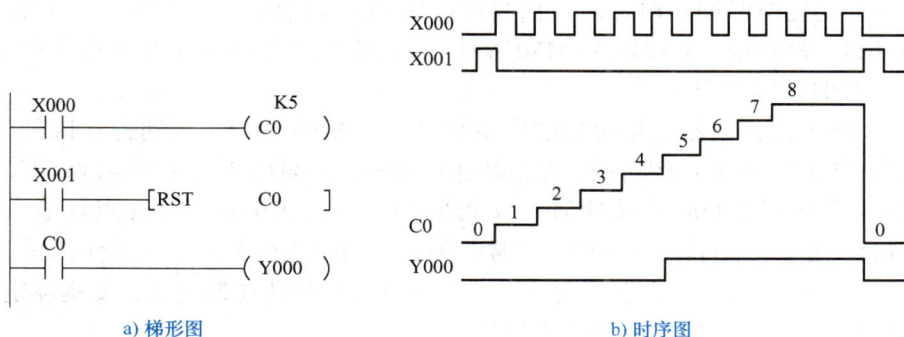

a) 梯形图　　　　　　　　　　　　　　b) 时序图

图 3-3-6　通用递增计数器

（2）积算型 32 位双向计数器　积算型 32 位双向计数器具有递增型计数和递减型计数功能，其递增或递减由特殊辅助继电器 M8200 ～ M8234 设定。特殊辅助继电器断开（OFF）时，为递增型计数，接通时（ON）时，为递减型计数。计数值可直接用常数 K 或间接用数据寄存器 D 的内容作为预设值。间接设定时，要用器件号紧连在一起的两个数据寄存器。

如图 3-3-7 所示，用 X4 作为计数输入端，驱动 C200 计数器线圈进行计数操作，当计数器的当前值由 2 到 3（增大）时，其触点接通（置 1）；当计数器的当前值由 3 到 2（减小）时，其触点断开（置 0）。当复位输入 X003 接通时，计数器的当前值就为 0，输出触点也复位。使用断电保持型计数器，其当前值和输出触点均能保持断电时的状态。

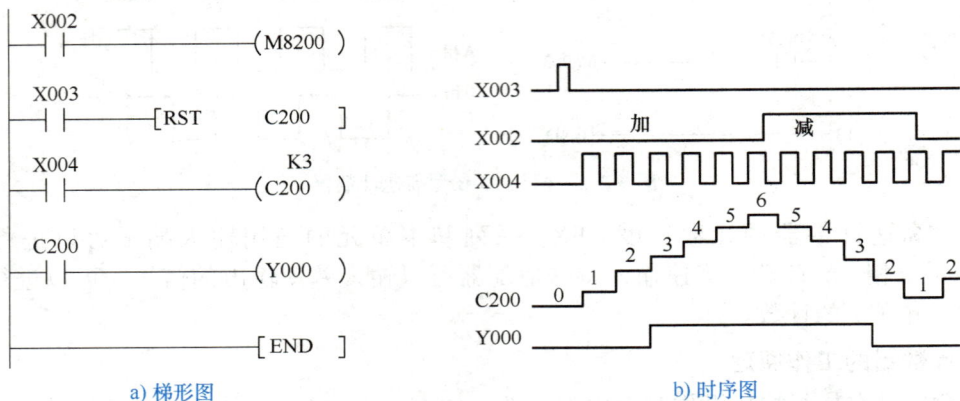

a) 梯形图　　　　b) 时序图

图 3-3-7　积算型 32 位双向计数器

二、PLC 计数器的典型应用与扩展应用

1. 基于计数器的延时控制应用

计数器通过与其他元件的组合也可以作为定时器使用，只要提供一个时钟脉冲信号作为计数器的计数输入信号，计数器就可以实现定时功能，时钟脉冲信号的周期与计数器的预设值相乘就是定时时间。时钟脉冲信号可以由 PLC 内部特殊继电器产生（如 FX 系列 PLC 的 M8011、M8012、M8013 和 M8014 等），也可以由连续脉冲发生程序产生，还可以由 PLC 外部时钟电路产生。

图 3-3-8 所示为计数器的延时控制应用程序，由 M8012 产生周期为 0.1s 的时钟脉冲信号。当 X015 的常开触点闭合时，M2 得电并自锁，M8012 时钟脉冲加到 C0 的计数输入端。当 C0 累计到 18000 个脉冲时，计数器 C0 动作，C0 的常开触点闭合，Y005 线圈接通，Y005 的触点动作。从 X015 的常开触点闭合到 Y005 的触点动作的延时时间为 $18000 \times 0.1s = 1800s$。延时误差和精度主要由时钟脉冲信号的周期决定，要提高定时精度，就必须用周期更短的时钟脉冲作为计数信号。

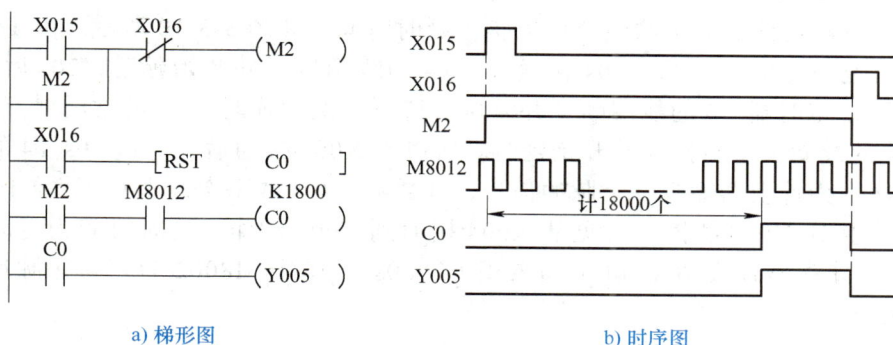

a) 梯形图　　　　　　　　　b) 时序图

图 3-3-8　计数器的延时控制应用程序

2. 计数器的最大延时控制应用

延时程序的最大延时时间受计数器的最大计数值和时钟脉冲的周期限制，图 3-3-9 所示计数器 C0 的最大计数值为 32767，当用 M8012 作为时钟脉冲信号源时，最大延时时间为 32767×0.1s=3276.7s。要增大延时时间，可以增大时钟脉冲的周期，但这又使定时精度下降。为获得更长时间的延时，同时又能保证定时精度，可采用两级或多级计数器串级计数。如图 3-3-9 所示，由 C0 构成一个 1800s（30min）的定时器，其常开触点每隔 30min 闭合一次，为 1 个扫描周期。这是因为 C0 的复位输入端并联了一个 C0 的常开触点，当 C0 累计到 18000 个脉冲时，计数器 C0 动作，C0 的常开触点闭合，C0 复位，计数器 C0 动作 1 个扫描周期后又开始计数，使 C0 输出一个周期为 30min、脉宽为 1 个扫描周期的时钟脉冲。C0 的另一个常开触点作为 C1 的计数输入端，当 C0 的常开触点接通一次，C1 输入一个计数脉冲，当 C1 计数脉冲累计到 10 个时，计数器 C1 动作，C1 的常开触点闭合，使 Y005 线圈接通，Y005 触点动作。从 X015 的常开触点闭合，到 Y005 触点动作，其延时时间为 18000×0.1×10s=18000s（5h）。计数器 C0 和 C1 串级后，最大的延时时间可达 32767×0.1×32767s=29824.34h=1242.68 天。

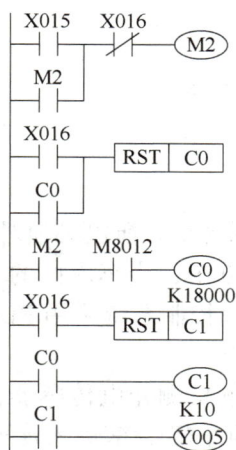

图 3-3-9　计数器的最大延时控制应用（两个计数器的延时程序）

3. 定时器与计数器组合延时应用

利用定时器与计数器级联组合可以扩大延时时间，如图 3-3-10 所示。由 T4 形成一个 20s 的自复位定时器，当 X004 接通后，T4 的线圈接通并开始延时，20s 后 T4 的常闭触点断开，定时器 T4 的线圈断开并复位，待下一次扫描时，T4 的常闭触点才闭合，定时器 T4 的线圈又重新接通并开始延时。所以当 X004 接通后，每过 20s T4 的常开触点闭合一次，为计数器输入一个脉冲信号，计数器 C4 计数一次，当 C4 计数 100 次时，其常开触点接通 Y003 线圈。可见从 X004 接通到 Y003 动作，延时时间为定时器定时值（20s）和计数器预设值（100）的乘积（2000s）。图中 M8002 为初始化脉冲，使计数器 C4 复位。

4. 计数器的串级控制应用（扩大计数值）

当单个计数器计数值范围不能满足计数需要时，可以通过多个计数器串级组合的方法来实现扩大计数值的目的。图 3-3-11 所示为计数器的串级组合控制应用程序。X001 每接通一次，C60 计数 1 次，当 X001 接通 50 次时，C60 的常开触点接通，C61 计数 1 次，与此同时 C60 的另一对常开触点使 C60 复位，重新从零开始对 X001 的接通次数进行计数，每当 C60 计数 50 次，C61 计数 1 次，当 C61 计数到 40 次时，X001 总计接通次数为 50×40=2000，C61 的常开触点闭合，Y031 接通。由此可见，计数器串级后的计数值为两个计数器计数值的乘积。

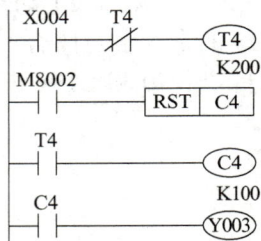

图 3-3-10　定时器与计数器组合的延时程序　　图 3-3-11　计数器的串级控制应用程序

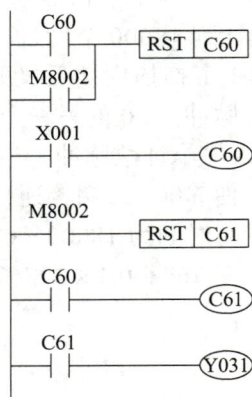

5. 双向计数器应用

为防止入库车辆数量超过车库的容量。所以必须对进、出车库的车辆数量进行实时统计与监控，例如某车库有停车位 100 个，当车库内的车辆数量达到 100 辆时，系统开始报警并禁止车辆进入车库。当停车库控制系统采用 PLC 控制时，可以运用双向计数器进行编程，统计车库中车辆的实时数量。

在车库的出、入口处设置有车辆检测光电传感器，如图 3-3-12 所示。设定 X000 为车辆入库检测传感器，检测入库的车辆，车辆入库时，X000 状态为 ON；设定 X001 为车辆出库检测传感器，检测出库的车辆，有车辆出库时，X001 状态为 ON；X003

为清零控制；Y000 为报警指示装置。应用双向计数器的车库车辆数量监控程序如图 3-3-13 所示。

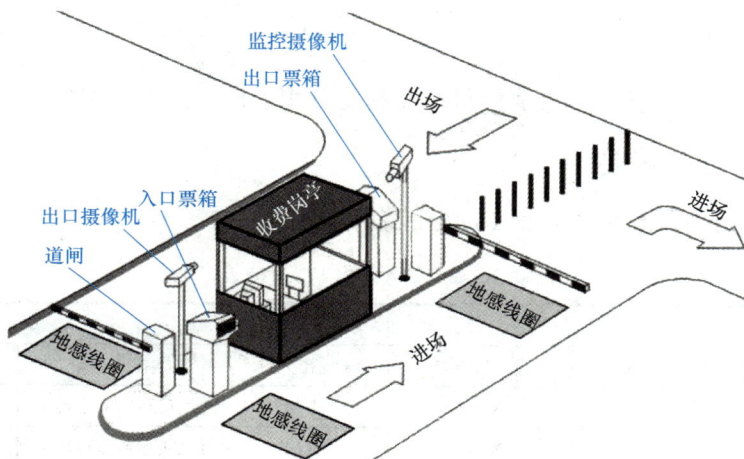

图 3-3-12　车库的出、入口示意图

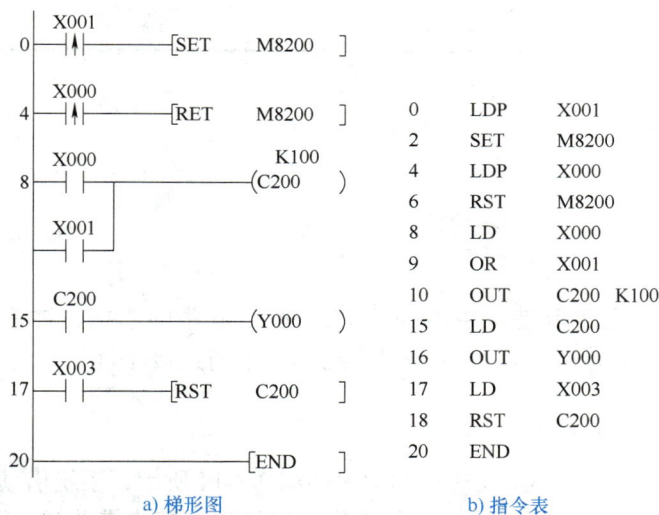

a) 梯形图　　　　　　　　b) 指令表

图 3-3-13　应用双向计数器的车库车辆数量监控程序

　　计数器选择带断电保持的积算型 32 位通用加 / 减双向计数器 C200，这样即使断电时也能保存断电前车库中车辆的实时数量。加 / 减计数方向的控制由 M8200 来决定，当M8200 为 ON 的时候，C200 为减计数器，当 M8200 为 OFF 时，C200 为增计数器。

　　当有车辆入库时，X000 产生上升沿脉冲信号，M8200 置为 OFF，计数器设置为加计数，计数器 C200 当前值加 1；当有车辆出库时，X001 产生上升沿脉冲信号，M8200 置为 ON，计数器设置为减计数然后计数器 C200 才能实现减计数功能。计数器 C200 当前值减 1，从而对进、出停车场的车辆进行计数和统计停车场已有停车数量。

　　当按下复位按钮 X3 后，可以把计数器复位，为下一次工作做好准备。

任务实施

一、元器件检查

清点任务所需的设备、工具及材料，并利用万用表检查元器件好坏。

二、建立 I/O 分配表

根据任务，分析做出输入输出 I/O 分配表，见表 3-3-3。

表 3-3-3　输入输出 I/O 分配表

输入			输出		
输入元件	功能作用	输入继电器	输出元件	控制对象	输出继电器
SB1	起动按钮	X001	KM1	接触器（正转）	Y001
SB2	停止按钮	X002	KM2	接触器（正转）	Y002
SB3	A 档运行	X003			
SB4	B 档运行	X004			
SB5	C 档运行	X005			

三、电路连接

1. 安装元器件

在网孔板上摆放元器件，并用螺钉进行固定。

2. 电路连接

按照接线要求，完成电动机主电路及 PLC 控制电路的连接，**注意**：不能带电接线。完成接线后进行通电前检查，保证符合工艺规范，电路连接正确。

四、程序编写与下载

可变周期电动机自动循环正反转控制程序如图 3-3-14 所示，系统借助辅助继电器 M1 实现起动，并完成三种工作模式的接通准备工作；三种工作模式借助辅助继电器 M10、M11、M12 来实现连续运行、互锁控制及结束。定时器的定时值通过传送指令进行赋值，减少定时器的使用量，电动机正反转控制采用触点比较指令编程，使程序结构更清晰、简洁。

程序编辑完成后，对编写程序进行转换、修改并保存文件。然后，完成 PLC 程序的写入。通过 RS485 通信连接线，确保计算机串口与 PLC 已经正常连接，在 PLC 已经上电的情况下，单击"在线"菜单中的" PLC 写入"或者单击常用操作工具栏中的" PLC"，按软件操作提示完成写入操作，将编写好的程序正确写入 PLC 中。

五、调试与运行

程序正确写入 PLC 后进入监控状态，进行调试。根据调试过程，将可变周期电动机自动循环正反转控制系统调试记录填入表 3-3-4 中。

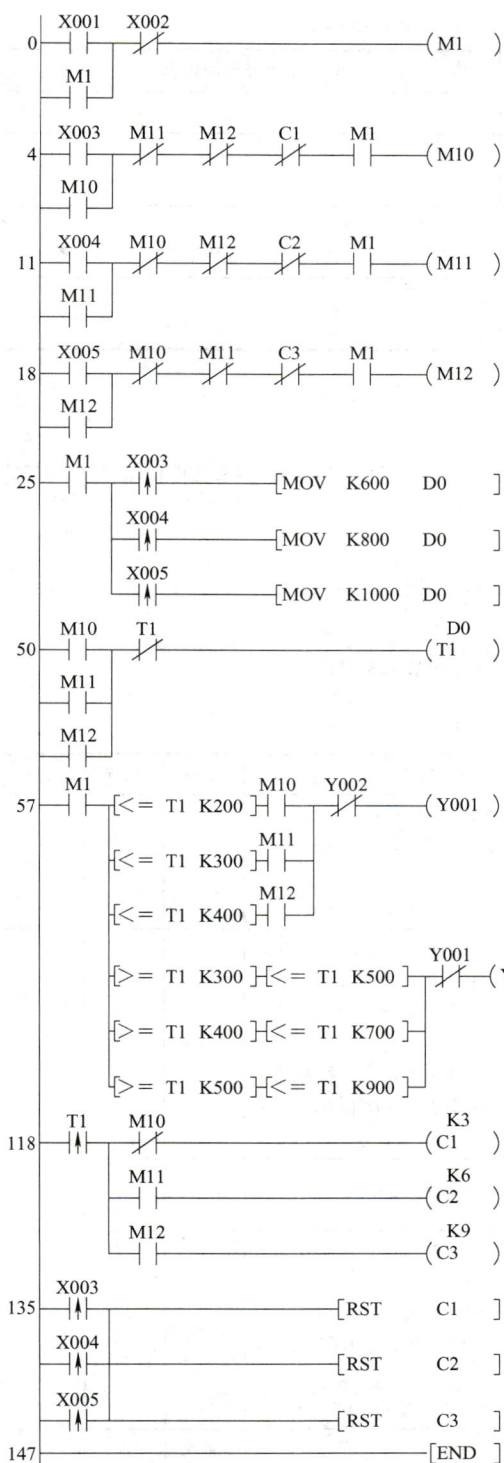

a) 梯形图

b) 指令表

0	LD	X001		59	LD<=	T1 K200
1	OR	M1		64	AND	M10
2	ANI	X002		65	LD<=	T1 K300
3	OUT	M1		70	AND	M11
4	LD	X003		71	ORB	
5	OR	M10		72	LD<=	T1 K400
6	ANI	M11		77	AND	M12
7	ANI	M12		78	ORB	
8	ANI	C1		79	ANB	
9	AND	M1		80	ANI	Y002
10	OUT	M10		81	OUT	Y001
11	LD	X004		82	MPP	
12	OR	M11		83	LD>=	T1 K300
13	ANI	M10		88	AND<=	T1 K500
14	ANI	M12		93	LD>=	T1 K400
15	ANI	C2		98	AND<=	T1 K700
16	AND	M1		103	ORB	
17	OUT	M11		104	LD>=	T1 K500
18	LD	X005		109	AND<=	T1 K900
19	OR	M12		114	ORB	
20	ANI	M110		115	ANB	
21	ANI	M11		116	ANI	Y001
22	ANI	C3		117	OUT	Y002
23	AND	M1		118	LDP	T1
24	OUT	M12		120	MPS	
25	LD	M1		121	AND	M10
26	MPS			122	OUT	C1 K3
27	ANDP	X003		125	MRD	
29	MOV	K600 D0		126	AND	M11
34	MRD			127	OUT	C2 K6
35	ANDP	X004		130	MPP	
37	MOV	K800 D0		131	AND	M12
42	MPP			132	OUT	C3 K9
43	ANDP	X005		135	LDP	X003
45	MOV	K1000 D0		137	ORP	X004
50	LD	M10		139	ORP	X005
51	OR	M11		141	RST	C1
52	OR	M12		143	RST	C2
53	ANI	T1		145	RST	C3
54	OUT	T1 D0		147	END	
57	LD	M1				
58	MPS					

图 3-3-14 可变周期电动机自动循环正反转控制程序

表 3-3-4　可变周期电动机自动循环正反转控制系统调试记录

步骤	调试流程	观察现象	观察结果及解决措施
1	按下 SB1	系统通电，进入工作准备状态	
2	按下 SB3 A 档运行	正转 20s、停 10s、反转 20s、停 10s，运行 30 个周期后自动停止	
3	按下 SB4 B 档运行	正转 30s、停 10s、反转 30s、停 10s，运行 60 个周期后自动停止	
4	按下 SB5 C 档运行	正转 40s、停 10s、反转 40s、停 10s，运行 90 个周期后自动停止	

六、实训场地现场清理

实训完成后，将对所操作设备进行复位、还原。拆除安全插接线、整理工位、清点工具、清扫现场卫生，并填写设备使用登记表。

任务评价

对任务实施的完成情况进行检查，并将结果填入表 3-3-5 中。

表 3-3-5　任务测评表

序号	主要内容	考核要求	评分标准	配分	扣分	得分
1	控制电路的连接	根据任务要求，连接控制电路	1. 不能正确连接按钮，扣 10 分 2. 不能正确连接热继电器动合触点，扣 10 分 3. 不能正确连接电动机电路，扣 10 分	30 分		
2	编写控制程序	根据任务要求，编写控制程序	1. A、B、C 档运行不能按要求运行，每错一次扣 5 分，共 20 分，扣完为止 2. 不能分析程序错误，每错一次扣 2 分，共 10 分 3. 编写程序不能达到控制要求，扣 10 分；调试程序仍不能达到要求，每次扣 5 分，共 25 分，扣完为止	55 分		
3	工艺符合标准	根据任务要求，布线美观	布线不美观、导线不整齐，扣 5 分	5 分		
4	安全文明生产	遵守操作规程，尊重考评员，讲文明懂礼貌，考试结束要清理现场	1. 考试中，违反安全文明生产考核要求，每项扣 2 分，扣完为止 2. 当教师发现操作者有重大事故隐患时，要立即予以制止，并扣安全文明生产分，共 5 分 3. 小组协作不和谐、效率低下，扣 5 分	10 分		
合计				100 分		

开始时间：		结束时间：	
学生姓名：	指导教师：		任务实施日期：

项目四

认识 PLC 的步进指令及状态编程法

项 目 导 学

在实际应用中，许多控制过程是按时间或动作顺序控制的，这类顺序控制系统采用基本逻辑指令编程时，存在逻辑关系复杂、编程困难、程序阅读及理解困难等不足，PLC 的步进指令及状态编程法能够很好地克服这一缺点。

状态编程法也称功能表图法，它的编程思想是将复杂的顺序控制过程分解为多个相对独立的、简单的工作过程并分别编程，最终组成完整的控制程序，这些分解后的工作过程称为状态或步。状态编程法的三要素是驱动负载、指定转移条件和指定转移目标，后两个不可缺少，其编程方法是先编写顺序功能流程图（SFC），然后用顺序控制指令（步进指令）转化为梯形图程序或指令表。状态编程法具有使编程工作程式化、规范化、可读性强的特点，是 PLC 程序编制的重要方法。

本项目在介绍状态编程思想、状态元件、状态指令的基础上，结合实例说明了状态编程的应用。重点阐述多流程顺序控制中常用的选择性分支、并行分支、跳转和循环 4 种结构；结合实例介绍状态编程思想在顺序控制中的应用。GX Works2 编程软件有简单工程和结构工程两种编程方式，支持梯形图、指令表、SFC、ST 等编程语言。

项目四是提升篇，经过前三个项目的学习与积累，项目四开始引导学生学习编程思想，即如何将复杂的控制任务分解成若干工序，按预定工序逐步完成编程，使学生逐步形成流程化、结构化的编程思想。本项目通过任务训练，使学生逐步具备分解工序、按顺序编排工序、按预定工序编制程序的能力。

❖ 学习重点

　　1. PLC 步进指令及其用法，学会用步进指令编写控制程序。

　　2. 状态转移图的建立方法、注意事项及规则。

　　3. 编写顺序功能流程图。

　　4. 单流程、选择性分支与汇合、并行性分支与汇合的编程方法。

❖ 学习难点

　　1. 状态转移图的建立方法、注意事项及规则。

　　2. 编写顺序功能流程图。

　　3. 选择性分支与汇合、并行性分支与汇合的编程方法。

　　建议课时：18。

拓展任务

任务一 十字路口交通信号灯控制系统编程

任务目标

知识目标：1. 理解步进顺序控制、功能图和状态转移等概念。

　　　　　2. 掌握步进顺序控制指令、状态继电器 S、步进触点 STL 和 SFC 语言。

　　　　　3. 掌握使用无分支步进控制编程方法，运用 GX Works2 编程软件编写程序。

能力目标：1. 根据任务要求，在 PLC 实训装置或 YL–235A 型光机电一体化实训装置上选择合适的电气控制模块完成任务。

　　　　　2. 掌握步进顺序控制方法、SFC 程序绘制方法和 TRAN 指令。

素质目标：1. 培养学生分析问题和解决问题的能力。

　　　　　2. 培养学生劳动安全意识，以及一丝不苟的劳动精神。

任务描述

随着经济社会的发展，汽车拥有量急剧增加，在车流量、人流量密集的十字路口，引导车辆、行人有序通行的交通信号灯是一种常见的交通指挥控制系统。本任务以十字路口交通信号灯的 PLC 控制为例，学习步进指令及状态编程法。

十字路口有一个交通信号灯模拟控制系统，如图 4-1-1 所示，其运行过程：开关 SB 闭合时，交通信号灯控制系统开始运行，开关 SB 断开时，交通信号灯控制系统停止运行；交通信号灯开始运行时，每 60s 为一个循环周期，具体亮灯的时间分配为：

1）0 ～ 20s 时，南北方向红灯、东西方向绿灯和东西方向人行道灯长亮。

2）20 ～ 25s 时，南北方向红灯和东西方向人行道灯长亮，东西方向绿灯以 $f=1Hz$ 的频率闪亮。

3）25 ～ 30s 时，南北方向红灯、东西方向人行道灯和东西方向黄灯长亮。

图 4-1-1　交通信号灯的模拟控制示意图

4）30 ～ 50s 时，东西方向红灯、南北方向绿灯和南北方向人行道灯长亮。

5）50 ～ 55s 时，东西方向红灯和南北方向人行道灯长亮，南北方向绿灯以 $f=1Hz$ 的频率闪亮。

6）55 ～ 60s 时，东西方向红灯、南北方向人行道灯和南北方向黄灯长亮。

根据上述运行规律，设计十字路口交通信号灯 PLC 控制电路如图 4-1-2 所示，HL1 为南北方向绿灯，HL2 为南北方向黄灯，HL3 为南北方向红灯，HL4 为东西方向绿灯，HL5 为东西方向黄灯，HL6 为东西方向红灯，HL7 为南北方向人行道灯，HL8 为东西方向人行道灯，编写控制程序，选择电路所需要的电器元件，在网孔板上安装并调试十字路口交通信号灯 PLC 控制电路。

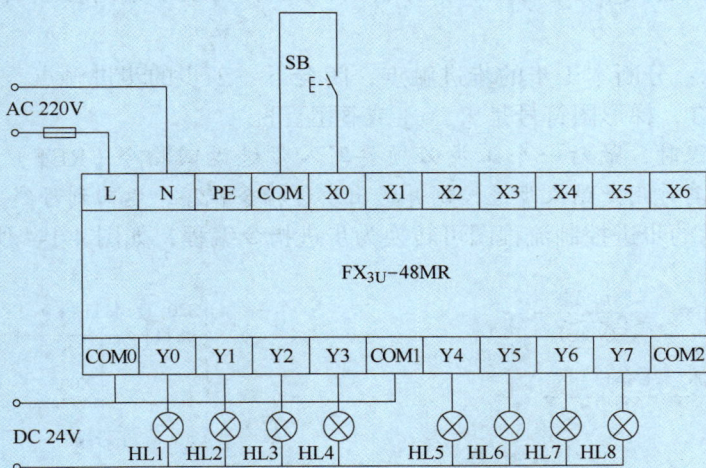

图 4-1-2　十字路口交通信号灯 PLC 控制电路

任务分析

　　十字路口交通信号灯是按时间顺序控制不同方向的红、绿、黄灯的点亮和熄灭时间来指挥交通，这种控制方式符合步进指令及状态编程法的编程思想，可以采用步进指令进行编程。

任务准备

一、无分支步进编程

　　步进编程的基本思路是把复杂的工作过程分解成相对独立的多个工作步骤，每一个工作步骤称为"步"或"工步"，各个"步"既相对独立又有顺序关联。对每一个工作步骤编制对应的步控制程序，每一个步控制程序由一个特殊的常开触点——步进触点来控制，多个步的控制程序有机结合，完成整个工作过程。这种编程方法称为步进指令编程，简称步进编程。

1. 工步和步进编程

　　步进控制的工作步骤称作一个工步，可用流程图表示，如图 4-1-3 所示。这个流程图的含义：编号为 S20 的工步内驱动 Y005，直到 X003 闭合，才转移到编号为 S21 的工步。由图 4-1-3 可见，步进控制的每个工步包含控制元件、驱动负载、转移条件和转移目标 4 个内容。

　　1）控制元件：进入步进编程，放置步进触点，建立子母线。所用元件是步进触点，指令是 STL，梯形图符号是─|STL├─或─||─。

　　2）驱动负载：驱动线圈，完成相应动作。所用元件是线圈。

　　3）转移条件：提供结束本工步、向下一工步转移的条件。所用元件是触点，使用中有常开和常闭两种，如，X000 和 $\overline{X000}$ 都可以用于转移条件，X000 用作转移条件时表示

常开触点闭合时跳转到下一工步，$\overline{X000}$用作转移条件时表示常闭触点断开时跳转到下一工步。

4）转移目标：分断本工步的步进触点，闭合下一工步的步进触点。所用元件为步进触点，指令是 SET，梯形图符号是-[   ]-或-|SET |-。

注意：在编程时，最后一个工步必须要写入步进返回指令（RET），梯形图符号是-[RET]-或—|RET|。其作用是结束步进控制并退出步进指令程序，返回到母线。

图 4-1-3 所示的步进控制流程图可转换为步进指令编程，如图 4-1-4 所示。

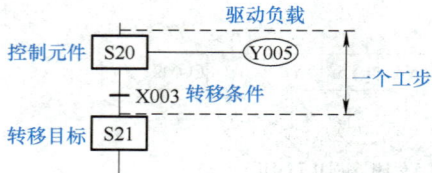

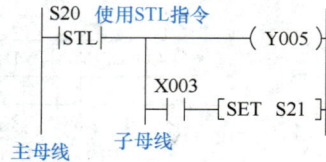

图 4-1-3 步进控制流程图   图 4-1-4 步进指令编程

2. 状态继电器（S）和步进触点

步进控制要使用到状态继电器 S，FX_{2N} 系列 PLC 中共有 900 个状态软元件，其中 S0～S9 用作初始状态，S10～S499 用作通用工作状态，S500～S899 用作断电保持型工作状态。各状态继电器的一个常开触点作为步进控制的步进触点，也就是所谓的控制元件，其他触点还可以当作普通触点使用，即梯形图中放置步进触点只能用 STL 指令。

3. 工序流程图及其注意事项

在设计步进梯形图之前，一般先根据生产工序设计工序流程图。实际中有多少个工序，对应梯形图中就有多少个工步；每个工序内要完成的任务，对应梯形图的工步内完成任务驱动设置；每个工序完成的标志，对应梯形图每个工步的转移条件；某个工序结束后转到哪个工序，对应梯形图工步结束后的转移目标。在绘制工序流程图时应有下列注意事项：

1）两个步绝对不能直接相连，必须用一个转换将它们隔开。

2）两个转换也不能直接相连，必须用一个步将它们隔开。

3）工序流程图中的初始步不能少。

4）在连续循环工作方式时，应从最后一步返回循环工作开始运行的第一步。

4. 步进控制的自动进入待机、循环控制和紧急停止

在通电瞬间，利用特殊辅助继电器 M8002 的常开触点，置位步进指令进入待机工步。利用通用辅助继电器的自锁控制，启动或停止步进控制的循环运行。

利用 M8034 禁止 PLC 输出，或者利用特殊辅助继电器 M8040 强制中断步进程序的转移，实现设备的紧急停止。

二、步进编程说明

1. 状态继电器（S）

状态继电器（S）不用于步进控制时，也可作一般的辅助继电器使用。此时其功能与辅助继电器一样，但作为辅助继电器使用时，不能提供步进触点（步进触点是可以产生一定步进动作的触点）。

2. 输出的驱动方法

STL 内的母线一旦写入 LD 或 LDI 指令后，对不需要触点的线圈就不能再编程，如图 4-1-5a 所示，Y022 不能编程，若要编程，需变换成如图 4-1-5b 所示的程序。

3. 栈指令（MPS/MRD/MPP）

不能在 STL 内的母线处直接使用栈指令，须在 LD 或 LDI 指令后使用栈指令，如图 4-1-6 所示。

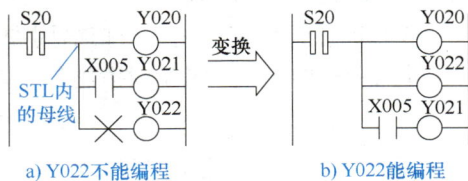

a) Y022不能编程　　b) Y022能编程

图 4-1-5　步进指令的表示

4. 状态的转移方法

对于 STL 指令后的状态 S，OUT 指令和 SET 指令具有同样的功能，都将自动复位转移源和置位转移目标。但 OUT 指令用于向分离状态转移，而 SET 指令用于向下一个状态转移，如图 4-1-7 所示。

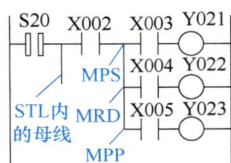

图 4-1-6　栈指令的位置

图 4-1-7　状态转移指令

在不同状态步内，允许有重号地址的输出（**注意**：状态号不能重复使用），如图 4-1-8a 所示，表示 Y002 在 S20 和 S21 两个步进段都接通。

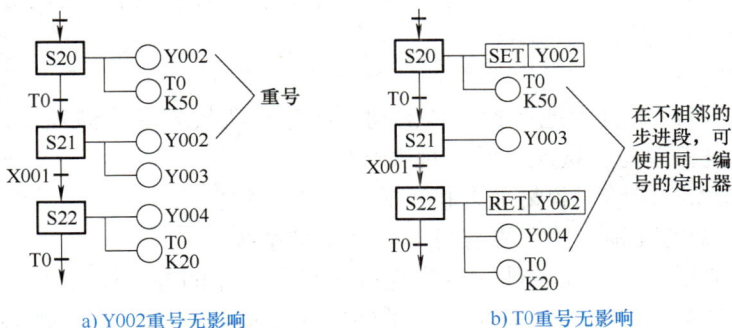

a) Y002重号无影响　　b) T0重号无影响

图 4-1-8　重号输出

在不相邻的步进段，允许使用同一地址编号的定时器（**注意**：在相邻的步进段不能使用），如图 4-1-8b 所示。故对于一般的时间顺序控制，只需 2 ～ 3 个定时器即可。

5. SET、RST 指令

若需要保持某一个输出，可以采用置位指令（SET），当该输出不需要再保持时，可采用复位指令（RST）进行复位。

6. 初始状态

初始状态用双线框表示，通常用特殊辅助继电器 M8002 的常开触点提供初始信号。其作用是为启动做好准备，防止运行中的误操作引起再次启动。

7.注意事项

1）在步进控制中，不能用 MC 指令。

2）状态继电器（S）要有步进功能，必须要用置位指令（SET），才能提供步进触点，同时还可提供普通触点。

3）状态转移瞬间（1 个扫描周期），由于相邻两个状态同时接通，对有互锁要求的输出，除在程序中应采取互锁措施外，在硬件上也应采取互锁措施，如图 4-1-9 所示。

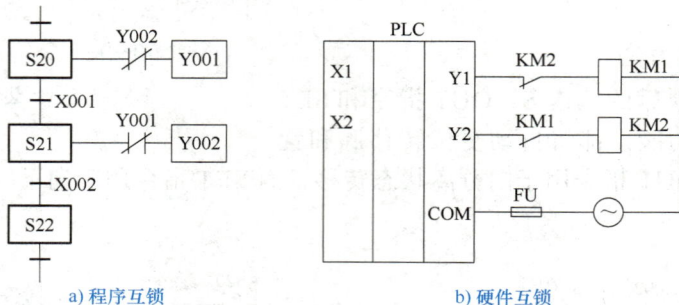

a) 程序互锁   b) 硬件互锁

图 4-1-9   程序互锁和硬件互锁

三、顺序功能流程（SFC）

顺序功能流程图（SFC）是一种新颖的、按照工艺流程图进行编程的图形编程语言，是 IEC 标准推荐的首选编程语言，在 PLC 编程中已经得到了普及和推广。SFC 以完成的功能为主线，操作过程条理清楚，便于理解程序控制过程的思路；对大型程序可分工设计，采用较灵活的程序结构，节省程序设计时间和调试时间；由于只对活动步进行扫描，因此，可缩短程序执行时间。

SFC 编程的优点如下：

1）在程序中可以很直观地看到设备的动作顺序。比较容易读懂程序，因为程序按照设备的动作顺序进行编写，层次分明、规律性较强。

2）在设备故障时能够很容易地查找出故障所在的位置。

3）不需要复杂的互锁电路，更容易设计和维护系统。

SFC 的结构包括步 + 转换条件 + 有向连接 + 机器工序的各个运行动作。

SFC 的运行从初始步开始，每次转换条件成立时执行下一步，在遇到 END 时结束向下运行。

四、用 GX Works2 编程软件编辑 SFC 程序

SFC 程序实例：自动闪烁信号生成，PLC 上电后 Y000、Y001 以 1s 为周期交替闪烁。

启动 GX Works2 编程软件，在"工程"菜单中单击"创建新工程"菜单选项或单击"新建工程"，如图 4-1-10 所示。

新建工程

图 4-1-10   单击"新建工程"

用 GX Works 编程软件编写 SFC 程序

在弹出的对话框中选择工程类型、PLC 系列和PLC 类型，**注意**：程序语言选择 SFC 才能新建 SFC 工程，如图 4-1-11 所示。

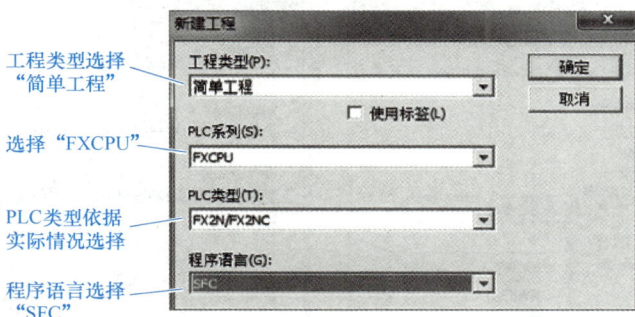

图 4-1-11 "新建工程"设置

单击"确定"，会弹出"块信息设置"对话框。在"标题"文本框中输入块名称，也可以空白不填。**注意**：块类型选择"梯形图块"，SFC 工程中必有一个梯形图块，如图 4-1-12 所示。

单击"执行"后，工程列表中会出现块列表 000，并弹出梯形图块和用于梯形图块编辑的窗口。梯形图块在程序启动运行时，由 M8002 初始脉冲信号进入初始状态 0 步，程序跳转使用 SET S0。梯形图块程序编辑如图 4-1-13 所示。

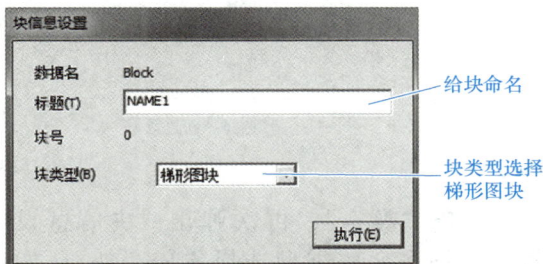

图 4-1-12 添加梯形图块

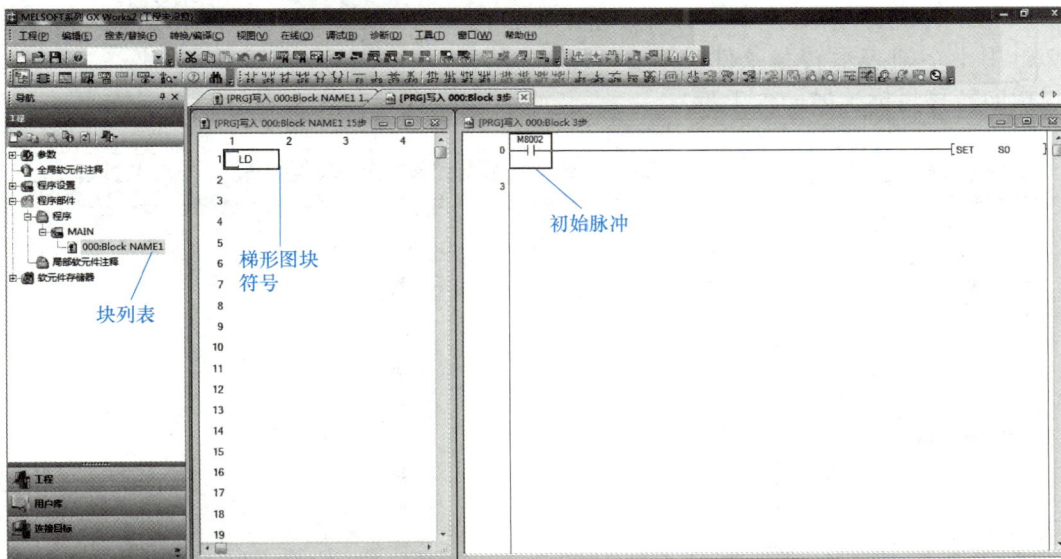

图 4-1-13 梯形图块程序编辑

　　在工程列表中右击 MAIN，在快捷菜单中选择"新建数据"，如图 4-1-14a 所示。弹出"新建数据"对话框，程序语言默认为 SFC，如图 4-1-14b 所示。

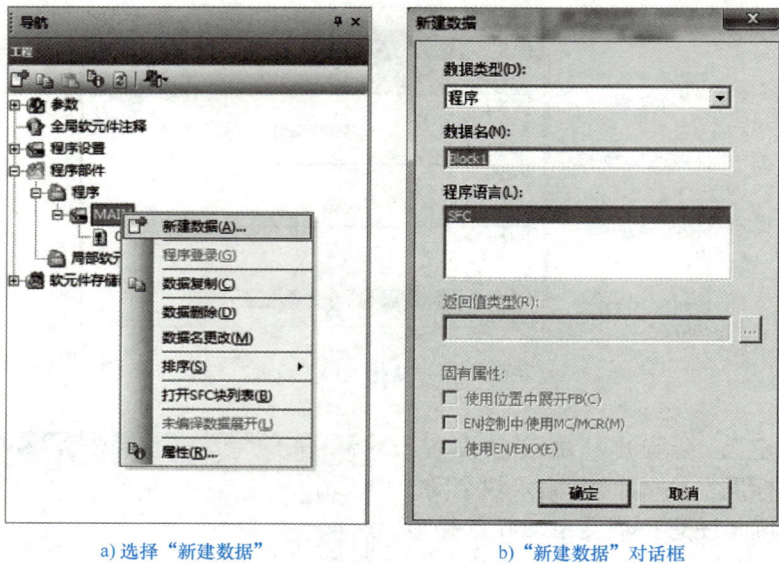

a) 选择"新建数据"　　　　　　　　　　　b)"新建数据"对话框

图 4-1-14　新建数据

　　单击"确定"，再次弹出"块信息设置"对话框，块类型选择"SFC 块"，如图 4-1-15 所示。

　　单击"执行"后，工程列表中会新增块列表 001，并弹出带初始步的 SFC 窗口和程序编辑窗口，如图 4-1-16 所示。SFC 窗口中第 1 行用方框表示为工步（状态），第 2 行用十字架表示转移条件，第 3 行用竖线指向转移目标（另一个工步）。

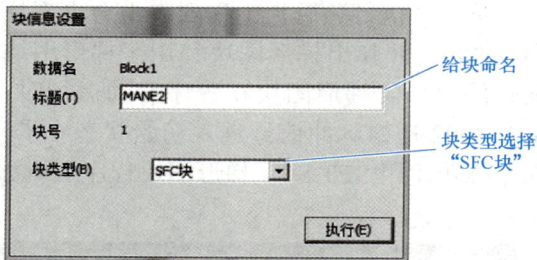

图 4-1-15　添加 SFC 块

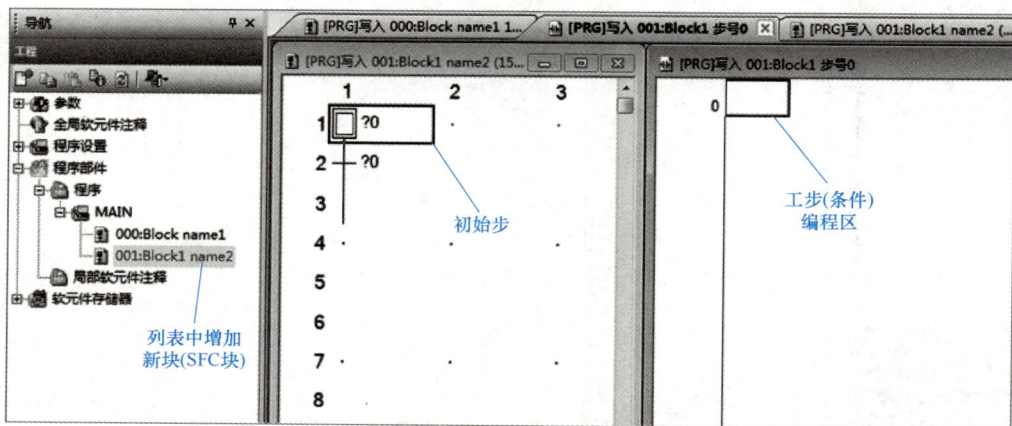

图 4-1-16　SFC 块说明

至此完成工程的创建，工程含一个梯形图块和一个 SFC 块。打开"工程"菜单，单击"保存工程"菜单选项，完成工程命名和储存位置的设置。

PLC 上电后 Y000、Y001 以 1s 为周期交替闪烁，完成自动闪烁信号生成。在初始步中输出 Y000 和定时器 T0，如图 4-1-17 所示。程序编写完成转换（F4）后，SFC 块中对应工步的"?"消失。工步内有多个输出线圈时，要空一格加竖线后再输出。

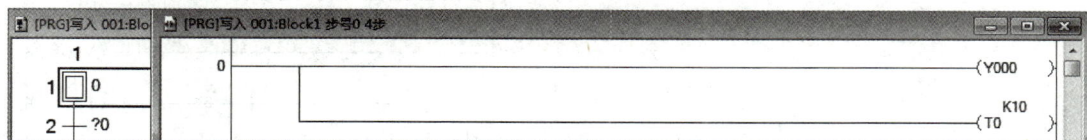

图 4-1-17 Y0 输出 1s

将蓝色方框移至 0 号条件，在对应的程序编辑框中写入转移条件 T0 触点和转移命令 TRAN，如图 4-1-18 所示。程序编写完成转换（F4）后，SFC 块中对应条件的"?"消失。**注意**：转移条件程序编辑中只能使用 TRAN，不能出现线圈。

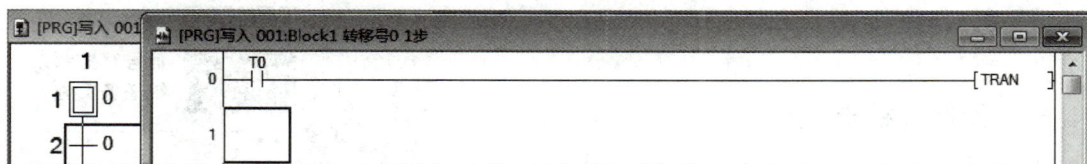

图 4-1-18 转移条件 0 为定时器 T0

使用 Enter 键或菜单符号，在第 3 行竖线下方依次添加工步和条件。编号跳过初始状态，从 10 号开始，条件编号依序。S10 步中输出 Y001 和定时器 T2，条件 5 中写入 T2 触点和转移命令，如图 4-1-19 所示。

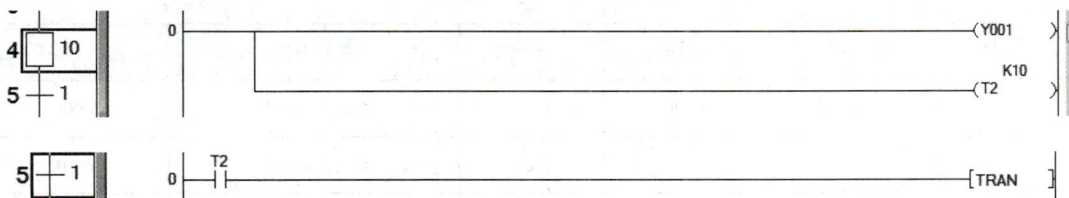

图 4-1-19 工步 S10 中 Y1 输出 1s，转移条件 5 为定时器 T2

在第 6 行竖线下方添加条状符号，使用快捷键 F8 弹出对话框，在目标输入框中写入"0"，单击"确定"后跳转符号生成，并在目标步方框中出现黑色小圆点，如图 4-1-20 所示。

程序编辑结束后，连续两次使用转换快捷键 F4。工程列表中的块列表字样由红色变为黑色，工程编译结束。可以下载到对应型号 PLC 中验证其功能。在工程菜单中选择更改程序类型，可以将 SFC 转换为梯形图，如图 4-1-21 所示。通过对比可以看出 SFC 具有直观便捷的优点。

图 4-1-20　程序跳转至工步 S0

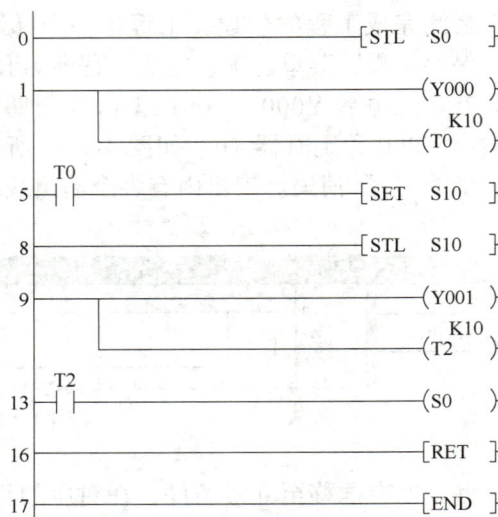

```
0                                    [STL   S0  ]
1                                    (Y000 )
                                     K10
                                     (T0   )
       T0
5      | |                           [SET   S10 ]
8                                    [STL   S10 ]
9                                    (Y001 )
                                     K10
                                     (T2   )
       T2
13     | |                           (S0   )
16                                   [RET     ]
17                                   [END     ]
```

图 4-1-21　SFC 转换为梯形图

十字路口交通
信号灯控制系
统任务实施

任务实施

一、元器件检查

清点任务所需的设备、工具及材料，并利用万用表检查元器件好坏。

二、建立 I/O 分配表

根据任务，做出输入输出 I/O 分配表，见表 4-1-1。

表 4-1-1　输入输出 I/O 分配表

输入			输出		
输入元件	功能作用	输入继电器	输出元件	控制对象	输出继电器
SB	控制开关	X000	HL1	南北方向绿灯	Y000
			HL2	南北方向黄灯	Y001
			HL3	南北方向红灯	Y002
			HL4	东西方向绿灯	Y003
			HL5	东西方向黄灯	Y004
			HL6	东西方向红灯	Y005
			HL7	南北方向人行道灯	Y006
			HL8	东西方向人行道灯	Y007

三、电路连接

1. 安装元器件

在网孔板上摆放元器件，并用螺钉进行固定。

2. 电路连接

按照接线要求，完成十字路口交通信号灯主电路及 PLC 控制电路的连接，**注意：不能带电接线**。完成接线后进行通电前检查，保证符合工艺规范，电路连接正确。

四、程序编写与下载

1. 顺序功能流程图（见图 4-1-22）

根据步进控制，将交通信号灯控制要求分成 6 个状态，每相邻两个状态之间用定时器作为转移条件。

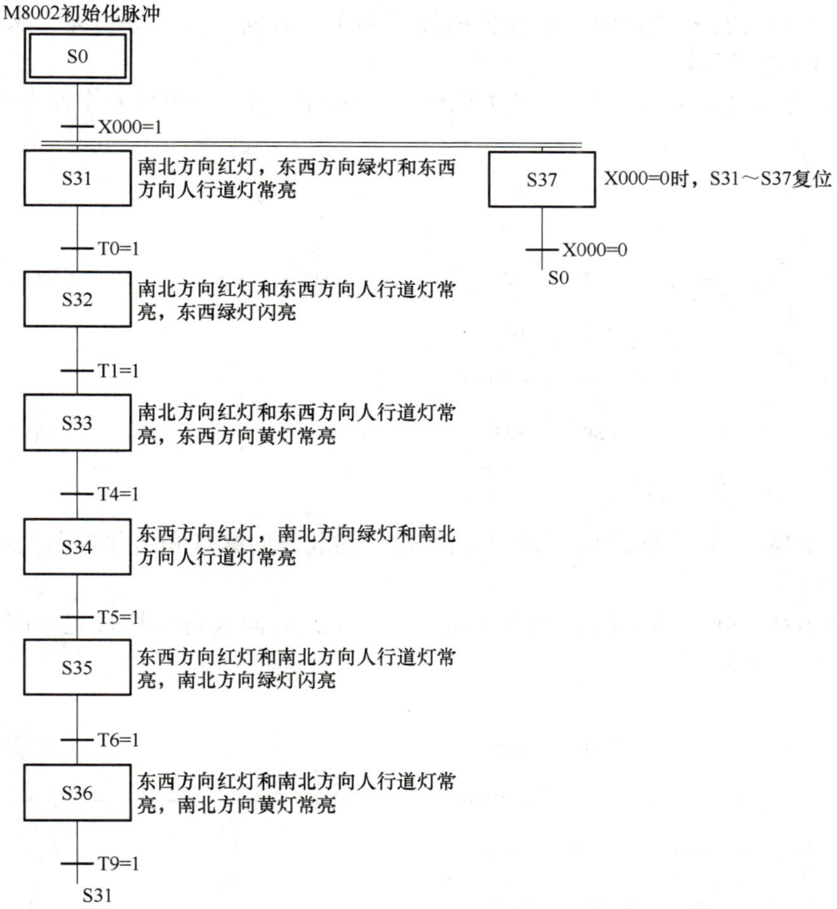

M8002初始化脉冲

S0	

X000=1

S31	南北方向红灯，东西方向绿灯和东西方向人行道灯常亮

T0=1

S32	南北方向红灯和东西方向人行道灯常亮，东西绿灯闪亮

T1=1

S33	南北方向红灯和东西方向人行道灯常亮，东西方向黄灯常亮

T4=1

S34	东西方向红灯，南北方向绿灯和南北方向人行道灯常亮

T5=1

S35	东西方向红灯和南北方向人行道灯常亮，南北方向绿灯闪亮

T6=1

S36	东西方向红灯和南北方向人行道灯常亮，南北方向黄灯常亮

T9=1
S31

右侧分支：
S37	X000=0时，S31～S37复位

X000=0
S0

图 4-1-22 十字路口交通信号灯模拟控制顺序功能流程图

2. 交通信号灯的梯形图程序

1）程序的启动：初始化脉冲 M8002 导通，程序开始运行，闭合控制开关 SB（X000=1），

程序进入下一步（即 S31=1、S37=1，同时执行 S31 和 S37 工步的任务），如图 4-1-23 所示。

2）工步 S31：0 ～ 20s 时，南北方向红灯、东西方向绿灯和东西方向人行道灯长亮，如图 4-1-24 所示。

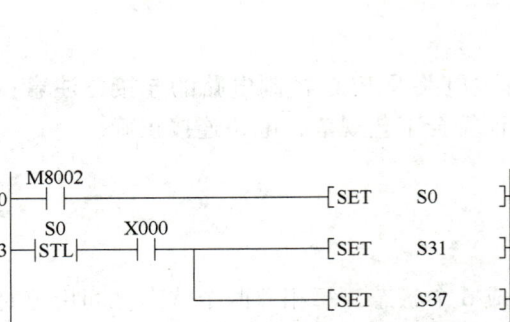

图 4-1-23　程序的启动

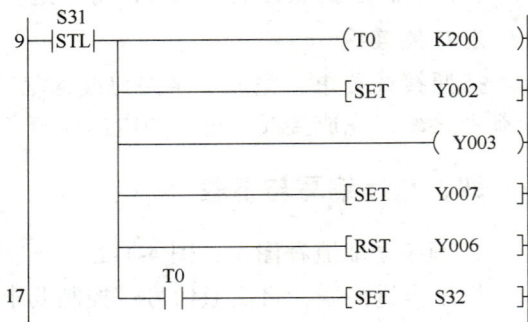

图 4-1-24　工步 S31

3）工步 S32：21 ～ 23s 时，南北方向红灯和东西方向人行道灯长亮，东西方向绿灯闪亮，如图 4-1-25 所示。

4）工步 S33：24 ～ 25s 时，南北方向红灯、东西方向人行道灯和东西方向黄灯长亮，如图 4-1-26 所示。

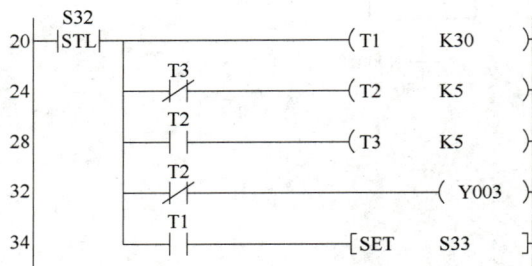

图 4-1-25　工步 S32

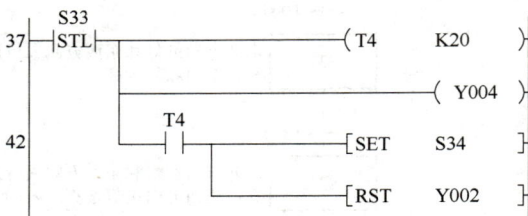

图 4-1-26　工步 S33

5）工步 S34：26 ～ 45s 时，东西方向红灯、南北方向绿灯和南北方向人行道灯长亮，如图 4-1-27 所示。

6）工步 S35：46 ～ 48s 时，东西方向红灯和南北方向人行道灯长亮，南北方向绿灯闪亮，如图 4-1-28 所示。

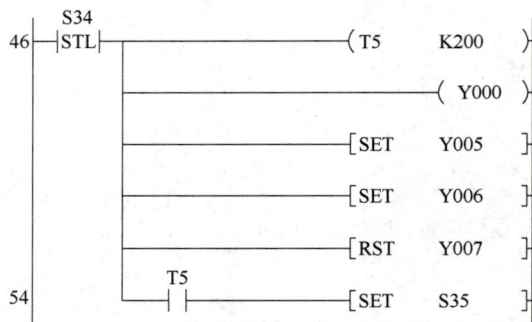

图 4-1-27　工步 S34

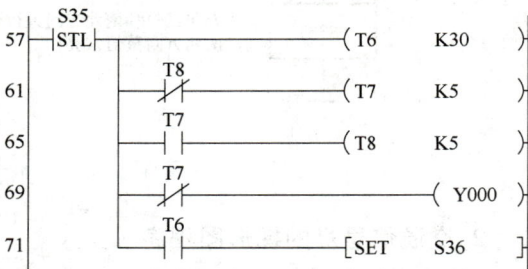

图 4-1-28　工步 S35

7）工步 S36：49～50s 时，东西方向红灯、南北方向人行道灯和南北方向黄灯长亮，如图 4-1-29 所示。

8）工步 S37：任意时刻断开开关 SB，工步 S31～S37 复位，返回初始步 S0，如图 4-1-30 所示。

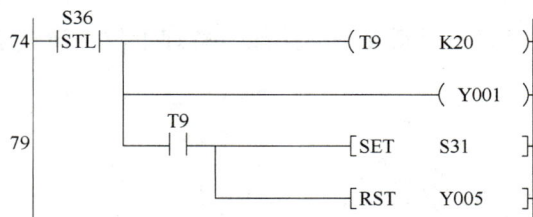

图 4-1-29　工步 S36

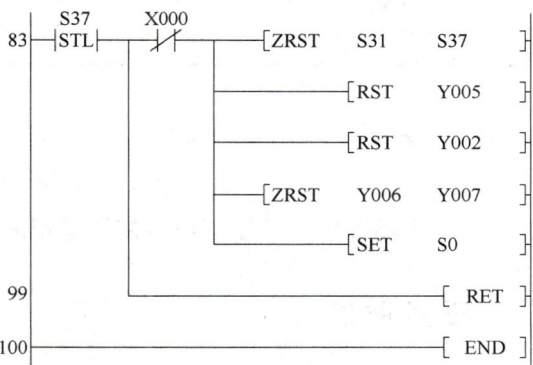

图 4-1-30　工步 S37

程序编辑完成后，对编写程序进行转换、修改并保存文件。然后，完成 PLC 程序的写入。通过 RS485 通信连接线，确保计算机串口与 PLC 已经正常连接，在 PLC 已经上电的情况下，单击"在线"菜单中的"PLC 写入"或者单击常用操作工具栏中的"PLC 写入"，按软件操作提示完成写入操作，将编写好的程序正确写入 PLC 中。

五、调试与运行

程序正确写入 PLC 后进入监控状态，进行调试。根据调试过程，将十字路口交通信号灯控制系统调试记录填入表 4-1-2 中。

表 4-1-2　十字路口交通信号灯控制系统调试记录

步骤	调试流程	正确现象	观察结果及解决措施
1	系统启动	开关 SB 闭合时，交通信号灯控制系统开始运行	
2	系统停止	开关 SB 断开时，交通信号灯控制系统停止运行	
3	0～20s 时	南北方向红灯、东西方向绿灯和东西方向人行道灯长亮	
4	21～23s 时	南北方向红灯和东西方向人行道灯长亮，东西方向绿灯以 1Hz 的频率闪亮	
5	24～25s 时	南北方向红灯、东西方向人行道灯和东西方向黄灯长亮	
6	26～45s 时	东西方向红灯、南北方向绿灯和南北方向人行道灯长亮	

（续）

步骤	调试流程	正确现象	观察结果及解决措施
7	46～48s 时	东西方向红灯和南北方向人行道灯长亮，南北方向绿灯以 1Hz 的频率闪亮	
8	49～50s 时	东西方向红灯、南北方向人行道灯和南北方向黄灯长亮	

六、实训场地现场清理

实训完成后，将对所操作设备进行复位、还原。拆除安全插接线、整理工位、清点工具、清扫现场卫生，并填写设备使用登记表。

任务评价

对任务实施的完成情况进行检查，并将结果填入表 4-1-3 中。

表 4-1-3 任务测评表

序号	主要内容	考核要求	评分标准	配分	扣分	得分
1	控制电路的连接	根据任务要求，连接控制电路	1. 不能正确连接交通信号灯，扣 10 分 2. 不能正确连接按钮，扣 10 分 3. 不能正确连接 PLC，扣 10 分 4. 不能正确连接电源，扣 10 分	40 分		
2	编写控制程序	根据任务要求，编写控制程序	1. 交通信号灯不能按要求点亮，每错一次扣 4 分，共 20 分，扣完为止 2. 编写程序不能达到控制要求，扣 10 分；调试一次程序仍不能达到要求，扣 5 分，共 20 分，扣完为止	40 分		
3	工艺符合标准	根据任务要求，布线美观	布线不美观、导线不整齐，扣 10 分	10 分		
4	安全文明生产	遵守操作规程，尊重考评员，讲文明懂礼貌，考试结束要清理现场	1. 实训中，违反安全文明生产考核要求，每项扣 2 分，扣完为止 2. 当教师发现操作者有重大事故隐患时，要立即予以制止，并扣安全文明生产分，共 5 分 3. 小组协作不和谐、效率低下，扣 5 分	10 分		
合计				100 分		

开始时间：		结束时间：	
学生姓名：	指导教师：		任务实施日期：

任务二　天塔之光控制系统编程

任务目标

知识目标：1. 了解顺序功能流程图（SFC）的类型，熟练掌握无分支编程。

　　　　　2. 掌握选择分支和并行分支结构及编程方法。

　　　　　3. 掌握跳步、重复和循环 SFC 编程方法。

　　　　　4. 掌握 PLC 控制系统电路连接的工艺要求，并按工艺要求连接 PLC 控制系统的电路。

能力目标：1. 根据任务要求，在 PLC 实训装置或 YL-235A 型光机电一体化实训装置上选择合适的电气控制模块完成任务。

　　　　　2. 学会设计天塔之光 PLC 控制电路，并编写控制程序。

素质目标：1. 培养学生分析问题和解决问题的能力。

　　　　　2. 培养学生学会创造性劳动，注重劳动安全。

任务描述

景观灯是现代城市景观亮化中不可缺少的部分，拥有较高的观赏性和艺术性。丰富多样的景观灯让人们感到舒适、愉快，并有着丰富的物质生活和精神生活内涵。建筑物的天塔之光就是其中之一，与历史文化、周围环境、建筑风格协调统一。本任务通过 PLC 控制天塔之光。

天塔之光示意图如图 4-2-1 所示，SB1 为启动按钮，SB2 为停止按钮，SB3、SB4 分别为分流程 1 和分流程 2 的选择按钮。系统启动并进行分流程选择后，开始运行。

总流程 1：信号指示灯集体闪烁，按亮 1s 灭 1s 的方式闪烁 8 次后进入分支流程。

分流程 1：HL1 → HL2 →……→ HL8，8 个灯间隔 1s 依次点亮，全部点亮并持续 1s 后全部熄灭，按此规律运行 8 个周期后进入总流程 2。

分流程 2：HL1 → HL2 →……→ HL8，每个灯点亮 1s 后熄灭；下一个灯再点亮，HL8 熄灭后，再从 HL1 开始循环执行，运行 8 个周期后进入总流程 2。

总流程 2：HL1 ～ HL4 与 HL5 ～ HL8 交替闪烁，一个闪烁

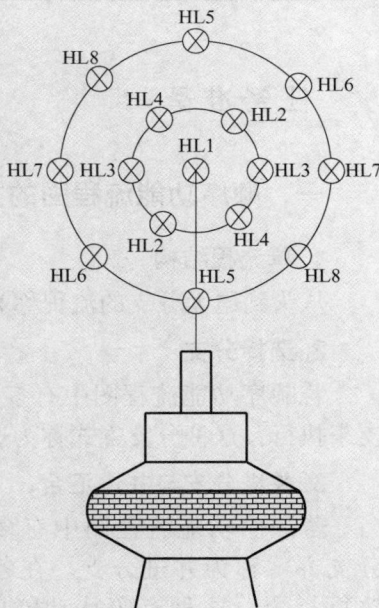

图 4-2-1　天塔之光示意图

周期为 2s，即 HL1 ～ HL4 亮 1s，HL5 ～ HL8 亮 1s，闪烁 8 个周期。若没有按下停止按钮，则总流程 2 执行完成后再从总流程 1 开始循环执行。任意时刻按下 SB2，须完成当前流程才能停止。

根据上述运行规律设计的天光之塔 PLC 控制电路如图 4-2-2 所示，请编写控制程序，并在网孔板上安装调试电路。

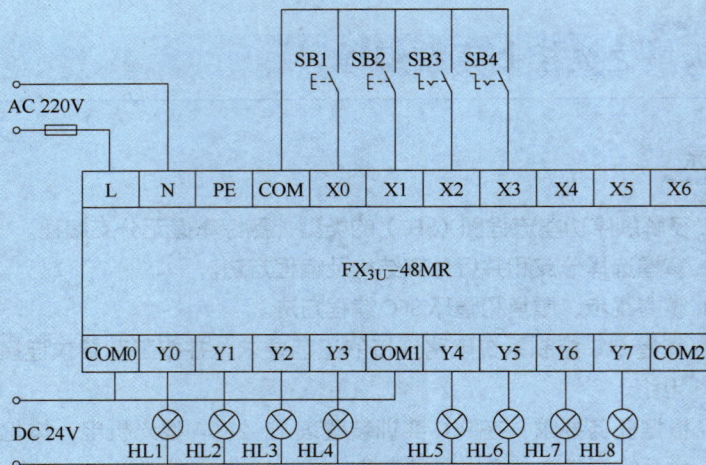

图 4-2-2　天光之塔 PLC 控制电路

任务分析

　　天光之塔控制程序中有两条分流程，分别由 SB3 和 SB4 控制。编程设计时采用步进控制，两条分流程用选择分支编程的方法实现。

任务准备

一、顺序功能流程图的类型

1. 单流程结构
从头到尾无分支的流程称为单流程结构，如图 4-2-3 所示。

2. 选择分支
若顺序功能流程图中有多条分支，而且只能选择其中一条分支来执行，这种分支方式称为选择分支，如图 4-2-4 所示。

3. 并进分支与并进汇合
若顺序功能流程图中有多条分支，且必须同时执行，这种分支方式称为并进分支。在各条路径都执行后，才会继续往下执行指令，这种有等待功能的方式称为并进汇合，如图 4-2-5 所示。

4. 跳转流程
向其他状态直接转移或向流程外的状态转移被称为跳转，用符号 ↓ 指向转移的目标状态，如图 4-2-6 所示。

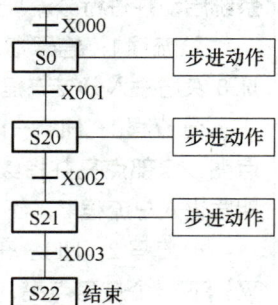

图 4-2-3　单流程结构

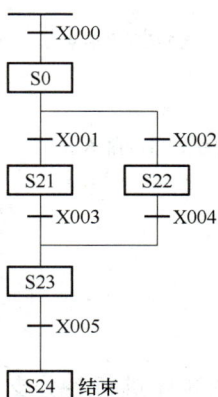

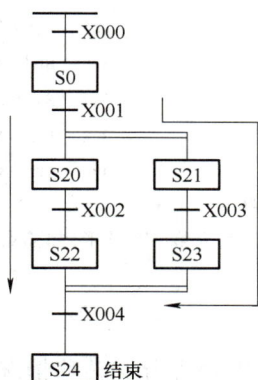

图 4-2-4　选择分支　　　图 4-2-5　并进分支与并进汇合　　　图 4-2-6　跳转流程

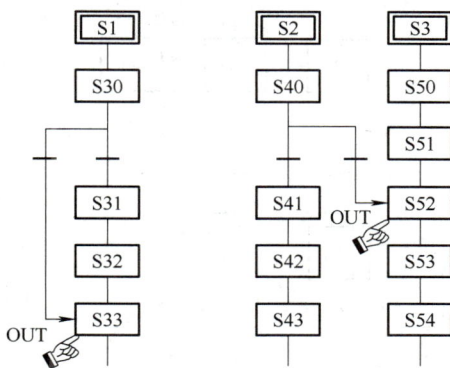

以上各类型的 SFC 在程序编辑时，在 GX Works2 编程软件中都有相应的快捷键和指令图标。

二、选择分支与选择汇合编程

当某个状态的转移条件超过一个时，需要用选择分支编程。与一般状态编程一样，先进行驱动处理，然后设置转移条件，编程时要由左至右逐个编程，如图 4-2-7 所示。

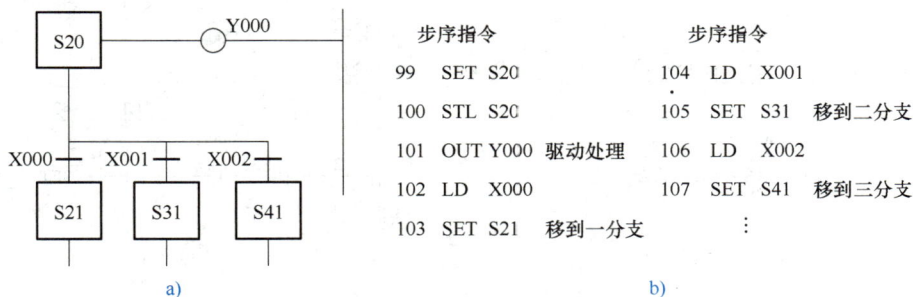

步序指令		步序指令	
99	SET S20	104	LD X001
100	STL S20	105	SET S31　移到二分支
101	OUT Y000　驱动处理	106	LD X002
102	LD X000	107	SET S41　移到三分支
103	SET S21　移到一分支		⋮

a)　　　　　　　　　　　b)

图 4-2-7　选择分支编程

选择汇合编程如图 4-2-8 所示，设三个分支分别运行到状态 S29、S39、S49 时，汇合到状态 S50，其用户程序编写时，先进行汇合前状态的输出处理，然后向汇合状态转移，由左至右进行汇合转移，这是为了自动生成 SFC 界面而追加的规则。在选择分支与选择汇合的转移处理程序中，不能用 MPS、MRD、MPP、ANB、ORB 指令。

三、并行分支与并行汇合编程

并行分支是指同时处理多个程序流程。如图 4-2-9a 所示，当 S20 步被激活成为活动步时，若转换条件 X000 成立就同时执行左、中、右三支程序。S50 为汇合状态，由 S22、S32、S42 三个状态共同驱动，当这三个状态都成为活动步，且转换条件 X004 成立时，汇合转换成 S50 步。

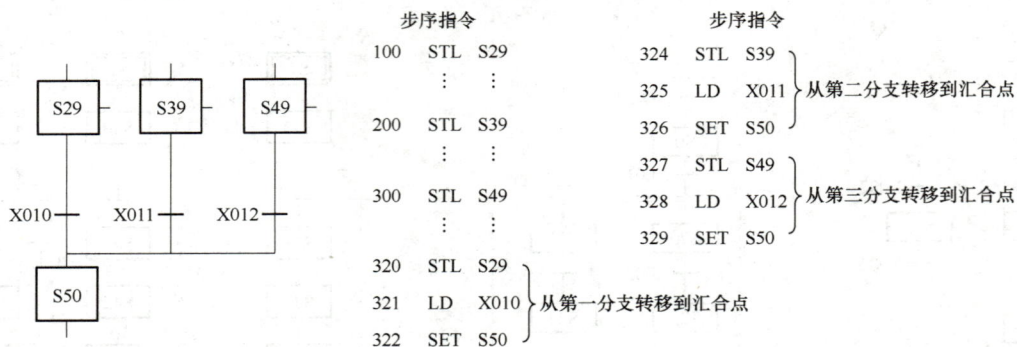

步序指令
100	STL	S29
:	:	:
200	STL	S39
:	:	:
300	STL	S49
:	:	:
320	STL	S29
321	LD	X010	从第一分支转移到汇合点
322	SET	S50

步序指令
| 324 | STL | S39 |
| 325 | LD | X011 | 从第二分支转移到汇合点
| 326 | SET | S50 |
| 327 | STL | S49 |
| 328 | LD | X012 | 从第三分支转移到汇合点
| 329 | SET | S50 |

图 4-2-8　选择汇合编程

并行分支和并行汇合的编程原则是先集中处理分支转移情况，然后依顺序进行各分支程序处理，最后集中处理汇合状态，根据顺序功能流程图写出梯形图，如图 4-2-9b 所示。

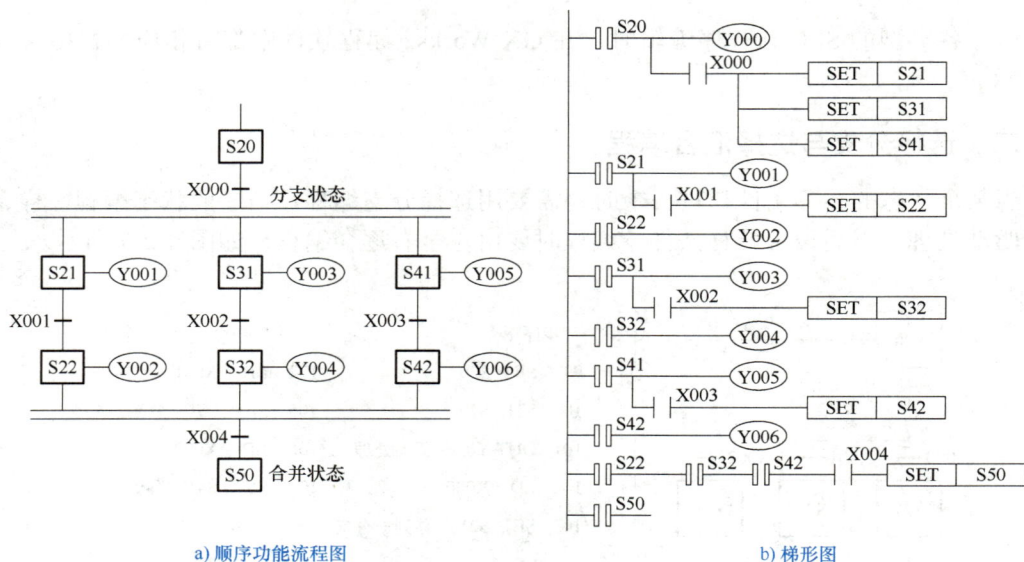

a) 顺序功能流程图　　　b) 梯形图

图 4-2-9　并行分支编程

并行汇合最多能实现 8 个分支的汇合。如图 4-2-10 所示，在并行汇合处不允许有图 4-2-10a 所示的转移条件（*3、*4），而必须将其转化为图 4-2-10b 后，再进行编程。

四、 跳步、重复和循环序列编程

用 SFC 编写用户程序时，有时程序需要跳转或重复，可用 OUT 指令代替 SET 指令。

1. 部分重复的编程方法

在一些情况下，需要返回某个状态重复执行一段程序，可以采用部分重复的编程方法，如图 4-2-11 所示。

2. 同一分支内跳转的编程方法

在一条分支的执行过程中，需要跳过几个状态，执行下面的程序。此时，可以采用同一分支内跳转的编程方法，如图 4-2-12 所示。

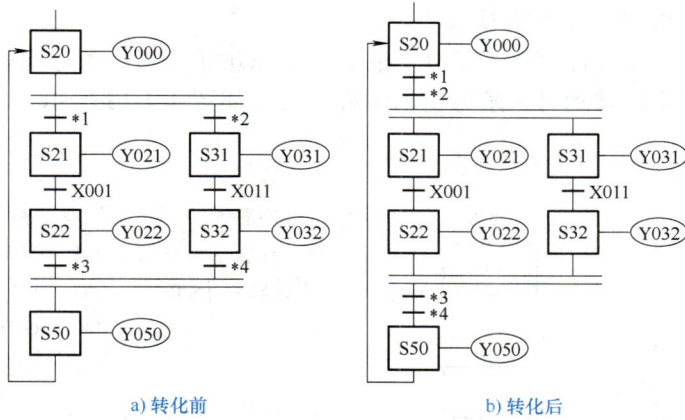

a) 转化前　　　　　　　　b) 转化后

图 4-2-10　并行汇合编程

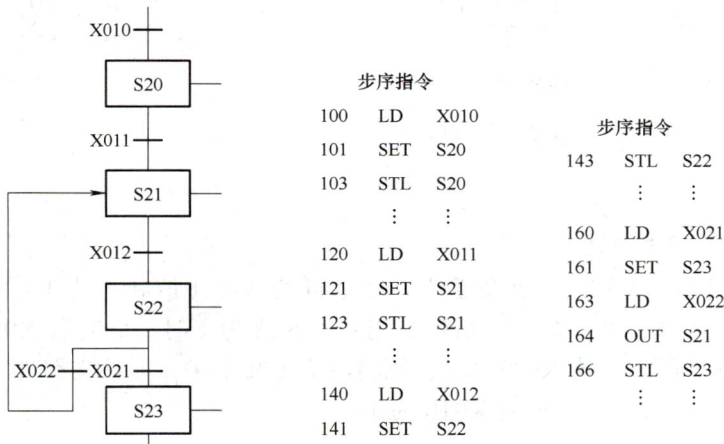

图 4-2-11　部分重复的编程方法

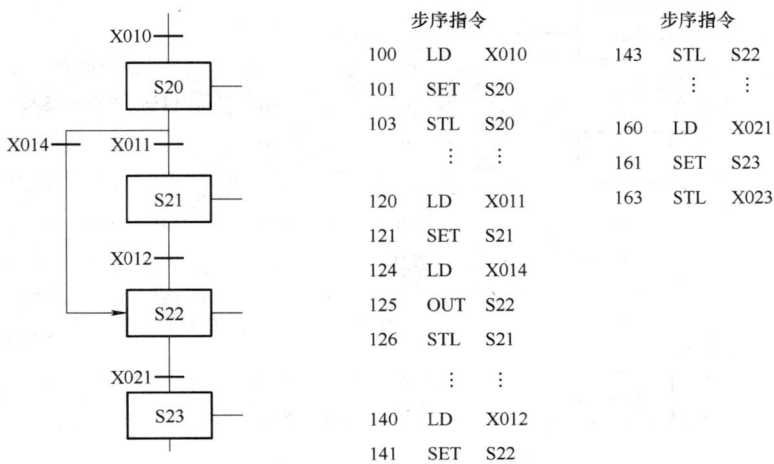

图 4-2-12　同一分支内跳转的编程方法

3. 跳转到另一条分支的编程方法

在某种情况下，要求程序从一条分支的某个状态跳转到另一条分支的某个状态继续执行。此时，可以采用跳转到另一条分支的编程方法，如图 4-2-13 所示。

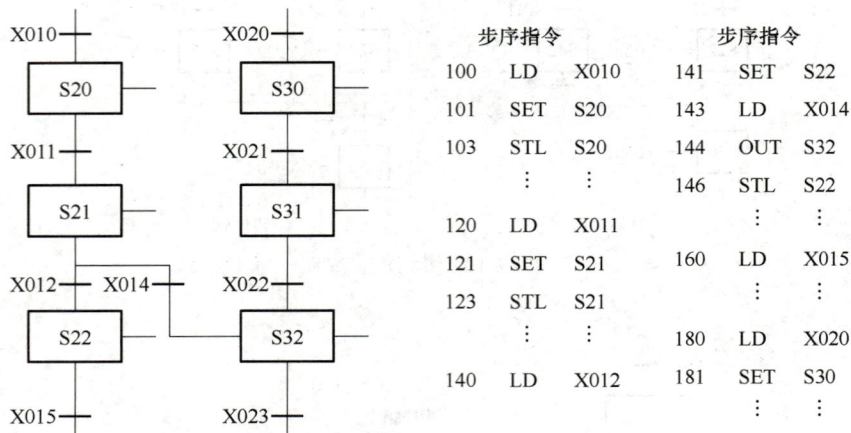

步序指令			步序指令		
100	LD	X010	141	SET	S22
101	SET	S20	143	LD	X014
103	STL	S20	144	OUT	S32
⋮	⋮		146	STL	S22
120	LD	X011	⋮	⋮	
121	SET	S21	160	LD	X015
123	STL	S21	⋮	⋮	
⋮	⋮		180	LD	X020
140	LD	X012	181	SET	S30
			⋮	⋮	

图 4-2-13　跳转到另一条分支的编程方法

4. 复位处理的编程方法

用 SFC 编写用户程序时，如果要使某个运行的状态（该状态为 1）停止运行（使该状态置 0），其编程方法如图 4-2-14 所示。当状态 S22 为 1 时，此时若 X021 为 1，则状态 S22 置 0，状态 S23 置 1；若 X022 为 1，则将状态 S22 置 0，即该支路停止运行。如果要使该支路重新进入运行，则必须使 X010 为 1。

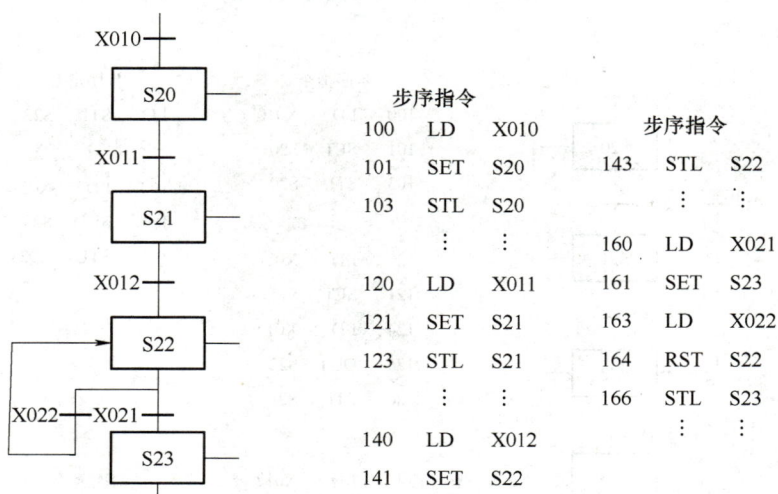

步序指令			步序指令		
100	LD	X010	143	STL	S22
101	SET	S20	⋮	⋮	
103	STL	S20	160	LD	X021
⋮	⋮		161	SET	S23
120	LD	X011	163	LD	X022
121	SET	S21	164	RST	S22
123	STL	S21	166	STL	S23
⋮	⋮		⋮	⋮	
140	LD	X012			
141	SET	S22			

图 4-2-14　复位处理的编程方法

任务实施

一、元器件检查

清点任务所需的设备、工具及材料，并利用万用表检查元器件好坏。

二、建立 I/O 分配表

根据任务，做出输入输出 I/O 分配表，见表 4-2-1。

表 4-2-1 输入输出 I/O 分配表

输入			输出		
输入元件	功能作用	输入继电器	输出元件	控制对象	输出继电器
SB1	起动按钮	X000	HL1	信号指示灯 1	Y000
SB2	停止按钮	X001	HL2	信号指示灯 2	Y001
SB3	选择按钮 1	X002	HL3	信号指示灯 3	Y002
SB4	选择按钮 2	X003	HL4	信号指示灯 4	Y003
			HL5	信号指示灯 5	Y004
			HL6	信号指示灯 6	Y005
			HL7	信号指示灯 7	Y006
			HL8	信号指示灯 8	Y007

三、电路连接

根据 PLC 控制电路进行电路连接，首先确保电源开关处于断开位置，然后再按以下步骤和方法进行电气线路的连接。

1）完成按钮 SB1、SB2、SB3、SB4 与 PLC 的连接。

2）完成 8 组信号灯与 PLC 的连接。

3）电路检测。

电路安装结束后，一定要进行通电前检查，保证电路连接正确，没有外露铜丝过长、一个接线端子上有超过两个接头等不符合工艺要求的现象。另外，还要进行通电前的检测，确保电路中没有短路现象，否则通电后可能损坏设备。在检查电路连接满足工艺要求，并且电路连接正确无短路故障后，可接通电源。

四、程序编写与下载

1. 天塔之光顺序功能流程图

根据步进控制要求，编写天塔之光顺序功能流程图，如图 4-2-15 所示。

M8002初始化脉冲

◉ 0 复位计数器C1～C4

0 停止辅助继电器M0

总流程1：8 个灯闪烁

⊡ 10 Y000～Y007信号指示灯齐亮1s

1
T=1

11 Y000～Y007信号指示灯灭1s

2　信号指示灯
闪烁8次

⊡ 12

5 T=1

3　信号指示灯
闪烁不满8次

⊡ 20

13 T=1

4
10

13

6

21

14

14

7

22

15

分流程1：HL1→HL2
→……→HL8，8 个
灯间隔1s依次点亮，
转移条件为定时1s

15

8

23

16

分流程2：HL1→HL2
→……→HL8，8个灯间
隔1s，每次亮1个灯，
转移条件为定时1s

16

9

24

17

17

10

25

18

18

11

26

19

19

27

12　20

21　22

⊡ 28　12　28

23

20

总流程2：HL1～HL4与
HL5～HL8 交替闪烁

30　循环满8次

循环不满8次

24　25 循环不满8次

0　28

循环满8次，
返回初始0步

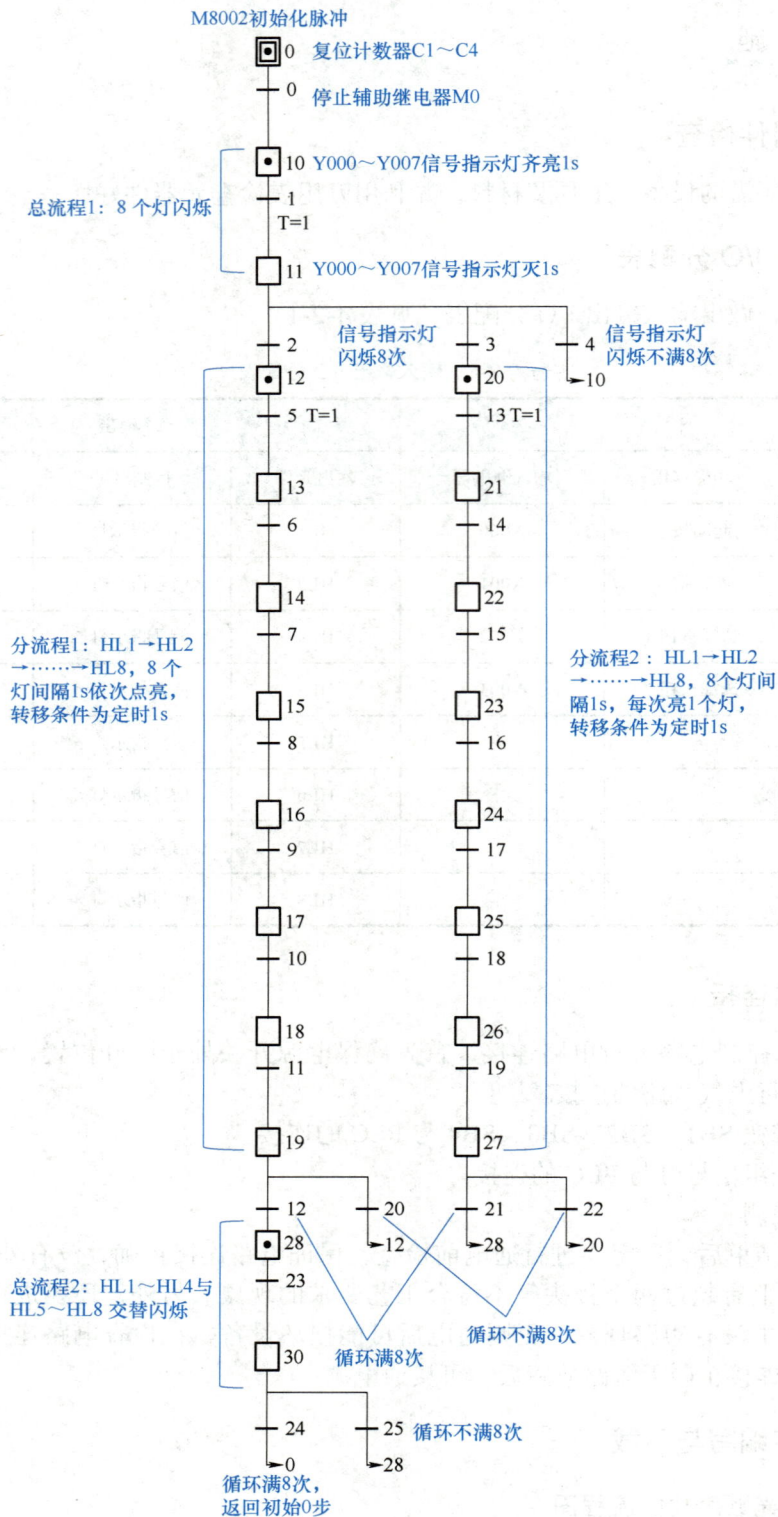

图 4-2-15　天塔之光顺序功能流程图

2.天塔之光梯形图程序

1）程序的初始化及启动：初始化脉冲 M8002 导通，程序进入 0 步，按下 SB1（X000=1），程序进入下一步（即 S10），用启保停的方法控制停止辅助继电器 M0，实现按下 SB2，程序完成当前流程后停在 S0 步，如图 4-2-16 所示。

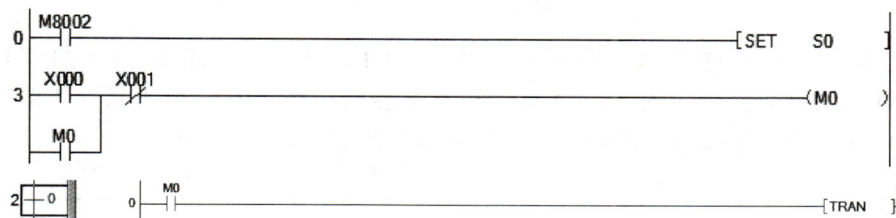

图 4-2-16　程序的初始化及启动

2）工步 S0：四个流程的循环次数计数器清零，0 步停止位置，如图 4-2-17 所示。

图 4-2-17　工步 S0

3）工步 S10、S11：HL1 ～ HL8 亮 1s，用字元件赋值的方法，S10 步中对总流程 1 计次 C1，工步 S11 灯灭 1s，两步循环完成闪烁，如图 4-2-18 所示。

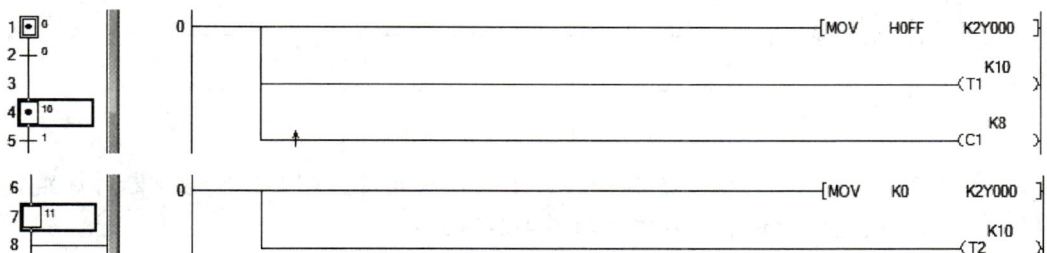

图 4-2-18　工步 S10、S11

4）条件 2、3、4：工步 S11 灯灭 1s 后，若 C1=0（闪烁不满 8 次），跳转到 S10；若 C1=1（闪烁 8 次），再根据 SB3、SB4 选择按钮状态进入工步 S20 或 S12，如图 4-2-19 所示。

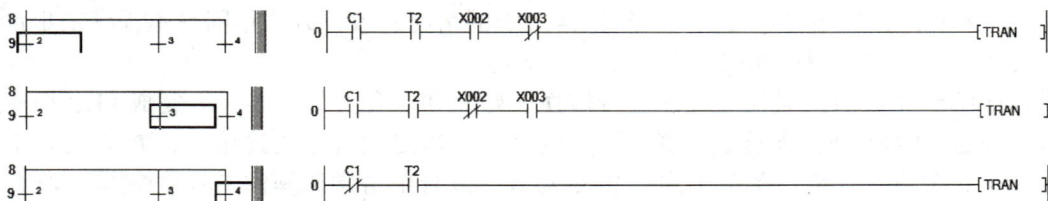

图 4-2-19　条件 2、3、4

5）工步 S12 ～ S19：进入分流程 1，HL1 → HL2 →……→ HL8，8 个灯间隔 1s 依次点亮，转移条件为定时 1s，各步编程方法相同，赋值改变即可，工步 S12 为本流程开始，也需使用计数器计循环次数，如图 4-2-20 所示。

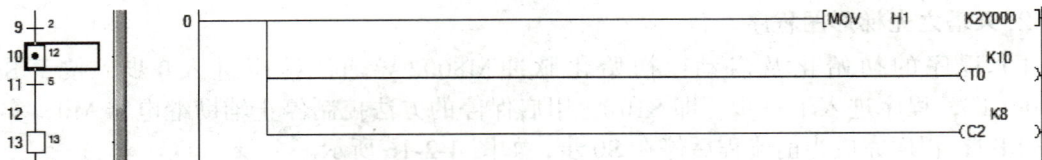

图 4-2-20　工步 S12 ～ S19

6）工步 S20 ～ S27：进入分流程 2，HL1 → HL2 →……→ HL8，8 个灯间隔 1s，每次亮 1 个灯，转移条件为定时 1s，各步编程方法相同，输出不同 Y 即可，工步 S20 为本流程开始，也需使用计数器计循环次数，如图 4-2-21 所示。

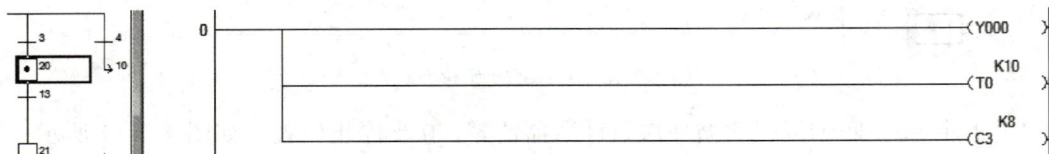

图 4-2-21　工步 S20 ～ S27

7）工步 S28、S30：进入总流程 2，HL1 ～ HL4 与 HL5 ～ HL8 交替闪烁，转移条件为定时 1s，使用元件赋值字的方法，两工步分别点亮 4 个灯，S28 为本流程开始，也需使用计数器计循环次数，如图 4-2-22 所示。

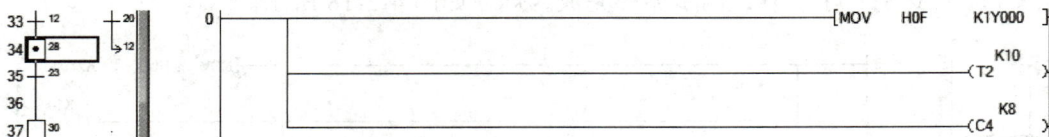

图 4-2-22　工步 S28、S30

8）条件 24、25：条件 24、25 为选择分支的转移条件，用循环次数判断程序跳转到本流程的首步，或是跳转到下一流程，如图 4-2-23 所示：

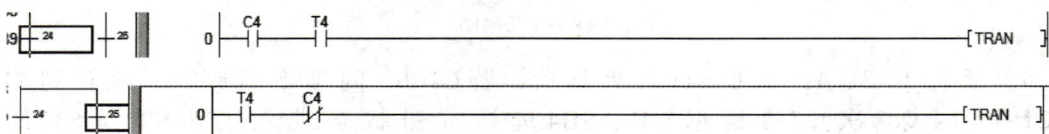

图 4-2-23　条件 24、25 梯形图

9）条件 12、20 和 21、22：与条件 24、25 的情况一致，方法相同。本程序工步跳转条件使用定时器，**注意：相邻工步定时器不重复**。

程序编辑完成后，对编写程序进行转换、修改并保存文件。然后，完成 PLC 程序的写入。通过 RS485 通信连接线，确保计算机串口与 PLC 已经正常连接，在 PLC 已经上电的情况下，单击"在线"菜单中的"PLC 写入"或者单击常用操作工具栏中的"PLC 写入"，按软件操作提示完成写入操作，将编写好的程序正确写入 PLC 中。

五、调试与运行

检查无误后，打开气源将编写的程序输入 PLC，检查接线正确无误后通电调试、运行，并将结果填入表 4-2-2。

表 4-2-2 天塔之光控制系统调试记录

步骤	调试流程	正确现象	观察结果及解决措施
1	系统启动	按下 SB1，天塔之光控制系统启动	
2	系统停止	按下 SB2，须完成当前流程才能停止	
3	总流程 1	信号指示灯集体闪烁，按亮 1s 灭 1s 闪烁 8 次后进入分流程	
4	分流程 1	HL1 → HL2 →……→ HL8，8 个灯间隔 1s 依次点亮，全部点亮并持续 1s 后全部熄灭，循环 8 个周期	
5	分流程 2	HL1 → HL2 →……→ HL8，每个灯点亮 1s 后熄灭，下一个灯再点亮，HL8 熄灭后，再从 HL1 开始循环执行，运行 8 个周期	
6	总流程 2	HL1 ～ HL4 与 HL5 ～ HL8 交替闪烁，一个闪烁周期为 2s，即 HL1 ～ HL4 亮 1s，HL5 ～ HL8 亮 1s，闪烁 8 个周期后进入总流程 1	

六、实训场地现场清理

实训完成后，将对所操作设备进行复位、还原。拆除安全插接线、整理工位、清点工具、清扫现场卫生，并填写设备使用登记表。

任务评价

对任务实施的完成情况进行检查，并将结果填入表 4-2-3 中。

表 4-2-3 任务测评表

序号	主要内容	考核要求	评分标准	配分	扣分	得分
1	控制电路的连接	根据任务要求，连接控制电路	1. 不能正确连接输入线路，扣 10 分 2. 不能正确连接输出线路，扣 10 分 3. 不能正确连接电源，扣 10 分 4. 不能正确连接信号指示灯，扣 10 分	40 分		
2	编写控制程序	根据任务要求，编写控制程序	1. 检查天塔之光控制系统各灯亮灭情况，每错一次扣 4 分，共 20 分，扣完为止 2. 编写程序不能达到控制要求，扣 10 分；调试一次程序仍不能达到要求，扣 5 分，共 20 分，扣完为止	40 分		
3	工艺符合标准	根据任务要求，布线美观	布线不美观、导线不整齐，扣 10 分	10 分		
4	安全文明生产	遵守操作规程，尊重考评员，讲文明懂礼貌，考试结束要清理现场	1. 违反安全文明生产考核要求，每项扣 2 分，扣完为止 2. 当教师发现操作者有重大事故隐患时，要立即予以制止，并扣安全文明生产分，共 5 分 3. 小组协作不和谐、效率低下，扣 5 分	10 分		
			合计	100 分		
开始时间：			结束时间：			
学生姓名：		指导教师：		任务实施日期：		

项目五

认识 PLC 的功能指令

项 目 导 学

　　本项目主要内容是认识三菱 FX$_{3U}$ 系列 PLC 的功能指令，共包含 6 个任务，涉及 31 个知识点。

　　任务一为手动除尘与风干机组控制系统电路的安装与调试，包括功能指令的通用表达形式、功能指令的数据长度、功能指令的类型、变址寄存器等内容；任务二为工业过滤除渣器控制系统电路的安装与调试，包括数据传送指令、数据交换指令、多点传送指令、移位传送指令、取反传送指令、数据块传送指令、BCD 变换指令和 BIN 变换指令等内容；任务三为"走马灯"式喷雾系统控制电路的安装与调试，包括位组合元件移位指令，字元件移位指令，循环移位指令，带进位循环移位指令，写入、读出指令等内容；任务四为原料包计数打浆控制系统电路的安装与调试，包括加法指令、减法指令、乘法指令、除法指令、自加自减指令等内容；任务五为物料破碎筛解设备自检系统电路的安装与调试，包括逻辑字与指令、逻辑字或指令、逻辑字异或指令、求补指令等内容；任务六为物料破碎筛解设备水油气保供系统电路的安装与调试，包括条件跳转指令、子程序调用和返回指令、中断指令、循环开始指令和循环结束指令、主程序结束指令等内容。

❖ 学习重点

　　1. 变址寄存器。

　　2. 数据传送、移位指令。

　　3. 算术运算指令及逻辑运算指令。

　　4. 程序控制指令。

❖ 学习难点

　　1. 变址寄存器。

　　2. 算术运算指令及逻辑运算指令。

　　3. 程序控制指令。

　　建议课时：30。

 拓展任务

任务一 手动除尘与风干机组控制系统电路的安装与调试

任务目标

知识目标：1. 正确理解功能指令的通用表达形式，掌握功能指令各要素的含义。

2. 了解功能指令的数据长度，掌握功能指令处理 16 位及 32 位数据的方法。

3. 掌握功能指令操作位元件的方法。

4. 了解功能指令的执行方式，掌握连续执行及脉冲执行两种执行方式的功能。

5. 掌握比较指令的使用方法。

6. 理解变址寄存器的功能，掌握变址寄存器的使用方法。

能力目标：1. 根据任务要求，能够正确连接手动除尘与风干机组控制系统电路。

2. 根据任务要求，能够正确编写手动除尘与风干机组控制系统程序。

3. 根据任务要求，能够正确调试手动除尘与风干机组控制系统。

素质目标：1. 养成独立思考和动手操作的习惯。

2. 培养小组协调能力和互相学习的精神。

任务描述

企业生产中有一个手动除尘与风干机组控制系统，如图 5-1-1 所示。它由二级除尘和二级干燥系统构成，分别由电动机 M1 ~ M4 拖动除尘机组和风干机组运行。SB1 ~ SB4 分别为 4 台机组的控制按钮，HL1 ~ HL4 分别为 4 台机组状态指示灯，任意时刻，4 台机组只能运行其中 1 组，即按下按钮 SB1，1 号除尘机组运行，HL1 亮，松开 SB1，1 号除尘机组仍然运行，HL1 仍然点亮；按下 SB2，1 号除尘机组停止运行，HL1 灭，2 号除尘机组起动运行，HL2 亮，依此类推。任意时刻，按下停止按钮 SB5，所有机组停止运行，状态指示灯全部熄灭，系统恢复初始状态。请设计电气控制原理图及 PLC 接线图编写控制程序，并在网孔板上安装调试电路。

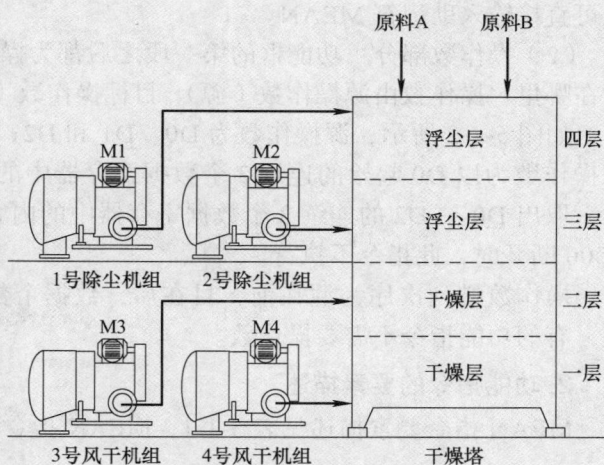

图 5-1-1 手动除尘与风干机组控制系统

任务分析

本任务主要利用功能指令编程，学生需要掌握功能指令的通用形式，功能指令的类型，通过功能指令的学习，简化编程结构，掌握较为复杂的指令，为后续的学习奠定基础。

任务准备

一、功能指令的通用表达形式

1. 功能指令的梯形图表示

如图 5-1-2 所示，功能指令用功能框表示，功能框由操作码和操作数两大部分组成，即在功能框中用通用的助记符形式来表示，图中 X000 的常开触点是功能指令的执行条件，其后的方框即为功能指令，

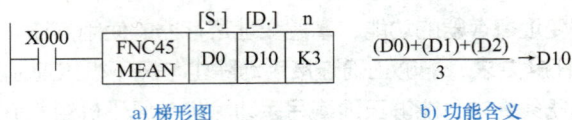

a) 梯形图　　　　　　　b) 功能含义

图 5-1-2　功能指令通用表达形式

（1）操作码部分　功能框第一段为操作码部分，表达了该指令做什么。一般功能指令都是以指定的功能号来表示，如 FNC45。但是，为了便于记忆，每个功能指令都有一个助记符，对应 FNC45 的助记符是 MEAN，表示"求平均值"。在编程器或 FXGP 软件中输入功能指令时，输入的是功能号 FNC45，显示的却是助记符 MEAN。在 FXGP 软件中也可直接输入助记符 MEAN。

（2）操作数部分　功能框的第一段之后都为操作数部分，表达了参加指令操作的操作数在哪里。操作数由源操作数（源）、目标操作数（目）、数据个数三部分构成。

如图 5-1-2 所示，源操作数为 D0、D1 和 D2；目标操作数为 D10；数据个数 K3 表示源操作数为以 D0 起始的连续 3 个数据寄存器中的数据，即 D0、D1、D2。当 X000 接通时，取出 D0 ～ D2 的连续 3 个数据寄存器中的内容作算术平均后送入 D10 寄存器中。当 X000 断开时，此指令不执行。

操作数排列次序为源在前，目在后，数据个数在最后。有些功能指令要求多个操作数，有的功能指令不需要操作数。

2. 功能指令的要素描述

MEAN 指令要素描述见表 5-1-1，MEAN 指令符号说明见表 5-1-2。

表 5-1-1　MEAN 指令要素描述

求平均值指令	操作数	程序步
P 16	FNC45 MEAN MENA（P）		MEAN，MENA（P）为 7 步

表 5-1-2　MEAN 指令符号说明

序号	符号	含义及说明
1	求平均值指令	MEAN 功能指令的名称
2	FNC45	指令的功能号
3	MEAN	指令的助记符
4	(P)	执行形式，表示可使用脉冲执行方式，在执行条件满足时仅执行一个扫描周期；默认为连续执行型
5	(D)	指令的数据长度可为 32 位，默认为 16 位
6	[S.]	源操作数，指令执行后不改变其内容的操作数。当源不止一个时，用 [S1.]、[S2.] 来表示。有 "." 表示能用变址方式，默认为无 "."，表示不能使用变址方式
7	[D.]	目标操作数，简称目，指令执行后将改变其内容的操作数。当目不止一个时，用 [D1.]、[D2.] 来表示。有 "." 表示能使用变址方式，默认为无 "."，表示不能使用变址方式
8	n	代表其他操作数，常用来表示常数或对源和目做出补充说明。表示常数时，K 后跟的为十进制数，H 后跟的为十六进制数
9	程序步	指令执行所需的步数。一般来说，功能指令的功能号和助记符占 1 步，每个操作数占 2～4 步（16 位操作数是 2 步，32 位操作数是 4 步）。因此，一般 16 位指令为 7 步，32 位指令为 13 步

二、功能指令的数据长度

1. 字元件与双字元件

（1）字元件　1 个字元件由 16 位存储单元构成，最高位（第 15 位）为符号位，第 0～14 位为数值位。图 5-1-3a 所示的字元件为 16 位数据寄存器 D0 结构示意图。

（2）双字元件　可以使用两个字元件组成双字元件，以组成 32 位数据操作数。双字元件是由相邻的寄存器组成，图 5-1-3b 所示的双字元件由 D11 和 D10 组成。低 16 位数据存放在低位元件 D10 中，高 16 位数据存放在高位元件 D11 中，存放原则是：低对低，高对高。双字元件中第 31 位为符号位，第 0～30 位为数值位。

图 5-1-3　字元件、双字元件结构示意图

2. 功能指令中的 16 位数据

因为几乎所有寄存器的二进制位数都是 16 位，所以功能指令中 16 位的数据都是默认给出的，图 5-1-4 所示为 16 位 MOV 指令。16 位 MOV 指令的含义是：当 X000 接通时，将十进制数 100 传送到 16 位的数据寄存器 D10 中去；当 X000 断开时，该指令被跳过不执行，源和目的内容都不变。

```
       X000
       ┤├──────┌──────────┬──────┬─────┐
              │ FNC12    │ K100 │ D10 │    X000 ON, 100→D10
              │ MOV      │      │     │
              └──────────┴──────┴─────┘
         a) 梯形图                    b) 功能含义
```

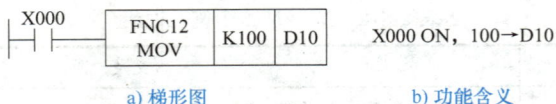

图 5-1-4　16 位 MOV 指令

3. 功能指令中的 32 位数据

功能指令也能处理 32 位数据，这时需要在指令前加符号（D），图 5-1-5 所示为 32 位 MOV 指令。32 位 MOV 指令的含义是：当 X000 接通时，将数据寄存器 D11 中的数据传送到数据寄存器 D13 中，将数据寄存器 D10 中的数据传送到数据寄存器 D12 中去，即当 X000 接通时，将由 D11 和 D10 组成的 32 位源数据传送到由 D13 和 D12 组成的目标地址中去；当 X000 断开时，该指令被跳过不执行，源和目的内容都不变。

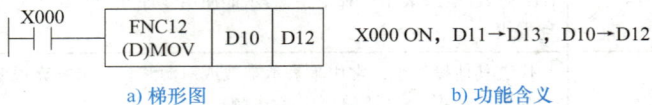

```
       X000
       ┤├──────┌──────────┬─────┬─────┐
              │ FNC12    │ D10 │ D12 │    X000 ON, D11→D13, D10→D12
              │ (D)MOV   │     │     │
              └──────────┴─────┴─────┘
         a) 梯形图                    b) 功能含义
```

图 5-1-5　32 位 MOV 指令

要避免出现类似图 5-1-6 所示的指令错误：源由 D11 和 D10 组成，而目由 D12 和 D11 组成，这里 D11 重复使用，就会出错。所以建议 32 位数据首地址用偶地址。

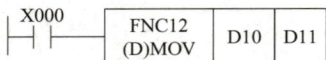

```
       X000
       ┤├──────┌──────────┬─────┬─────┐
              │ FNC12    │ D10 │ D11 │
              │ (D)MOV   │     │     │
              └──────────┴─────┴─────┘
```

图 5-1-6　错误的 32 位 MOV 指令用法举例

注意：32 位计数器 C200 ～ C255 不能作为 16 位指令操作数。

4. 功能指令中的位元件

（1）位元件　位元件指只有 ON 或 OFF 两种状态，用一个二进制位就能表达的元件，如 X、Y、M、S 等。功能指令中也能使用只含 1 位的位元件，以及位元件组合。

（2）位组合元件　作为用户环境的重要内容，在可编程控制器中，除要用二进制数据外，常希望能直接使用十进制数据。FX2 系列 PLC 中使用 4 位 BCD 码表示 1 位十进制数据，由此产生了位组合元件，由 4 位位元件组合而成。在输入继电器、输出继电器及辅助继电器中都有使用。

（3）位元件组合成位组合元件的方法　将多个位元件按 4 位一组的原则来组合，即用 4 位 BCD 码来表示 1 位十进制数，这样就能在程序中使用十进制数据了。

（4）组合方法的助记符：Kn+ 最低位位元件号　位组合元件表达有 KnX、KnY、KnM、KnS 等形式，式中 Kn 指有 n 组这样的数据。如 KnX0 表示位组合元件是由从 X0 开始的 n 组位元件组合。若 n 为 1，则 K1X0 指 X0、X1、X2、X3 4 位输入继电器的组合；而 n 为 2，则 K2X0 是指 X0 ～ X7 8 位输入继电器组合。

16 位数据：K1 ～ K4；32 位数据：K1 ～ K8。

数据中的最高位是符号位。如 K2M0 是由 M0 ～ M3 和 M4 ～ M7 两组位元件组成一个 8 位数据，其中 M7 是最高位，M0 是最低位；K4M10 是由 M10 ～ M25 4 组位元件组成一个 16 位数据，其中 M25 是最高位，M10 是最低位。

注意事项：

1）当一个 16 位数据传送到目标元件 K1M0～K3M0 时，由于目标元件不到 16 位，所以将只传送 16 位数据中的低位数据，高位数据将不传送。32 位数据传送也一样。

2）由于数据只能是 16 位或 32 位这两种格式，因此当用 K1～K3 组成字元件时，其高位不足 16 位部分均作 0 处理。如执行图 5-1-7a 所示指令时，源数据只有 12 位，而目标寄存器 D20 是 16 位的，则 D20 的高 4 位自动补 0，如图 5-1-7b 所示。这时最高位的符号位必然是 0，也就是说，只能是正数（符号位的判别是：正 0 负 1）。

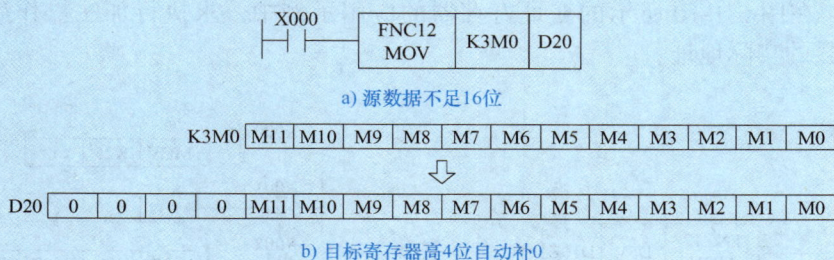

a）源数据不足 16 位

b）目标寄存器高 4 位自动补 0

图 5-1-7 源数据与目标寄存器的关系

3）由位元件组成位组合元件时，最低位元件号可以任意给定。如 X000、X001 和 Y005 均可。但习惯上采用以 0 结尾的位元件，如 X000、X010 和 Y020 等。

三、功能指令的类型

1. 连续执行型指令

连续执行型指令在每个扫描周期都重复执行一次，如图 5-1-8a 所示。当 X000 = ON 时，指令在各扫描周期都执行。连续执行方式在程序执行时的每个扫描周期都会对目标组件加 1，而这种情况在许多实际的控制中是不允许的。为了解决这类问题，设置了脉冲执行方式，并在这类助记符的后面加后缀符号"P"来表示。

2. 脉冲执行型指令

脉冲执行型指令只在信号 OFF→ON 时执行一次，在指令后加"P"（Pulse）表示，如图 5-1-8b 所示。脉冲执行型指令总是只在 X000 由 OFF→ON 变化一次时执行一次，其他时间不执行。

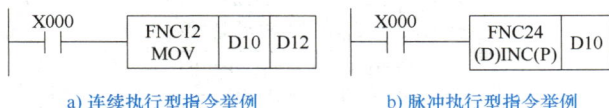

a）连续执行型指令举例　　b）脉冲执行型指令举例

图 5-1-8 功能指令的类型

四、变址寄存器

1. 寄存器变址操作的一般规则

1）变址的方法是将变址寄存器 V 和 Z 这两个 16 位的寄存器放在各种寄存器的后面，

充当操作数地址的偏移量。

2）操作数的实际地址就是寄存器的当前值以及 V 和 Z 内容相加后的和。

3）当源寄存器或目标寄存器用 [S.] 或 [D.] 表示时，就能进行变址操作。对 32 位数据进行操作时，要将 V、Z 组合成 32 位（V,Z）来使用，这时 Z 为低 16 位，V 为高 16 位。

4）可以用变址寄存器进行变址的软元件是 X、Y、M、S、P、T、C、D、K、H、KnX、KnY、KnM。变址寄存器的应用示例如图 5-1-9 所示。当 V=8，Z=14 时，D（5+8）=D（l3）；D（10+14）=D（24）；则（D13）→（D24）；当 V=9,D（5+9）=D（14），则（D14）→（D24）；但是，变址寄存器不能修改 V 与 Z 本身或位数指定用的 Kn 参数，例如：K4M0Z 有效，而 K0ZM0 无效。

【例 1】　在图 5-1-10 所示的变址寄存器的应用示例中，求执行加法操作后源操作数和目标操作数的实际地址。

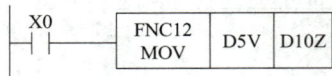

图 5-1-9　变址寄存器的应用示例

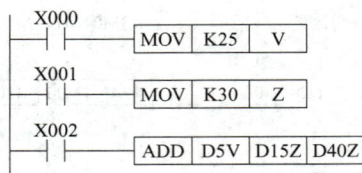

图 5-1-10　变址寄存器的应用示例

解：第一行指令执行 25 → V，第二行指令执行 30 → Z，所以变址寄存器值为 V=25，Z=30。第三行指令执行（D5V）+（D15Z）→（D40Z）。

[S1.] 为 D5V：　　　D（5+25）=D30　　　源操作数 1 的实际地址

[S2.] 为 D15Z：　　D（15+30）=D45　　源操作数 2 的实际地址

[D.] 为 D40Z：　　　D（40+30）=D70　　目标操作数的实际地址

第三行指令实际执行（D30）+（D45）→（D70），即 D30 内容和 D45 的内容相加，结果送入 D70 中去。

2. 16 位指令操作数的变址

【例 2】　如图 5-1-11 所示，该程序为 16 位指令操作数的变址举例。

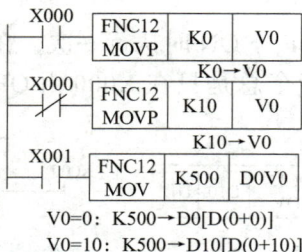

V0=0：K500→D0[D(0+0)]
V0=10：K500→D10[D(0+10)]

图 5-1-11　16 位指令操作数的变址举例

将 K0 或 K10 的内容向变址寄存器 V0 传送，当 X001=ON 且 V0=0 时，D（0+0）=D0，则 K500 的内容向 D0 传送；当 X001=ON 且 V0=10 时，D（0+10）=D10，则 K500 的内容向 D10 传送。

3. 32 位指令操作数的变址

【例 3】 图 5-1-12 所示为 32 位指令操作数的变址举例。DMOV 是 32 位的指令，因此在该指令中使用的变址寄存器也必须指定 32 位；在 32 位指令中指定了变址寄存器的 Z 寄存器（Z0 ~ Z7）及与之组合的 V 寄存器（V0 ~ V7）。

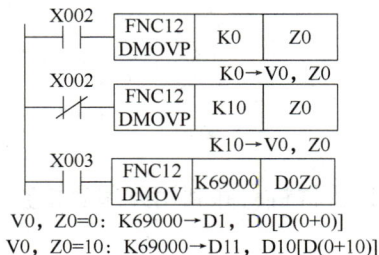

```
X002    ┌─────┬──────┬────┐
─┤├──────│FNC12│  K0  │ Z0 │
        │DMOVP│      │    │
        └─────┴──────┴────┘
              K0→V0, Z0
X002    ┌─────┬──────┬────┐
─┤/├─────│FNC12│ K10  │ Z0 │
        │DMOVP│      │    │
        └─────┴──────┴────┘
              K10→V0, Z0
X003    ┌─────┬──────┬────┐
─┤├──────│FNC12│K69000│D0Z0│
        │DMOV │      │    │
        └─────┴──────┴────┘
```

V0, Z0=0: K69000→D1, D0[D(0+0)]
V0, Z0=10: K69000→D11, D10[D(0+10)]

图 5-1-12 32 位指令操作数的变址举例

即使 Z0 中写入的数值不超过 16 位数值范围（0 ~ 32767），也必须用 32 位的指令将 V 和 Z 两方向改写，如果只写入 Z 侧，则在 V 侧留有其他数值，会使数值产生很多的运算错误。

4. 常数 K 的修改

【例 4】 图 5-1-13 所示为常数 K 的修改举例。

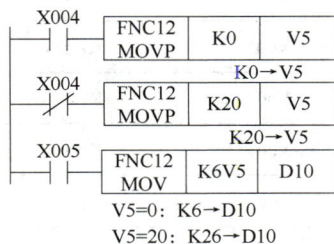

```
X004    ┌─────┬─────┬────┐
─┤├──────│FNC12│ K0  │ V5 │
        │MOVP │     │    │
        └─────┴─────┴────┘
               K0→V5
X004    ┌─────┬─────┬────┐
─┤/├─────│FNC12│ K20 │ V5 │
        │MOVP │     │    │
        └─────┴─────┴────┘
              K20→V5
X005    ┌─────┬─────┬────┐
─┤├──────│FNC12│K6V5 │D10 │
        │MOV  │     │    │
        └─────┴─────┴────┘
```

V5=0: K6→D10
V5=20: K26→D10

图 5-1-13 常数 K 的修改举例

当 X005=ON 时，若 V5=0，K（6+0）=K6，则将 K6 的内容向 D10 传送；若 V5=20 时，K（6+20）=K26，则将 K26 的内容向 D10 传送。

5. 输入输出继电器八进制软元件的变址

【例 5】 图 5-1-14 所示为输入输出继电器八进制软元件变址举例。

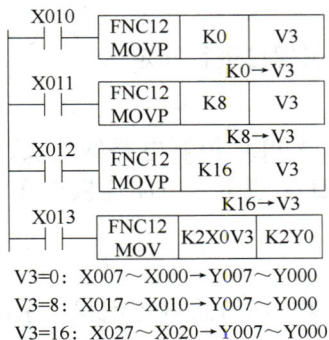

```
X010    ┌─────┬─────┬────┐
─┤├──────│FNC12│ K0  │ V3 │
        │MOVP │     │    │
        └─────┴─────┴────┘
               K0→V3
X011    ┌─────┬─────┬────┐
─┤├──────│FNC12│ K8  │ V3 │
        │MOVP │     │    │
        └─────┴─────┴────┘
               K8→V3
X012    ┌─────┬─────┬────┐
─┤├──────│FNC12│ K16 │ V3 │
        │MOVP │     │    │
        └─────┴─────┴────┘
               K16→V3
X013    ┌─────┬─────┬────┐
─┤├──────│FNC12│K2X0V3│K2Y0│
        │MOV  │     │    │
        └─────┴─────┴────┘
```

V3=0: X007~X000→Y007~Y000
V3=8: X017~X010→Y007~Y000
V3=16: X027~X020→Y007~Y000

图 5-1-14 输入输出继电器八进制软元件变址举例

1）用 MOV 指令输出 Y007～Y000，通过变址修改输入，使其变换成 X007～X000，X017～X010，X027～X020。

2）这种变换是将变址值 0、8、16 通过 X（0+0）=X0、X（0+8）=X10、X（0+16）=X20 的八进制的换算，然后加软元件的编号，使输入端子发生变化。

任务实施

一、元器件检查

清点任务所需的设备、工具及材料，并利用万用表检查元器件好坏。

二、建立 I/O 分配表

根据控制要求，分析任务并作出输入输出 I/O 分配表，见表 5-1-3。

表 5-1-3　输入输出 I/O 分配表

输入			输出		
输入元件	功能作用	输入继电器	输出元件	控制对象	输出继电器
SB1	控制按钮 1	X000	KA1	KM1	Y000
SB2	控制按钮 2	X001	KA2	KM2	Y001
SB3	控制按钮 3	X002	KA3	KM3	Y002
SB4	控制按钮 4	X003	KA4	KM4	Y003
SB5	停止按钮	X004	HL1	M1 指示灯	Y004
			HL2	M2 指示灯	Y005
			HL3	M3 指示灯	Y006
			HL4	M4 指示灯	Y007

三、电路连接

1. 安装元器件

在网孔板上摆放元器件，并用螺钉进行固定。

2. 电路连接

按照接线要求，完成主电路及 PLC 控制电路的连接，**注意：不能带电接线**。完成接线后进行通电前检查，保证符合工艺规范，电路连接正确。

四、程序编写与下载

为说明方便，后续任务采用梯形图方式进行编程。手动除尘与风干机组控制系统程序如图 5-1-15 所示。

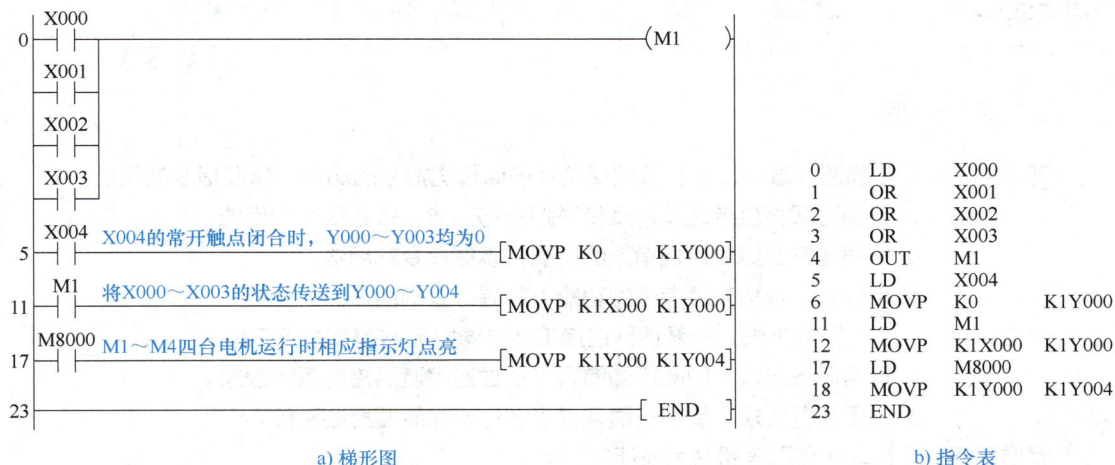

a) 梯形图　　　　　　　　　b) 指令表

图 5-1-15　手动除尘与风干机组控制系统程序

任务评价

对任务实施的完成情况进行检查，并将结果填入表 5-1-4 中。

表 5-1-4　任务测评表

序号	主要内容	考核要求	评分标准	配分	扣分	得分
1	控制电路的连接	根据任务要求，连接控制电路	1. 不能正确连接指示灯，扣10分 2. 不能正确连接按钮，扣10分 3. 不能正确连接 PLC，扣10分 4. 不能正确连接主电路，扣10分	40 分		
2	编写控制程序	根据任务要求，编写控制程序	1. 指示灯与对应的控制按钮不符合，每错一次扣10分，共20分，扣完为止 2. 编写程序不能达到控制要求，扣10分；调整一次程序仍不能达到要求，扣10分，共20分，扣完为止	40 分		
3	工艺符合标准	根据任务要求，布线美观	布线不美观、导线不整齐，扣10分	10 分		
4	安全文明生产	遵守操作规程，尊重考评员，讲文明懂礼貌，考试结束要清理现场	1. 考试中，违反安全文明生产考核要求，每项扣2分，扣完为止 2. 当教师发现操作者有重大事故隐患时，要立即予以制止，并每次扣安全文明生产分，共5分 3. 小组协作不和谐、效率低下，扣5分	10 分		
合计				100 分		

开始时间：		结束时间：	
学生姓名：	指导教师：		任务实施日期：

任务二　工业过滤除渣器控制系统电路的安装与调试

任务目标

知识目标：1. 正确理解数据传送、数据交换及多点传送指令的功能，掌握指令的用法。

2. 正确理解移位传送及取反传送指令的功能，掌握指令的用法。

3. 正确理解数据块传送指令的功能，掌握指令的用法。

4. 正确理解数据变换指令的功能，掌握指令的用法。

能力目标：1. 根据任务要求，能够正确连接工业过滤除渣器控制系统电路。

2. 根据任务要求，能够正确编写工业过滤除渣器控制系统程序。

3. 根据任务要求，能够正确调试工业过滤除渣器控制系统。

素质目标：1. 养成独立思考和动手操作的习惯。

2. 培养小组协调能力和互相学习的精神。

任务描述

工业生产中有一个过滤除渣器，对进入其中的物料进行除渣处理后再将其送入二次处理单元。本案例暂不考虑除渣器内部工作流程，只对除渣器进料与排废系统进行设计。按下起动按钮 SB1，进料阀 KV1 打开，延时 2s 后，渣料泵起动，除渣器开始运行，运行 10min 后，渣料泵停止，延时 2s 后，进料阀关闭，除渣器停止进料（内部过滤除渣仍持续），2min 后，排渣阀 KV2 和废水阀 KV3 同时打开排废，再过 2min，排渣阀 KV2 和废水阀 KV3 同时关闭，排废结束。若在此过程中没有按下停止按钮 SB2，则继续按上述流程循环运行。任意时刻，若按下了停止按钮 SB2，则系统须完成当前渣料处理后，停止运行并恢复初始状态。工业过滤除渣器控制系统如图 5-2-1 所示。

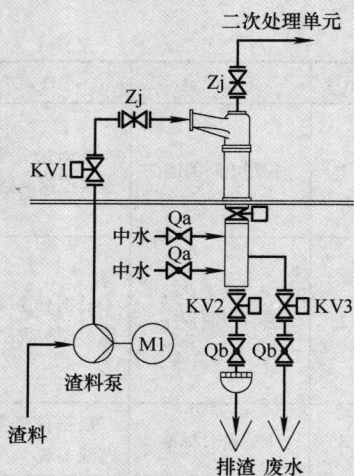

图 5-2-1　工业过滤除渣器控制系统

1）设计 PLC 控制电路，建立 I/O 分配表，选择合适的电气元器件完成工业过滤除渣器控制系统电路的连接。

2）根据工业过滤除渣器控制系统电路安装与调试的控制要求，编写 PLC 控制程序，使之符合工业过滤除渣器控制系统电路的控制要求。

3）调试工业过滤除渣器控制系统，使之达到正常运行的条件。

任务分析

本任务主要是利用数据传送、交换、移位等功能指令完成较为复杂的电路设计，掌握 PLC 的功能指令，为后续的学习奠定基础。

任务准备

一、数据传送指令

1. 数据传送指令的作用

数据传送指令的功能是将源操作数 [S.] 的内容传送到指定的目标操作数 [D.] 中，且源操作数 [S.] 的内容不变。数据传送指令的使用要素见表 5-2-1。

表 5-2-1　数据传送指令的使用要素

指令名称	助记符	指令代码位数	操作数		程序步
			[S.]	[D.]	
传送	MOV MOV（P）	FNC12（16/32）	K、H、KnX、KnY、KnM、KnS、T、C、D、V、Z	KnY、KnM、KnS、T、C、D、V、Z	MOV、MOVP… 5 步 DMOV、DMOVP… 9 步

2. MOV 与 MOVP 传送指令说明

1）MOV 指令的 32 位方式：DMOV　[S.] [D.]。

2）MOV 指令的脉冲方式：MOVP　[S.] [D.]。

3）指令执行完成后，若执行条件触点恢复断开，目标操作数 [D.] 中的数据保持，不会自动清零。

3. 数据传送指令应用示例（见图 5-2-2）

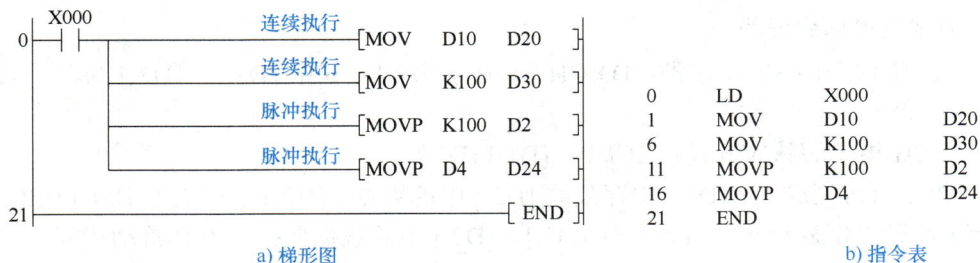

a) 梯形图　　　　　b) 指令表

图 5-2-2　传送指令应用示例

将程序下载到 PLC 中以后，进入监控状态，通过 GX Works2 编程软件菜单栏上的"监控 / 测试→改变当前值"，向寄存器 D10 中写入常数 K183，向寄存器 D4 中写入常数 K−255，如图 5-2-3 所示。

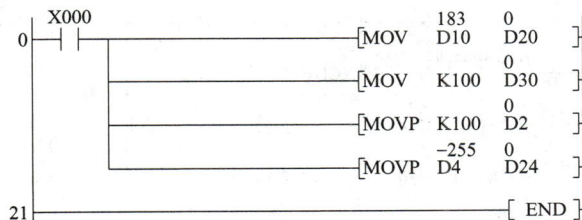

图 5-2-3　向寄存器中写入数据

当 X000 的常开触点闭合，即执行条件 X0=1 时，执行数据传送，如图 5-2-4a 所示，当 X000 的常开触点断开，即执行条件 X0=0 时，目标元件中的数据不清零，如图 5-2-4b 所示。

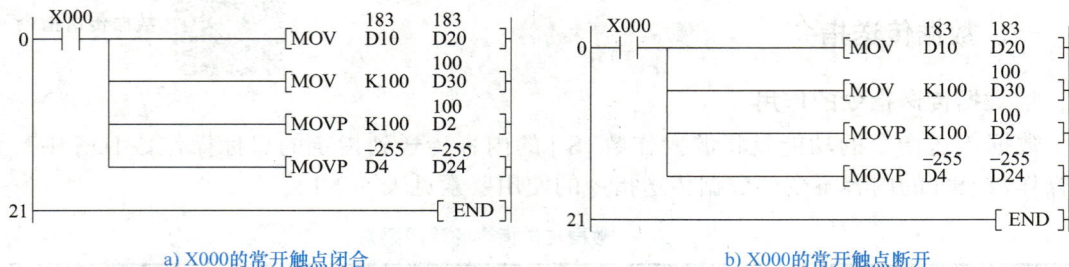

a) X000的常开触点闭合　　　　　　　　　b) X000的常开触点断开

图 5-2-4　控制程序运行效果监控

二、数据交换指令

1. 数据交换指令的作用

数据交换指令的功能是将两个指定目标操作数之间的数据进行交换，数据交换指令的使用要素见表 5-2-2。

表 5-2-2　数据交换指令的使用要素

指令名称	助记符	指令代码位数	操作数		程序步
			[D1.]	[D2.]	
数据交换	XCH XVH（P）	FNC17（16/32）	KnY、KnM、KnS、T、C、D、V、Z	KnY、KnM、KnS、T、C、D、V、Z	XCH、XCHP… 5 步 DXCH、DXCHP… 9 步

2. 数据交换指令说明

1）XCH 指令的 32 位方式：DXCH　[D1.] [D2.]，其中 [D1.]、[D2.] 为两个目标操作数。

2）XCH 指令的脉冲方式：XCHP　[D1.] [D2.]。

3）指令执行完成后，[D1.] 中存放原 [D2.] 中的数据，[D2.] 中存放原 [D1.] 中的数据，若执行条件触点恢复断开，目标元件 [D1.]、[D2.] 中的数据保持，不会自动清零。

3. 数据交换指令应用示例

如图 5-2-5 所示，当 X010 的常开触点闭合时，XCH 和 DXCH 指令在每个扫描周期都要执行一次，而经过两次交换后，两个目标寄存器中的数据将复原。而 XCHP 和 DXCHP 指令只有在驱动条件由 OFF → ON 时执行一次。

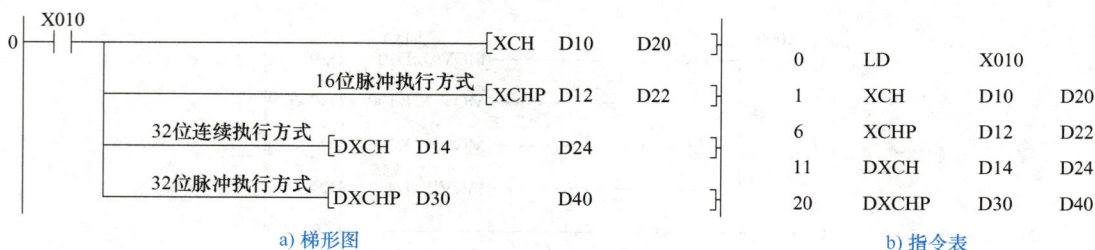

a) 梯形图　　　　　　　　　　　　　　　　b) 指令表

图 5-2-5　数据交换指令应用示例

三、多点传送指令

1. 多点传送指令的作用

多点传送指令的功能是将源操作数中的数据传送到指定目标开始的 n 个操作数中。这 n 个操作数中的数据完全相同。如果软元件编号超出允许软元件编号范围，数据仅送到允许范围的软元件中，多点传送指令的使用要素见表 5-2-3。

表 5-2-3 多点传送指令的使用要素

指令名称	助记符	指令代码位数	操作数			程序步
			[S.]	[D.]	n	
多点传送	FMOV FMOV（P）	FNC16 （16）	K、H、KnX、KnY、KnM、KnS、T、C、D、V、Z	KnY、KnM、KnS、T、C、D	K、H≤512	FMOV、FMOVP… 7 步 DFMOV、DFMOVP… 13 步

2. 多点传送指令说明

1）指令编号及助记符：多点传送指令 FNC16 FMOV [S.] [D.] n，其中，[S.] 为源操作数；[D.] 为目标操作数；n 为以 [D.] 为首的目标操作数的个数，n≤512。

2）指令中给出的 [D.] 是目标操作数的首地址，该指令常用于对某一段数据寄存器清零或置相同的初始值。

3）FMOV 指令的 32 位方式：DFMOV [S.] [D.] n。

4）FMOV 指令的脉冲方式：FMOVP [S.] [D.] n。

5）指令执行完成后，若执行条件触点恢复断开，目标操作数中的数据保持，不会自动清零。

3. 多点传送指令应用示例

如图 5-2-6 所示，当 X010 接通时，K3 指定目标操作数的个数为 3，则将 D0 中的数据传送到 D10 ~ D12 中去，传送后 D0 中的数据不变，而 D10 ~ D12 数据被 D0 数据取代。K4 指定目标操作数的个数为 4，则将 D2 中的数据传送到 D20 ~ D23 中去，传送后 D2 中的数据不变，而 D20 ~ D23 数据被 D2 数据取代。如果目标软元件编号超出允许范围，则只对符合规定的数据进行传送。

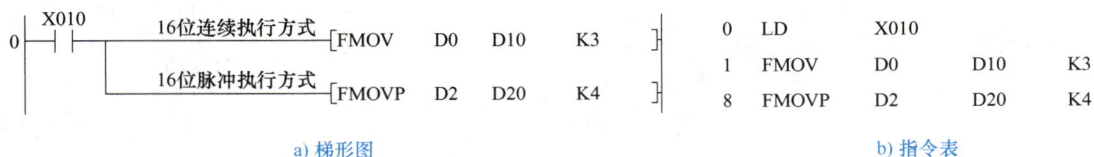

a) 梯形图　　　　　　　　b) 指令表

图 5-2-6 多点传送指令应用示例

四、移位传送指令

1. 移位传送指令的作用

移位传送指令的功能是将 [S.] 第 m1 位开始的 m2 个数据移位到 [D.] 的第 n 位开始的 m2 个位置去，ml、m2 和 n 取值均为 1 ~ 4。分开的 BCD 码重新分配组合，一般用于多

位 BCD 拨盘开关的数据输入，移位传送指令的使用要素见表 5-2-4。

表 5-2-4 移位传送指令的使用要素

指令名称	助记符	指令代码位数	操作数			程序步
			[S.]	[D.]	m1、m2、n	
移位传送	SMOV SMOV（P）	FNC13 16	K、H、KnX、KnY、KnM、KnS、T、C、D、V、Z	KnY、KnM、KnS、T、C、D、V、Z	K、H	SMOV，SMOVP 11 步

2. 移位传送指令说明

1）移位传送指令编号及助记符：FNC13　SMOV [S.] m1 m2 [D.] n，其中，[S.] 为源操作数；m1 为被传送的起始位；m2 为传送位数；[D.] 为目标操作数；n 为传送的目标起始位。

2）SMOV 指令的脉冲方式：SMOVP　[S.] m1 m2 [D.] n。

3）指令执行完成后，若执行条件触点恢复断开，目标操作数中的数据保持，不会自动清零。

3. 移位传送指令应用示例

如图 5-2-7 所示，m1 为 4，m2 为 2，n 为 3，当 X000 的常开触点闭合时，每扫描一次该梯形图，就执行 SMOV 移位传送操作，先将 D1 中的 16 位二进制数自动转换成 4 位 BCD 码，并将从 4 位 BCD 码右起第 4 位开始（m1 为 4），向右数 2 位（m2 为 2）（即 103，102）上的数据，传送到 D2 内 4 位 BCD 码的右起第 3 位（n 为 3）开始向右数 2 位（即 102，101）的位置上去，最后自动将 D2 中的 BCD 码转换成二进制数。移位传送指令执行过程如图 5-2-8 所示，上述传送过程中，D2 中的另两位（即 103，100）上的数据保持不变。

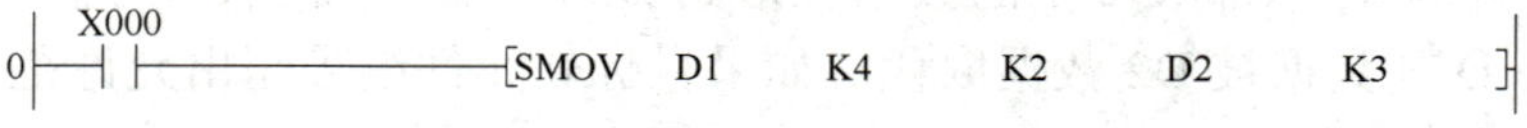

a) 梯形图

0	LD	X000				
1	SMOV	D1	K4	K2	D2	K3

b) 指令表

图 5-2-7 移位传送指令应用示例

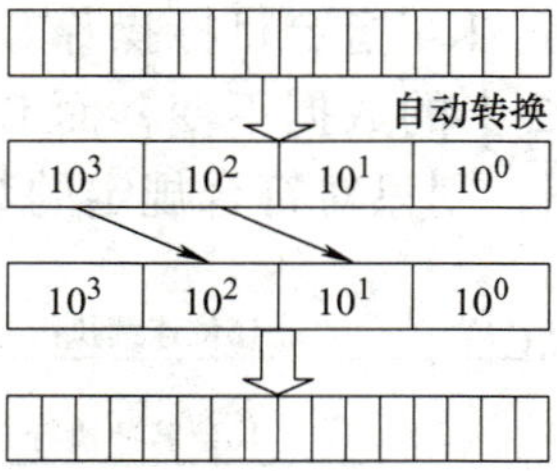

图 5-2-8 移位传送指令执行过程

五、取反传送指令

1. 取反传送指令的作用

取反传送指令的功能是将源操作数中的数据逐位取反（1→0，0→1）并传送到指定目标操作数中。若源操作数中数据为常数 K，该数据会自动转为二进制数，取反传送指令的使用要素见表 5-2-5。

表 5-2-5 取反传送指令的使用要素

指令名称	助记符	指令代码位数	操作数		程序步
			[S.]	[D.]	
取反传送	CML CML（P）	FNC14 （16/32）	K、H、KnX、 KnY、KnM、 KnS、T、C、 D、V、Z	KnY、KnM、 KnS、T、C、 D、V、Z	CML、CMLP…5 步 DCML、CMLP…9 步

2. 取反传送指令说明

1）取反传送指令编号及助记符：FNC14　CML[S.] [D.]，其中，[S.] 为源操作数；[D.] 为目标操作数。

2）CML 指令的 32 位方式：DCML　[S.] [D.]。

3）CML 指令的脉冲方式：CMLP　[S.] [D.]。

4）指令执行完成后，若执行条件触点恢复断开，目标操作数中的数据保持，不会自动清零。

3. 取反传送指令应用示例

如图 5-2-9 所示，当 X010 接通时，将执行取反传送指令。首先将 D10 中的各个位取反。然后根据 K1Y001 指定，将 D10 的低 4 位送到 Y004、Y003、Y002、Y001 四位目标操作数中去，因此 Y005 以上的输出继电器不会有任何变化。如果被取反的软元件是 K 或 H 型，则都将被变换成二进制数后，再取反传送。

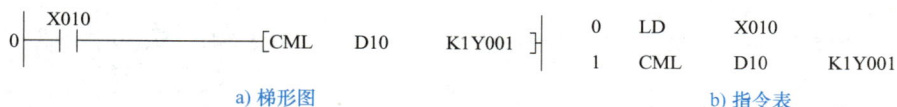

a) 梯形图　　　　　b) 指令表

图 5-2-9 取反传送指令应用示例

六、数据块传送指令

1. 数据块传送指令的作用

数据块传送指令的功能是将源操作数中由 n 个数据组成的数据块传送到指定的目标操作数中去。如果软元件编号超出允许软元件编号的范围，数据仅传送到允许范围内，数据块传送指令的使用要素见表 5-2-6。

表 5-2-6 数据块传送指令的使用要素

指令名称	助记符	指令代码位数	操作数		程序步
			[S.]	[D.]	
块传送	BMOV BMOV（P）	FNC15 （16）	KnX、KnY、 KnM、KnS、 T、C、D	KnY、KnM、 KnS、T、C、D	BMOV、BMOVP…7 步

2. 数据块传送指令说明

1）数据块传送指令编号及助记符：FNC15　BMOV [S.] [D.] n，其中，[S.] 为源操作

数；[D.] 为目标操作数；n 为数据块个数。

2）BMOV 指令的脉冲方式：BMOVP [S.] [D.] n。

3）指令执行完成后，若执行条件触点恢复断开，目标操作数中的数据保持，不会自动清零。

3. 数据块传送指令应用示例

如图 5-2-10 所示，K3 指定数据块个数为 3，则将 D5 ～ D7 中的数据传送到 D10 ～ D12 中去，如果 X000 断开，则不执行数据块传送指令，源操作数、目标操作数数据均不变。如果 X000 接通，则将执行数据块传送指令。传送后 D5 ～ D7 中的数据不变，而 D10 ～ D12 数据相应被 D5 ～ D7 数据取代。如果源元件和目标元件的类型不同，只要位数相同就可以正确传送；如果源元件与目标元件的类型相同，传送顺序自动决定，可从同元件编号开始，也可以从低元件编号开始。如果元件编号超出允许范围，则只对符合规定的数据进行传送，传送顺序是自动决定的，以防止源操作数的数据被这条指令传送的其他数据冲掉。如果用到需要指定位数的位元件，则源操作数和目标操作数的指定位数必须相同。利用 BMOV 指令可以读出文件寄存器（D1000 ～ D2999）中的数据。数据块传送指令执行过程如图 5-2-11 所示。

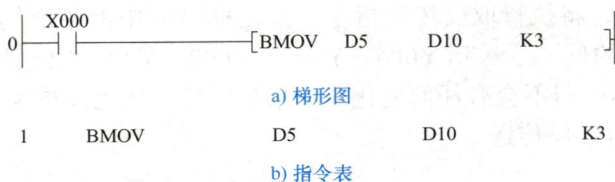

图 5-2-10　数据块传送指令应用示例

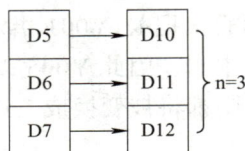

图 5-2-11　数据块传送指令执行过程

七、BCD 变换指令

1. BCD 变换指令的作用

BCD 变换指令的功能是将指定操作数的数据转换成 BCD 码并送到指定的目标操作数中去，再译成 7 段码，输出驱动 LED。BCD 变换指令的使用要素见表 5-2-7。

表 5-2-7　BCD 变换指令的使用要素

指令名称	助记符	指令代码位数	操作数		程序步
			[S.]	[D.]	
BCD 码变换	BCD BCD（P）	FNC18 16/32	KnX、KnY、KnM、KnS、T、C、D、V、Z	KnY、KnM、KnS、T、C、D、V、Z	BCD、BCDP… 5 步 DBCD、DBCDP… 9 步

2. BCD 变换指令说明

1）BCD 变换指令编号及助记符：FNC18 BCD[S.] [D.]，其中，[S.] 为源操作数；[D.] 为目标操作数。

2）BCD 指令的 32 位方式：DBCD [S.] [D.]。

3）BCD 指令的脉冲方式：BCDP [S.] [D.]。

4）BCD 指令的 32 位脉冲方式：DBCDP　[S.] [D.]。

3. BCD 变换指令应用示例

如图 5-2-12 所示，当 X010 接通时，将执行 BCD 码变换指令，即将 D10 中的二进制数转换成 BCD 码，然后将低 8 位内容送到 Y007 ～ Y000 中去，BCD 变换指令执行过程如图 5-2-13 所示。

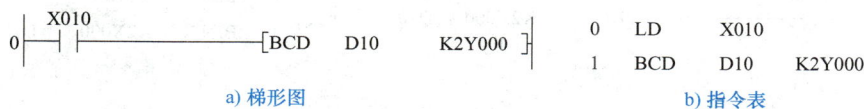

```
0 ─┤X010├──────────[BCD   D10   K2Y000]      0  LD    X010
                                             1  BCD   D10   K2Y000
```

a) 梯形图　　　　　　　　　　　　　　　b) 指令表

图 5-2-12　BCD 变换指令应用示例

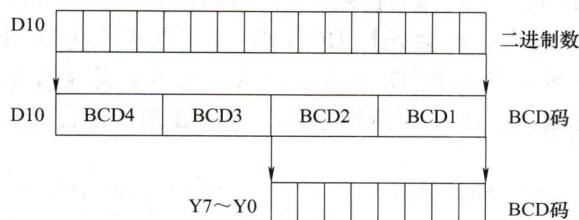

图 5-2-13　BCD 变换指令的执行过程

注意：如果超出了 BCD 码变换指令能够转换的最大数据范围就会出错，16 位操作时为 0 ～ 9999；32 位操作时为 0 ～ 99999999。

八、BIN 变换指令

1. BIN 变换指令的作用

BIN 变换指令的功能是将指定操作数中的 BCD 码转换成二进制数并送到指定的目标操作数中去。此指令作用正好与 BCD 变换指令相反，用于将软元件中的 BCD 码转换成二进制数。BIN 变换指令的使用要素见表 5-2-8。

表 5-2-8　BIN 变换指令的使用要素

指令名称	助记符	指令代码位数	操作数		程序步
			[S.]	[D.]	
BIN 变换	BIN BIN（P）	FNC19 16/32	KnX、KnY、KnM、KnS、T、C、D、V、Z	KnY、KnM、KnS、T、C、D、V、Z	BIN、BINP… 5 步 DBIN、DBINP… 9 步

2. BIN 变换指令说明

1）BIN 变换指令编号及助记符：FNC19　BIN[S.] [D.]，其中，[S.] 为源操作数；[D.] 为目标操作数。

2）BIN 指令的 32 位方式：DBIN　[S.] [D.]。

3）BIN 指令的脉冲方式：BINP　[S.] [D.]。

4）BIN 指令的 32 位脉冲方式：DBINP　[S.] [D.]。

3. BIN 变换指令应用示例

如图 5-2-14 所示，BIN 指令可将 BCD 拨盘的设定值通过 X007 ～ X000 输入到 PLC 中去。当 X010 接通时，将执行 BIN 变换指令，把从 X007 ～ X000 上输入的两位 BCD 码，变换成二进制数，传送到 D10 的低 8 位中。

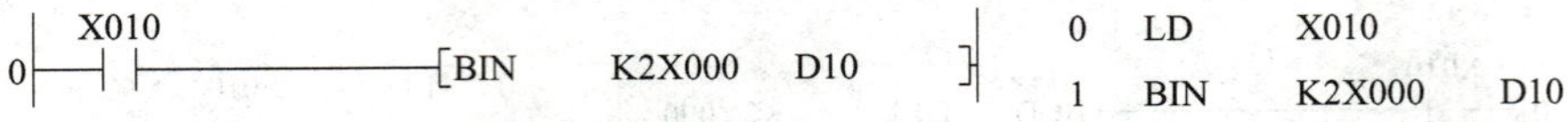

a) 梯形图   b) 指令表

图 5-2-14　BIN 变换指令应用示例

如果设输入的 BCD 码为 63，如直接输入，是二进制 01100011（十进制 99），就会出错。如用 BIN 变换指令输入，将会先把 BCD 码 63 转化成二进制 00111111，就不会出错了。**注意：[S.] 中数据如果不是 BCD 码就会出错，也不能是常数 K，因为在操作前，程序自动将其变换成二进制数。BIN 变换指令执行过程如图 5-2-15 所示。**

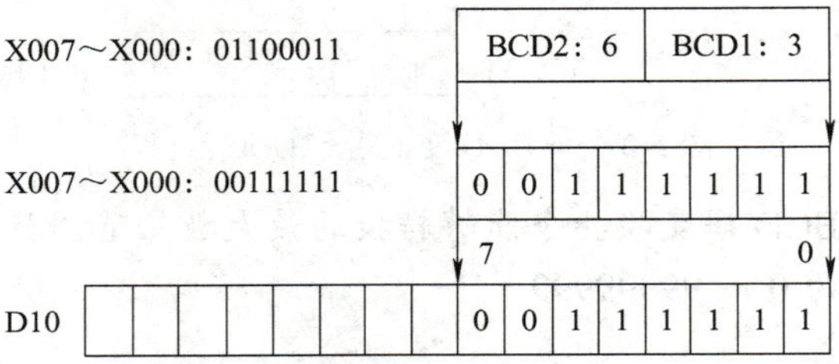

图 5-2-15　BIN 变换指令执行过程

任务实施

一、元器件检查

清点任务所需的设备、工具及材料，并利用万用表检查元器件好坏。

二、建立 I/O 分配表

根据控制要求，分析任务并做出输入输出 I/O 分配表，见表 5-2-9。

表 5-2-9　输入输出 I/O 分配表

输入			输出		
输入元件	功能作用	输入继电器	输出元件	控制对象	输出继电器
SB1	起动按钮	X000	KA1	KM1	Y000
SB2	停止按钮	X001	YV1	开关阀 1	Y001
			YV2	开关阀 2	Y002
			YV3	开关阀 3	Y003

三、设计电气控制原理图

图 5-2-16 所示为工业过滤除渣器控制系统电路图。

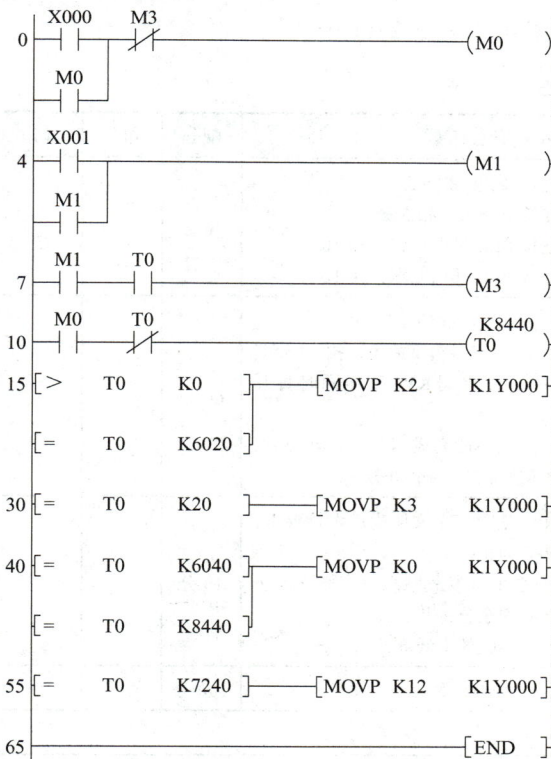

四、控制电路连接

1. 完成 PLC 输入及输出电路的连接

按照接线要求，根据图 5-2-16 所示的工业过滤除渣器控制系统电路图，完成按钮 SB1 ～ SB2 与 PLC 模块的连接。完成水阀 KV1 ～ KV3、渣料泵与 PLC 模块的连接。

图 5-2-16　工业过滤除渣器控制系统电路图

2. 电路检测及工艺整理

电路安装结束后，一定要进行通电前检查，保证电路连接正确，确保一个接线孔上没有超过两个接头等不符合工艺要求的现象。另外，还要进行通电前的检测，确保电路中没有短路现象，否则通电后可能损坏设备。在检查电路连接正确、无短路故障后，进行控制电路的工艺整理。

五、程序编写与下载

根据工业过滤除渣器控制系统的控制要求编写程序，如图 5-2-17 所示。

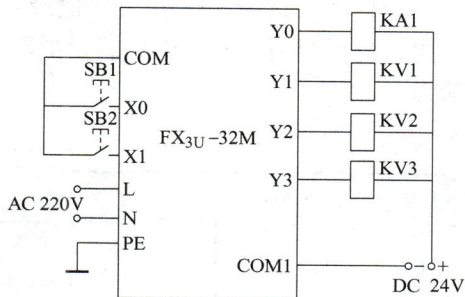

a) 梯形图

0	LD	X000	12	OUT	T0	K8440
1	OR	M0	15	LD>	T0	K0
2	ANI	M3	20	OR=	T0	K6020
3	OUT	M0	25	MOVP	K2	K1Y000
4	LD	X001	30	LD=	T0	K20
5	OR	M1	35	MOVP	K3	K1Y000
6	OUT	M1	40	LD=	T0	K6040
7	LD	M1	45	OR=	T0	K8440
8	AND	T0	50	MOVP	K0	K1Y000
9	OUT	M3	55	LD=	T0	K7240
10	LD	M0	60	MOVP	K12	K1Y000
11	ANI	T0	65	END		

b) 指令表

图 5-2-17　工业过滤除渣器控制程序

六、运行调试

观察系统运行情况并做好记录，将结果填入表 5-2-10 中。如出现故障，应立即切断电源，分析原因，检查电路或梯形图，排除故障后，重新进行调试，直到系统功能调试成功为止。

表 5-2-10　设备调试记录表

步骤	调试流程	正确现象	观察结果及解决措施
1	按下 SB1	1. 进料阀 KV1 打开，延时 2s 后，渣料泵启动，除渣器开始运行 2. 运行 10min 后，渣料泵停止	
2	渣料泵停止 2s 后	1. 进料阀关闭，除渣器停止进料 2. 2min 后，排渣阀 KV2 和废水阀 KV3 同时打开排废，又过 2min，排渣阀 KV2 和废水阀 KV3 同时关闭，排废结束	
3	SB2	1. 没有按下停止按钮 SB2，则继续按上述流程循环运行 2. 任意时刻，若按下了停止按钮 SB2，系统须完成当前渣料处理后，停止运行并恢复初始状态	

任务评价

对任务实施的完成情况进行检查，并将结果填入表 5-2-11 中。

表 5-2-11　任务测评表

序号	主要内容	考核要求	评分标准	配分	扣分	得分
1	控制电路的连接	根据任务要求，连接控制电路	1. 不能正确连接按钮，扣 5 分 2. 不能正确连接电磁阀，扣 5 分 3. 不能正确连接 PLC 供电回路，扣 10 分 4. 不能正确连接 PLC 通信电缆，扣 10 分	30 分		
2	编写控制程序	根据任务要求，编写控制程序	1. 按下 SB1，渣料泵不起动，扣 10 分 2. 渣料泵停止 2s 后进料阀不关闭，扣 10 分 3. 排渣阀 KV2 和废水阀 KV3 不能同时打开（关闭）排废，扣 20 分 4. 按下 SB2，系统不能完成当前渣料处理后，停止运行并恢复初始状态，扣 20 分	60 分		
3	安全文明生产	遵守操作规程，尊重考评员，讲文明懂礼貌，考试结束要清理现场	1. 实训过程中，违反安全文明生产考核要求，每项扣 2 分，扣完为止 2. 当教师发现学生有事故隐患时，要立即予以制止，并每次扣安全分，共 5 分 3. 小组协作不和谐、效率低下，扣 5 分	10 分		
合计				100 分		

开始时间：　　　　　　结束时间：

学生姓名：　　　　指导教师：　　　　任务实施日期：

任务三 "走马灯"式喷雾系统控制电路的安装与调试

任务目标

知识目标：1. 正确理解位组合元件移位指令的功能含义，掌握指令的用法。

2. 正确理解字元件移位指令的功能含义，掌握指令的用法。

3. 正确理解循环移位指令的功能含义，掌握指令的用法。

4. 正确理解带进位循环移位指令的功能含义，掌握指令的用法。

5. 正确理解写入、读出指令的功能含义，掌握指令的用法。

能力目标：1. 根据任务要求，能够正确连接"走马灯"式喷雾系统控制电路。

2. 根据任务要求，能够正确编写"走马灯"式喷雾系统控制程序。

3. 根据任务要求，能够正确调试"走马灯"式喷雾系统控制电路。

素质目标：1. 养成独立思考和动手操作的习惯。

2. 培养小组协调能力和互相学习的精神。

任务描述

为防止链板输送机上输送的原料发生扬尘污染，在链板输送机上方安装一套喷雾系统，由 8 个开关阀 KV1 ～ KV8 分别控制 8 个伞形喷雾头进行喷雾作业。"走马灯"式喷雾系统如图 5-3-1 所示。该喷雾系统为按钮 SB1 单键起停控制，即按下起动按钮 SB1，喷雾系统起动，再按下 SB1，喷雾系统停止运行。系统起动后，8 组喷雾头按照"走马灯"方式开始喷雾作业，即按 1# → 2# →……→ 8# 的顺序，每隔 10s 起动一个，全部起动 10s 后，再从 8# 喷淋头开始，每隔 10s 停止 1 个，按照上述规律循环运行。任意时刻，再次按下 SB1 按钮，8 组喷雾头全部停止，系统恢复初始状态。请设计 PLC 接线图，编写控制程序，并在网孔板上安装、调试电路。

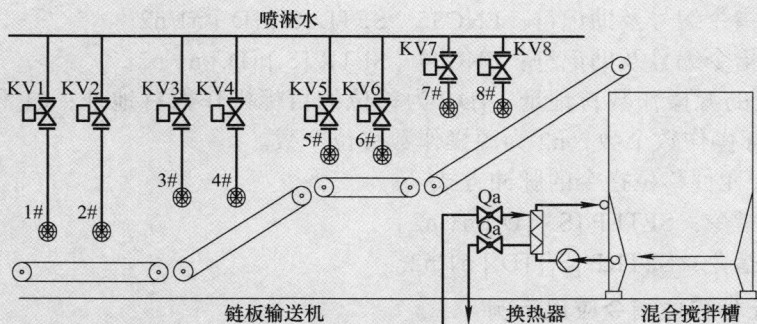

图 5-3-1 "走马灯"式喷雾系统

任务分析

"走马灯"式喷雾系统控制电路主要利用位组合元件移位指令，循环移位指令，写入、读出指令等功能指令。通过对"走马灯"式喷雾系统控制电路进行编程，正确理解并掌握功能指令的用法。

任务准备

一、位组合元件移位指令

位组合元件
移位指令

1. 位组合元件移位指令的作用

位组合元件移位指令可分为位左移指令（SFTL）和位右移指令（SFTR）两种。位组合元件移位指令的使用要素见表 5-3-1。

表 5-3-1　位组合元件移位指令的使用要素

指令名称	助记符	指令代码位数	操作数				程序步
			[S.]	[D.]	n1	n2	
位左移	SFTL SFTL（P）	FNC35（16）	X、Y、M、S	Y、M、S	K、H		SFTL、SFTLP…9 步
位右移	SFTR SFT（P）	FNC34（16）					SFTR、SFTRP…9 步

位左移指令（SFTL）是指将源操作数的高位从目标操作数的低位移入，目标操作数向左移 n2 位，源操作数中的数据保持不变。位左移指令执行后，n2 个源操作数中的数据被传送到了目标操作数的低 n2 位中，目标操作数中的高 n2 位数据从其高位溢出。

位右移指令（SFTR）是指将源操作数的低位从目标操作数的高位移入，目标操作数向右移 n2 位，源操作数中的数据保持不变。位右移指令执行后，n2 个源操作数中的数据被传送到了目标操作数的高 n2 位中，目标操作数中的低 n2 位数从其低位溢出。

2. 位组合元件移位指令说明

（1）指令格式

1）位左移指令编号及助记符：FNC35　SFTL [S.] [D.] n1 n2。

2）位右移指令编号及助记符：FNC34　SFTR [S.] [D.] n1 n2。

[S.] 为移位的源操作数首地址；[D.] 为移位的目标操作数首地址；n1 和 n2 为常数 K 和 H，n1 为目标操作数个数，n2 为源操作数移位个数。

（2）位组合元件移位指令的脉冲方式

1）位左移指令：SFTLP [S.] [D.] n1 n2。

2）位右移指令：SFTRP [S.] [D.] n1 n2。

3. 位组合元件移位指令应用示例

【例 1】　位左移指令（SFTL）应用示例。

如图 5-3-2 所示，当 X010 由 OFF→ON 时，[D.] 内（M0～M15）16 位数据连同 [S.] 内（X003～X000）4 位数据向左移 4 位，（X003～X000）4 位数据从 [D.] 低位移入，（M15～M12）4 位数据从 [D.] 高位溢出；当 X10 再次从 OFF→ON 时，（X003～X000）4 位数据再次从 [D.] 低位移入，（M15～M12）4 位数据从 [D.] 高位溢出，执行过程如图 5-3-2c 所示。

```
0    X010
     ├┤├─────────────[SFTLP   X000      M0       K16      K4      ]┤
```
a) 梯形图

```
0    LD          X010
1    SFTLP       X000          M0          K16          K4
```
b) 指令表

位左移指令移位过程:
(1) M15～M12→溢出
(2) M11～M8→M15～M12
(3) M7～M4→M11～M8
(4) M3～M0→M7～M4
(5) X003～X000→M3～M0

c) 执行过程

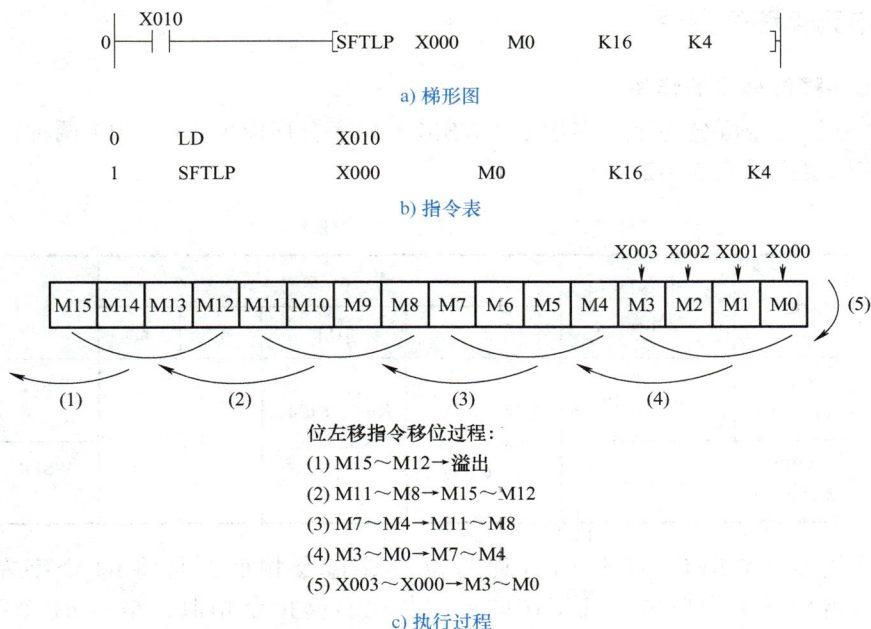

图 5-3-2　位左移指令（SFTL）应用示例

【例 2】　位右移指令（SFTR）应用示例。

如图 5-3-3 所示，当 X010 由 OFF→ON 时，[D.] 内（M0～M15）16 位数据连同 [S.] 内（X000～X003）4 位数据向右移 4 位，（X000～X003）4 位数据从 [D.] 高位移入，（M0～M3）4 位数据从 [D.] 低位溢出；当 X010 再次从 OFF→ON 时，（X000～X003）4 位数据再次从 [D.] 高位移入，（M0～M3）4 位数据从 [D.] 低位溢出，执行过程示意如图 5-3-3c 所示。

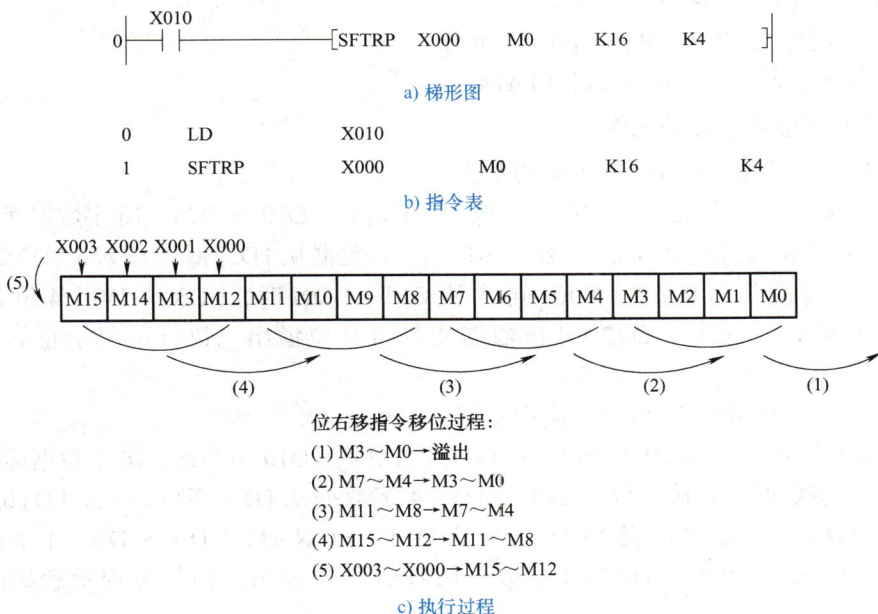

```
0    X010
     ├┤├─────────────[SFTRP   X000      M0       K16      K4      ]┤
```
a) 梯形图

```
0    LD          X010
1    SFTRP       X000          M0          K16          K4
```
b) 指令表

位右移指令移位过程:
(1) M3～M0→溢出
(2) M7～M4→M3～M0
(3) M11～M8→M7～M4
(4) M15～M12→M11～M8
(5) X003～X000→M15～M12

c) 执行过程

图 5-3-3　位右移指令（SFTR）应用示例

二、字元件移位指令

1. 字元件移位指令的作用

字元件移位指令可分为字左移指令（WSFL）和字右移指令（WSFR）两种。字元件移位指令的使用要素见表 5-3-2。

表 5-3-2 字元件移位指令的使用要素

指令名称	助记符	指令代码位数	操作数				程序步
			[S.]	[D.]	n1	n2	
字左移	WSFL WSFL（P）	FNC37（16）	KnX、KnY、KnM、KnS、T、C、D	KnY、KnM、KnS、T、C、D	K、H		WSFL、WSFLP… 9 步
字右移	WSFR WSFR（P）	FNC36（16）					WSFR、WSFRP… 9 步

字左移指令（WSFL）工作的过程与位左移指令相似，是将 n1 个字左移 n2 个字。字右移指令以字为单位，其工作的过程与位右移指令相似，是将 n1 个字右移 n2 个字。

2. 字元件移位指令说明

（1）指令格式

1）字元件左移指令编号及助记符：FNC37 WSFL [S.] [D.] n1 n2。

2）字元件右移指令编号及助记符：FNC36 WSFR [S.] [D.] n1 n2。

[S.] 为移位的源操作数首地址；[D.] 为移位的目标操作数首地址；n1、n2 可取 K、H，n1 为目标操作数个数，n2 为源操作数移位个数。

（2）字元件移位指令的脉冲方式

1）字左移指令：WSFLP [S.] [D.] n1 n2。

2）字右移指令：WSFRP [S.] [D.] n1 n2。

3. 字元件移位指令应用示例

【例 1】 字左移指令（WSFL）应用示例。

如图 5-3-4 所示，当 X001 由 OFF → ON 时，[D.] 内（D10 ～ D25）16 字数据连同 [S.] 内（D3 ～ D0）4 字数据向左移 4 位，（D3 ～ D0）4 字数据从 [D.] 低位移入，（D25 ～ D22）4 位数据从 [D.] 高位溢出；当 X001 再次从 OFF → ON 时，（D3 ～ D0）4 位数据再次从 [D.] 低位移入，（D25 ～ D22）4 位数据从 [D.] 高位溢出，执行过程示意如图 5-3-4c 所示。

【例 2】 字右移指令（WSFR）应用示例。

如图 5-3-5 所示，当 X010 由 OFF → ON 时，[D.] 内（D10 ～ D25）16 字数据连同 [S.] 内（D0 ～ D3）4 字数据向右移 4 位，（D0 ～ D3）4 字数据从 [D.] 高位移入，（D10 ～ D25）4 字数据从 [D.] 低位溢出；当 X010 再次从 OFF → ON 时，（D0 ～ D3）4 字数据再次从 [D.] 高位移入，（D10 ～ D25）4 字数据从 [D.] 低位溢出，执行过程示意如图 5-3-5c 所示。

```
0   ├─┤ X001 ────────────────[WSFLP   D0      D10     K16     K4    ]─┤
```
a) 梯形图

```
0    LD          X001
1    WSFLP       D0          D10         K16         K4
```
b) 指令表

D3	D2	D1	D0

| D25 | D24 | D23 | D22 | D21 | D20 | D19 | D18 | D17 | D16 | D15 | D14 | D13 | D12 | D11 | D10 | (5) |

(1)　　　　　(2)　　　　　(3)　　　　　(4)

字左移指令移位过程：
(1) D25~D22→溢出
(2) D21~D28→D25~D22
(3) D17~D14→D21~D18
(4) D13~D10→D17~D14
(5) D3~D0→D13~D10

c) 执行过程

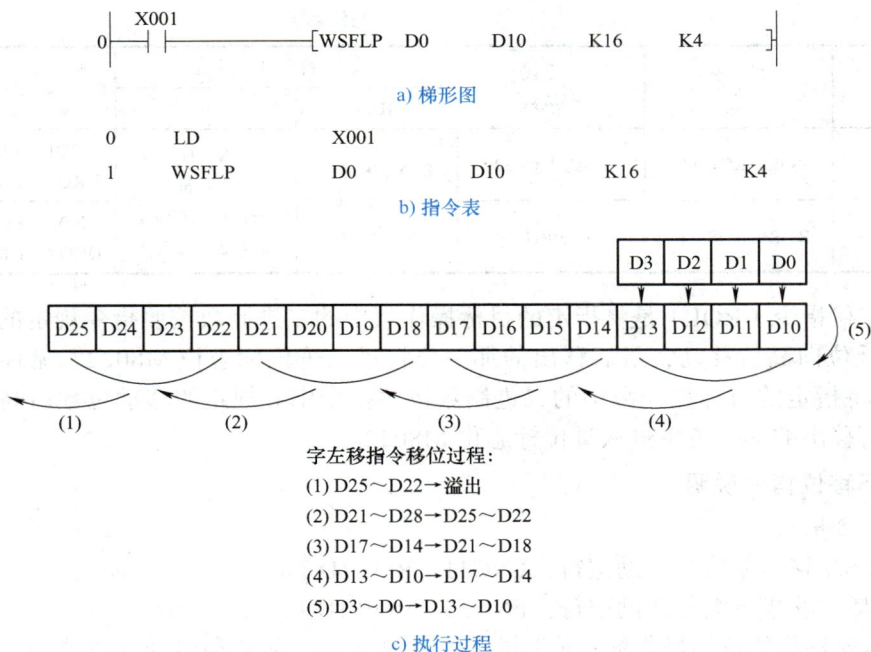

图 5-3-4　字左移指令（WSFL）应用示例

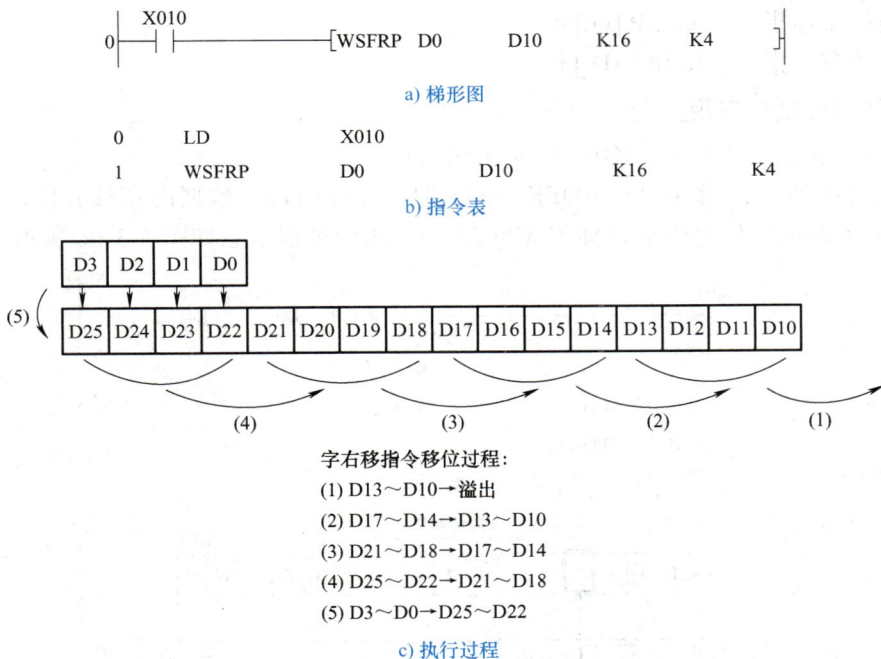

```
0   ├─┤ X010 ────────────────[WSFRP   D0      D10     K16     K4    ]─┤
```
a) 梯形图

```
0    LD          X010
1    WSFRP       D0          D10         K16         K4
```
b) 指令表

D3	D2	D1	D0

(5)
| D25 | D24 | D23 | D22 | D21 | D20 | D19 | D18 | D17 | D16 | D15 | D14 | D13 | D12 | D11 | D10 |

(4)　　　　　(3)　　　　　(2)　　　　　(1)

字右移指令移位过程：
(1) D13~D10→溢出
(2) D17~D14→D13~D10
(3) D21~D18→D17~D14
(4) D25~D22→D21~D18
(5) D3~D0→D25~D22

c) 执行过程

图 5-3-5　字右移指令（WSFR）应用示例

三、循环移位指令

1. 循环移位指令的作用

循环移位指令可分为循环左移指令（ROL）和循环右移指令（ROR）两种。循环移位指令的使用要素见表 5-3-3。

表 5-3-3　循环移位指令的使用要素

指令名称	助记符	指令代码位数	操作数		程序步
			[D.]	n	
循环左移	ROL，ROL（P）	FNC31 16/32	KnY、KnM、KnS、T、C、D、V、Z	K、H 移位量 n≤16（16 位） n≤32（32 位）	ROL、ROLP…5 步 DROL、DROLP… 9 步
循环右移	ROR，ROR（P）	FNC30 16/32			ROR、RORP…5 步 DROR、DRORP… 9 步

循环左移指令（ROL）是将指定的目标操作数中的二进制数按照指令规定的每次移动的位数由低位向高位移动，最后移出的那一位将进入进位标志位 M8022。循环右移指令（ROR）是将指定的目标操作数中的二进制数按照指令中 n 规定的移动位数由高位向低位移动，最后移出的那一位将进入进位标志位 M8022。

2. 循环移位指令说明

（1）指令格式

1）循环左移指令编号及助记符：FNC31　ROL [D.] n。

2）循环右移指令编号及助记符：FNC30　ROR [D.] n。

[D.] 为要移位的目标操作数；n 为每次移动的位数，为 K 和 H 指定的常数。

（2）循环移位指令的脉冲方式

1）循环左移指令：ROLP [D.] n。

2）循环右移指令：RORP [D.] n。

3. 循环移位指令应用示例

【例1】 循环左移指令（ROL）应用示例。

如图 5-3-6 所示，当 X000 由 OFF → ON 时，[D.] 内各位数据向左移 n 位，最后一次从最低位移出的那一位存于进位标志 M8022 中，执行过程示意如图 5-3-6c 所示。

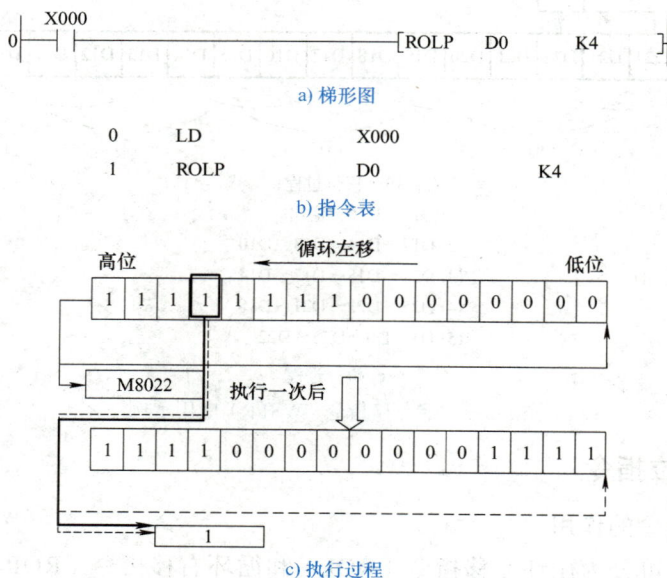

a) 梯形图

```
0    LD        X000
1    ROLP      D0              K4
```

b) 指令表

c) 执行过程

图 5-3-6　循环左移指令（ROL）应用示例

【例2】 循环右移指令（ROR）应用示例。

如图 5-3-7 所示，当 X000 由 OFF → ON 时，[D.] 内各位数据向右移 n 位，最后一次从最低位移出的那一位存于进位标志 M8022 中，执行过程示意如图 5-3-7c 所示。

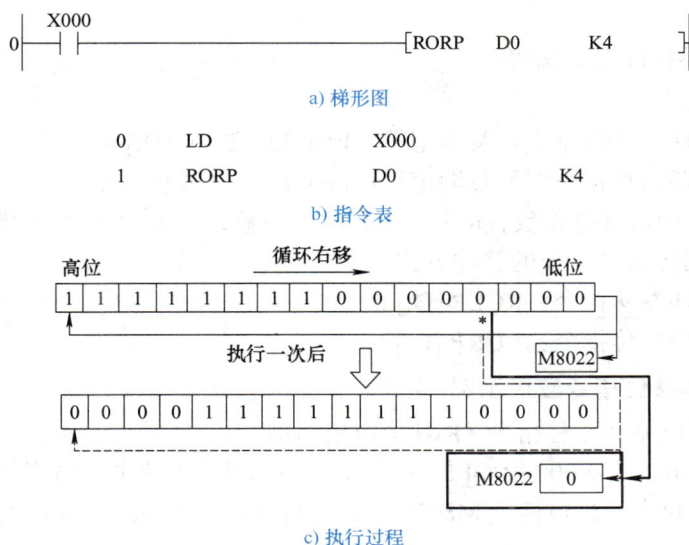

a) 梯形图

```
0    LD        X000
1    RORP      D0           K4
```

b) 指令表

c) 执行过程

图 5-3-7　循环右移指令（ROR）应用示例

4. 指令应用过程中的注意事项

1）循环移位指令用于连续执行时，循环移位操作每个周期执行一次。

2）循环移位指令在指定位软元件的场合下，只有 K4（16 位指令）或 K8（32 位指令）有效。

3）16 位 ROR 和 ROL 指令的执行情况也适用于 32 位 DROR、DROL 指令。

四、带进位循环移位指令

1. 带进位循环移位指令的作用

带进位循环移位指令可分为带进位循环左移指令（RCL）和带进位循环右移指令（RCR）两种。带进位循环移位指令的使用要素见表 5-3-4。

表 5-3-4　带进位循环移位指令的使用要素

指令名称	助记符	指令代码位数	操作数		程序步
			[D.]	n	
带进位循环左移	RCL RCL（P）	FNC33 16/32	KnY、KnM、KnS、T、C、D、V、Z	K、H 移位量 n≤16（16 位） n≤32（32 位）	RCL、RCLP…5 步 DRCL、DRCLP…9 步
带进位循环右移	RCR RCR（P）	FNC32 16/32			RCR、RCRP…5 步 DRCR、DRCRP…9 步

RCL 指令是将指定的目标操作数中的二进制数按照指令规定的每次移动的位数由低位向高位移动，最高位移动到进位标志位 M8022。M8022 中的数据则移动到最低位。

RCR 指令功能是将指定的目标操作数中的二进制数按照指令规定的每次移动的位数

由高位向低位移动，最低位移动到进位标志位 M8022。M8022 中的数据则移动到最高位。

RCL、RCR 指令的工作过程基本上与 ROL 和 ROR 相同，只是在执行 RCL、RCR 指令时，标志位 M8022 不再表示向左或向右移出的最后一位的状态，而是作为循环移位单元中的一位处理。

2. 带进位循环移位指令说明

（1）指令格式

1）带进位循环左移指令编号及助记符：FNC33　RCL [D.] n。

2）带进位循环右移指令编号及助记符：FNC32　RCR [D.] n。

[D.] 为要移位的目标操作数；n 为每次移动的位数，为 K 和 H 指定的常数。

（2）带进位循环移位指令的脉冲方式

1）带进位循环左移指令：RCLP [D.] n。

2）带进位循环右移指令：RCRP [D.] n。

3. 带进位循环移位指令应用示例

【例 1】　带进位循环左移指令（RCL）应用示例。

如图 5-3-8 所示，当 X000 由 OFF → ON 时，[D.] 内各位数据向左移 n 位，最后一次从最低位移出的那一位存于进位标志 M8022 中，执行过程示意如图 5-3-8c 所示。

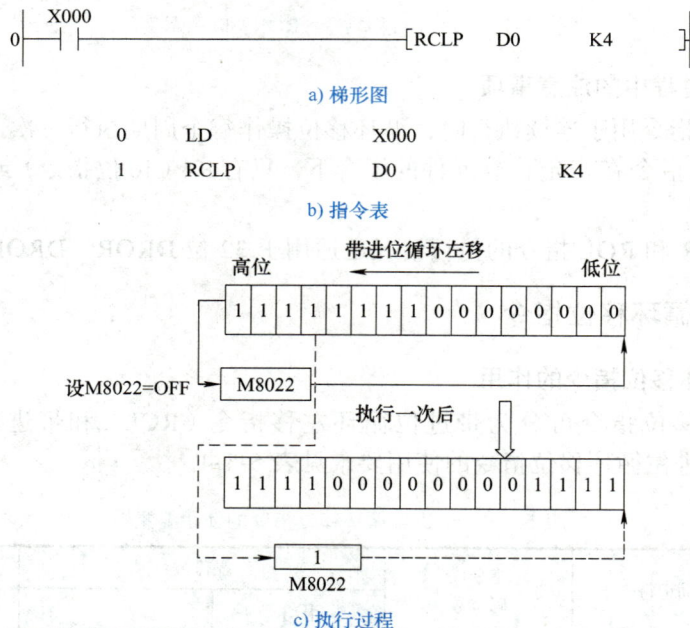

图 5-3-8　带进位循环左移指令（RCL）应用示例

4. 指令应用过程中的注意事项

1）带进位循环移位指令用于连续执行时，循环移位操作每个周期执行一次。

2）带进位循环移位指令在指定位软元件的场合下，只有 K4（16 位指令）或 K8（32 位指令）有效。

3）16 位 RCR 和 RCL 指令的执行情况也适用于 32 位 DRCR、DRCL 指令。

五、写入、读出指令

1. 写入、读出指令的作用

SFWR 是先进先出控制的数据写入指令，SFRD 是先进先出控制的数据读出指令。写入、读出指令的使用要素见表 5-3-5。

表 5-3-5　写入、读出指令的使用要素

指令名称	助记符	指令代码位数	操作数			程序步
			[S.]	[D.]	n	
先进先出写入	SFWR SFWR（P）	FNC38 16	K、H、KnX、KnY、KnM、KnS、T、C、D、V、Z	KnY、KnM、KnS、T、C、D	K、H 2 ≤ n ≤ 512	SFWR、SFWRP… 7 步
先进先出读出	SFRD SFRD（P）	FNC39 （16）	KnY、KnM、KnS、T、C、D、	KnY、KnM、KnS、T、C、D、V、Z	K、H 2 ≤ n ≤ 512	SFRD、SFRDP… 7 步

2. 写入、读出指令说明

（1）指令格式

1）写入指令编号及助记符：FNC38　SFWR [S.] [D.] n。

2）读出指令编号及助记符：FNC39　SFRD [S.] [D.] n。

（2）写入、读出指令的脉冲方式

1）写入指令：SFWRP [S.] [D.] n。

2）读出指令：SFRDP [S.] [D.] n。

3. 写入、读出指令应用示例

【例 1】　写入指令（SFWR）应用示例。

如图 5-3-9 所示，当 X000 由 OFF → ON 时，将 D0 的数据存储在 D2 内，指针 D 为 2。若改变了 D0 的数据，当 X000 再由 OFF → ON 时，又将 D0 的数据存储在 D3 中，指针 D 又加 1，变为 3。

数据从最右边的寄存器开始顺次存入，源操作数写入的次数（指针）存入 D1。当 D1 的数据达到"n–1"时，上述处理不再执行，进位标志 M8022 置 1。

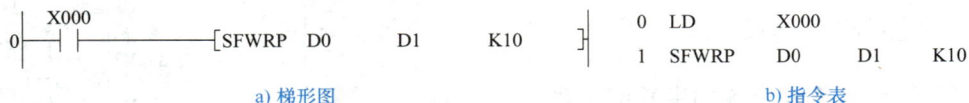

a) 梯形图　　　　　　　　　　　　　　　　　b) 指令表

图 5-3-9　写入指令（SFWR）应用示例

【例 2】　读出指令（SFRD）应用示例。

如图 5-3-10 所示，当 X001 由 OFF → ON 时，将 D1 的数据传送到 D20 内，与此同时，指针 D0 的值减 1，D2 ～ D9 的数据向右移。当 X001 再由 OFF → ON 时，即原 D2 中的数据传送到 D20 内，D1 的值再减 1。依此类推，数据总是从 D1 读出。当指针的值为 0 时，则上述操作不再执行，零标志 M8020 动作。

| a) 梯形图 | b) 指令表 |

图 5-3-10 读出指令（SFRD）应用示例

任务实施

一、元器件检查

清点任务所需的设备、工具及材料，并利用万用表检查元器件好坏。

二、建立 I/O 分配表

根据控制要求，分析任务并做出输入输出 I/O 分配表，见表 5-3-6。

表 5-3-6　输入输出 I/O 分配表

输入			输出		
输入元件	功能作用	输入继电器	输出元件	控制对象	输出继电器
SB1	起动按钮	X000	KV1	开关阀 1	Y000
SB2	停止按钮	X001	KV2	开关阀 2	Y001
			KV3	开关阀 3	Y002
			KV4	开关阀 4	Y003
			KV5	开关阀 5	Y004
			KV6	开关阀 6	Y005
			KV7	开关阀 7	Y006
			KV8	开关阀 8	Y007

三、设计电气控制原理图

图 5-3-11 所示为"走马灯"式喷雾系统控制电路图。

四、控制电路连接

1. 完成 PLC 输入及输出电路的连接

按照接线要求，根据图 5-3-11 所示的"走马灯"式喷雾系统控制电路图，完成按钮、开关阀与 PLC 模块的连接。

2. 电路检测及工艺整理

电路安装结束后，一定要进行通电前检查，保证电路连接正确，确保一个接线孔上没有超

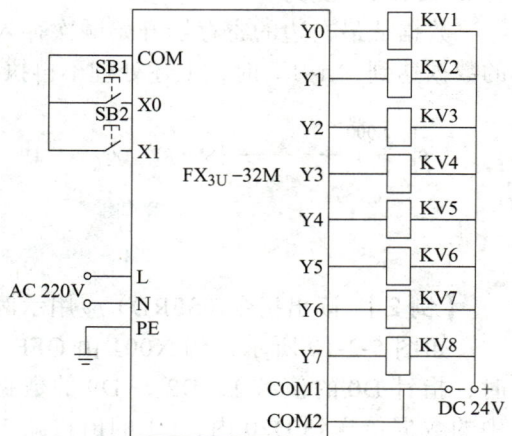

图 5-3-11 "走马灯"式喷雾系统控制电路图

过两个接头等不符合工艺要求的现象。另外，还要进行通电前的检测，确保电路中没有短路现象，否则通电后可能损坏设备。在检查电路连接正确、无短路故障后，进行控制电路的工艺整理。

五、程序编写与下载

"走马灯"式喷雾系统控制程序如图 5-3-12 所示。

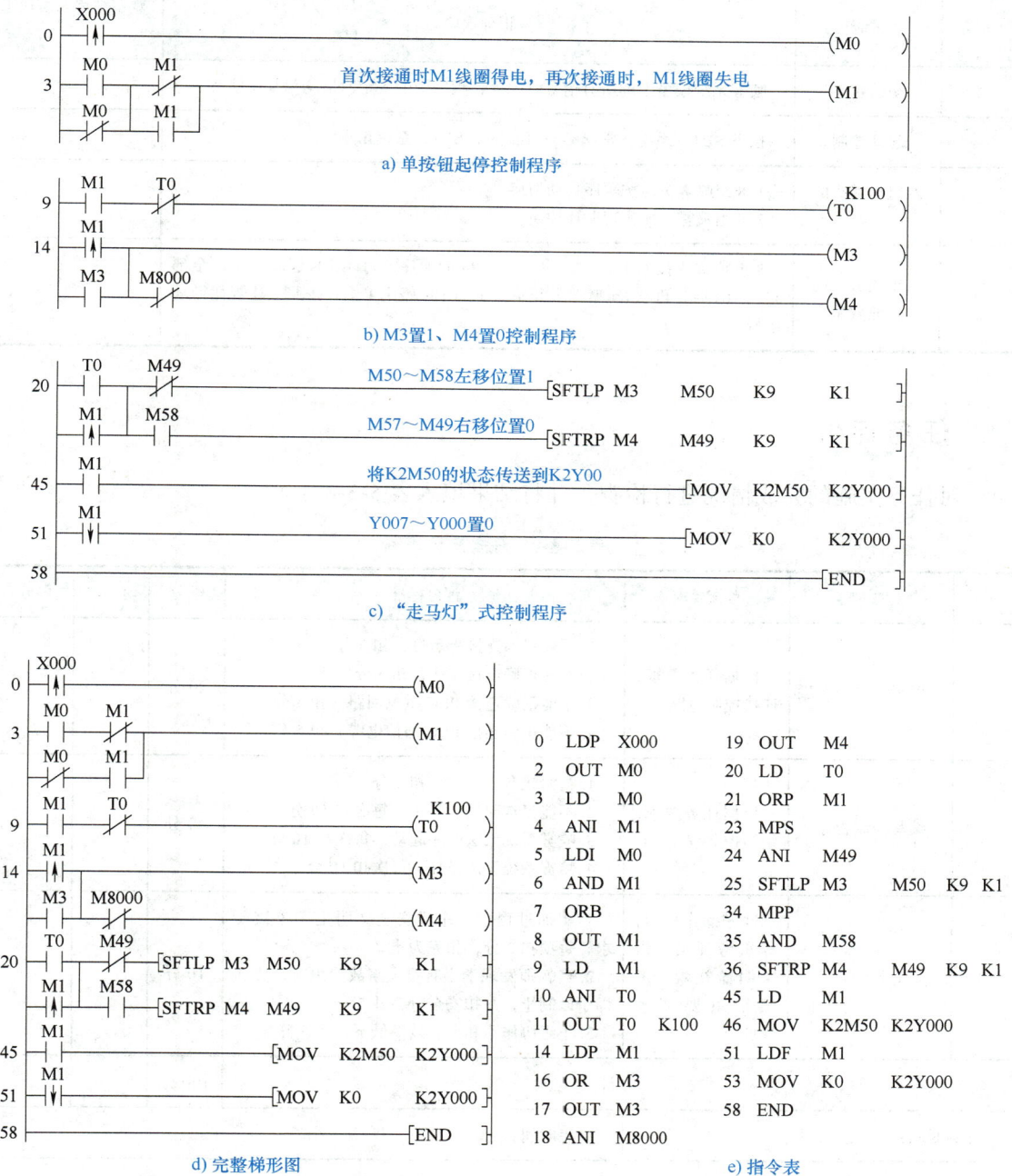

a) 单按钮起停控制程序

首次接通时M1线圈得电，再次接通时，M1线圈失电

b) M3置1、M4置0控制程序

M50～M58左移置位1
M57～M49右移置位0
将K2M50的状态传送到K2Y00
Y007～Y000置0

c) "走马灯"式控制程序

d) 完整梯形图

e) 指令表

0	LDP	X000		19	OUT	M4		
2	OUT	M0		20	LD	T0		
3	LD	M0		21	ORP	M1		
4	ANI	M1		23	MPS			
5	LDI	M0		24	ANI	M49		
6	AND	M1		25	SFTLP	M3	M50	K9 K1
7	ORB			34	MPP			
8	OUT	M1		35	AND	M58		
9	LD	M1		36	SFTRP	M4	M49	K9 K1
10	ANI	T0		45	LD	M1		
11	OUT	T0	K100	46	MOV	K2M50	K2Y000	
14	LDP	M1		51	LDF	M1		
16	OR	M3		53	MOV	K0	K2Y000	
17	OUT	M3		58	END			
18	ANI	M8000						

图 5-3-12 "走马灯"式喷雾系统控制程序

六、运行调试

观察系统运行情况并做好记录，将结果填入表 5-3-7 中。如出现故障，应立即切断电源，分析原因，检查电路或梯形图，排除故障后，重新进行调试，直到系统功能调试成功为止。

表 5-3-7 设备调试记录表

步骤	调试流程	正确现象	观察结果及解决措施
1	初始状态	喷雾系统模型上的所有信号灯熄灭，程序中的各定时器均为复位状态	
2	起动控制	按下 SB1，系统正常起动；再次按下 SB1，系统正常停止	
3	八组喷雾头的切换	1. 8 组喷雾头能按顺序自动切换 2. 8 组喷雾头能实现循环切换	
4	八组喷雾头的作业效果	8 组喷雾头按照 1#→2#→……→8# 的顺序，每隔 10s 起动一个，全部起动 10s 后，再从 8# 喷雾头开始，每隔 10s 停止 1 个，按照上述规律循环运行	

任务评价

对任务实施的完成情况进行检查，并将结果填入表 5-3-8 中。

表 5-3-8 任务测评表

序号	主要内容	考核要求	评分标准	配分	扣分	得分
1	控制电路的连接	根据任务要求，连接控制电路	1. 不能正确连接指示灯，扣 5 分 2. 不能正确连接按钮，扣 5 分 3. 不能正确连接 PLC 供电回路，扣 5 分 4. 不能正确连接 PLC 通信电缆，扣 5 分	20 分		
2	编写控制程序	根据任务要求，编写控制程序	1. 初始状态不正常，扣 5 分 2. 不能正常起动、停止，每次扣 10 分 3. 喷雾系统无法顺序起动，每次扣 10 分 4. 喷雾系统无法循环，每次扣 10 分	70 分		
3	安全文明生产	遵守操作规程，尊重考评员，讲文明懂礼貌，考试结束要清理现场	1. 实训过程中，违反安全文明生产考核要求，每项扣 2 分，扣完为止 2. 当教师发现学生有重大事故隐患时，要立即予以制止，并扣安全分，共 5 分 3. 小组协作不和谐、效率低下，扣 5 分	10 分		
		合计		100 分		

开始时间： 结束时间：

学生姓名： 指导教师： 任务实施日期：

任务四　原料包计数打浆控制系统电路的安装与调试

任务目标

知识目标：1. 正确理解加法指令及减法指令的功能含义，掌握指令的用法。
　　　　　2. 正确理解乘法指令及除法指令的功能含义，掌握指令的用法。
　　　　　3. 正确理解加 1 指令及减 1 指令的功能含义，掌握指令的用法。
能力目标：1. 根据任务要求，能够正确连接原料包计数打浆控制系统电路。
　　　　　2. 根据任务要求，能够正确编写原料包计数打浆控制程序。
　　　　　3. 根据任务要求，能够正确调试原料包计数打浆控制系统。
素质目标：1. 养成独立思考和动手操作的习惯。
　　　　　2. 培养小组协调能力和互相学习的精神。

任务描述

某产品生产流程中有一个原料包计数打浆系统，将 A、B 两种固态原料包按比例送入打浆塔，充分混合搅拌成水糊状，再用料泵送入纤维筛，将长短两种纤维材料分离出来。

1）按下按钮 SB1，打开 KV1 向浆塔注水，液位到达 LIC2 处时 KV1 关闭。M3 起动，拖动搅拌机开始运行。M1 起动，拖动 1# 皮带输送机将原料包 A 送入打浆塔，物料检测开关 SQ1 用于检测原料包 A 的数量，当 $A=4$ 时，1# 皮带输送机停止送料。

2）M2 起动，拖动 2# 皮带输送机将原料包 B 送入打浆塔，物料检测开关 SQ2 用于检测原料包 B 的数量，当 $B=8$ 或者液位到达 LIC1 处时，2# 皮带输送机停止送料。

3）打开 KV2 注入中和剂氢氧化钠，持续 Xs，$X=(A+B) \times 2$，完成后 KV2 自动关闭。5min 后，打开 KV1，延时 5s 后，M4 拖动料泵运行。10min 后，料泵和搅拌机停止，延时 5s 后 KV1 关闭。

4）若没有按下停止按钮 SB2，则按上述流程循环执行，若按下了 SB2，必须完成当前流程后停止运行，系统恢复初始状态。原料包计数打浆控制系统如图 5-4-1 所示。

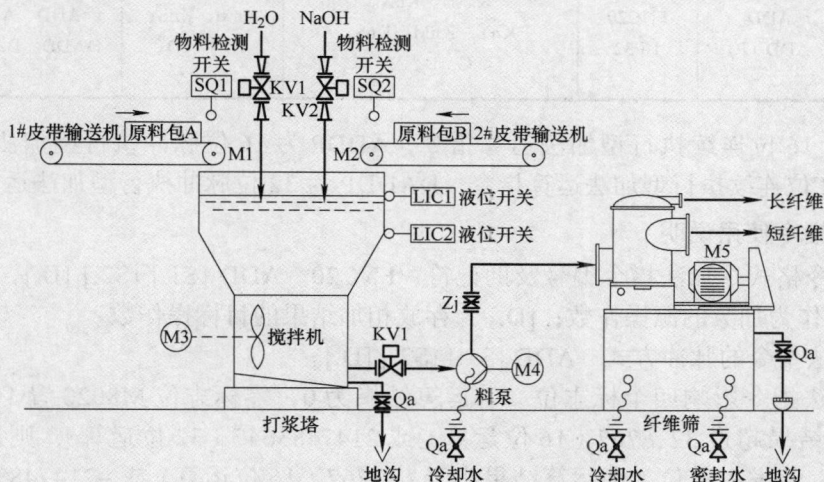

图 5-4-1　原料包计数打浆控制系统

根据控制要求完成下列任务：

1）设计 PLC 控制电路，设计 I/O 表，选择合适的电气元器件完成原料包计数打浆控制电路的连接。

2）根据原料包计数打浆控制电路的控制要求，编写 PLC 控制程序。

3）调试原料包计数打浆控制电路，使之达到正常运行的条件。

任务分析

原料包计数打浆控制系统随处可见，本任务利用基本数学运算指令即加、减、乘、除指令，实现对每原料包的计数，当 $A=4$ 时，1# 皮带输送机停止送料，当 $B=8$ 时，2# 皮带输送机停止送料，当 $X=(A+B)\times 2$ 时，不再注入中和氢氧化钠，通过本任务的学习，掌握加、减、乘、除指令及自加自减指令。

任务准备

算术运算指令

一、加法指令

1. 加法指令的作用

加法指令的功能是将指定的两个源操作数 [S1.] 和 [S2.] 中的有符号数，进行二进制加法求和，然后将和送入指定的目标操作数 [D.] 中，每个数据的最高位作为符号位（0 为正，1 为负），运算是二进制代数运算，加法指令的使用要素见表 5-4-1。

表 5-4-1　加法指令的使用要素

指令名称	助记符	指令代码位数	操作数			程序步
			[S1.]	[S2.]	[D.]	
加法	ADD ADD（P）	FNC20 16/32	K、H、KnX、 KnY、KnM、KnS、 T、C、D、V、Z		KnX、KnY、 KnM、KnS、 T、C、D、 V、Z	ADD、ADDP… 7 步 DADD、DADDP… 13 步

ADD 为 16 位连续执行型加法运算指令，ADDP 为 16 位脉冲执行型加法运算指令，DADD 为 32 位连续执行型加法运算指令，DADDP 为 32 位脉冲执行型加法运算指令。

2. 加法指令使用说明

（1）指令格式　加法指令编号及助记符：FNC20　ADD [S1.] [S2.] [D.]，其中 [S1.]、[S2.] 为两个作为加数的源操作数；[D.] 为存放相加结果的目标操作数。

（2）加法指令的脉冲方式　ADD [S1.] [S2.] [D.]。

（3）加法指令影响四个标志位　若运算结果为 0，零标志位 M8020 置 1；若发生进位，即运算结果超过 32、767（16 位运算）或 2147483647（32 位运算），则进位标志位 M8022 置 1；若发生借位，即运算结果小于 −32767（16 位运算）或 −2147483467（32 位运算），则借位标志 M8021 置 1。若浮点数标志位 M8023 置 1，则可进行浮点加法运算。

3.加法指令应用示例

加法指令应用示例如图 5-4-2 所示。

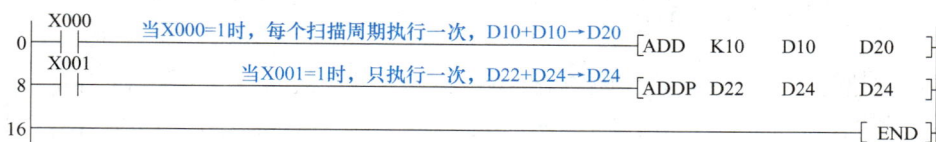

a) 梯形图

```
0    LD       X000
1    ADD      K10        D10        D20
8    LD       X001
9    ADDP     D22        D24        D24
16   END
```

b) 指令表

图 5-4-2　加法指令应用示例

4.加法指令注意事项

1）ADD 为连续执行，在执行条件满足时，每一个扫描周期都要相加一次。ADDP 为脉冲执行，在执行条件满足时，只将加数和被加数做一次加法运算。

2）当一个源操作数和目标操作数为同一软元件时，建议采用脉冲执行型指令；否则每个扫描周期都执行一次，很难预知结果。

二、减法指令

1.减法指令的作用

减法指令的功能是将指定的源操作数 [S1.] 中有符号数减去源操作数 [S2.] 中有符号数，结果差送入指定的目标操作数 [D.] 中，减法指令的使用要素见表 5-4-2。

表 5-4-2　减法指令的使用要素

指令名称	助记符	指令代码位数	操作数			程序步
			[S1.]	[S2.]	[D.]	
减法	SUB SUB（P）	FNC21 16/32	K、H、KnX、KnY、KnM、KnST、C、D、V、Z		KnY、KnM、KnS、T、C、D、V、Z	SUB、SUBP… 7 步 DSUB、DSUBP… 13 步

SUB 为连续执行型指令，在执行条件满足时，每一个扫描周期都要相减一次。SUBP 为脉冲执行型指令，在执行条件满足时，只将减数和被减数做一次减法运算。

2.减法指令使用说明

（1）指令格式　减法指令编号及助记符：FNC21　SUB　[S1.] [S2.] [D.]，其中，[S1.] [S2.] 分别作为被减数和减数的源操作数；[D.] 为存放相减差的目标操作数。

（2）减法指令的脉冲方式　SUBP　[S1.] [S2.] [D.]。

（3）减法指令影响四个标志位　若相减结果为 0，零标志位 M8020 置 1；若发生借位，借位标志 M8021 置 1；若发生进位，进位标志 M8022 置 1。若将浮点数标志位

M8023 置 1，则可以进行浮点数减法运算。

3. 减法指令应用示例

减法指令应用示例如图 5-4-3 所示。

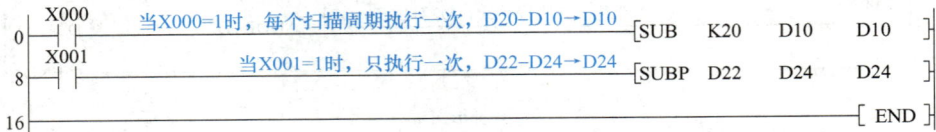

```
0  X000    当X000=1时，每个扫描周期执行一次，D20-D10→D10    [ SUB  K20  D10  D10 ]
8  X001    当X001=1时，只执行一次，D22-D24→D24              [ SUBP D22  D24  D24 ]
16                                                        [ END ]
```

a) 梯形图

```
0    LD      X000
1    SUB     K20       D10       D10
8    LD      X001
9    SUBP    D22       D24       D24
16   END
```

b) 指令表

图 5-4-3　减法指令应用示例

三、乘法指令

1. 乘法指令的作用

乘法指令的功能是将指定的两个源操作数中的数据进行二进制有符号数乘法，然后将相乘的积送入指定的目标操作数中，乘法指令的使用要素见表 5-4-3。

表 5-4-3　乘法指令的使用要素

指令名称	助记符	指令代码位数	操作数			程序步
			[S1.]	[S2.]	[D.]	
乘法	MUL MUL（P）	FNC22 16/32	K、H、KnX、 KnY、KnM、KnS T、C、D、V、Z	KnY、KnM、 KnS T、C、D		MUL、MULP…7 步 DMUL、DMULP…13 步

2. 乘法指令使用说明

（1）指令格式　乘法指令编号及助记符：FNC22　MUL　[S1.] [S2.] [D.]，其中，[S1.] [S2.] 分别为作为被乘数和乘数的源操作数；[D.] 为存放相乘积的目标操作数的首地址。

（2）乘法指令的脉冲方式　MULP　[S1.] [S2.] [D.]。

3. 乘法指令应用示例

MUL 指令进行的是有符号数乘法，被乘数和乘数最高位是符号位，分为 16 位和 32 位两种情况。

（1）16 位乘法运算　两源操作数的乘积以 32 位形式送到指定目标操作数，低 16 位在指定目标操作数，高 16 位在下一个目标操作数。

【例 1】16 位乘法运算指令应用示例，如图 5-4-4 所示。

16 位乘法运算过程如图 5-4-5 所示。

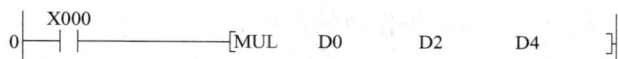
a) 梯形图

```
0    LD          X000
1    MUL         D0      D2      D4
```
b) 指令表

图 5-4-4　16 位乘法运算指令应用示例

```
BIN  BIN  BIN
(D0)×(D2)→(D5，D4)
运算结果的最高位为符号位
```

图 5-4-5　16 位乘法运算过程

（2）32 位乘法运算

【例 2】　32 位乘法运算指令应用示例，如图 5-4-6 所示。

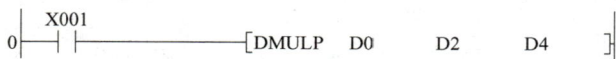
a) 梯形图

```
0    LD          X001
1    DMULP       D0      D2      D4
```
b) 指令表

图 5-4-6　32 位乘法运算指令应用示例

32 位乘法运算时，当执行条件 X001 由 OFF → ON 时，[D1，D0]×[D3，D2] → [D7，D6，D5，D4]。源操作数是 32 位，目标操作数是 64 位。当 [D1,D0]=238，[D3,D2]=89 时，[D7，D6，D5，D4]=4982，最高位为符号位，0 为正，1 为负。

在 32 位乘法运算中，如用位元件作目标操作数，则乘积只能得到低 32 位，高 32 位丢失。这种情况下应先将数据移入字元件再进行运算。若 D0=8，D2=9 则（D5，D4）=72；最高位是符号位（0 为正，1 为负）。

在 32 位乘法运算中，若目标操作数使用位软元件，只能得到低 32 位的结果，不能得到高 32 位的结果。这时应先向字元件传送一次后再进行计算，利用字元件作目标操作数时，不可能同时监视 64 位数据内容，只能通过监控运算结果的高 32 位和低 32 位。这种情况下，建议最好采用浮点运算。

四、除法指令

1. 除法指令的作用

除法指令的功能是将指定两个源操作数中的数据进行二进制有符号数除法，将相除的商和余数送入从首地址开始的相应的目标操作数中，除法指令的使用要素见表 5-4-4。

表 5-4-4　除法指令的使用要素

指令名称	助记符	指令代码位数	操作数			程序步
			[S1.]	[S2.]	[D.]	
除法	DIV DIV（P）	FNC23（16/32）	K、H、KnX、KnY、KnM、KnS、T、C、D、V、Z		KnY、KnM、KnS、T、C、D	DIV、DIVP… 7 步 DDIV、DDIVP… 13 步

2. 除法指令使用说明

除法指令编号及助记符：FNC23　DIV　[S1.] [S2.] [D.]，其中，[S1.] [S2.] 分别为作

为被除数和除数的源操作数；[D.] 为商和余数的目标操作数的首地址。

3. 除法指令应用示例

DIV 指令分为 16 位和 32 位两种情况。

（1）16 位除法运算　16 位除法运算的源、目都是 16 位的，商是不会超过 16 位。如商用位组合元件来存放，能得到相应指定位数的商，如用 K4M0 指定能得到 16 位，但此时余数将丢失。解决的办法是先用字元件存放商和余数，然后再传送到位组合元件中去。

【例 1】　16 位除法运算指令应用示例，如图 5-4-7 所示。如 X010 接通，执行除法运算，将 D10 与 D20 中的两数据相除，商送入 D30 中，而余数放入 D31 中。

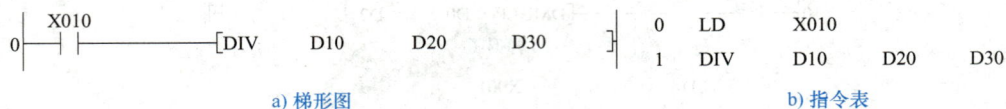

a) 梯形图　　　　　　　　　　　　　　　　b) 指令表

图 5-4-7　16 位除法运算指令应用示例

（2）32 位除法运算

【例 2】　32 位除法运算指令应用示例。

32 位除法运算指令中的源、目都为 32 位，指令中给出的都只是它们的首地址。如图 5-4-8 所示，被除数的 32 位在 D11 和 D10 中，除数的 32 位在 D21 和 D20 中；商的 32 位在 D31 和 D30 中，余数的 32 位在 D33 和 D32 中，都是按照"高对高，低对低"的原则存放的。

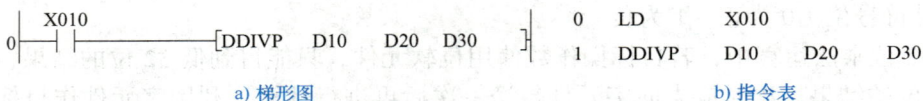

a) 梯形图　　　　　　　　　　　　　　　　b) 指令表

图 5-4-8　32 位除法运算指令应用示例

如果商用位组合元件来存放，能得到相应指定位数的商，如用 K8M0 指定能得到 32 位，但此时余数将丢失。解决的办法是先用字元件存放商和余数，然后再传送到位组合元件中去。除法运算中除数不能为 0，否则要出错。若将浮点数标志位 M8023 置 1，则可进行浮点数除法运算。

五、自加自减指令

1. 自加自减指令的作用

自加自减指令可分为加 1 指令（INC）和减 1 指令（DEC）两种，加 1 指令（INC）的功能是将指定的目标操作数的数据增加 1，减 1 指令（DEC）的功能是将指定的目标操作数的数据减去 1，自加自减指令的使用要素见表 5-4-5。

2. 自加自减指令使用说明

（1）指令格式

1）加 1 指令编号及助记符：FNC24　INC [D.]，其中 [D.] 是要加 1 的目标操作数。

2）减 1 指令编号及助记符：FNC25　DEC [D.]，其中 [D.] 是要减 1 的目标操作数。

表 5-4-5 自加自减指令的使用要素

指令名称	助记符	指令代码位数	操作数 [D.]	程序步
加 1	INC，INC[D.]	FNC24（16/32）	KnY、KnM、KnS、T、C、D、V、Z	INC、INCP…3 步 DINC、DINCP…5 步
减 1	DEC，DEC[D.]	FNC25（16/32）		DEC、DECP…3 步 DDEC、DDECP…5 步

（2）自加自减指令的脉冲方式

1）加 1 指令的脉冲方式：INCP [D.]。

2）减 1 指令的脉冲方式：DECP [D.]。

加 1 指令和减 1 指令经常使用的是脉冲方式。

3. 自加自减指令应用示例

【例 1】 加 1 指令应用示例，如图 5-4-9 所示。当 X000 由 OFF → ON 变化时，由 [D.] 指定的元件 D10 中的二进制数自动加 1。若用于连续执行时，每个扫描周期加 1。

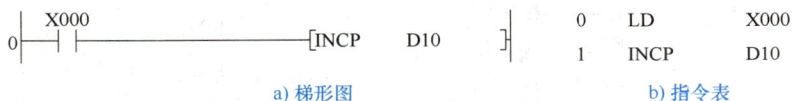

```
      X000
0 ┤├──────────────[INCP   D10 ]┤        0   LD    X000
                                        1   INCP  D10
      a) 梯形图                              b) 指令表
```

图 5-4-9 加 1 指令应用示例

注意： 16 位运算时，+32767 再加 1 就变为 –32768；32 位运算时，+2147483647 再加 1 就变为 –2147483647。上述变化溢出时，都不会影响标志位。

【例 2】 减 1 指令应用示例，如图 5-4-10 所示。当 X001 由 OFF → ON 变化时，由 [D.] 指定的元件 D10 中的二进制数自动减 1。若用于连续执行时，每个扫描周期减 1。

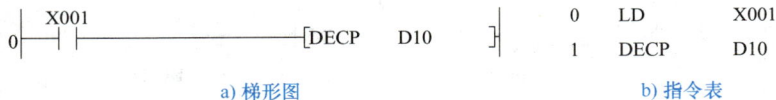

```
      X001
0 ┤├──────────────[DECP   D10 ]┤        0   LD    X001
                                        1   DECP  D10
      a) 梯形图                              b) 指令表
```

图 5-4-10 减 1 指令应用示例

注意： 在 16 位运算时，–32768 再减 1 就变为 +32767，但不影响标志位。同样，在 32 位运算时，–2147483648 再减 1 就变为 +2147483647，也不影响标志位。

任务实施

一、元器件检查

清点任务所需的设备、工具及材料，并利用万用表检查元器件好坏。

二、建立 I/O 分配表

根据控制要求，分析任务并做出输入输出 I/O 分配表，见表 5-4-6。

表 5-4-6　输入输出 I/O 分配表

输入			输出		
输入元件	功能作用	输入继电器	输出元件	控制对象	输出继电器
SB1	起动按钮	X000	KA1	KM1	Y000
SB2	停止按钮	X001	KA2	KM2	Y001
SQ1	物料检测开关 1	X002	KA3	KM3	Y002
SQ2	物料检测开关 2	X003	KA4	KM4	Y003
LIC1	液位开关 1	X004	KV1	开关阀 1	Y004
LIC2	液位开关 2	X005	KV2	开关阀 2	Y005
			KV3	开关阀 3	Y006

三、设计电气控制原理图

图 5-4-11 所示为原料包计数打浆控制系统电路图。

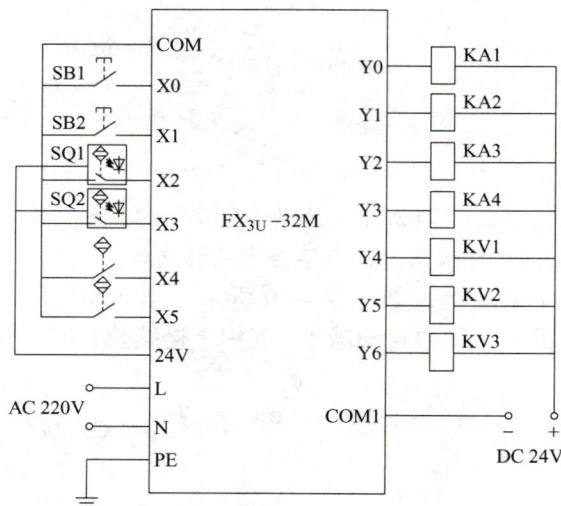

图 5-4-11　原料包计数打浆控制系统电路图

四、控制电路连接

1. 完成 PLC 输入及输出电路的连接

按照接线要求，根据图 5-4-11 所示的原料包计数打浆控制系统电路图，使用安全插接线，完成按钮 SB1 ~ SB2、液位开关以及物料检测开关与 PLC 模块的连接。完成开关阀 KV1 ~ KV4 与 PLC 模块的连接。

2. 电路检测及工艺整理

电路安装结束后，一定要进行通电前检查，保证电路连接正确，确保一个接线孔上没有超过两个接头等不符合工艺要求的现象。另外，还要进行通电前的检测，确保电路中没有短路现象，否则通电后可能损坏设备。在检查电路连接正确、无短路故障后，进行控制

电路的工艺整理。

五、程序编写与下载

原料包计数打浆控制程序如图 5-4-12 所示。

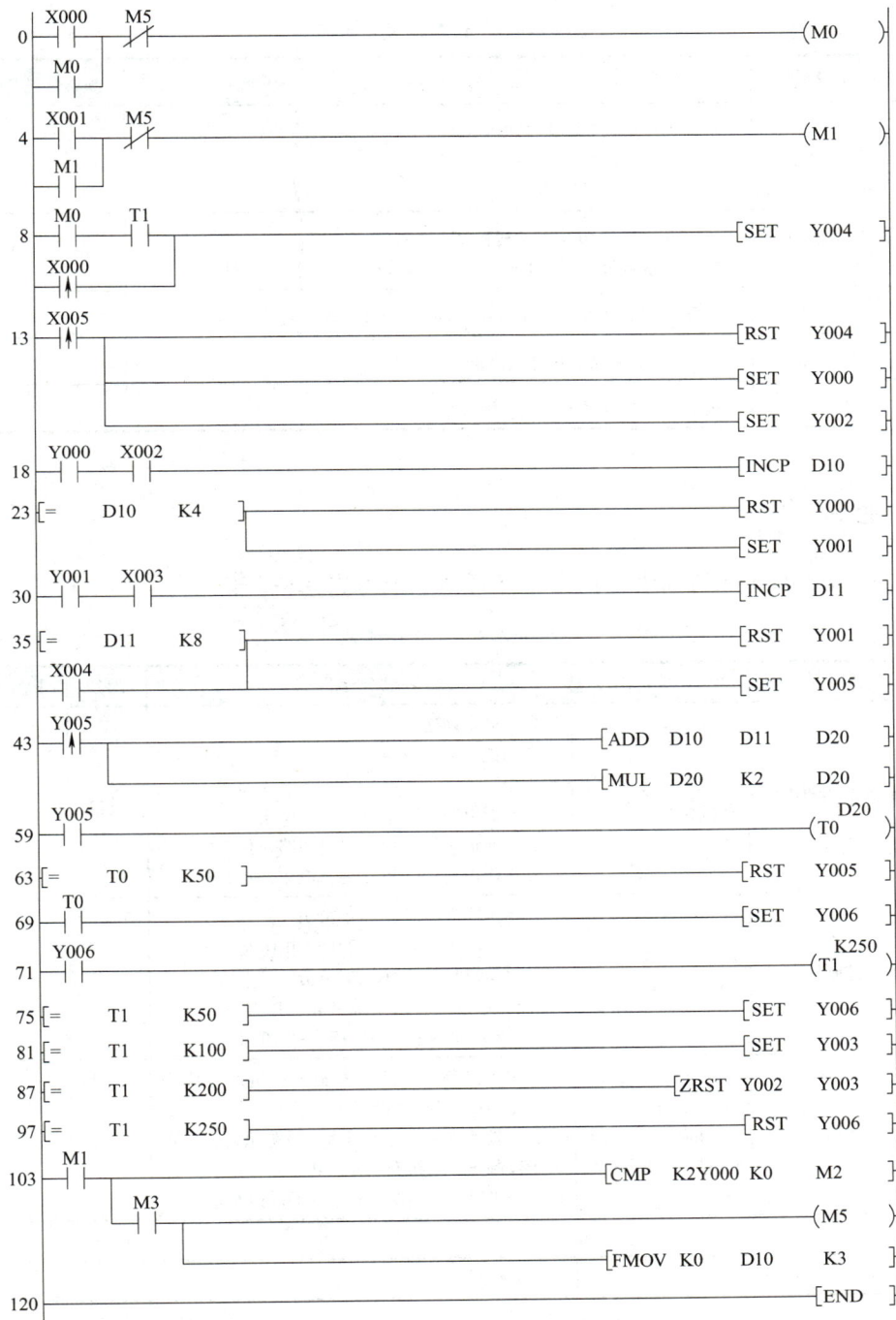

图 5-4-12　原料包计数打浆控制程序

六、运行调试

观察系统运行情况并做好记录，将结果填入表 5-4-7 中。如出现故障，应立即切断电源，分析原因，检查电路或梯形图，排除故障后，重新进行调试，直到系统功能调试成功为止。

表 5-4-7　设备调试记录表

步骤	调试流程	正确现象	观察结果及解决措施
1	原料包打浆	1. 按下按钮，浆塔正常注水 2. 搅拌机正常搅拌 3. 皮带输送机正常运行	
2	皮带输送机运输	1. 当 A=4 时，1# 皮带输送机停止送料 2. 当 B=8 或液位到达 LIC1 处时，2# 皮带输送机停止送料	
3	注入中和剂	打开 KV2，持续 X=$(A+B)\times 2s$ 时，KV2 自动关闭	
4	搅拌停止	10min 后，料泵和搅拌机停止	
5	复位	按下 SB2 后，系统恢复初始状态	

任务评价

对任务实施的完成情况进行检查，并将结果填入表 5-4-8 中。

表 5-4-8　任务测评表

序号	主要内容	考核要求	评分标准	配分	扣分	得分
1	控制电路的连接	根据任务要求，连接控制电路	1. 不能正确连接按钮，扣 5 分 2. 不能正确连接液位开关、物料检测开关，扣 5 分 3. 不能正确连接开关阀，扣 10 分 4. 不能正确连接 PLC 供电回路，扣 5 分 5. 不能正确连接 PLC 通信电缆，扣 5 分	30 分		
2	编写控制程序	根据任务要求，编写控制程序	1. 物料检测不正常，扣 10 分 2. 皮带输送机不正常停止，扣 10 分 3. 时间判断不准确，扣 20 分 4. 料泵、搅拌机不正常停止，扣 10 分 5. 系统不能恢复初始状态，扣 10 分	60 分		
3	安全文明生产	遵守操作规程，尊重考评员，讲文明懂礼貌，考试结束要清理现场	1. 实训过程中，违反安全文明生产考核要求，每项扣 2 分，扣完为止 2. 当教师发现学生有重大事故隐患时，要立即予以制止，并扣安全分，共 5 分 3. 小组协作不和谐、效率低下，扣 5 分	10 分		
合计				100 分		
开始时间：		结束时间：				
学生姓名：		指导教师：		任务实施日期：		

任务五　物料破碎筛解设备自检系统电路的安装与调试

任务目标

知识目标：1. 正确理解逻辑字与指令的功能含义，掌握指令的用法。
　　　　　2. 正确理解逻辑字或指令的功能含义，掌握指令的用法。
　　　　　3. 正确理解逻辑字异或指令的功能含义，掌握指令的用法。
　　　　　4. 正确理解求补指令的功能含义，掌握指令的用法。

能力目标：1. 根据任务要求，能够正确安装物料破碎筛解设备自检系统电路。
　　　　　2. 根据任务要求，能够正确编写物料破碎筛解设备自检系统控制程序。
　　　　　3. 根据任务要求，能够正确调试物料破碎筛解设备自检系统。

素质目标：1. 养成独立思考和动手操作的习惯。
　　　　　2. 培养小组协调能力和互相学习的精神。

任务描述

生产中有一台物料破碎筛解设备在起动前须进行自检，当各项保护条件均达到要求后设备才能起动，否则设备无法起动。该设备由传送机、破碎机和压力筛解机三部分构成，其中 SQ1 是传送机上的皮带跑偏开关，当皮带跑偏时，SQ1 闭合；SQ2 是物料检测开关，用于物料计数；SQ3 是破碎机料斗物位开关，当料斗物位达到一定高度时，SQ3 闭合；SP1 ～ SP4 分别是破碎机上 2 个冷却水箱和 2 个液压油箱上的压力开关，SP5 ～ SP6 分别是压力筛解机气鼓和油鼓上的压力开关。设备的起动保护条件为：传送机皮带未跑偏，SQ1 断开；物料检测开关下方无物料，SQ2 断开；为防止起动时电动机过载，料斗应无物料，或者物料没有处于超限状态，SQ3 断开；油路、气路及循环水路压力正常，即 SP1 ～ SP6 均为闭合状态。按下自检按钮 SB3，若各项保护条件均能满足，则 HL10 亮，当设备起动时，HL10 自动熄灭。若达不到起动条件，则 HL10 灭，用 HL1 ～ HL9 分别指示 9 个起动保护条件的状态，SQ1 ～ SQ3 对应 HL1 ～ HL3，SP1 ～ SP6 对应 HL4 ～ HL9，未达到起动要求的保护条件时，其对应指示灯亮，用于指示没有达到起动条件的检测点。当问题排除后，可按下 SB2 停止自检，再按下 SB3 重新开始自检。物料破碎筛解设备自检系统如图 5-5-1 所示。

根据任务要求完成下列任务：

1）设计 PLC 控制电路，设计 I/O 表，选择合适的电气元器件完成物料破碎筛解设备自检系统电路的连接。

2）根据实训案例的控制要求，编写 PLC 控制程序。

3）调试物料破碎筛解设备自检系统，使之达到正常运行的条件。

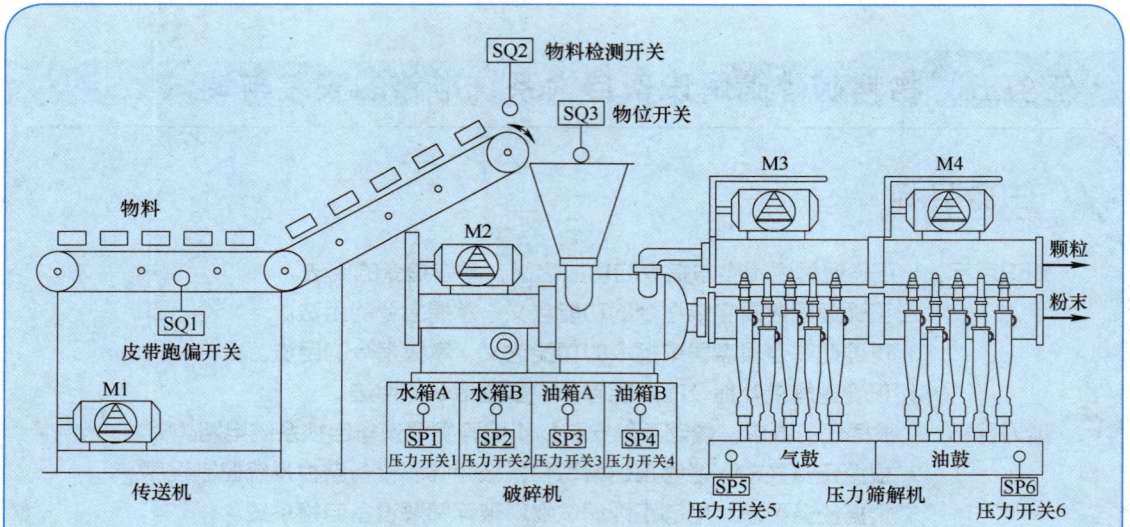

图 5-5-1　物料破碎筛解设备自检系统

任务分析

本任务主要是利用 PLC 实现物料破碎筛解设备的自检，将设备的当前状态与标准状态进行比较，从而判断设备是否正常。

任务准备

一、逻辑字与指令

逻辑字与、或、异或指令

1. 逻辑字与指令的作用

逻辑字与指令的功能是将指定两源操作数中数据进行二进制按位"与"运算，然后将结果送入指定的目软操作数中，逻辑字与指令的使用要素见表 5-5-1。

表 5-5-1　逻辑字与指令的使用要素

指令名称	助记符	指令代码位数	操作数			程序步
			[S1.]	[S2.]	[D.]	
逻辑字与	WAND WAND（P）	FNC26 16/32	K、H、KnX、KnY、KnM、KnS、T、C、D、V、Z		KnY、KnM、KnS、T、C、D、V、Z	WAND、WANDP… 7 步、DWAND、DWANDP… 13 步

WAND 为 16 位连续执行型运算指令，WANDP 为 16 位脉冲执行型运算指令，DWAND 为 32 位连续执行型运算指令，DWANDP 为 32 位脉冲执行型运算指令。

2. 逻辑字与指令使用说明

（1）指令格式　逻辑字与指令编号及助记符：FNC26　WAND [S1.] [S2.] [D.]，其中，

[S1.] 和 [S2.] 为两个相"与"的源操作数；[D.] 为放相"与"结果的目标操作数。

（2）逻辑字与指令的脉冲方式　WANDP [S1.] [S2.] [D.]。

WAND 前面的"W"表示 16 位字操作，以与"与"基本指令中数据宽度仅一位的 AND 指令相区别。

3. 逻辑字与指令应用示例

如图 5-5-2 所示，当 X010 接通时，执行逻辑"与"运算，即将 D10 和 D20 中的数据按位进行二进制"与"运算，将结果送入 D30 中。若 D10=12，D20=10，则送入 D30 的结果为 8，执行过程如图 5-5-2c 所示。

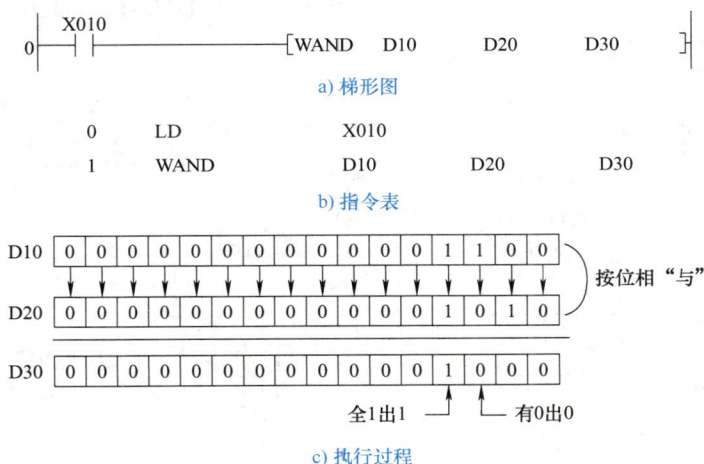

图 5-5-2　逻辑字与指令应用示例

"与"运算的规则是：全 1 出 1，有 0 出 0。在 D10 和 D20 相"与"的运算中，只有第 3 位满足"全 1 出 1"，在第 2 ～ 0 位中，至少有一位是 0，所以相"与"的结果都是"有 0 出 0"。

二、逻辑字或指令

1. 逻辑字或指令的作用

逻辑字或指令的功能是将指定的两个源操作数中的数据进行二进制按位"或"运算，然后将结果送入指定的目标操作数中，逻辑字或指令的使用要素见表 5-5-2。

表 5-5-2　逻辑字或指令的使用要素

指令名称	助记符	指令代码位数	操作数			程序步
			[S1.]	[S2.]	[D.]	
逻辑字或	WOR WOR（P）	FNC27 16/32	K、H、KnX、 KnY、KnM、KnS、 T、C、D、V、Z		KnY、KnM、 KnS、T、C、D、 V、Z	WOR、WORP… 7 步 DWOR、DWORP… 13 步

WOR 为 16 位连续执行型运算指令，WORP 为 16 位脉冲执行型运算指令，DWOR 为 32 位连续执行型运算指令，DWORP 为 32 位脉冲执行型运算指令。

2. 逻辑字或指令使用说明

（1）指令格式　逻辑字或指令编号及助记符：FNC27　WOR [S1.] [S2.] [D.]，其中，[S1.] 和 [S2.] 为两个相"或"的源操作数；[D.] 为放相"或"结果的目标操作数。

（2）逻辑字或指令的脉冲方式　WORP [S1.] [S2.] [D.]。

WOR 前面的"W"表示 16 位字操作，以与"或"基本指令中数据宽度仅一位的 OR 指令相区别。

3. 逻辑字或指令应用示例

如图 5-5-3 所示，当 X010 接通时，执行逻辑"或"运算，即将 D10 和 D20 中的数据按位进行二进制"或"运算，结果将送入 D30 中。假设 D10=12，D20=10，则送入 D30 的结果为 14，执行过程如图 5-5-3c 所示。

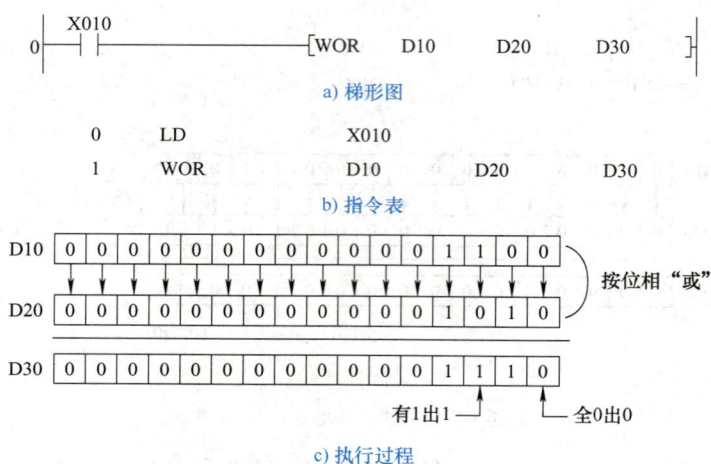

a) 梯形图

```
0    LD        X010
1    WOR       D10      D20      D30
```

b) 指令表

c) 执行过程

图 5-5-3　逻辑字或指令应用示例

"或"运算的规则是：全 0 出 0，有 1 出 1。在 D10 和 D20 相"或"的运算中，只有第 0 位满足"全 0 出 0"，在第 3 ～ 1 位中，至少有一位是 1，所以相"或"结果都是"有 1 出 1"。

三、逻辑字异或指令

1. 逻辑字异或指令的作用

逻辑字异或指令的功能是将指定的两个源操作数中的数据进行二进制按位"异或"运算，然后将结果送入指定的目标操作数中，逻辑字异或指令的使用要素见表 5-5-3。

表 5-5-3　逻辑字异或指令的使用要素

指令名称	助记符	指令代码位数	操作数			程序步
			[S1.]	[S2.]	[D.]	
逻辑字异或	WXOR WXOR（P）	FNC28 16/32	K、H、KnX、KnY、KnM、KnS、T、C、D、V、Z		KnY、KnM、KnS、T、C、D、V、Z	WXOR、WXORP… 7 步 DWXOR、DWXORP… 13 步

WXOR 为 16 位连续执行型运算指令，WXORP 为 16 位脉冲执行型运算指令，DWXOR 为 32 位连续执行型运算指令，DWXORP 为 32 位脉冲执行型运算指令。

2. 逻辑字异或指令使用说明

（1）指令格式　逻辑字异或指令编号及助记符：FNC28　WXOR [S1.] [S2.] [D.]，其中，[S1.] 和 [S2.] 为两个相"异或"的源操作数；[D.] 为放相"异或"结果的目标操作数。

（2）逻辑字异或指令的脉冲方式　WXORP [S1.] [S2.] [D.]。

WXOR 前面的"W"表示 16 位字操作。

3. 逻辑字异或指令应用示例

如图 5-5-4 所示，当 X010 接通时，执行逻辑"异或"运算，即将 D10 和 D20 中的数据按位进行二进制"异或"运算，结果将送入 D30 中。设 D10=12，D20=10，则送入 D30 的结果为 6，执行过程如图 5-5-4c 所示。

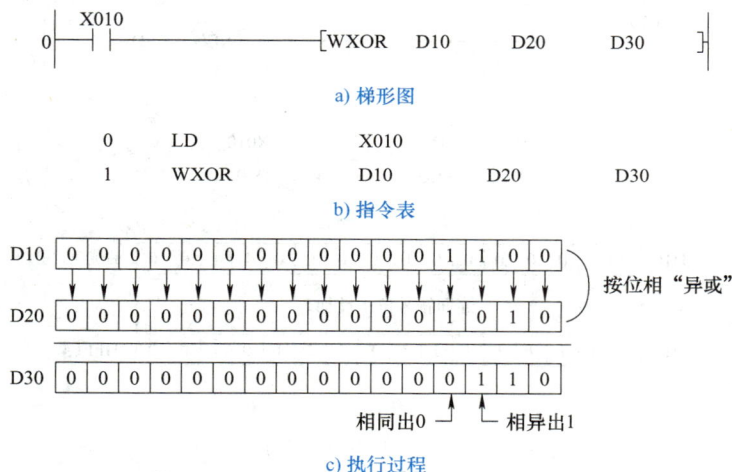

图 5-5-4　逻辑字异或指令应用示例

"异或"运算可以理解为不考虑进位的按位加，其规则是：相同出 0，相异出 1。在 D10 和 D20 相"异或"的运算中，第 3 位和第 0 位满足"相同出 0"，第 2 位和第 1 位满足"相异出 1"。

四、求补指令

1. 求补指令的作用

求补指令的功能是将指定的目标操作数中的数据进行二进制"求补"运算，然后将结果再送入目标操作数中，求补指令的使用要素见表 5-5-4。

表 5-5-4　求补指令的使用要素

指令名称	助记符	指令代码位数	操作数 [D.]	程序步
求补	NEG、NEG（P）	FNC29（16/32）	KnY、KnM、KnS、T、C、D、V、Z	NEG、NEGP…3 步 DNEG、DNEGP…5 步

NEG 为 16 位连续执行型运算指令，NEGP 为 16 位脉冲执行型运算指令，DNEG 为 32 位连续执行型运算指令，DNEGP 为 32 位脉冲执行型运算指令。

2. 求补指令使用说明

（1）指令格式　求补指令编号及助记符：FNC29　NEG [D.]，其中，[D.] 为存放求补结果的目标操作数。

（2）求补指令的脉冲方式　NEGP　[D.]。

求补指令执行过程中，将指定的目标操作数数据中的各位先取反（$0 \rightarrow 1$，$1 \rightarrow 0$），然后再加 1，将其结果送入原先的目标操作数中。

3. 求补指令应用示例

如图 5-5-5 所示，当 X010 接通时，执行"求补"运算，即将 D10 中的二进制数进行"连同符号位求反加 1"，再将结果送入 D10 中，执行过程如图 5-5-5c 所示。

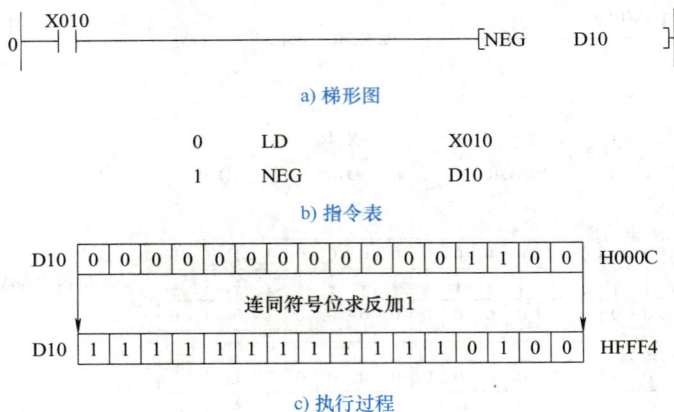

```
      X010
  0 ─┤├─────────────────────────────[NEG    D10  ]
```

a) 梯形图

```
      0      LD              X010
      1      NEG             D10
```

b) 指令表

| D10 | 0 0 0 0 0 0 0 0 0 0 0 0 1 1 0 0 | H000C |

连同符号位求反加1

| D10 | 1 1 1 1 1 1 1 1 1 1 1 1 0 1 0 0 | HFFF4 |

c) 执行过程

图 5-5-5　求补指令应用示例

"求补"运算同"求补码"运算是不同的，"求补码"运算的规则是：符号位不变，数值位求反加 1，对 H000C"求补码"运算的结果将是 H7FF4，两者的结果不一样。求补指令是绝对值不变的变号运算，求补前的 H000C 的真值是十进制数 12，而求补后的 HFFF4 的真值是十进制数 -12。

任务实施

一、元器件检查

清点任务所需的设备、工具及材料，并利用万用表检查元器件好坏。

二、建立 I/O 分配表

根据控制要求，分析任务并做出输入输出 I/O 分配表，见表 5-5-5。

三、设计电气控制原理图

图 5-5-6 所示为物料破碎筛解设备自检系统电路图。

表 5-5-5　输入输出 I/O 分配表

输入			输出		
输入元件	功能作用	输入继电器	输出元件	控制对象	输出继电器
SB2	停止自检按钮	X001	HL1	信号指示灯 1	Y000
SB3	自检按钮	X002	HL2	信号指示灯 2	Y001
SQ1	皮带跑偏开关	X004	HL3	信号指示灯 3	Y002
SQ2	物料检测开关	X005	HL4	信号指示灯 4	Y003
SQ3	物位开关	X006	HL5	信号指示灯 5	Y004
SP1	压力开关 1	X007	HL6	信号指示灯 6	Y005
SP2	压力开关 2	X010	HL7	信号指示灯 7	Y006
SP3	压力开关 3	X011	HL8	信号指示灯 8	Y007
SP4	压力开关 4	X012	HL9	信号指示灯 9	Y010
SP5	压力开关 5	X013	HL10	信号指示灯 10	Y011
SP6	压力开关 6	X014			

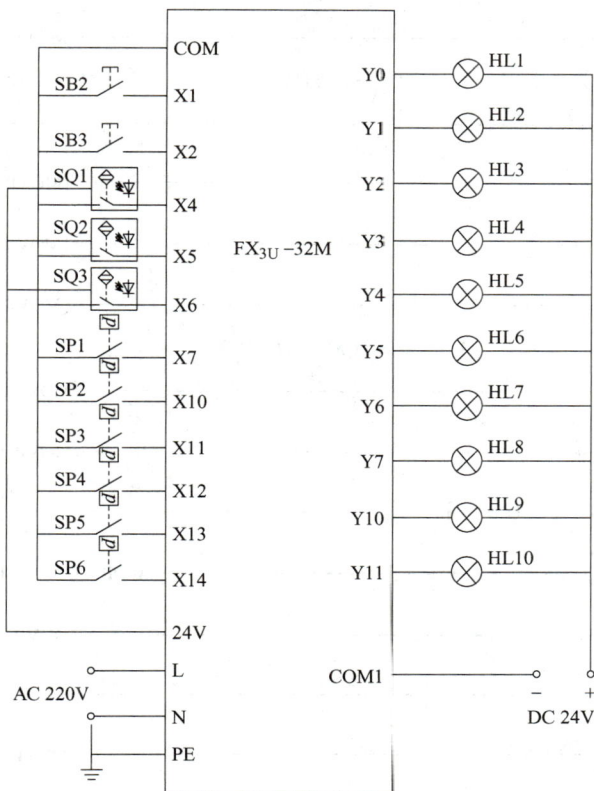

图 5-5-6　物料破碎筛解设备自检系统电路图

四、控制电路连接

1. 完成 PLC 输入及输出电路的连接

按照接线要求，根据图 5-5-6 所示的物料破碎筛解设备自检系统电路图，完成控制电路的安装。

2. 电路检测及工艺整理

电路安装结束后，一定要进行通电前检查，保证电路连接正确，确保一个接线孔上没有超过两个接头等不符合工艺要求的现象。另外，还要进行通电前的检测，确保电路中没有短路现象，否则通电后可能损坏设备。在检查电路连接正确、无短路故障后，进行控制电路的工艺整理。

五、程序编写与下载

物料破碎筛解设备自检系统控制程序如图 5-5-7 所示。

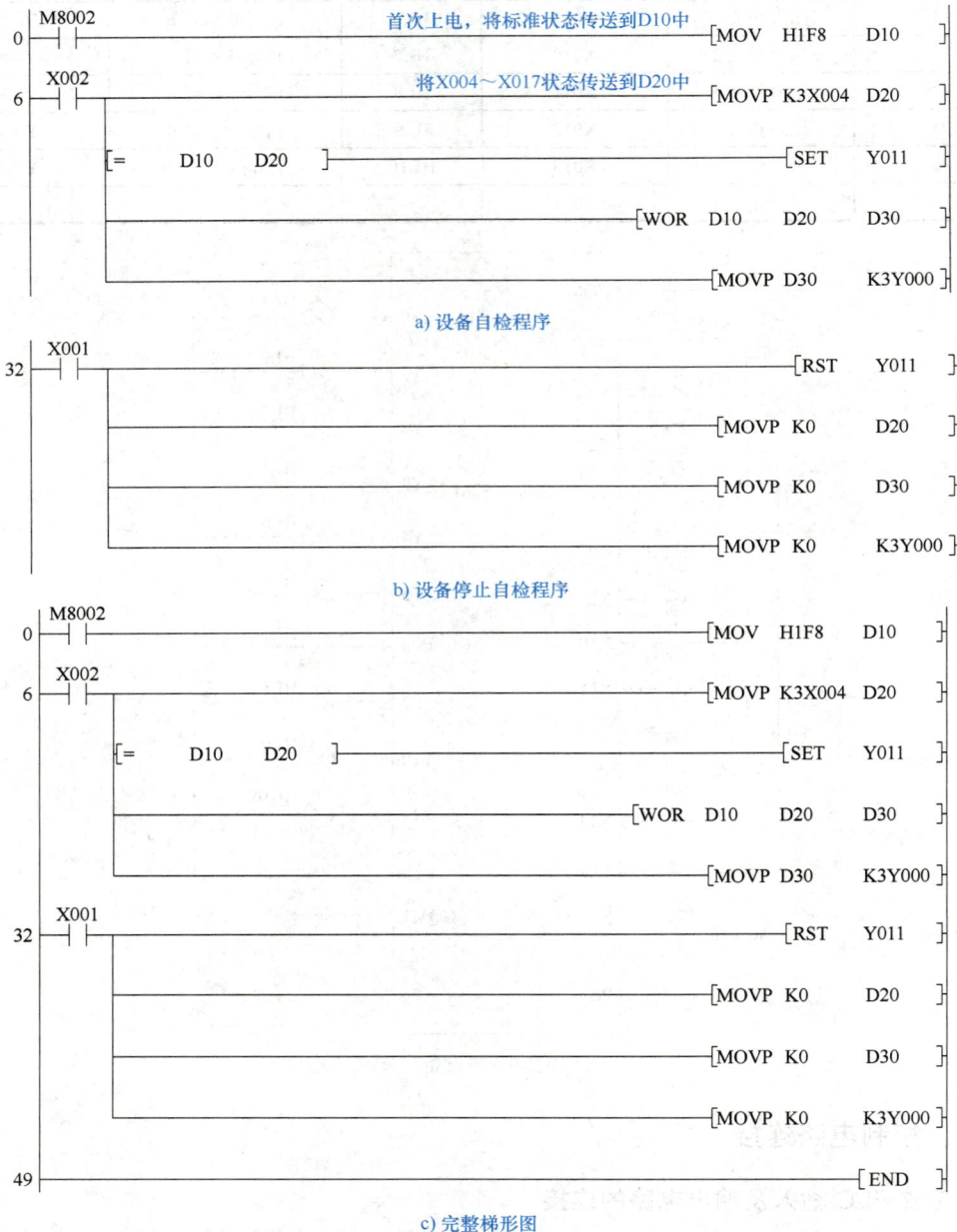

a) 设备自检程序

b) 设备停止自检程序

c) 完整梯形图

图 5-5-7　物料破碎筛解设备自检系统控制程序

```
0    LD     M8002              20   WOR    D10      D20     D30
1    MOV    H1F8     D10       27   MOVP   D30      K3Y000
6    LD     X002              32   LD     X001
7    MOVP   K3X004   D20       33   RST    Y011
12   MPS                       34   MOVP   K0       D20
13   AND=   D10      D20       39   MOVP   K0       D30
18   SET    Y011              44   MOVP   K0       K3Y000
19   MPP                       49   END
```

d) 指令表

图 5-5-7　物料破碎筛解设备自检系统控制程序（续）

六、物料破碎筛解设备停止自检任务分析

PLC 初次上电时，将设备所有检测信号正常时的状态传送到 D10。

按下自检按钮 SB3，系统将 X004 ~ X017 检测到的状态传送到 D20，若 D10=D20，即所有设备正常，HL10 亮；同时将检测到的状态与正常时的状态执行逻辑字与或指令，若当前状态与正常状态不同，则相应的位为 1，将逻辑字与或指令执行结果存放在 D30 当中，将 D30 的状态传送给 K3Y000，即显示自检不通过的设备。

按下停止自检按钮 SB2，复位 HL10，同时将十进制常数 0 分别传送到 D20、D30、K3Y0 中，将之前自检结果清零，所有信号指示灯灭，等待再次自检。

任务评价

对任务实施的完成情况进行检查，并将结果填入表 5-5-6 中。

表 5-5-6　任务测评表

序号	主要内容	考核要求	评分标准	配分	扣分	得分
1	控制电路的连接	根据任务要求，连接控制电路	1. 不能正确连接传感器，扣 10 分 2. 不能正确连接按钮，扣 10 分 3. 不能正确连接 PLC 供电回路，扣 10 分	30 分		
2	编写控制程序	根据任务要求，编写控制程序	1. 按下自检按钮无法自检，每次扣 10 分 2. 按下停止自检按钮无法停止自检，每次扣 10 分	60 分		
3	安全文明生产	遵守操作规程，尊重考评员，讲文明懂礼貌，考试结束要清理现场	1. 实训过程中，违反安全文明生产考核要求，每项扣 2 分，扣完为止 2. 当教师发现学生有重大事故隐患时，要立即予以制止，并扣安全分，共 5 分 3. 小组协作不和谐、效率低下，扣 5 分	10 分		
		合计		100 分		

开始时间：		结束时间：	
学生姓名：		指导教师：	任务实施日期：

任务六 物料破碎筛解设备水油气保供系统电路的安装与调试

任务目标

知识目标：1. 正确理解条件跳转指令的功能含义，掌握指令的用法。

2. 正确理解子程序调用和返回指令的功能含义，掌握指令的用法。

3. 正确理解中断指令的功能含义，掌握指令的用法。

4. 正确理解循环开始和结束指令的功能含义，掌握指令的用法。

5. 正确理解主程序结束指令的功能含义，掌握指令的用法。

能力目标：1. 根据任务要求，能够正确安装物料破碎筛解设备水油气保供系统电路。

2. 根据任务要求，能够正确编写物料破碎筛解设备水油气保供系统控制程序。

3. 根据任务要求，能够正确调试物料破碎筛解设备水油气保供系统。

素质目标：1. 养成独立思考和动手操作的习惯。

2. 培养小组协调能力和互相学习的精神。

任务描述

物料破碎筛解设备水油气保供系统如图 5-6-1 所示，其起动流程为：按下系统起动按钮 SB1，KV1 ~ KV4 同时打开，延时 5s 后，电动机 M1 ~ M4 同时起动，带动 4 个泵同时运行，当任意一路压力开关闭合时，该路（水路、气路、油路）对应的泵停止工作（运行过程中，当该路

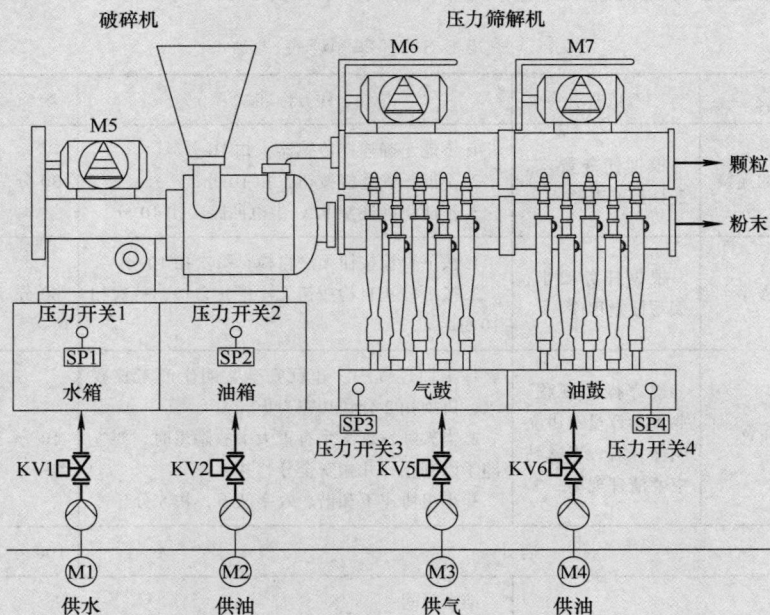

图 5-6-1 物料破碎筛解设备水油气保供系统

压力开关再次断开时，泵自动起动）。当 4 个压力开关 SP1 ～ SP4 均闭合时，HL1 亮，代表设备具备起动条件。此时可按下设备起动按钮 SB2，电动机 M5 ～ M7 每隔 5s 顺序起动 1 台，起动过程中按下停止按钮 SB3 无效。设备正常起动运行后，任意时刻，按下停止按钮 SB3，电动机 M1 ～ M4 立即停止，延时 5s，KV1 ～ KV4 自动关闭，M5 ～ M7 按顺序每隔 5s 停止 1 台，3 台电动机全部停止后，设备停止运行。

任务分析

　物料破碎筛解设备水油气保供系统主要利用条件跳转指令、子程序调用和返回指令、中断指令以及循环指令。通过物料破碎筛解设备水油气保供系统的控制编程，正确理解并掌握功能指令的用法。

任务准备

一、条件跳转指令

条件跳转指令

1. 条件跳转指令的作用

条件跳转指令的功能是当跳转条件成立时，跳过一段指令，跳转至指令中所标明的标号处继续执行，若条件不成立则继续顺序执行，这样可以减少扫描时间并使"双线圈操作"成为可能。条件跳转指令的使用要素见表 5-6-1 所示。

表 5-6-1　条件跳转指令的使用要素

指令名称	助记符	指令代码位数	操作数	程序步
条件跳转	CJ，CJ（P）	FNC00（16）	P0 ～ P63，P63 即 END	CJ 和 CJ（P）3 步 标号 P　1 步

2. 条件跳转指令使用说明

1）条件跳转指令编号及助记符：FNC00　CJ 或 CJ（P），CJ 指令的目标操作数是指针标号，其范围是 P0 ～ P63（允许变址修改），该指令程序步为 3 步，标点步为 1 步。

2）条件跳转指令用于当跳转条件成立时跳过 CJ 或 CJ（P）指令和指针标号之间的程序，从指针标号处连续执行，若条件不成立则继续顺序执行，以减少程序执行扫描时间。

3）跳转程序中元器件在跳转执行中的工作状态见表 5-6-2。

表 5-6-2　跳转程序中元器件在跳转执行中的工作状态

序号	元器件	跳转前触点状态	跳转后触点状态	跳转后线圈状态
1	Y、M、S	X1、X2、X3 OFF	X1、X2、X3 ON	Y1、M1、S1 OFF
		X1、X2、X3 ON	X1、X2、X3 OFF	Y1、M1、S1 ON

（续）

序号	元器件	跳转前触点状态	跳转后触点状态	跳转后线圈状态
2	10ms、100ms 定时器	X4 OFF	X4 ON	定时器不动作
		X4 ON	X4 OFF	定时器停止，X0 OFF 后继续计时
3	1ms 定时器	X5 OFF，X6 OFF	X6 ON	定时器不动作
		X5 OFF，X6 ON	X6 OFF	定时器停止，X0 OFF 后继续计时
4	计数器	X7 OFF，X10 OFF	X10 ON	计数器不动作
		X7 OFF，X10 ON	X10 OFF	计数器停止，X0 OFF 后继续计数
5	功能	X11 OFF	X11 ON	除 FNC52 ～ FNC59 之外的其他功能指令不
	指令	X11 ON	X11 OFF	执行

3. 条件跳转指令应用示例

【例 1】 说明图 5-6-2 所示应用示例中条件跳转指令（CJ）的用法。

1）当 X000=ON 时，则从 1 步跳转到 P8 的后一步。

2）当 X000=OFF 时，不进行跳转，从 1 步向 4 步移动，不执行条件跳转指令。

3）程序定时器 T192 ～ T199 及高速计数器 C235 ～ C255 如果在驱动后跳转，则继续工作，输出触点也动作。

4）当 Y001 为双线圈，X000=OFF 时，不跳转，采样 X001。

5）当 X000=ON 时，跳转至 P8，P8 处不跳转，采样 X012。

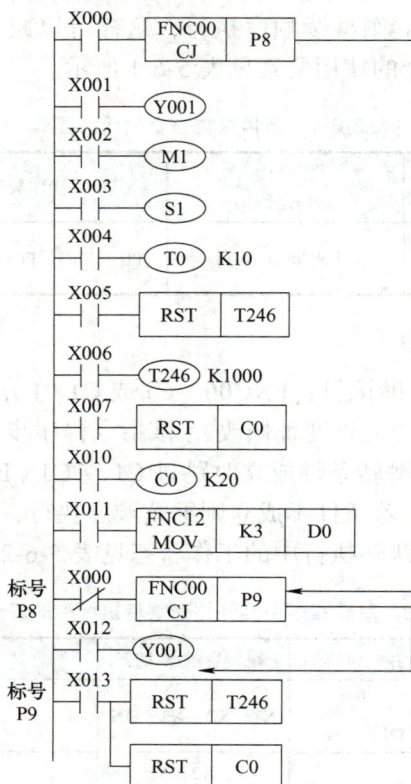

图 5-6-2 条件跳转指令应用示例

4. 条件跳转指令注意事项

1）当发生跳转时，被跳过的那段程序中的驱动条件已经没有意义了，所以该程序段中的各种继电器、状态器和定时器等将保持跳转发生前的状态不变。

2）标号是跳转程序的入口标识地址，在程序中只能出现一次，同一标号不能重复使用，但是同一标号可以多次被引用，如图 5-6-3 所示。

3）PLC 只有条件跳转指令，没有无条件跳转指令。遇到需要无条件跳转的情况，可以用条件跳转指令来完成，最常使用的是 M8000（只要 PLC 处于 RUN 状态，M8000 总是接通的），如图 5-6-4 所示。

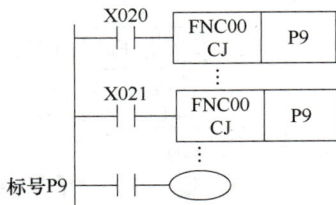

图 5-6-3　标号可以多次引用

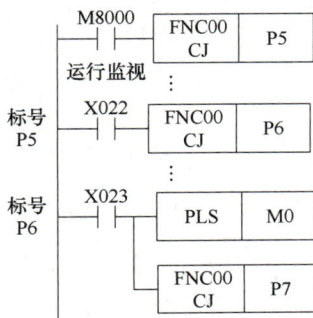

图 5-6-4　无条件跳转

（子程序调用和返回指令）

二、子程序调用和返回指令

1. 子程序调用和返回指令的作用

子程序调用指令（CALL）在接通时，可跳过主程序，先执行 P 子程序，子程序返回指令用于返回主程序。如果 CALL 指令没有接通，则不执行 CALL 指令，而直接执行主程序。子程序调用和返回指令的使用要素见表 5-6-3。

表 5-6-3　子程序调用和返回指令的使用要素

指令名称	助记符	指令代码位数	操作数	程序步
子程序调用	CALL CALL（P）	FNC01（16）	P0～P62 嵌套 5 级	3 步 标号 P　1 步
子程序返回	SRET	FNC02	无	1 步

2. 子程序调用和返回指令使用说明

1）子程序调用指令编号及助记符：FNC01 CALL，CALL（P）；子程序返回指令编号及助记符：FNC02 SRET。

2）CALL 指令必须和 FEND 和 SRET 指令一起使用，子程序标号要写在主程序结束指令（FEND）之后。

3）标号 P0 和子程序返回指令（SRET）间的程序构成了 P0 子程序的内容，当主程序带有多个子程序时，子程序要依次放在主程序结束指令（FEND）之后，并用不同的标号相区别。

4）子程序标号范围为 P0 ～ P62，这些标号与条件转跳指令中所用的标号相同，如果在条件转跳指令中已经使用了标号，子程序中也不能再用。

5）同一标号只能使用一次，而不同的 CALL 指令可以多次调用同一标号的子程序。

3．子程序调用和嵌套指令应用示例

【例 1】 图 5-6-5 所示为子程序调用指令应用示例，图 5-6-6 所示为子程序嵌套指令应用示例。

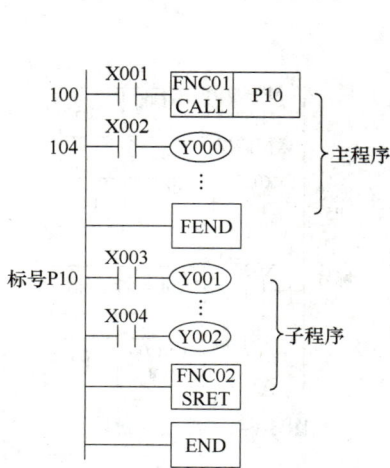

图 5-6-5　子程序调用指令应用示例

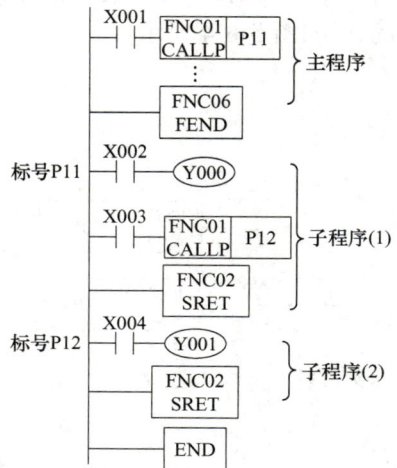

图 5-6-6　子程序嵌套指令应用示例

三、中断指令

1．中断指令的作用

中断指令包含中断允许指令（EI）、中断禁止指令（DI）和中断返回指令（IRET）。对可以响应中断的程序段用中断允许指令（EI）来开始，对不允许中断的程序段用中断禁止指令（DI）来禁止，从中断处理子程序中返回时必须用专门的中断返回指令（IRET），不能用子程序返回指令（SRET）。

PLC 执行到 EI 指令就开放中断，执行到 DI 指令就禁止中断。中断源触发中断后，PLC 就跳转到用中断指针编号指定的子程序。IRET 是中断返回指令，它是中断处理子程序的结束指令，其作用是使 PLC 返回到被中断时的下一条指令继续执行。若没有中断处理子程序，虽然触发了中断，但没有处理任何事情。中断指令的使用要素见表 5-6-4。

表 5-6-4　中断指令的使用要素

指令名称	助记符	指令代码位数	操作数	程序步
中断返回指令	IRET	FNC03	无	1 步
中断允许指令	EI	FNC04	无	1 步
中断禁止指令	DI	FNC05	无	1 步

2．中断指令使用说明

1）中断返回指令编号及助记符：FNC03　IRET ；中断允许指令编号及助记符：

FNC04 EI；中断禁止指令编号及助记符：FNC05 DI。

2）FX₃U 系列 PLC 有两类中断，即外中断和内中断。外中断信号从输入端子送入，可用于机外突发随机事件引起的中断；内中断是定时中断，是定时器定时时间到引起的中断。

3）FX₃U 系列 PLC 设置有 9 个中断源，9 个中断源可以同时向 CPU 发出中断请求信号。当多个中断依次发生时，以先发生为优先；当中断同时发生时，中断指针号较低的有优先权。另外，外中断的优先级整体上高于内中断的优先级。

4）在主程序的执行过程中，可根据不同中断处理子程序中 PLC 要完成工作的优先级高低决定能否响应中断。

5）在中断处理子程序执行区间之外，即使有其他中断请求，CPU 也不会立即响应。通常情况下，在执行某个中断处理子程序时，应禁止其他中断。

3. 中断指针格式

1）外中断用指针格式如图 5-6-7a 所示，有 I0 ～ I5 共 6 点，外中断是外部信号引起的中断，对应的外部信号的输入口为 X000 ～ X005。

2）内中断用指针格式如图 5-6-7b 所示，有 I6 ～ I8 共 3 点，内中断是指机内定时时间到，中断主程序去执行中断子程序。定时时间由指定编号为 6 ～ 8 的专用定时器控制，设定时间值在 10 ～ 99ms 之间选取，每到设定时间就会中断一次。

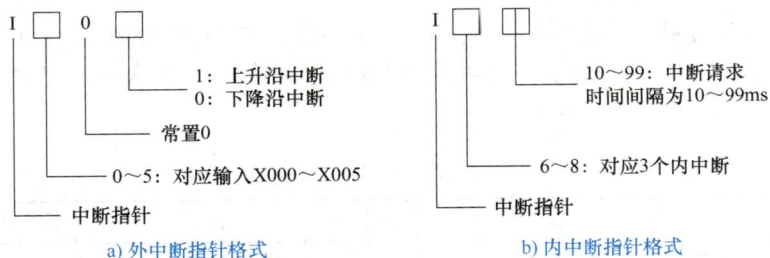

a) 外中断指针格式   b) 内中断指针格式

图 5-6-7 中断指针格式

4. 中断指令应用示例

【例 1】 图 5-6-8 所示为中断指令应用示例。

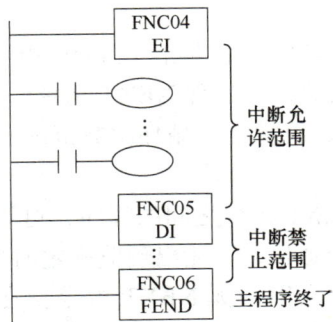

图 5-6-8 中断指令应用示例

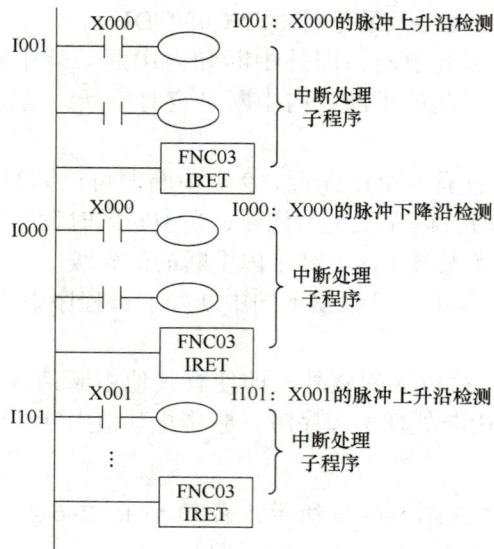

图 5-6-8 中断指令应用示例（续）

四、循环开始指令和循环结束指令

1. 循环开始指令和循环结束指令的作用

循环指令可反复执行某段程序，只要将这一段程序放在 FOR 指令和 NEXT 指令之间，待执行完指定的循环次数后，才执行 NEXT 指令的下一条指令。循环开始指令和循环结束指令的使用要素见表 5-6-5。

表 5-6-5 循环开始指令和循环结束指令的使用要素

指令名称	助记符	指令代码位数	操作数	程序步
循环开始指令	FOR	FNC08（16）	K、H、KnX、KnY、KnM、KnS、T、C、D、V、Z	3 步（嵌套 5 层）
循环结束指令	NEXT	FNC09	无	1 步

2. 循环开始指令和循环结束指令使用说明

1）循环开始指令编号及助记符：FNC08 FOR ；循环结束指令编号及助记符：FNC09 NEXT。

2）FOR 和 NEXT 指令必须成对使用，只有在 FOR 指令和 NEXT 指令之间的程序（利用源数据指定的次数）执行几次后，才处理 NEXT 指令的下一步。

3）循环次数由 FOR 指令后的数值指定。循环次数范围 $n=1 \sim 32767$ 时有效。当 $n<1$ 时，被当作 1 处理，循环一次。

4）若不想执行 FOR 指令和 NEXT 指令之间的程序，可利用 CJ 指令，使之跳转。

5）循环次数多时，扫描周期会延长，可能出现监视定时器错误。

6）当 NEXT 指令在 FOR 指令之前，无 NEXT 指令，在 FEND 和 END 指令之后有 NEXT 指令，或 FOR 指令与 NEXT 指令的个数不一致时，会出错。

3. 循环开始指令和循环结束指令应用示例

【**例1**】 分析图5-6-9所示程序的循环工作过程和执行次数，已知K1X000的内容为7，数据寄存器D0Z的内容为6。

解： 图5-6-9所示程序是三重循环的嵌套，按照循环指令的执行次序由内向外计算各循环执行次数。

1）循环A执行次数：当X010=OFF时，已知K1X000的内容为7，所以循环A执行了7次。

2）循环B执行次数（不考虑循环C）：循环B执行次数由D0Z指定，已知D0Z为6次。循环B包含了整个循环A，所以整个循环A都要被执行6次。

3）循环C的执行次数由K4指定，为4次；每执行一次循环C，则循环B执行6次，所以循环A总计被执行了4×6×7=168（次）。然后向NEXT指令（3）的下一步程序转移。

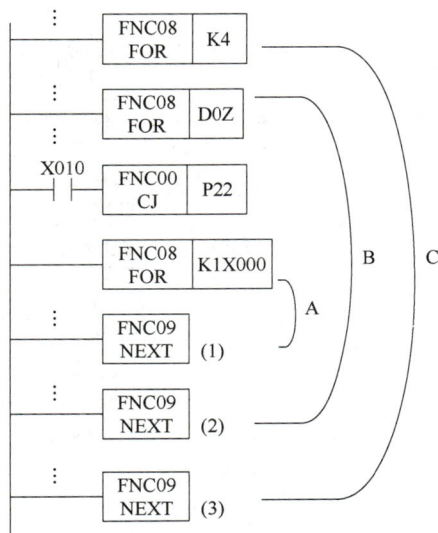

图5-6-9 循环开始指令和循环结束指令应用示例

五、主程序结束指令

1. 主程序结束指令的作用

FEND是主程序结束指令，用于结束主程序。FNED指令和END指令的区别为：FEND指令结束主程序，END指令是结束所有程序。FEND指令之后，还会执行子程序和中断程序，前提是有调用子程序或有中断。主程序结束指令的使用要素见表5-6-6。

表5-6-6 主程序结束指令的使用要素

指令名称	助记符	指令代码位数	操作数	程序步
主程序结束	FEND	FNC06	无	1步

2. 主程序结束指令使用说明

1）主程序结束指令编号及助记符：FNC06 FEND。

2）FEND指令是一步指令，无操作目标元件。子程序应写在FEND指令和END指令之间，包括CALL和CALL（P）指令对应的标号、子程序和中断子程序。

3. 主程序结束指令的用法

1）CALL和CALL（P）指令的标号P用在FEND指令后，必须要有IRET指令。中断指针I也在FEND指令后，必须要有SRET指令。

2）使用多个FEND指令时，应在最后的FEND指令与END指令之间编写子程序或中断处理子程序。

3）当程序中没有子程序或中断处理子程序时，也可以没有FEND指令。但是程序的最后必须用END指令结尾。主程序结束指令举例如图5-6-10所示。

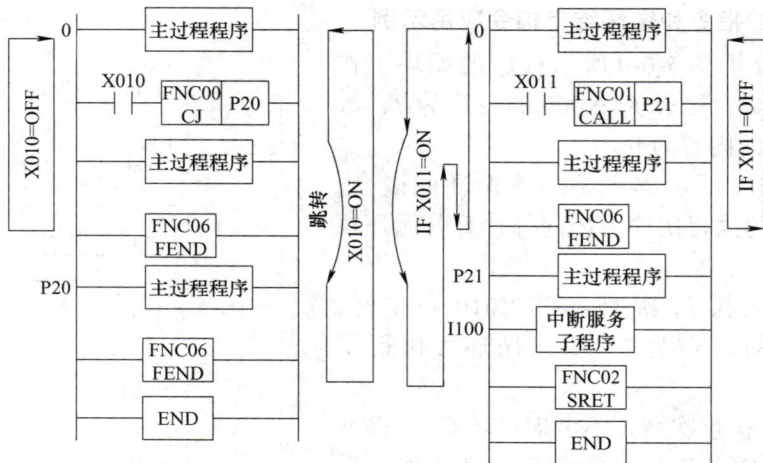

图 5-6-10　主程序结束指令举例

任务实施

一、元器件检查

清点任务所需的设备、工具及材料，并利用万用表检查元器件好坏。

二、建立 I/O 分配表

根据控制要求，分析任务并做出输入输出 I/O 分配表，见表 5-6-7。

表 5-6-7　输入输出 I/O 分配表

输入			输出		
输入元件	功能作用	输入继电器	输出元件	控制对象	输出继电器
SB1	系统起动按钮	X000	KV1	开关阀 1	Y000
SB2	设备起动按钮	X001	KV2	开关阀 2	Y001
SB3	停止按钮	X002	KV3	开关阀 3	Y002
SP1	压力开关 1	X004	KV4	开关阀 4	Y003
SP2	压力开关 2	X005	KA1	KM1	Y004
SP3	压力开关 3	X006	KA2	KM2	Y005
SP4	压力开关 4	X007	KA3	KM3	Y006
			KA4	KM4	Y007
			KA5	KM5	Y010
			KA6	KM6	Y011
			KA7	KM7	Y012
			HL1	信号指示灯	Y014

三、设计电气控制原理图

图 5-6-11 所示为物料破碎筛解设备水油气保供系统电路图。

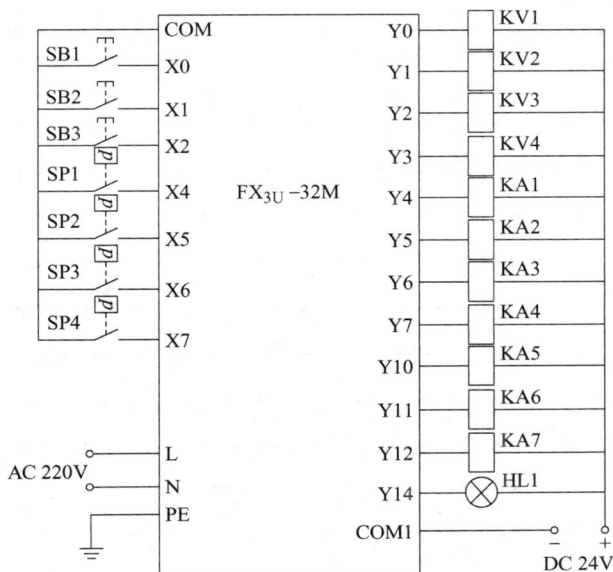

图 5-6-11　物料破碎筛解设备水油气保供系统电路图

四、控制电路连接

1. 完成 PLC 输入及输出电路的连接

按照接线要求，根据图 5-6-11 所示的物料破碎筛解设备水油气保供系统电路图，完成控制电路的安装。

2. 电路检测及工艺整理

电路安装结束后，一定要进行通电前检查，保证电路连接正确，确保一个接线孔上没有超过两个接头等不符合工艺要求的现象。另外，还要进行通电前的检测，确保电路中没有短路现象，否则通电后可能损坏设备。在检查电路连接正确、无短路故障后，进行控制电路的工艺整理。

五、程序编写与下载

物料破碎筛解设备水油气保供系统控制程序如图 5-6-12 所示。其中，P1 子程序的作用是检测水油气保供系统是否正常。对设备调试情况进行检查，并将结果填入表 5-6-8 中。

```
 0   X000   T2                                              (M0    )
     ─┤├──┤/├─────────────────────────────────────────────
      M0
     ─┤├──────────────────────────────────────────[CALLP  P1 ]
 9   X001   M3    T1                                        (M1    )
     ─┤├──┤/├──┤/├──────────────────────────────────────
      M1
     ─┤├──┘
14   X003   Y012  T2                                        (M2    )
     ─┤├──┤├──┤/├──────────────────────────────────────
      M2
     ─┤├──┘
                                                            K100
19   M1                                                     (T1    )
     ─┤├──────────────────────────────────────────
                                                    [SET    Y010 ]
24  [=   T1    K50 ]───────────────────────────────[SET    Y011 ]
30  [=   T1    K100]───────────────────────────────[SET    Y012 ]
36   M2                                             [ZRST   Y004  Y007]
     ─┤├──────────────────────────────────────
                                                    [RST    Y014 ]
                                                            K200
                                                            (T2    )
46  [=   T2    K50 ]───────────────────────────────[ZRST   Y000  Y003]
56  [=   T2    K100]───────────────────────────────[RST    Y010 ]
62  [=   T2    K150]───────────────────────────────[RST    Y011 ]
68  [=   T2    K200]───────────────────────────────[RST    Y012 ]
P1
                                                            K50
74   M0                                                     (T0    )
     ─┤├──────────────────────────────────────────
79   M0                                             [WORP   HOF  K1Y000  K1Y000]
     ─┤├──────────────────────────────────────
87   T0    X004                                             (Y004  )
     ─┤├──┤/├────────────────────────────────────
           X005                                             (Y005  )
          ─┤/├───────────────────────────────────
           X006                                             (Y006  )
          ─┤/├───────────────────────────────────
           X007                                             (Y007  )
          ─┤/├───────────────────────────────────
100  M0    X004  X005  X006  X007                           (Y014  )
     ─┤├──┤├──┤├──┤├──┤├────────────────────────
                                                    [SET    M3   ]
107                                                 [SRET        ]
108                                                 [END         ]
```

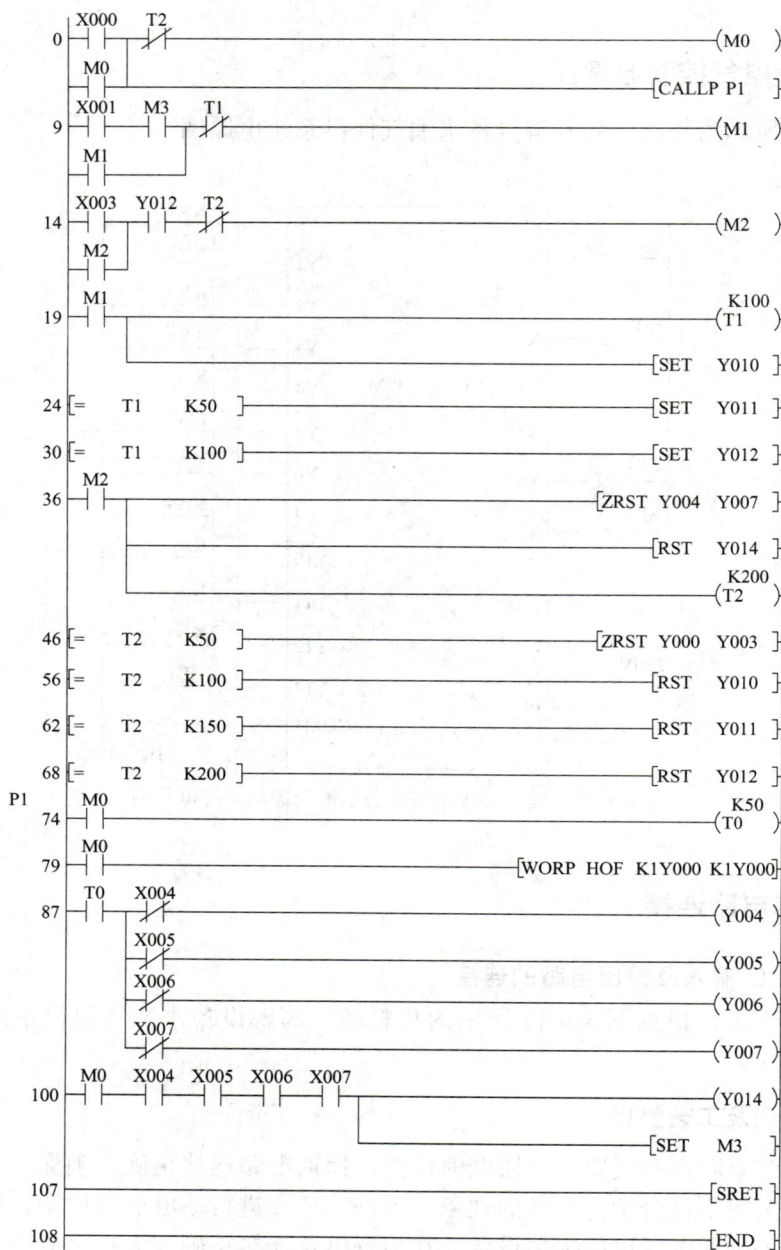

图 5-6-12　物料破碎筛解设备水油气保供系统控制程序

表 5-6-8　设备调试记录表

步骤	调试流程	正确现象	观察结果及解决措施
1	按下 SB1	水油气保供系统开始运行	
2	按下 SB2	电动机 M5～M7 每隔 5s 顺序起动 1 台	
3	按下 SB3	电动机 M1～M4 立即停止，延时 5s，KV1～KV4 自动关闭，M5～M7 按顺序每隔 5s 停止 1 台，3 台电动机全部停止后，设备停止运行	

任 务 评 价

对任务实施的完成情况进行检查，并将结果填入表 5-6-9 中。

表 5-6-9　任务测评表

序号	主要内容	考核要求	评分标准	配分	扣分	得分
1	控制电路的连接	根据任务要求，连接控制电路	1. 不能正确连接按钮和压力开关，扣 10 分 2. 不能正确连接开关阀和电动机，扣 10 分	20 分		
2	编写控制程序	根据任务要求，编写控制程序	1. KV1 ~ KV4 不能同时打开，不能 5s 后停止，M1 ~ M4 不能同时启动，扣 10 分 2. 按下设备起动按钮 SB2，电动机 M5 ~ M7 不能每隔 5s 顺序起动 1 台，扣 20 分 3. 任意时刻，按下停止按钮 SB3，电动机 M1 ~ M4 不能立即停止，M5 ~ M7 不能按顺序每隔 5s 停止 1 台，扣 30 分	60 分		
3	安全文明生产	遵守操作规程，尊重考评员，讲文明懂礼貌，考试结束要清理现场	1. 实训过程中，违反安全文明生产考核要求，每项扣 2 分，扣完为止 2. 当教师发现学生有重大事故隐患时，要立即予以制止，并扣安全分，共 5 分 3. 小组协作不和谐、效率低下，扣 5 分	20 分		
	合计			100 分		

开始时间：		结束时间：	
学生姓名：	指导教师：		任务实施日期：

项目六

触摸屏组态技术

项 目 导 学

随着工业自动化水平的迅速提高，组态控制软件和触摸屏控制技术已成为自动化控制领域中的重要部分。了解和掌握组态控制软件和触摸屏控制技术是自动化相关行业技术人员的必备技能之一。

MCGS（Monitor and Control Generated System）嵌入版组态软件是专门为 MCGS 触摸屏开发的一套组态软件。MCGS 嵌入版组态软件为用户提供了解决实际工程问题的完整方案和开发平台，能够完成现场数据采集、实时和历史数据处理、报警和安全机制、远程控制、动画显示、趋势曲线和报表输出以及企业监控网络等功能。

MCGS 嵌入版组态软件拥有简单灵活的可视化操作界面，具有良好的并行处理性能，还为用户提供了丰富的动画构件，每个动画构件都对应一个特定的动画功能。

本项目介绍 MCGS 嵌入版组态软件的基本功能和主要特点，并通过电动机运行状态监控触摸屏组态与系统调试和工业排风机组手动控制监控触摸屏组态与系统调试两个任务，使学生掌握触摸屏组态软件的使用方法；学会正确选择电器，正确连接电路和编辑触摸屏组态工程；能使用触摸屏控制或监控工业设备运行。

❖ 学习重点

1. 触摸屏基础知识。
2. MCGS 嵌入版组态软件的主要功能，安装 MCGS 软件。
3. MCGS 嵌入版组态软件的体系结构。
4. MCGS 嵌入版组态软件的基本应用，建立组态画面并与 PLC 实现数据连接。
5. 按钮、标签、文本框及插入元件等基本构件的应用。

❖ 学习难点

1. MCGS 嵌入版组态软件的基本应用，建立组态画面并与 PLC 实现数据连接。
2. 按钮、标签、文本框及插入元件等基本构件的应用。

建议课时：16。

 拓展任务

任务一 电动机运行状态监控触摸屏组态与系统调试

任务目标

知识目标：1. 了解触摸屏基础知识和组态软件。
　　　　　2. 掌握软件安装和工程建立的方法。
　　　　　3. 理解并学会触摸屏标准按钮、指示灯、文本、窗口间切换等组态制作。

能力目标：1. 根据任务要求，完成 MCGS 工程编辑，并下载到触摸屏，配合 PLC 完成任务。
　　　　　2. 能正确连接触摸屏，完成通信参数设置。

素质目标：1. 培养全方位分析问题和思考问题的能力。
　　　　　2. 弘扬勇于创新的劳动精神。

任务描述

在工业浆料储存罐中常用到搅拌电动机和料泵电动机，生产中需要对两台电动机实现起停控制，并运用触摸屏监控电动机运行状态，该如何实现呢？

图 6-1-1 所示为浆料储存罐控制示意图，搅拌电动机 M1 拖动搅拌机运行，料泵电动机 M2 拖动料泵运行，两台电动机均为星 – 三角形减压起动。按下起动按钮后，以星形减压起动运行 30s，自动转换为三角形全压运行。SB1 和 SB2 分别控制 M1 起动和停止，SB3 和 SB4 控制 M2 起动和停止。除控制按钮外，利用昆仑通态 TPC7062K 触摸屏对控制系统进行组态，通过触摸屏上的按钮也可以对 M1 和 M2 进行控制，同时进行运行状态监控。请设计电气原理图和 PLC 接线图，编写控制程序，并在网孔板上安装调试电路，同时对触摸屏组态画面进行设计，料泵电动机和搅拌电动机监控画面如图 6-1-2 所示，请进行变量连接，以实现对两台电动机的运行状态监控。

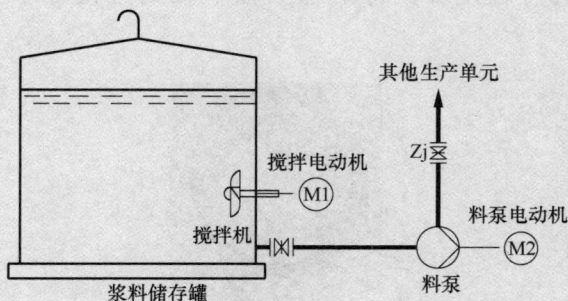

图 6-1-1　浆料储存罐控制示意图

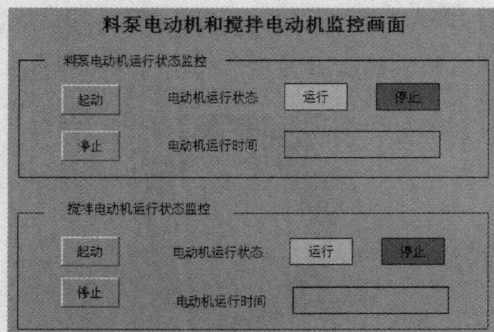

图 6-1-2　料泵电动机和搅拌电动机监控画面

任务分析

电动机运行状态监控触摸屏组态与系统调试任务选用昆仑通泰 TPC7062K 触摸屏，组态软件选用 MCGS，还需要完成 PLC 和触摸屏通信连接。

在组态画面中，编辑按钮的功能需要增加辅助继电器 M，在程序中与 SB 按钮所接的 X 触点进行并联，编辑指示灯标签需要关联 PLC 输出端 Y，电动机运行时间关联定时器 TN。

任务准备

一、认识昆仑通泰 TPC7062K 触摸屏

TPC7062K 触摸屏是一套以嵌入式低功耗 CPU 为核心的高性能嵌入式一体化工控机。该产品设计采用了 7 英寸高亮度 TFT 液晶显示屏（分辨率为 800×480），四线电阻式触摸屏（分辨率为 4096×4096），同时还预装了嵌入式实时多任务操作系统 WinCE.NET（中文版）和 MCGS 嵌入式组态软件（运行版）。TPC7062K 触摸屏外观如图 6-1-3 所示，其背面接口如图 6-1-4 所示。

图 6-1-3 TPC7062K 触摸屏外观

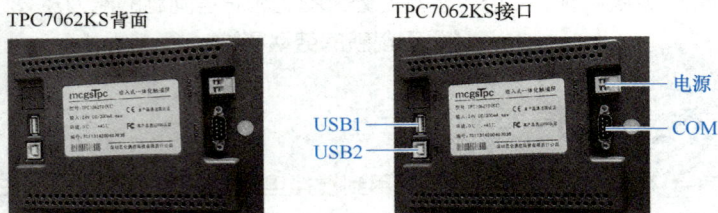

图 6-1-4 TPC7062K 触摸屏背面接口

二、触摸屏通信线

1. 连接触摸屏与 PLC 的数据线

用 RS485-BD 模块连接触摸屏与 PLC，实现 PLC 与人机交互界面的通信。RS485-BD 模块通信电缆如图 6-1-5 所示。

2. 连接计算机与触摸屏的数据线

用 MCGS 专用 USB 下载线连接计算机与触摸屏，将组态工程下载到触摸屏中。MCGS 专用 USB 下载线如图 6-1-6 所示。

图 6-1-5 RS485-BD 模块通信电缆

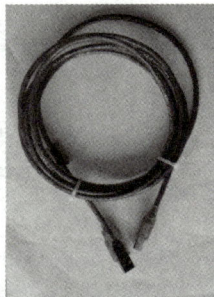

图 6-1-6 MCGS 专用 USB 下载线

三、MCGS 嵌入版组态软件及其安装方法

MCGS 嵌入版组态软件是昆仑通态公司专门开发用于 mcgsTpc 系列人机界面设备的组态软件，主要完成现场数据的采集与监测、前端数据的处理与控制。该软件安装方法

如下：

1）将 MCGS 嵌入版组态软件压缩包解压至相应文件夹，如图 6-1-7a 所示，其安装程序如图 6-1-7b 所示。双击安装程序"Setup.exe"，开始安装软件，如图 6-1-8 所示。

a) 安装包   b) 安装程序

图 6-1-7   组态软件安装包及安装程序

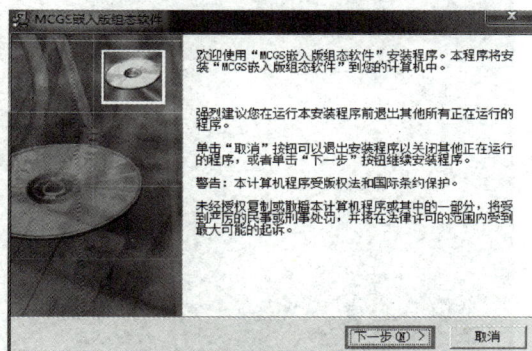

图 6-1-8   MCGS 嵌入版组态软件安装界面 1

2）在图 6-1-8 ～ 图 6-1-11 所示界面中单击"下一步"，进入正在安装界面，如图 6-1-12 所示。**强烈建议安装过程中关闭安全防护和杀毒软件，避免不必要的麻烦。请按照指示箭头顺序设置！**

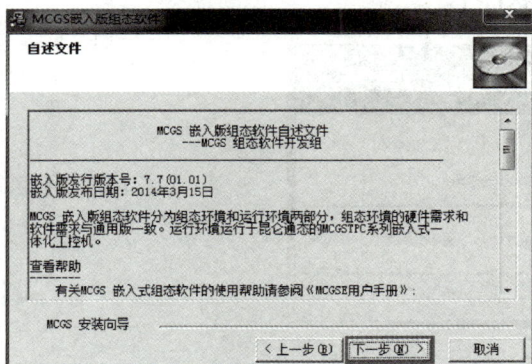

图 6-1-9   MCGS 嵌入版组态软件安装界面 2

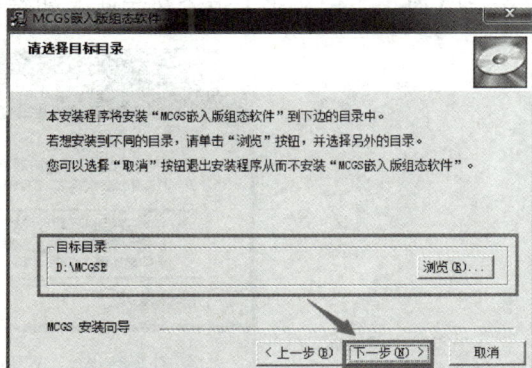

图 6-1-10   MCGS 嵌入版组态软件安装界面 3

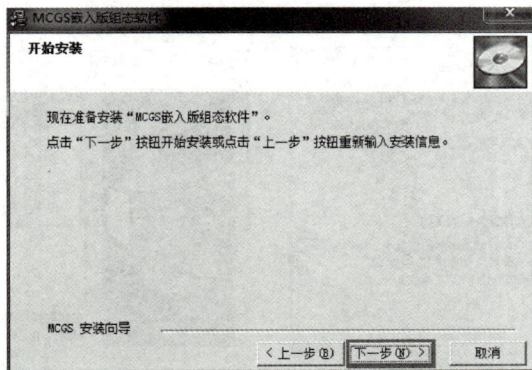

图 6-1-11   MCGS 嵌入式组态软件安装界面 4

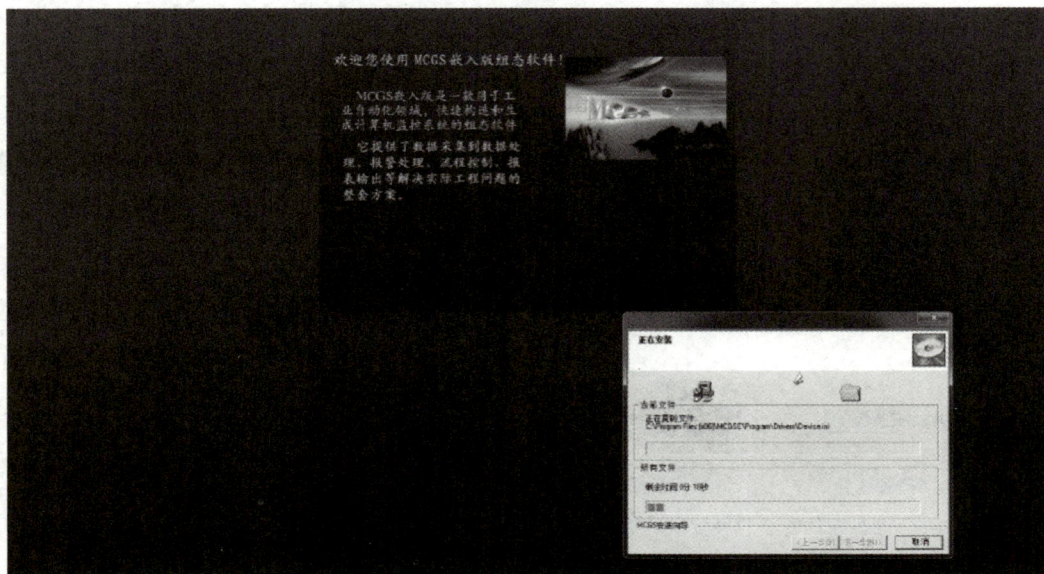

图 6-1-12 正在安装界面

3）Windows7 和 Windows8 环境下安装，可能会出现"Windows 安全"对话框，如图 6-1-13 所示，请单击 [始终安装此驱动程序软件]。

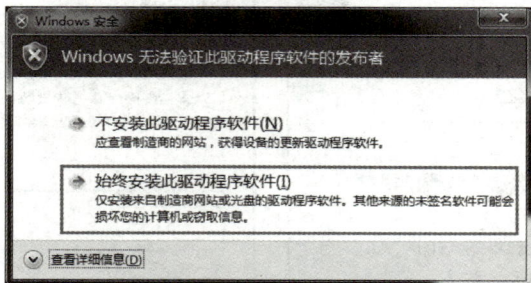

图 6-1-13 "Windows 安全"对话框

4）MCGS 嵌入版驱动安装界面（完成上述步骤，自动弹出）如图 6-1-14 和图 6-1-15 所示，依次单击"下一步"。

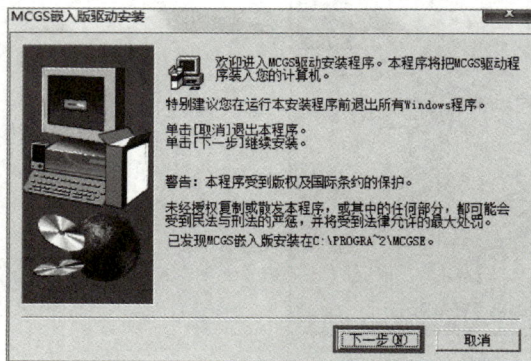

图 6-1-14 MCGS 嵌入版驱动安装界面 1

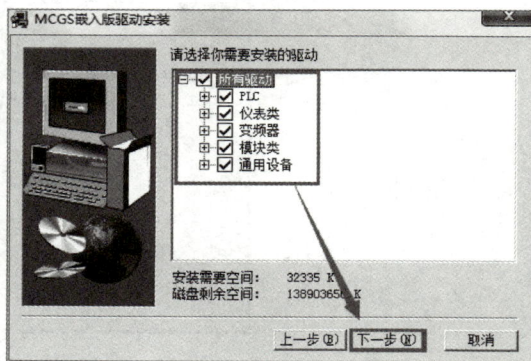

图 6-1-15 MCGS 嵌入版驱动安装界面 2

5）MCGS 嵌入版组态软件安装完成，其图标如图 6-1-16 所示。

图 6-1-16　图标

四、组态创建方法

1）双击 MCGS 嵌入版组态软件的图标，打开软件，首次打开软件的界面如图 6-1-17 所示。

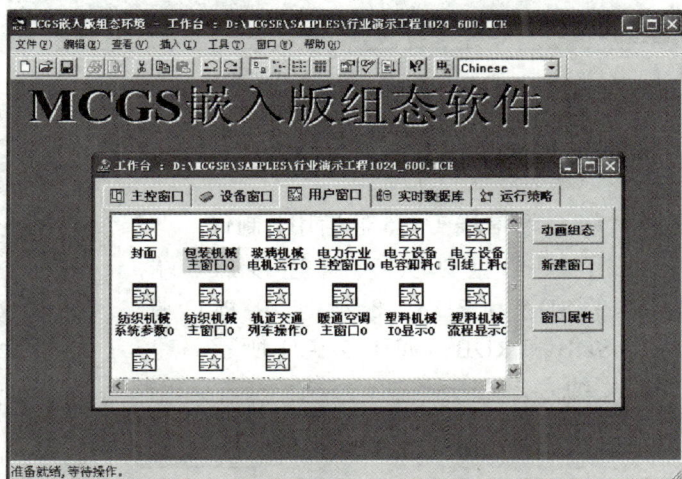

图 6-1-17　首次打开软件的界面

2）单击菜单栏上"文件"→"新建工程"，创建新工程，如图 6-1-18 所示。

3）TPC 类型选择"TPC7062KX"，单击"确定"后完成新建工程，如图 6-1-19 所示。新建工程界面如图 6-1-20 所示。

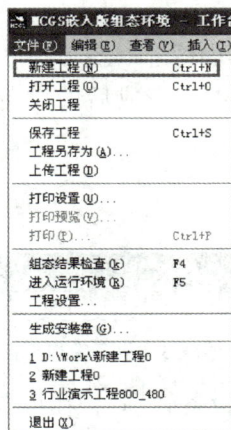

图 6-1-18　创建新工程

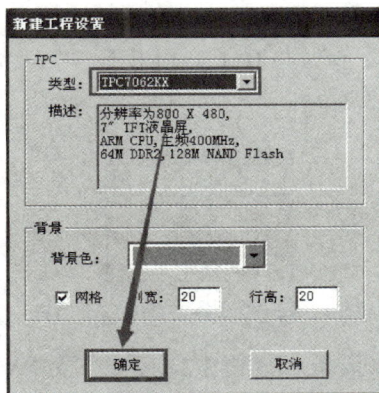

图 6-1-19　新建工程设置

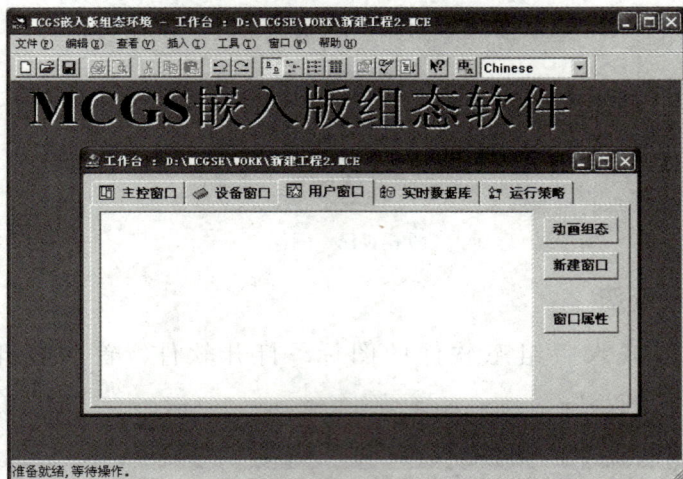

图 6-1-20　新建工程界面

五、触摸屏（MCGS-TP7062KS）与三菱 PLC（FX$_{3U}$-485BD）通信

1. MCGS 触摸屏和 PLC 通信线（485 通信用）制作

触摸屏 TPC 端采用 9 针 D 型母头，7 脚连接 PLC 端 FX$_{3U}$-485BD 模块中的 SDA 和 RDA，8 脚连接 PLC 端 FX$_{3U}$-485BD 模块中的 SDB 和 RDB，如图 6-1-21 所示。建议采用 5 芯屏蔽线，长度约为 2m。

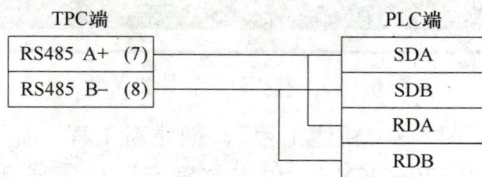

触摸屏与 PLC 通信

图 6-1-21　通信线连接示意图

2. MCGS 触摸屏和 PLC 通信软件的设置

单击菜单栏中图标 ，打开"设备工具箱"对话框，如图 6-1-22 所示，找到"通用串口父设备"并双击，再找到"三菱 FX 系列串口"并双击，完成后的设备窗口界面如图 6-1-23 所示。

图 6-1-22　"设备工具箱"对话框

图 6-1-23　设备窗口界面

如果设备工具箱中没有"三菱 FX 系列串口"，单击"设备管理"，在可选设备列表内找到该选项，双击添加到选定设备，如图 6-1-24 所示。

图 6-1-24　设备管理界面

在设备管理界面中双击"通用串口父设备"，完成设备参数设置，如图 6-1-25 所示，各参数与图中一致。

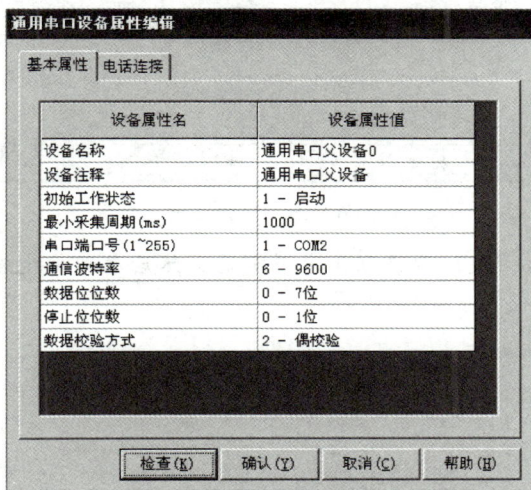

图 6-1-25　通用串口设备属性编辑

在设备管理界面中双击"设备 0"，完成子设备参数设置，如图 6-1-26 所示，各参数与图中一致。

3. PLC 的设置

打开 GX Developer 编程软件，选择"PLC 参数"，如图 6-1-27 所示。

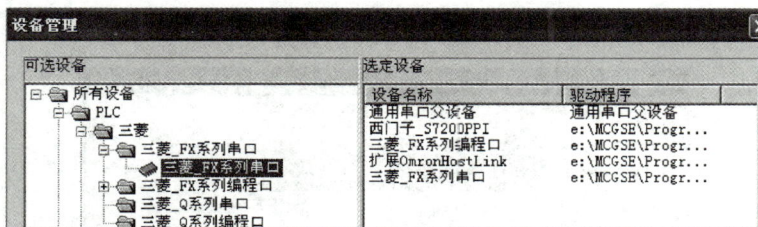

设备属性名	设备属性值
[内部属性]	设置设备内部属性
采集优化	1-优化
设备名称	设备0
设备注释	三菱_FX系列串口
初始工作状态	1 - 启动
最小采集周期(ms)	100
设备地址	0
通信等待时间	200
快速采集次数	0
协议格式	0 - 协议1
是否校验	1 - 求校验
PLC类型	4 - FX2N

图 6-1-26　子设备参数设置

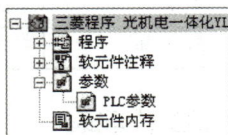

图 6-1-27　选择"PLC 参数"

双击"PLC 参数",在"PLC 系统（2）"选项卡中完成通信参数设置,如图 6-1-28 所示,各参数与图中保持一致。

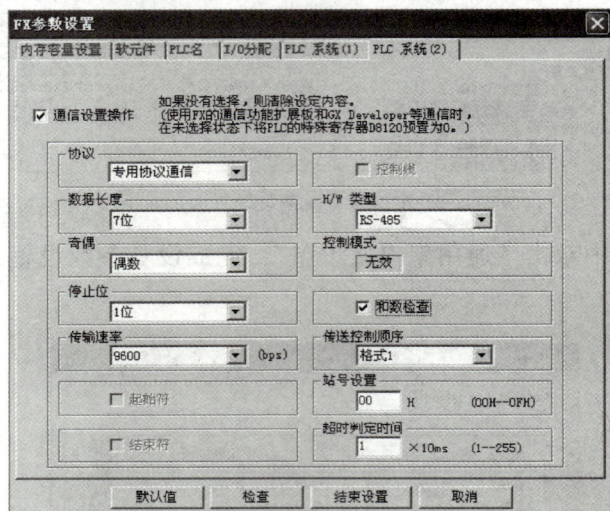

图 6-1-28 参数设置

注：PLC 参数修改后,PLC 要重新上电并重启,然后参数才生效。

任务实施

一、元器件检查

清点任务所需的设备、工具及材料,并利用万用表检查元器件好坏。电动机运行状态监控实训材料清单见表 6-1-1。

表 6-1-1 电动机运行状态监控实训材料清单

序号	名称	型号	数量	作用
1	PLC 模块	FX_{3U}-48MR	1 块	控制电动机的运行
2	按钮模块	专配	1 个	提供 DC24V 电源、操作按钮及指示灯
3	电源模块	专配	1 个	提供三相五线电源
4	电动机	专配	2 台	负载
5	接触器、热继电器模块	专配	6 个	用于电动机主电路控制
6	安全插接导线	专配	若干	电路连接
7	计算机	安装有编程软件	1 台	用于编写、下载程序等
8	触摸屏	MCGS-TP7062KS	1 台	控制和监控
9	通信模块	RS485-BD 模块	1 个	连接 PLC 和触摸屏

二、建立 I/O 分配表

根据任务,分析做出输入输出 I/O 分配表,见表 6-1-2。

表 6-1-2　输入输出 I/O 分配表

输入			输出		
输入元件	功能作用	输入继电器	输出元件	控制对象	输出继电器
SB1	M1 起动按钮	X000	KM1	M1 主开关	Y000
SB2	M1 停止按钮	X001	KM11	M1 星形减压起动开关	Y001
SB3	M2 起动按钮	X002	KM12	M1 三角形全压运行开关	Y002
SB4	M2 停止按钮	X003	KM2	M2 主开关	Y003
FR1	过载保护 1	X004	KM21	M2 星形减压起动开关	Y004
FR2	过载保护 2	X005	KM22	M2 三角形全压运行开关	Y005

三、电路连接

　　按照接线要求，使用安全插接线，完成两台电动机主电路的连接及 PLC 控制电路的连接，如图 6-1-29 所示。**注意：不能带电接线。**完成接线后进行通电前检查，保证符合工艺规范，电路连接正确。

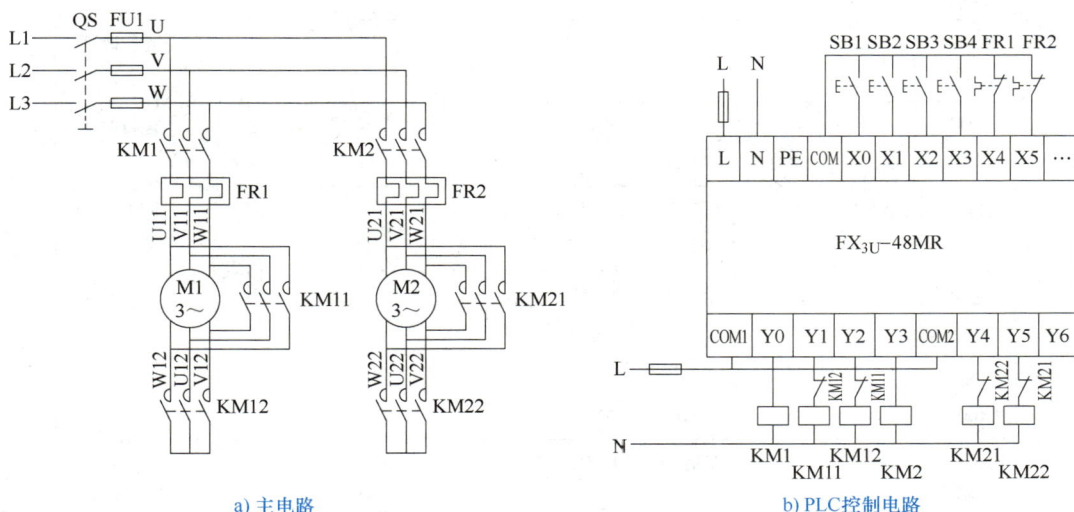

a) 主电路　　　　　　　　　　　　　　　　b) PLC控制电路

图 6-1-29　电动机主电路及 PLC 控制电路接线图

　　PLC 与触摸屏通信接线图如图 6-1-30 所示，触摸屏电源接 DC 24V。

四、程序编写与下载

1. PLC 控制程序

　　在 GX Developer 编程软件中，根据输入输出 I/O 分配表，画出电动机运行状态监控梯形图，如图 6-1-31 所示。辅助继电器 M0、M1、M2、M3 为触摸屏按钮提供数据关联，在触摸屏中，PLC 输入地址 X 只读不写，输出地址 Y 可读写。在接线图中，虽然交

流接触器 KM11 和 KM12 的线圈已经互锁，梯形图中仍需要将输出 Y1 和 Y2 互锁。接线图中，热继电器常闭触点接 X4，梯形图中，过载保护串联其常开触点。若热继电器采用常开触点，则梯形图中要使用常闭触点。

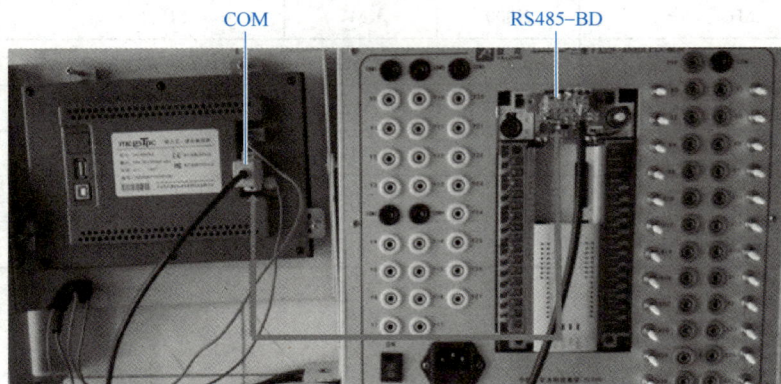

图 6-1-30 PLC 与触摸屏通信接线图

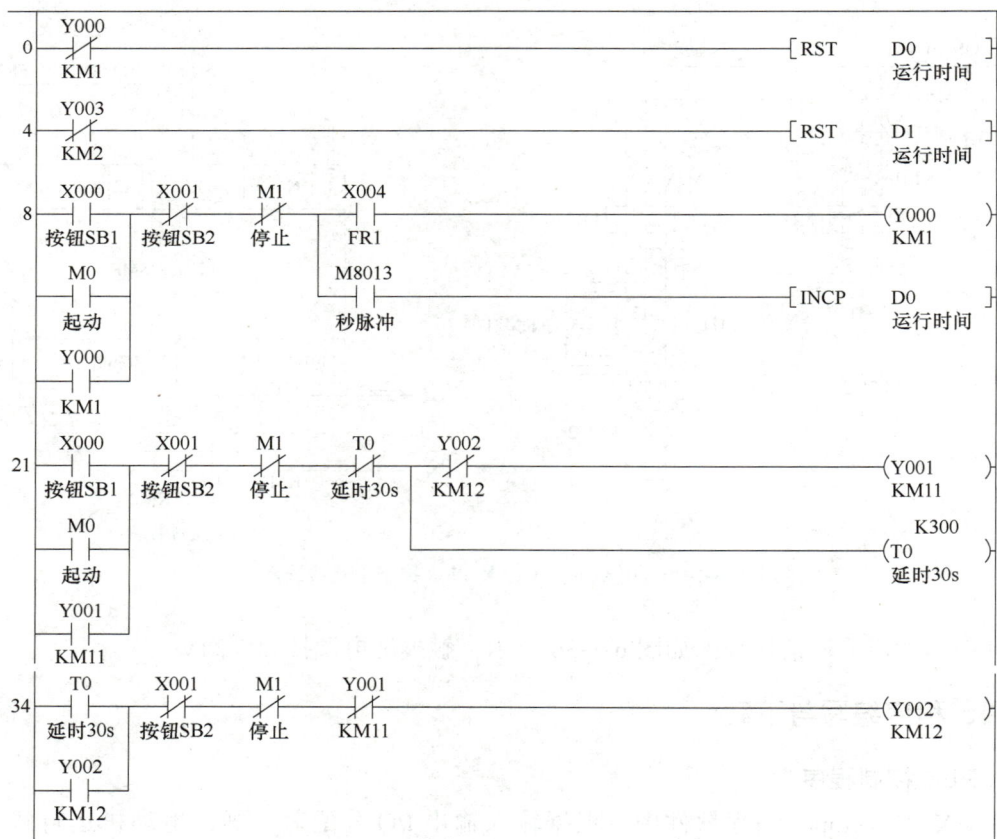

图 6-1-31 电动机运行状态监控梯形图

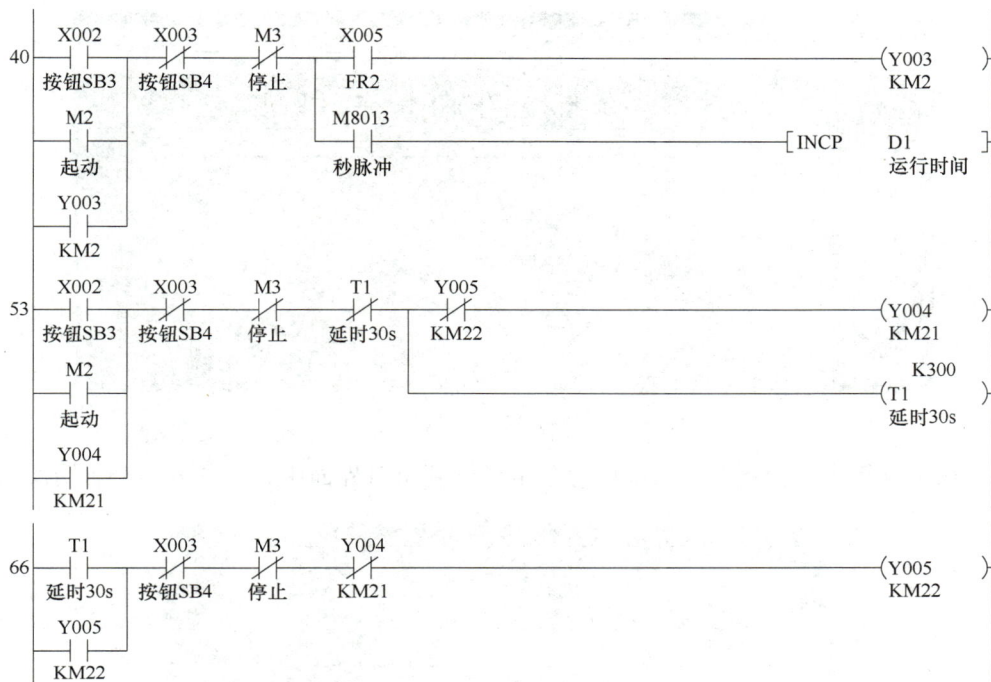

图 6-1-31　电动机运行状态监控梯形图（续）

程序编辑完成后，对编写程序进行转换、修改并保存文件。然后，完成 PLC 程序的写入。通过 RS485 通信连接线，确保计算机串口与 PLC 已经正常连接，在 PLC 已经上电的情况下，单击"在线"菜单中的"PLC 写入"或者单击常用操作工具栏中的"PLC 写入"，按软件操作提示完成写入操作，将编写好的程序正确写入 PLC 中。

2. MCGS 组态程序

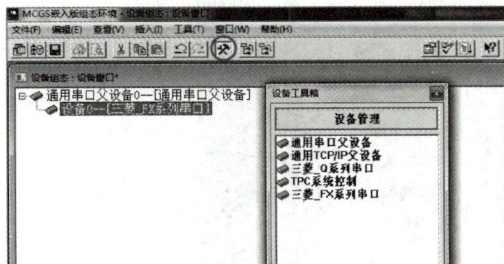

1）新建工程，在"设备窗口"中打开"设备工具箱"对话框，完成设备添加，如图 6-1-32 所示。

2）在"用户窗口"选项卡中单击"新建窗口"，生成"窗口 0"，如图 6-1-33 所示。

MCGS 组态程序

图 6-1-32　添加设备

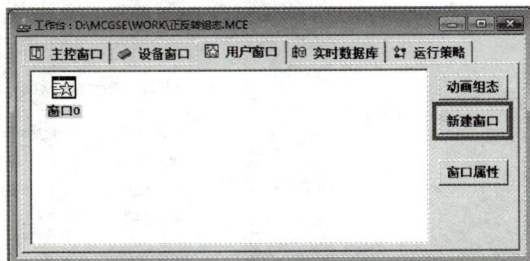

图 6-1-33　新建窗口

3）双击"窗口 0"，弹出窗口编辑界面，单击菜单栏中的工具符号，弹出"工具箱"，如图 6-1-34 所示。

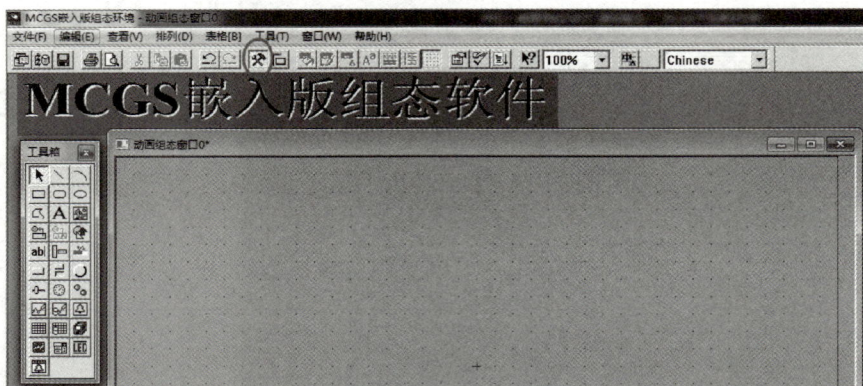

图 6-1-34 工具箱

4）在工具箱中选择图标□，添加两个矩形框到窗口界面中，如图 6-1-35 所示。

图 6-1-35 添加两个矩形框

5）在工具箱中选择图标 A，添加文本框标签到窗口界面中，输入文字"料泵电动机和搅拌电动机监控画面"，在"标签动画组态属性设置"对话框中，边线颜色选择"没有边线"，如图 6-1-36 所示。

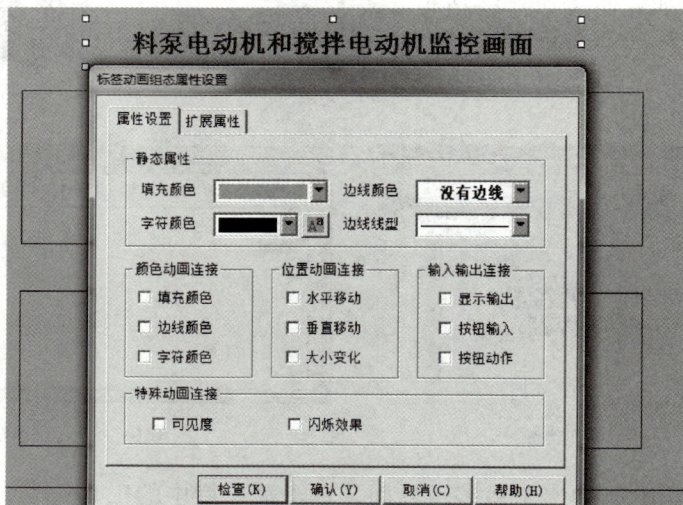

图 6-1-36 标签动画组态属性设置

6）用相同的方法添加全部文字标签，如图 6-1-37 所示。

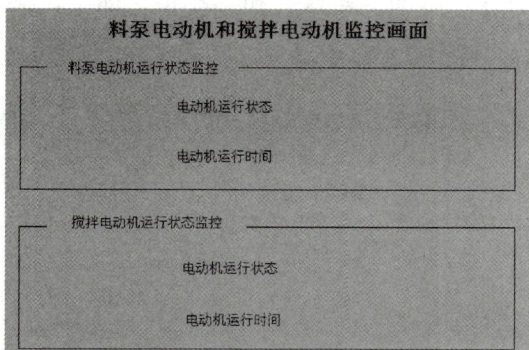

图 6-1-37　添加全部文字标签

7）在工具箱中选择图标**A**，添加文本框标签到搅拌电动机运行时间标签位置，不输入文字，默认边线颜色，勾选"显示输出"，并在"显示输出"选项卡中，将输出类型设为"数值量输出"，单位设为"秒"，输出格式设为"自然小数位"，如图 6-1-38 所示。

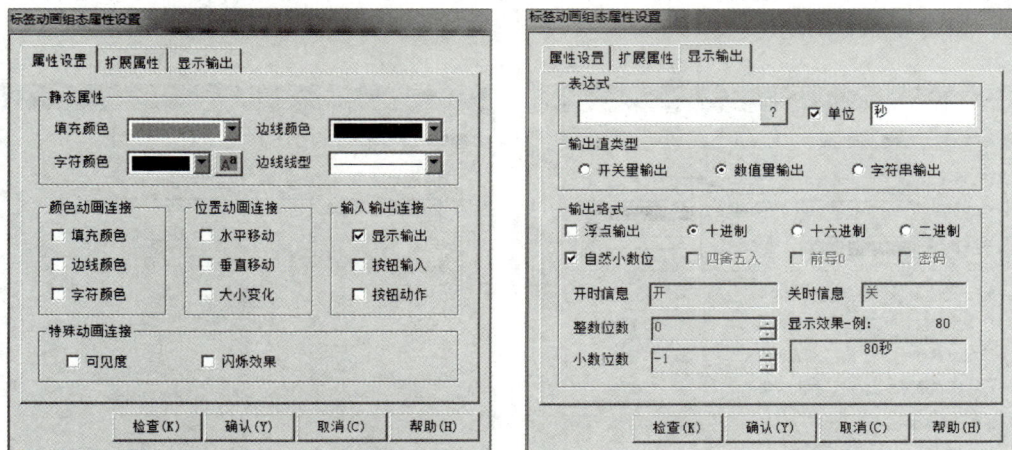

图 6-1-38　输出显示

8）单击表达式后图标，在"变量选择"对话框内，选择"根据采集信息生成"，通道类型设为"D 数据寄存器"，通道地址设为"0"（梯形图中 D0 记录搅拌电动机运行时间），如图 6-1-39 所示。

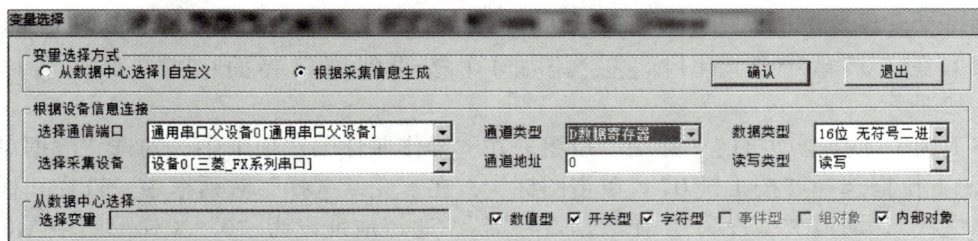

图 6-1-39　变量选择

9）同样方式设置料泵电动机运行时间显示，在"变量选择"对话框中，将通道地址设为"1"。再次选择图标Ａ，添加"运行"和"停止"标签，颜色填充分别为绿色和红色，如图 6-1-40 所示。

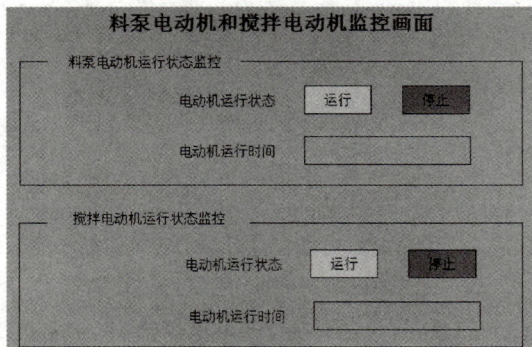

图 6-1-40　添加标签

10）选中搅拌电动机运行状态监控中的"运行"标签，勾选"可见度"。在可见度表达式中单击图标?，选择"根据采集信息生成"，关联 Y0 输出寄存器（即电动机工作状态），如图 6-1-41 所示。

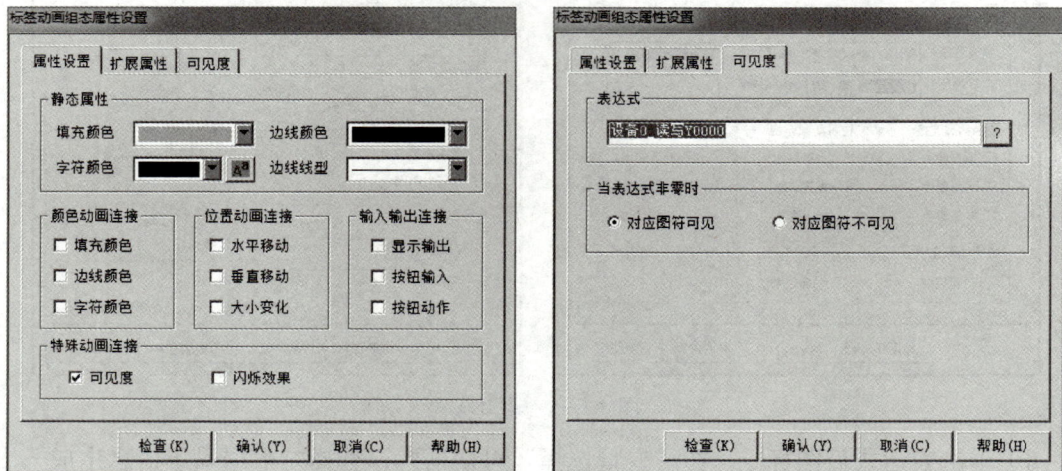

图 6-1-41　可见度设置

11）选中搅拌电动机运行状态监控中的"停止"标签，用同样的方法关联 Y0 输出寄存器，可见度设置中选择"对应符号不可见"。

12）在工具箱中选择图标▣，添加 4 个按钮到窗口界面中，并修改名称，如图 6-1-42 所示。

13）选中搅拌电动机的"起动"按钮，在"操作属性"选项卡中，勾选"数据对象值操作"，下拉框选择"按 1 松 0"。单击图标?，在"变量选择"对话框中，选择"根据采集信息生成"，通道类型设为"Ｍ数据寄存器"，通道地址设为"0"（梯形图中 M0 起动搅拌电动机），如图 6-1-43 所示。

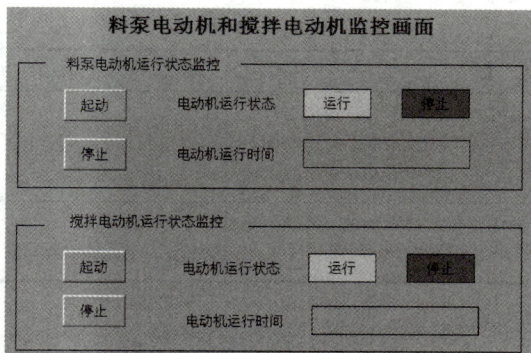

图 6-1-42 添加按钮

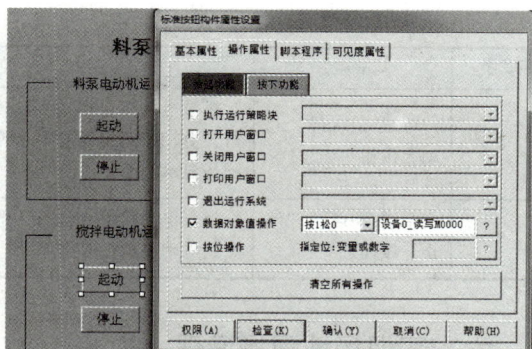

图 6-1-43 按钮属性设置

14）其他几个按钮用同样的方法关联 PLC 数据中的 M1、M2、M3，注意对应关系。

15）组态工程编辑完成后，通过 USB 通信连接线，确保计算机 USB 口与 MCGS 触摸屏已经正常连接，在 MCGS 触摸屏已经上电的情况下，单击菜单中的图标🖳，在弹出的"下载配置"对话框中选择"连机运行"，连接方式选择"USB 通信"，单击"工程下载"，完成工程下载并进入运行环境，如图 6-1-44 所示。

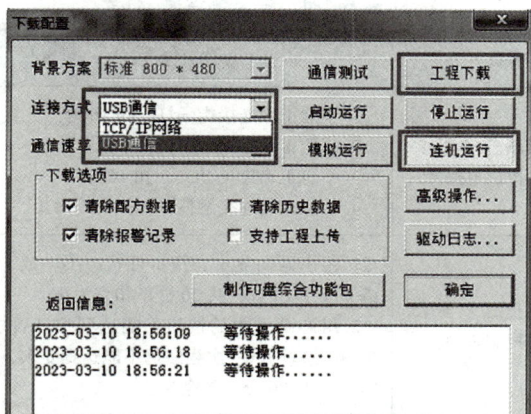

图 6-1-44 工程下载

五、调试与运行

梯形图正确写入 PLC 和组态画面下载到触摸屏后，进行系统调试。根据调试过程，将调试结果填入表 6-1-3 中。

表 6-1-3 电动机运行状态监控调试记录表

步骤	调试流程	正确现象	观察结果及解决措施
1	单击 SB1 或"起动"按钮	搅拌电动机星形减压起动，运行 30s 后转换为三角形全压运行，电动机运行状态显示绿色"运行"标签，电动机运行时间同步显示	
2	单击 SB2 或"停止"按钮	搅拌电动机停止运行，电动机运行状态显示红色"停止"标签，电动机运行时间清零	

（续）

步骤	调试流程	正确现象	观察结果及解决措施
3	单击 SB3 或"起动"按钮	料泵电动机星形减压起动，运行 30s 后转换为三角形全压运行，电动机运行状态显示绿色"运行"标签，电动机运行时间同步显示	
4	单击 SB4 或"停止"按钮	料泵电动机停止运行，电动机运行状态显示红色"停止"标签，电动机运行时间清零	

六、实训场地现场清理

实训完成后，将对所操作设备进行复位、还原。拆除安全插接线、整理工位、清点工具、清扫现场卫生，并填写设备使用登记表。

任务评价

对任务实施的完成情况进行检查，并将结果填入表 6-1-4 中。

表 6-1-4　任务测评表

序号	主要内容	考核要求	评分标准	配分	扣分	得分
1	控制电路的连接	根据任务要求，连接控制电路	1. 不能正确连接指示灯，扣 10 分 2. 不能正确连接按钮，扣 10 分 3. 不能正确连接 PLC，扣 10 分 4. 不能正确连接触摸屏，扣 10 分	40 分		
2	编写控制程序	根据任务要求，编写控制程序	1. 组态画面显示和指示灯状态不一致，每错一次扣 10 分，共 20 分，扣完为止 2. 组态画面中的按钮不能达到控制要求，扣 10 分；调试一次程序仍不能达到要求，扣 10 分，共 20 分，扣完为止	40 分		
3	工艺符合标准	根据任务要求，布线美观	布线不美观、导线不整齐，扣 10 分	10 分		
4	安全文明生产	遵守操作规程，尊重考评员，讲文明懂礼貌，考试结束要清理现场	1. 实训中，违反安全文明生产考核要求，每项扣 2 分，扣完为止 2. 当教师发现操作者有重大事故隐患时，要立即予以制止，并扣安全文明生产分，共 5 分 3. 小组协作不和谐、效率低下，扣 5 分	10 分		
		合计		100 分		

开始时间：		结束时间：	
学生姓名：	指导教师：		任务实施日期：

任务二　工业排风机组手动控制监控触摸屏组态与系统调试

任务目标

知识目标：1. 了解 MCGS 触摸屏中动画和报警显示的制作方法。

　　　　　2. 熟练掌握组态工程建立的方法和工程下载。

　　　　　3. 理解并学会用触摸屏监控 PLC 工作状态。

能力目标：1. 根据任务要求，完成控制系统电路的连接，以及 PLC 与 MCGS 触摸屏通信。

　　　　　2. 进一步掌握组态画面编辑和触摸屏应用。

素质目标：1. 培养全方位分析问题和思考问题的能力。

　　　　　2. 弘扬精益求精的工匠精神。

任务描述

　　为防止设备在生产过程中产生的有害物对车间空气造成污染，企业往往通过排气设备将有害物进行收集，并用管道输送到净化设备进行处理，达到排放标准后，再回用或排入大气，由此来净化车间内的空气。随着工业自动化水平的提高，通常采用自动排风控制系统对排气设备进行控制。如何使用 PLC 控制排风机组和监控其工作情况呢？

　　图 6-2-1 所示为工业排风机组控制示意图，图 6-2-2 为工业排风机组手动控制监控界面。单击"系统起动"按钮，系统指示灯变成绿色，并以 2s 周期（亮 1s，灭 1s）开始闪烁，此时可分别在 3 个输入框中设置排风机组的运行时间，完成后分别单击各机组"起动"按钮，起动排风机组，用 3 个标签分别显示 3 个机组的运行时间。当运行时间达到设定值时，排风机组自行停止，也可单击各排风机组的"停止"按钮直接停止。用 3 个运行指示灯分别指示排风机组运行状态，当排风机组起动时，指示灯为绿色，停止时变为红色。任意时刻，单击"系统停止"按钮，

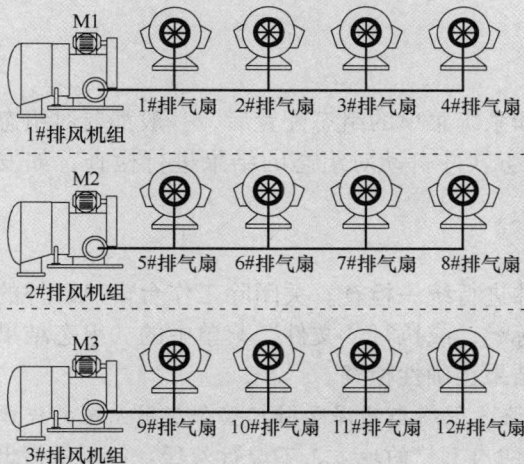

图 6-2-1　工业排风机组控制示意图

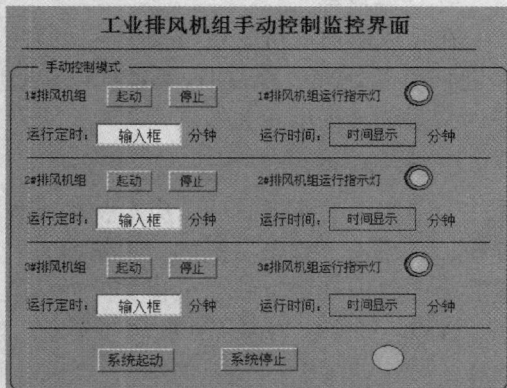

图 6-2-2　工业排风机组手动控制监控界面

3 个机组全部停止，运行定时和运行时间全部清零，系统指示灯停止闪烁，变为红色，机组运行指示灯全部变为红色。请设计电气原理图和 PLC 接线图，编写控制程序，并在网孔板上安装调试电路，同时在触摸屏上设计组态画面并进行系统调试。

任务分析

　　工业排风机组采用交流接触器控制主电路，交流接触器线圈由 PLC 的输出端 Y 连接控制。为保证安全，各电动机主电路需接热继电器加以保护，热继电器常闭触点接入 PLC 输入端 X。相较任务一，触摸屏编辑中新增时间设定与显示，若梯形图中采用定时器计时，PLC 定时器计算时间是要考虑溢出的，其最大值为 32767。故本次任务最大定时为 3276.7s，约 54.6min。编辑组态时，运行定时输入框最大值为 54。

任务准备

一、组态结果检查

　　在组态过程中，不可避免地会产生各种错误，错误的组态会导致各种无法预料的结果，要保证组态生成的应用系统能够正确运行，必须保证组态结果准确无误。MCGS 嵌入版组态软件提供了多种措施来检查组态结果的正确性，要密切注意系统提示的错误信息，养成及时发现问题和解决问题的习惯。

1. 随时检查

　　各种对象的属性设置是组态配置的重要环节，其正确与否直接关系到系统能否正常运行。为此，MCGS 嵌入版组态软件大多数属性设置界面中都设有 "检查（C）" 按钮，用于对组态结果的正确性进行检查。每当完成一个对象的属性设置后，可使用该按钮，及时进行检查，如有错误，系统会提示相关的信息。这种随时检查可使用户能及时发现错误，并且容易查找出错误的原因，迅速纠正。

2. 存盘检查

　　在完成用户窗口、设备窗口、运行策略和系统菜单的组态配置后，一般都要对组态结果进行存盘处理。存盘时，MCGS 嵌入版组态软件自动对组态的结果进行检查，如发现错误，系统会提示相关的信息。

3. 统一检查

　　全部组态工作完成后，应对整个工程文件进行统一检查。关闭除工作台窗口以外的其他窗口，单击工具条右侧的 "组态检查" 图标，或执行 "文件" 菜单中的 "组态结果检查" 命令，即开始对整个工程文件进行组态结果正确性检查。

　　注意：为了提高应用系统的可靠性，尽量避免因组态错误而引起整个应用系统的失效，在运行时，MCGS 嵌入版组态软件会跳过所有组态有错的地方，不进行处理。但必须指出，如果对系统检查出来的错误不及时进行纠正处理，会使应用系统在运行中发生异常现象，很可能造成整个系统失效。

二、工程测试

新建工程在 MCGS 嵌入版组态环境中完成（或部分完成）组态配置后，应当转入 MCGS 嵌入版运行环境，通过试运行，进行综合性测试检查。单击工具条中的"进入运行环境"图标，或按下快捷键 F5，或执行"文件"菜单中的"进入运行环境"命令，即可进入下载配置窗口，下载当前正在组态的工程，在模拟环境中对要实现的功能进行测试。

在组态过程中，可随时进入运行环境，完成一部分测试一部分，发现错误及时修改。主要从以下几个方面对新建工程进行测试检查。

1. 外部设备测试

外部设备是应用系统操作的主要对象，是通过配置在设备窗口内的设备构件实施测量与控制的。因此，在系统联机运行之前，应首先对外部设备本身和组态配置结果进行测试检查。

首先确保外部设备能正常工作，对硬件设置、供电系统、信号传输、接地等各个环节进行正确性检查及功能测试，设备正常后再联机运行。

其次在设备窗口组态配置中，要反复检查设备构件的选择及其属性设置是否正确，设备通道与实时数据库数据对象的连接是否正确，确认正确无误后方可转入联机运行。

联机运行时，利用设备构件提供的调试功能，给外部设备输入标准信号，观察采集进来的数据是否正确，外部设备在手动信号控制下，能否迅速响应，运行是否正常等。

2. 动画动作测试

图形对象的动画动作是实时数据库中数据对象驱动的结果，因此，该项测试是对整个系统进行的综合性检查。通过对图形对象动画动作的实际观测，检查与实时数据库建立的连接关系是否正确，动画效果是否符合实际情况，验证画面设计与组态配置的正确性及合理性。

动画动作的测试建议分两步进行：

首先利用模拟设备产生的数据进行测试，定义若干个测试专用的数据对象，并设定一组典型数值；或在运行策略中模拟对象值的变化，测试图形对象的动画动作是否符合设计意图。然后，进行运行过程中的实时数据测试，可设置一些辅助动画，显示关键数据的值，测试图形对象的动画动作是否符合实际情况。

3. 按钮动作的测试

首先检查按钮标签文字是否正确。实际操作按钮，测试系统对按钮动作的响应是否符合设计意图，是否满足实际操作的需要。当设有快捷键时，应检查与系统其他部分的快捷键设置是否冲突。

4. 用户窗口的测试

首先测试用户窗口能否正常打开和关闭，测试窗口的外观是否符合要求。对于经常打开和关闭的窗口，通过对其执行速度的测试，检查是否将该类窗口设置为内存窗口（在主控窗口中设置）。

5. 图形界面的测试

图形界面由多个用户窗口构成，各个窗口的外观、大小及相互之间的位置关系需要仔

细调整和精确定位，以获得满意的显示效果。在系统综合测试阶段，建议先进行简单布局，重点检查图形界面的实用性及可操作性。待整个应用系统调试基本完成后，再对所有用户窗口的大小及位置关系进行精细调整。

三、制作动画显示

由图形对象搭建而成的图形画面是静止不动的，需要对这些图形对象进行动画设计，力求真实地描述外界对象的状态变化，达到过程实时监控的目的。MCGS 嵌入版组态软件实现图形动画设计的主要方法是将用户窗口中图形对象与实时数据库中的数据对象建立相关性连接，并设置相应的动画属性。在系统运行过程中，图形对象的外观和状态特征由数据对象的实时采集值驱动，从而实现了图形的动画效果。下面通过举例说明：

1. 水位升降

水位升降的动画效果是通过设置数据对象"大小变化"连接类型实现的。

具体设置步骤如下：

1）在用户窗口中，双击"水罐 1"，弹出"单元属性设置"对话框。

2）选择"动画连接"选项卡，如图 6-2-3 所示。

3）选中"折线"，其右端出现图标 ▷。

4）单击图标 ▷，进入"动画组态属性设置"对话框。表达式设为"液位 1"；最大变化百分比对应的表达式的值设为"10"；其他参数不变，如图 6-2-4 所示。

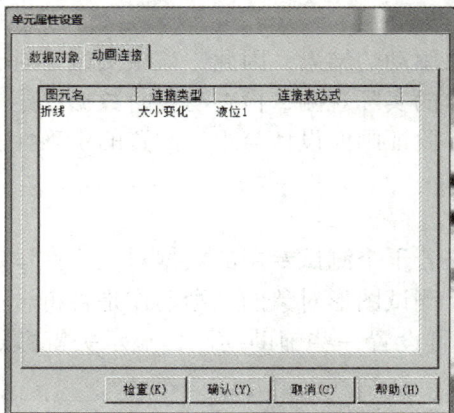

图 6-2-3 "动画连接"选项卡　　　　　　　图 6-2-4 设置参数

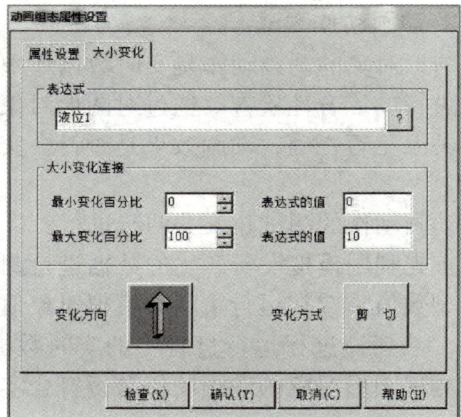

5）单击"确认"，水罐 1 水位升降的动画效果制作完毕。

2. 水泵、阀门起停

水泵、阀门起停的动画效果是通过设置连接类型对应的数据对象实现的。

设置步骤如下：

1）双击水泵，弹出"单元属性设置"对话框。

2）选中"数据对象"选项卡中的"按钮输入"，右端出现浏览图标 ？。

3）单击浏览图标 ？，双击数据对象列表中的"水泵"。

4）用同样的方法将"填充颜色"对应的数据对象设置为"水泵"，如图 6-2-5 所示。

5）单击"确认"，水泵起停的动画效果设置完毕。

调节阀起停的动画效果同理，只需在"数据对象"选项卡中，将"按钮输入""填充颜色"的数据对象均设置为"调节阀"。

出水阀起停的动画效果同理，需在"数据对象"选项卡中，将"按钮输入""可见度"的数据对象均设置为"出水阀"。

3. 水流动画

水流动画效果是通过设置流动块构件的属性实现的。

设置步骤如下：

1）双击水泵右侧的流动块，弹出"流动块构件属性设置"对话框。

2）在"流动属性"选项卡中，进行如下设置：

表达式设为"水泵 =1"；选择当表达式非零时，流动块构件开始流动。

水罐 1 右侧流动块及水罐 2 右侧流动块的动画制作方法与此相同，只需将表达式相应改为"调节阀 =1"和"出水阀 =1"即可。

至此动画连接已完成，动画效果如图 6-2-6 所示。

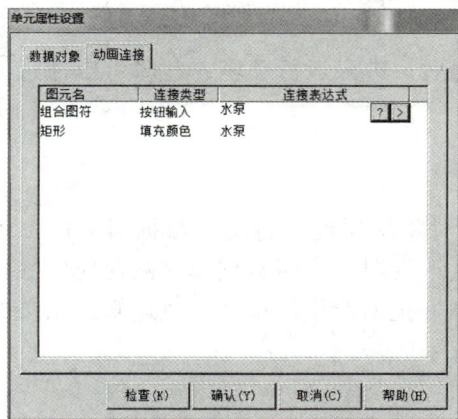

图 6-2-5　设置"填充颜色"　　　　图 6-2-6　动画效果

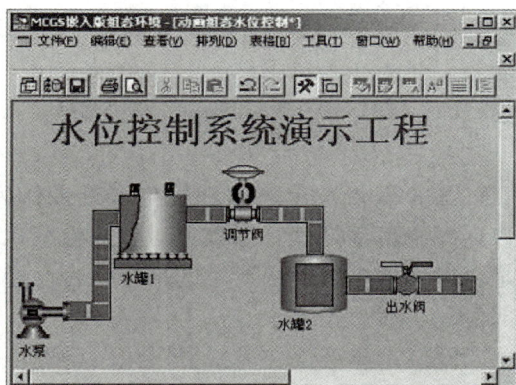

4. 水罐液面动画

这时的界面仍是静止的。移动指针到"水泵""调节阀""出水阀"上面的红色部分，鼠标指针会呈手形。单击，红色部分变为绿色，同时流动块相应地运动起来，但水罐液面仍没有变化。这是由于没有信号输入，也没有人为地改变水量。可以通过改变其值，使水罐动起来。

以水罐 1 的水位控制为例，利用滑动输入器控制水位，设置步骤如下：

1）进入"水位控制"窗口。

2）选中"工具箱"中的滑动输入器图标，当指针呈"十"后，拖动到适当大小。

3）调整滑动块到适当的位置。

4）双击滑动输入器构件，进入"属性设置"对话框。"基本属性"选项卡中，滑动块指向设为"指向左（上）"；"刻度与标注属性"选项卡中，主划线数目设为"5"，即能被10 整除；"操作属性"选项卡中，对应数据对象名称设为"液位 1"，滑动块在最右（下）

边时对应的值设为"10",其他不变。

5)在滑动块下面的适当位置,制作一文字标签,输入文字设为"水罐 1 输入";文字颜色设为"黑色";框图填充颜色设为"没有填充";框图边线颜色设为"没有边线"。

6)按照上述方法设置水罐 2 水位控制滑动块,"基本属性"选项卡中,滑动块指向设为"指向左(上)";"操作属性"选项卡中,对应数据对象名称设为"液位 2",滑动块在最右(下)边时对应的值设为"6",其他不变。

7)制作水罐 2 水位控制滑动块对应的文字标签,输入文字设为"水罐 2 输入";文字颜色设为"黑色";框图填充颜色设为"没有填充";框图边线颜色设为"没有边线"。

8)单击工具箱中的常用图符图标 ,打开"常用图符工具箱"。

9)选择其中的凹槽平面图标 ,拖动绘制一个凹槽平面,恰好将两个滑动块及标签全部覆盖。

10)选中该平面,单击编辑条中"置于最后面"按钮,滑动块最终效果如图 6-2-7 所示。

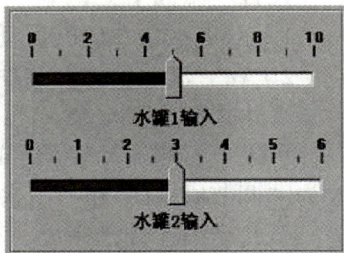

图 6-2-7 滑动块最终效果

11)按下"F5",进行下载配置,工程下载完后,进入运行环境,此时可以通过拉动滑动输入器而使水罐中的液面动起来。

四、制作报警显示

MCGS 嵌入版组态软件把报警处理作为数据对象的属性,封装在数据对象内,由实时数据库来自动处理。当数据对象的值或状态发生改变时,实时数据库判断对应的数据对象是否发生了报警或已产生的报警是否已经结束,并把所产生的报警信息通知给系统的其他部分。

以液位 1 和液位 2 为报警对象,设置步骤如下:

1. 定义报警属性

1)进入实时数据库,双击数据对象"液位 1"。

2)选中"报警属性"选项卡。

3)选中"允许进行报警处理",报警设置域被激活。

4)选中报警设置域中的"下限报警",报警值设为"2";报警注释输入"水罐 1 没水了!"。

5)选中"上限报警",报警值设为"9";报警注释输入"水罐 1 的水已达上限值!"。然后,在"存盘属性"选项卡中选中"自动保存产生的报警信息"。

6)单击"确认","液位 1"报警设置完毕。

7)同理设置"液位 2"的报警属性。选中"下限报警",报警值设为"1.5",报警注释输入"水罐 2 没水了!";选中"上限报警",报警值设为"4",报警注释输入"水罐 2 的水已达上限值!"。

2. 制作报警显示画面

实时数据库只负责关于报警的判断、通知和存储工作,而报警产生后所要进行的其他

处理操作（即对报警动作的响应），则需要在组态时实现。

具体操作步骤如下：

1）双击"用户窗口"中的"水位控制"，进入组态画面。选取"工具箱"中的"报警显示"图标▣。指针呈"十"后，在适当的位置，拖动至适当大小，如图 6-2-8 所示。

时间	对象名	报警类型	报警事件	当前值	界限值	报警描述
07-05 20:49:10	Data0	上限报警	报警产生	120.0	100.0	Data0上限报警
07-05 20:49:10	Data0	上限报警	报警结束	120.0	100.0	Data0上限报警
07-05 20:49:10	Data0	上限报警	报警产生	120.0	100.0	Data0上限报警

图 6-2-8　报警显示

2）双击，弹出"报警显示构件属性设置"对话框，如图 6-2-9 所示。

3）在"基本属性"选项卡中，将对应的数据对象的名称设为"液位组"；最大记录次数设为"6"。

4）单击"确认"。

五、脚本程序

1.脚本程序简介

MCGS 引入的事件驱动机制与 VB 或 VC 中的事件驱动机制类似，如：对于用户窗口，有装载、卸载事件；对于窗口中的控件，有鼠标单击事件、键盘按键事件等。这些事件发生时，就会触发一个脚本程序，执行脚本程序中的操作。

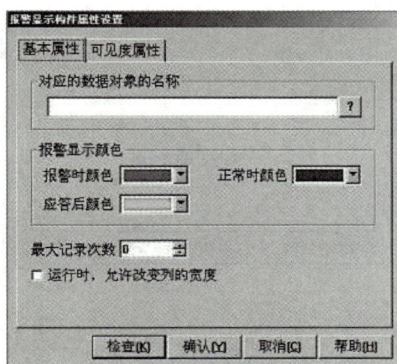

图 6-2-9　报警显示构件属性设置

2.脚本语言编辑环境

脚本程序编辑环境是用户书写脚本语句的地方。如图 6-2-10 所示，脚本程序编辑环境主要由脚本程序编辑处、功能按钮、MCGS 操作对象和函数列表、脚本语句和表达式 4 个部分构成。

3.脚本程序基本语句

（1）赋值语句　赋值语句的形式为：数据对象 = 表达式。赋值语句用赋值号（=）来表示，具体的含义是：把" = "右边表达式的运算值赋给左边的数据对象。赋值号左边必须是能够读写的数据对象，如开关型数据、数值型数据以及能进行写操作的内部数据对象，而组对象、事件型数据对象、只读的内部数据对象、系统函数以及常量均不能出现在赋值号的左边，因为不能对这些对象进行写操作。

赋值号的右边为表达式，表达式的类型必须与左边数据对象的类型相符合，否则系统会提示"赋值语句类型不匹配"的错误信息。

（2）条件语句　条件语句有如下三种形式：

1）If〖表达式〗Then〖赋值语句或退出语句〗

2）If〖表达式〗Then

〖语句〗

EndIf

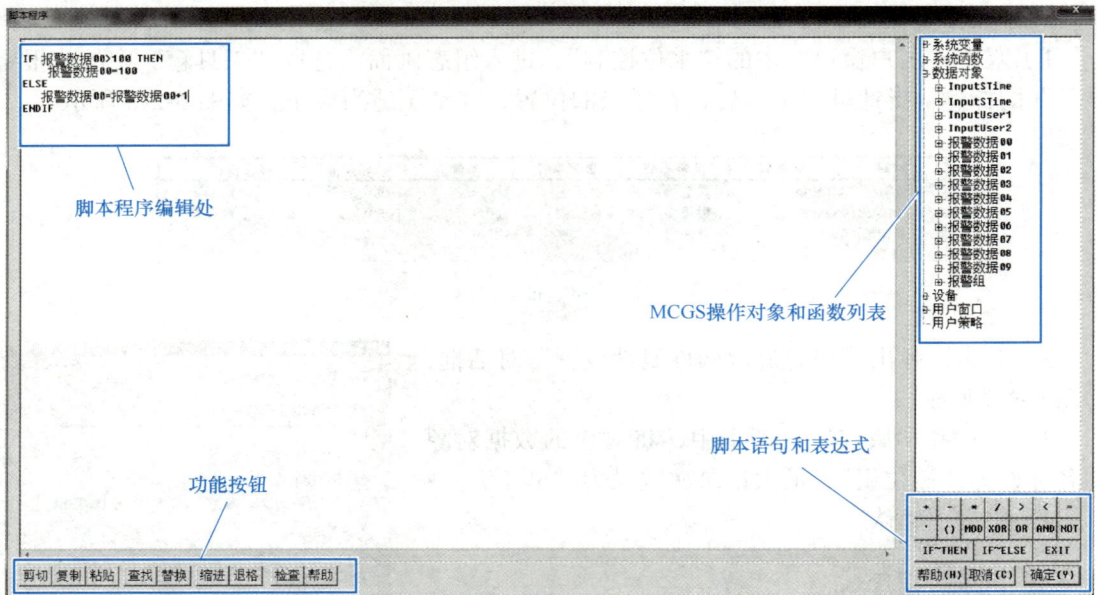

图 6-2-10　脚本程序编辑环境

3）If〚表达式〛Then
　　〚语句〛
　　Else
　　〚语句〛
　　EndIf

条件语句中的四个关键字"If""Then""Else""EndIf"不分大小写。如拼写不正确，检查程序会提示出错信息。

条件语句允许多级嵌套，即条件语句中可以包含新的条件语句，MCGS 脚本程序的条件语句最多可以有 8 级嵌套，为编制多分支流程的控制程序提供了可能。

"IF"语句的表达式一般为逻辑表达式，也可以是值为数值型的表达式，当表达式的值为非 0 时，条件成立，执行"Then"后的语句，否则，条件不成立，将不执行该条件块中包含的语句，开始执行该条件块后面的语句。

值为字符型的表达式不能作为"IF"语句中的表达式。

（3）循环语句　循环语句为 While 和 EndWhile，其结构如下：

While〚条件表达式〛
…
EndWhile

当条件表达式成立时（非零），循环执行 While 和 EndWhile 之间的语句。直到条件表达式不成立（为零），然后退出。

（4）退出语句　退出语句为"Exit"，用于中断脚本程序的运行，停止执行其后面的语句。一般在条件语句中使用退出语句，以便在某种条件下，停止并退出脚本程序的执行。

任务实施

一、元器件检查

清点任务所需的设备、工具及材料，并利用万用表检查元器件好坏。工业排风机组手动控制监控实训材料清单详见表 6-2-1

表 6-2-1　工业排风机组手动控制监控实训材料清单

序号	名　称	型号	数量	作　用
1	PLC 模块	$FX_{3U}-48MR$	1 块	控制电动机的运行
2	按钮模块	专配	1 个	提供 DC24V 电源、操作按钮及指示灯
3	电源模块	专配	1 个	提供三相五线电源
4	电动机	专配	3 台	负载
5	接触器、热继电器模块	专配	3 个	用于电动机主电路控制
6	安全插接导线	专配	若干	电路连接
7	计算机	安装有编程软件	1 台	用于编写、下载程序等
8	触摸屏	MCGS-TP7062KS	1 台	控制和监控
9	通信模块	RS485-BD 模块	1 个	连接 PLC 和触摸屏

二、建立 I/O 分配表

根据任务，分析做出输入输出 I/O 分配表，见表 6-2-2。

表 6-2-2　输入输出 I/O 分配表

输入			输出		
输入元件	功能作用	输入继电器	输出元件	控制对象	输出继电器
FR1	过载保护 1	X000	KM1	M1 主开关	Y000
FR2	过载保护 2	X001	KM2	M2 主开关	Y001
FR3	过载保护 3	X002	KM3	M3 主开关	Y002

三、电路连接

按照接线要求，使用安全插接线，完成工业排风机组主电路及 PLC 控制电路的连接，如图 6-2-11 所示。**注意：** 不能带电接线。完成接线后进行通电前检查，保证符合工艺规范，电路连接正确。

PLC 与触摸屏通信接线图如图 6-2-12 所示，触摸屏电源接 DC 24V。

四、程序编写与下载

1. PLC 控制程序

在 GX Developer 编程软件中，根据输入输出 I/O 分配表，增加辅助继电器，画出工

业排风机组手动控制监控梯形图，如图 6-2-13 所示。辅助继电器 M0 ～ M6 为触摸屏按钮提供数据关联，在接线图中，热继电器常闭触点接 X，梯形图中，过载保护串联其常开触点。若热继电器采用常开触点，则梯形图中要使用常闭触点。

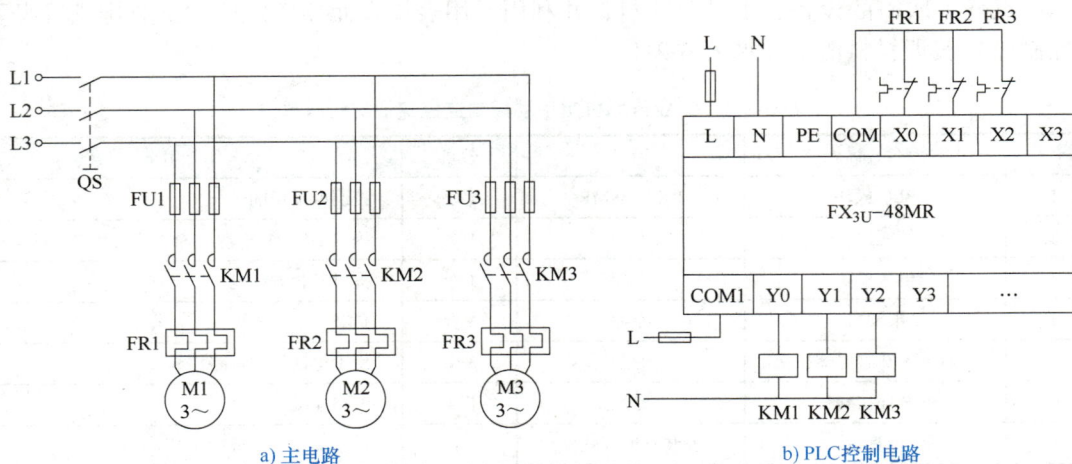

a) 主电路   b) PLC控制电路

图 6-2-11　工业排风机组主电路及 PLC 控制电路接线图

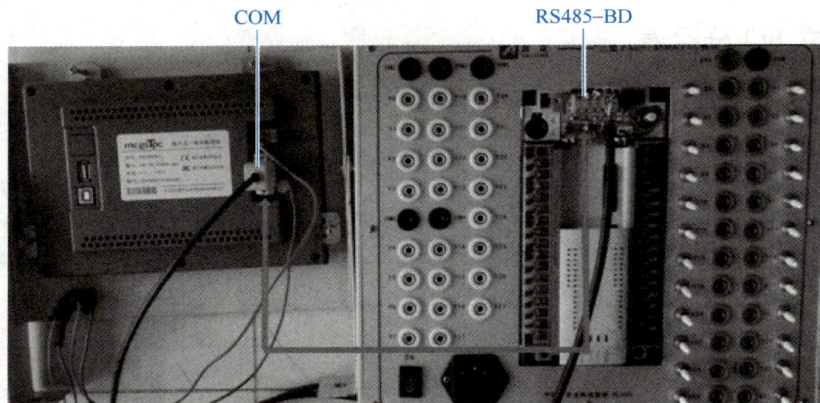

图 6-2-12　PLC 与触摸屏通信接线图

　　程序编辑完成后，对编写程序进行转换、修改并保存文件。然后，完成 PLC 程序的写入。通过 RS485 通信连接线，确保计算机串口与 PLC 已经正常连接，在 PLC 已经上电的情况下，单击"在线"菜单中的"PLC 写入"或者单击常用操作工具栏中的"PLC 写入"，按软件操作提示完成写入操作，将编写好的程序正确写入 PLC 中。

2. MCGS 组态程序

　　1）新建工程，在"设备窗口"中打开"设备工具箱"对话框，完成设备添加，如图 6-2-14 所示。

　　2）在"用户窗口"选项卡中单击"新建窗口"，生成"窗口 0"，如图 6-2-15 所示。

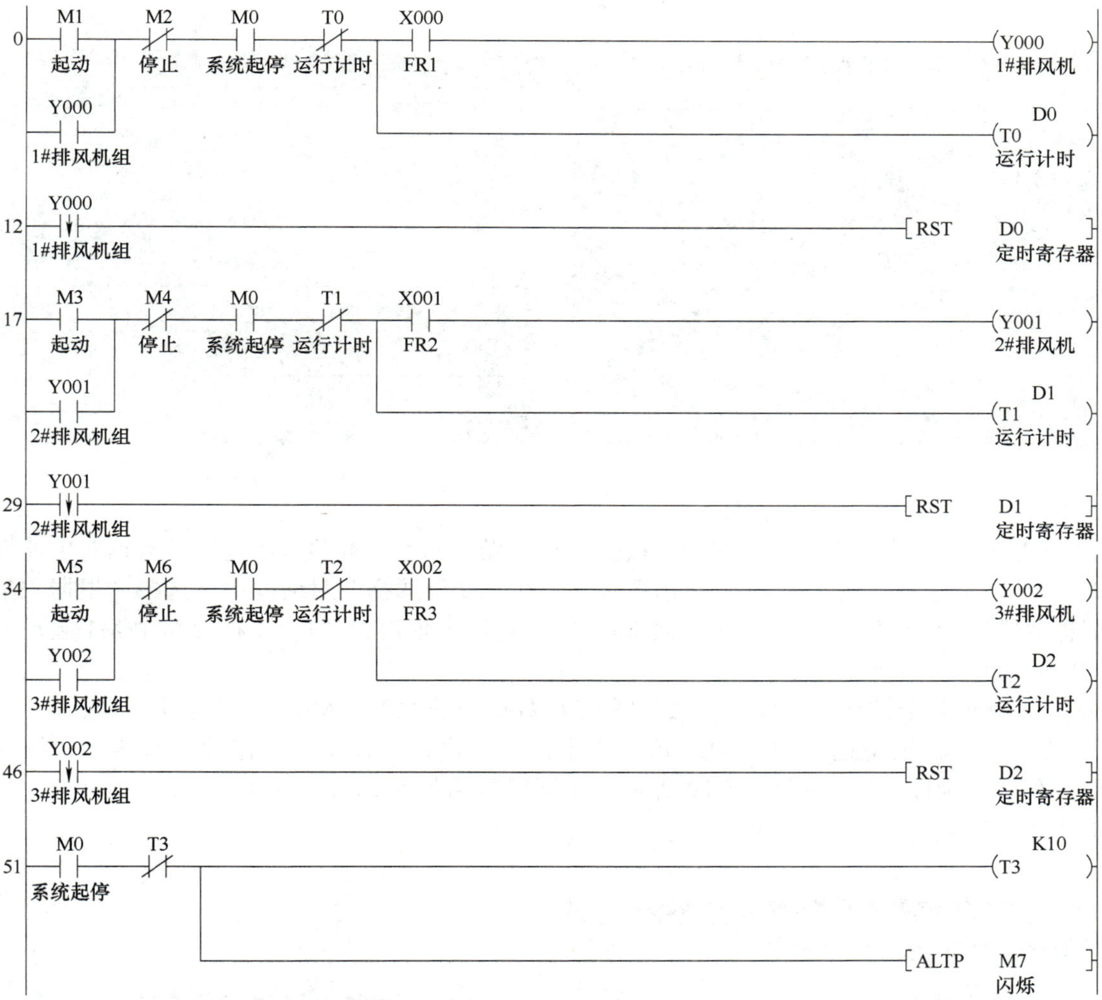

图 6-2-13 工业排风机组手动控制监控梯形图

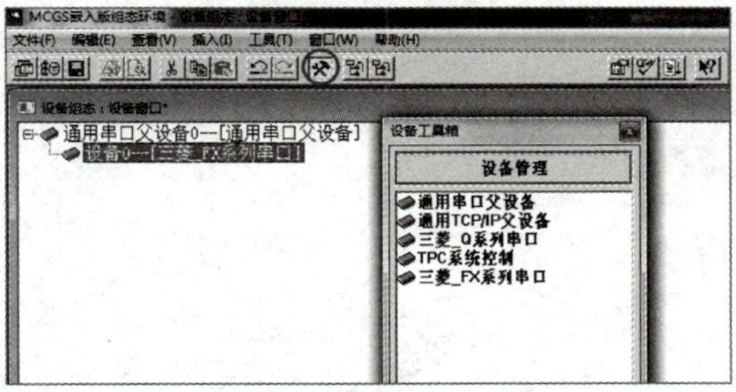

图 6-2-14 添加设备

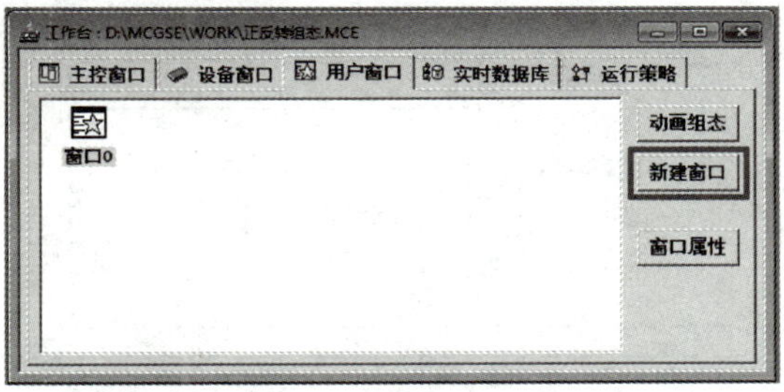

图 6-2-15 新建窗口

3）在工具箱中选择图标 **A** 和 □等，添加窗口界面中，输入相应文字内容，并在标签属性中完成边线设置，如图 6-2-16 所示。

4）在工具箱中选择按钮图标 ▭，添加 6 个按钮到窗口页面中，并修改名称为"起动"和"停止"，如图 6-2-17 所示。

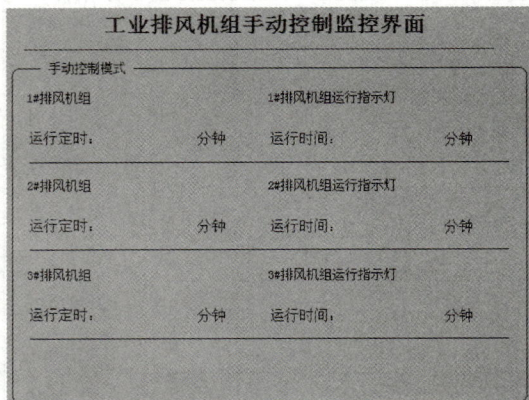

图 6-2-16 添加标签

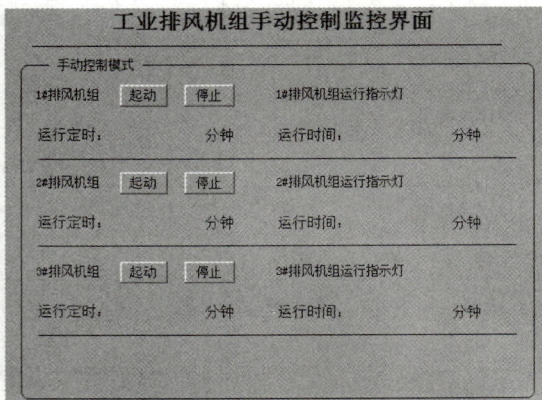

图 6-2-17 添加按钮

5）选中 1# 排风机组的"起动"按钮，在"操作属性"选项卡中勾选"数据对象值操作"，下拉框选择"按 1 松 0"。单击图标 ，在"变量选择"对话框中，选择"根据采集信息生成"，通道类型设为"M 数据寄存器"，通道地址设为"1"（梯形图中 M1 起动电动机），如图 6-2-18 所示。

6）其他几个按钮用同样的方法关联 PLC 数据中的 M2 ～ M6，注意对应关系。

7）在工具箱中选择图标 ，添加 2 个按钮到窗口界面中，并修改名称为"系统起动"和"系统停止"，如图 6-2-19 所示。数据对象值操作都关联 M0，起动功能置 1，停止功能清零。

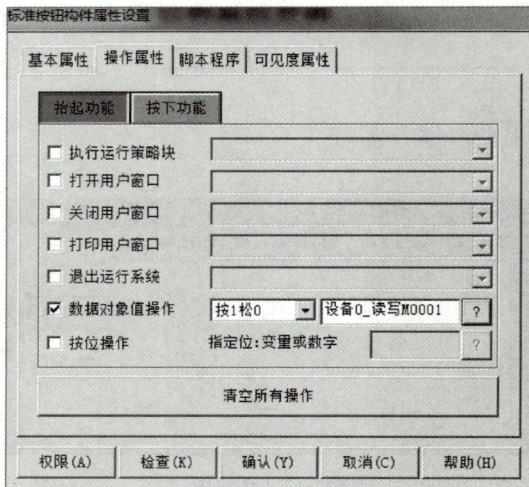

图 6-2-18 按钮属性设置

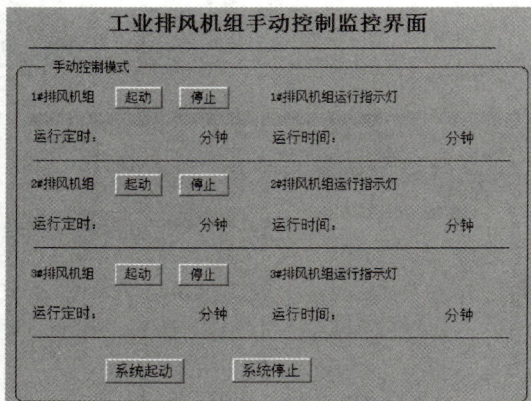

图 6-2-19 新增系统起停按钮

8）在设备窗口中，双击"设备 0"。进入"设备编辑窗口"对话框，通过增加通道和连接变量的方式完成变量和通道关联，如图 6-2-20 所示。

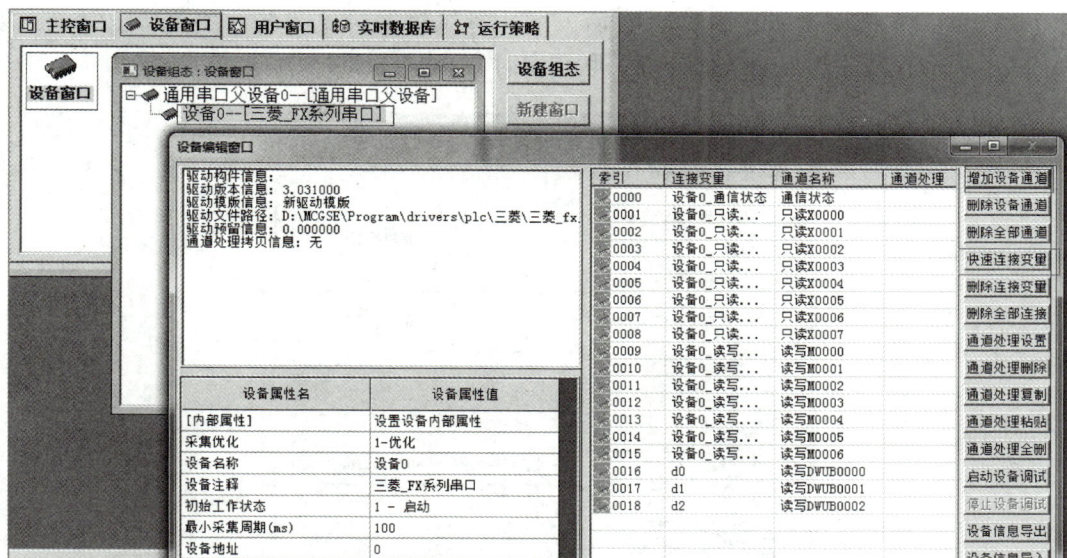

图 6-2-20　增加通道和连接变量

9）在实时数据库中，通过新增对象的方式增加 3 个数值型变量，并设置变量最大值为 54，如图 6-2-21 所示。

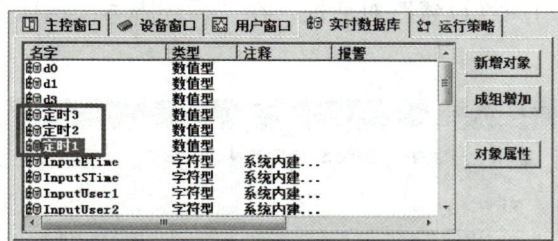

图 6-2-21　增加变量

10）在工具箱中选择图标 abl，添加 3 个输入框到窗口界面中，如图 6-2-22 所示。

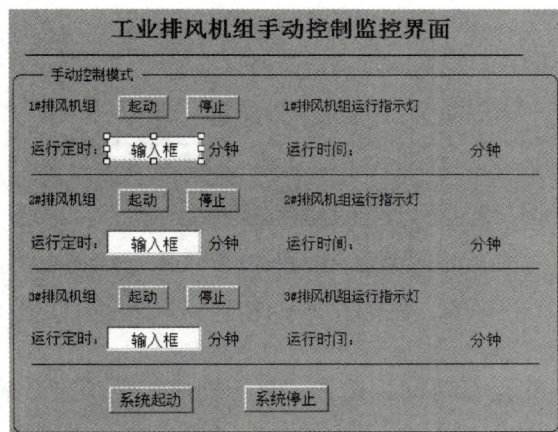

图 6-2-22　添加输入框

11）双击 1# 排风机组运行定时的输入框，对应数据对象的名称关联"定时 1"，如图 6-2-23 所示。另外两个输入框分别关联"定时 2"和"定时 3"。

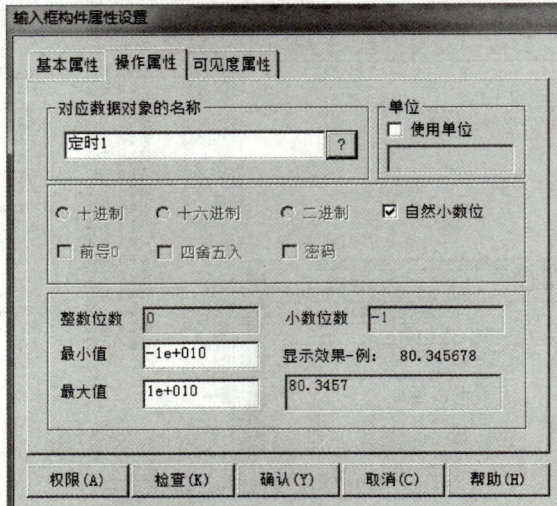

图 6-2-23　输入框关联变量

12）定时输入框单位是分钟，梯形图中需要设定定时器常数 1 表示 0.1s，还需双击窗口空白处，打开"用户窗口属性设置"对话框，在"循环脚本"选项卡中输入换算公式，如图 6-2-24 所示。

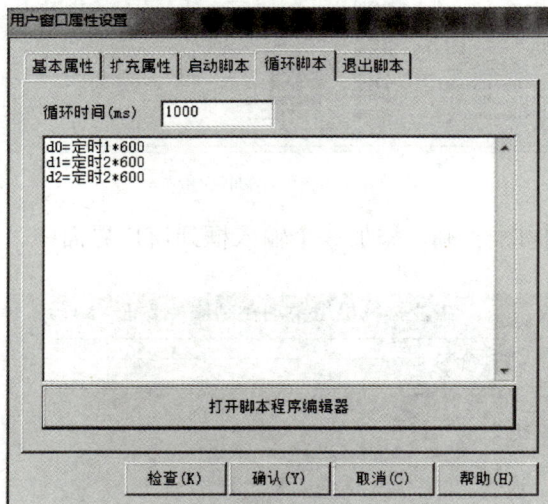

图 6-2-24　输入换算公式

13）在工具箱中选择图标，添加文本标签到窗口界面中，命名为"时间显示"，如图 6-2-25 所示。

14）双击 1# 排风机组运行时间，选择"显示输出"选项卡，输出值类型设为"数值型"，表达式根据采集信息生成方式关联 TN0 计时寄存器，再缩小 600 倍，换算成分钟，如图 6-2-26 所示。

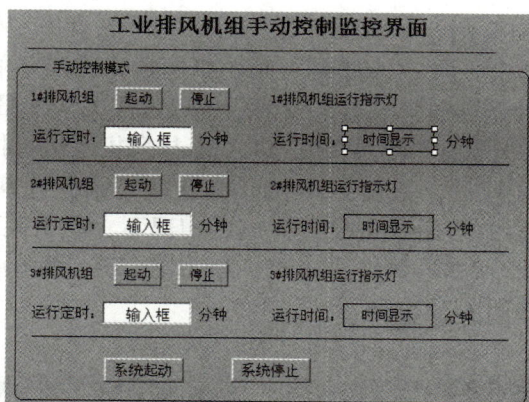

图 6-2-25　添加显示框

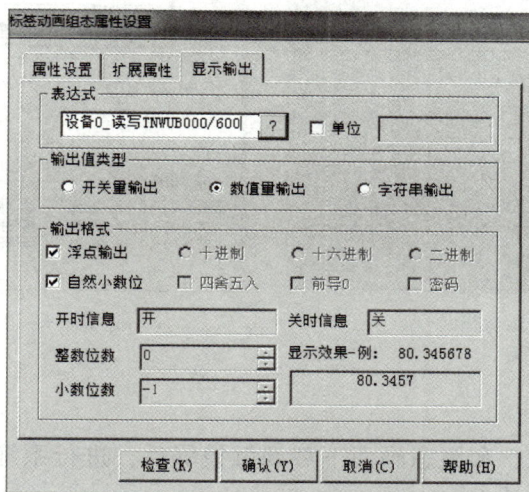

图 6-2-26　设置运行时间

15）用同样的方法完成 2#、3# 排风机组运运行时间显示框的数据关联。在工具箱中选择图标，添加 2 个圆形图标到窗口界面中，颜色填充分别为红色和绿色，绿色可见度表达式关联 M7，红色可见度表达式关联 M0=0，如图 6-2-27 所示。

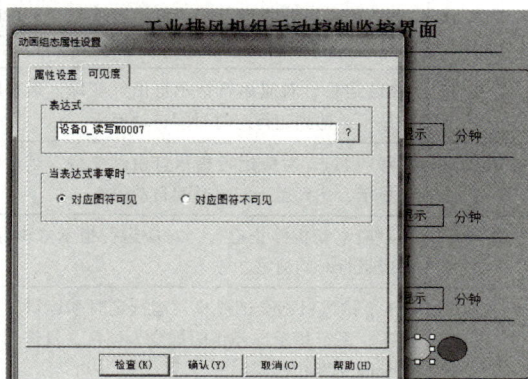

图 6-2-27　添加系统指示灯

16）使用工具框中图标 ，插入元件，在对象元件管理库中选择指示灯 3 号，添加到窗口界面中，如图 6-2-28 所示。双击运行指示灯图标，弹出"单元属性设置"对话框，选择"数据对象"选项卡，选择"根据采集信息生成方式关联变量"，1# 排风机组运行指示灯关联 Y0，2# 排风机组运行指示灯关联 Y1，3# 排风机组运行指示灯关联 Y2。

17）组态工程编辑完成后，通过 USB 通信连接线，确保计算机 USB 口与 MCGS 触摸屏已经正常连接，在 MCGS 触摸屏已经上电的情况下，单击菜单中的图标 ，在弹出的对话框中选择"连机运行"，连接方式选择"USB 通信"，单击"工程下载"，完成工程下载并进入运行环境，如图 6-2-29 所示。

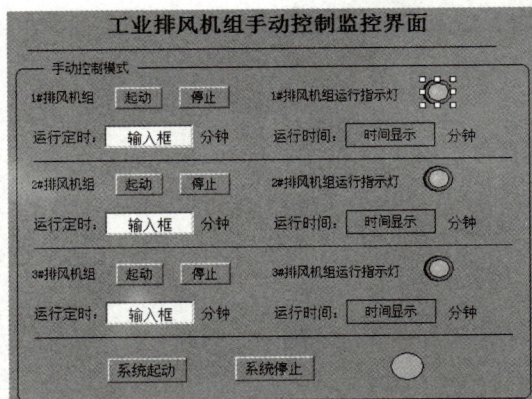

图 6-2-28　添加运行指示灯

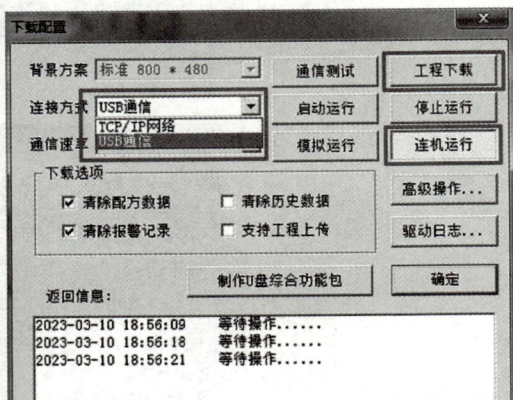

图 6-2-29　工程下载

五、调试与运行

梯形图正确写入 PLC 和组态画面下载到触摸屏后，进行系统调试。根据调试过程，将调试结果填入表 6-2-3 中。

表 6-2-3　工业排风机组手动控制监控调试记录表

步骤	调试流程	正确现象	观察结果及解决措施
1	单击"系统起动"按钮	系统指示灯变成绿色，并以 2s 周期（亮 1s，灭 1s）开始闪烁	
2	输入运行定时时间，单击 1# 排风机组"起动"按钮	M1 运行，对应运行指示灯由红变绿，运行时间同步显示，达到运行定时时间自动停止	
3	输入运行定时时间，单击 2# 排风机组"起动"按钮	M2 运行，对应运行指示灯由红变绿，运行时间同步显示，达到运行定时时间自动停止	
4	输入时间，单击 3# 排风机组"起动"按钮	M3 运行，对应运行指示灯由红变绿，运行时间同步显示，达到运行定时时间自动停止	
5	电动机运行中，单击"停止"按钮	对应电动机停止运行，对应运行指示灯由绿变红，对应运行时间清零	
6	单击"系统停止"按钮	3 个排风机组全部停止，运行定时和运行时间全部清零，系统指示灯停止闪烁变为红色，机组运行指示灯全部变为红色	

六、实训场地现场清理

实训完成后，将对所操作设备进行复位、还原。拆除安全插接线、整理工位、清点工具、清扫现场卫生，并填写设备使用登记表。

任务评价

对任务实施的完成情况进行检查，并将结果填入表 6-2-4 中。

表 6-2-4　任务测评表

序号	主要内容	考核要求	评分标准	配分	扣分	得分
1	控制电路的连接	根据任务要求，连接控制电路	1. 不能正确连接指示灯，扣 10 分 2. 不能正确连接按钮，扣 10 分 3. 不能正确连接 PLC，扣 10 分 4. 不能正确连接触摸屏，扣 10 分	40 分		
2	编写控制程序	根据任务要求，编写控制程序	1. 触摸屏不能控制和监控 PLC 运行状态，每错一次扣 10 分，共 20 分，扣完为止 2. 编写程序不能达到控制要求，扣 10 分，调试一次程序仍不能达到要求，扣 10 分，共 20 分，扣完为止	40 分		
3	工艺符合标准	根据任务要求，布线美观	布线不美观、导线没有整理整齐，扣 10 分	10 分		
4	安全文明生产	遵守操作规程，尊重考评员，讲文明懂礼貌，考试结束要清理现场	1. 实训中，违反安全文明生产考核要求，每项扣 2 分，扣完为止 2. 当教师发现操作者有重大事故隐患时，要立即予以制止，并扣安全文明生产分，共 5 分 3. 小组协作不和谐、效率低下，扣 5 分	10 分		
合计				100 分		
开始时间：			结束时间：			
学生姓名：		指导教师：		任务实施日期：		

项目七

PLC、触摸屏与变频器综合应用

项 目 导 学

  YL–235A 型光机电一体化实训设备为学生提供了一个典型的、可进行综合训练的工程环境，构建了一个可充分发挥学生潜能和创造力的实践平台。在此平台上可实现知识的实际应用、技能的综合训练和实践动手能力的客观考核。

  本项目主要阐述 YL–235A 型光机电一体化实训设备的基本结构、工作原理、工作过程，共分为 4 个任务，任务安排循序渐进、层层深入。通过任务训练，使学生逐步具备 PLC、变频器、触摸屏、传感技术、气动技术的综合应用能力。

❖ 学习重点

  1. PLC 控制送料机构运行。

  2. PLC 控制气动机械手手动运行。

  3. PLC 控制变频器运行。

  4. PLC 控制物料识别与分拣系统自动运行。

  5. PLC 编程与实践。

❖ 学习难点

  1. YL–235A 型光机电一体化实训设备送料机构控制电路的连接与编程。

  2. YL–235A 型光机电一体化实训设备气动机械手控制电路的连接与编程。

  3. YL–235A 型光机电一体化实训设备物料识别与分拣系统控制电路的连接与编程。

  建议课时：30。

 拓展任务

任务一　PLC 控制送料机构运行

任务目标

知识目标：1. 认识 YL-235A 型光电一体化实训设备送料机构。
　　　　　2. 掌握送料机构控制电路的连接。
　　　　　3. 掌握送料机构 PLC 控制程序的编写与调试。
能力目标：1. 了解送料机构的组成。
　　　　　2. 能进行送料机构控制电路的连接与测试。
　　　　　3. 能进行送料机构 PLC 控制程序的编写与调试。
素质目标：1. 培养学生从点滴入手、脚踏实地的学习习惯。
　　　　　2. 培养全方位分析问题和思考问题的能力。
　　　　　3. 发扬团结互助的精神。

任务描述

1）请根据图 7-1-1 所示的送料机构 PLC 外部接线图，选择电路需要的电气元件，并按照工艺要求进行送料机构控制电路的连接。

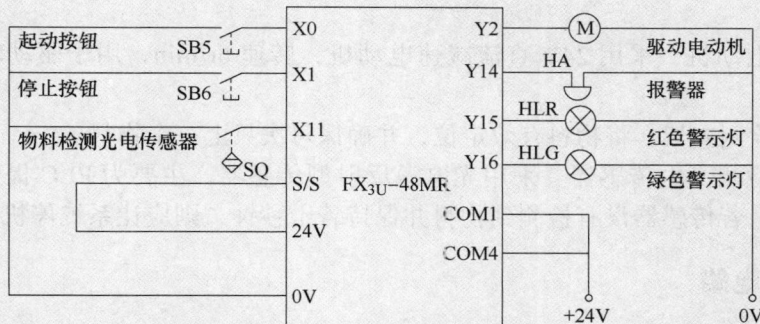

图 7-1-1　送料机构 PLC 外部接线图

2）编写 PLC 控制程序，并在 YL-235A 型光机电一体化实训设备上进行调试，实现任务要求的功能。

任务分析

按下 SB5，若出料口物料检测光电传感器检测有物料，则驱动电动机不起动，同时，红色警示灯点亮。若出料口物料检测光电传感器检测无物料，则驱动电动机转动，驱动页扇旋转送料，同时，红色警示灯不亮，绿色警示灯点亮；当出料口物料检测光电传感器检测到物料后停止送料，绿色警示灯熄灭，红色警示灯点亮。如果驱动电动机运行 20s 后，出料口物料检测光电传感器仍没有检测到有物料输送到位，则说明送料机构已经无物料或故障，这时驱动电动机停止运行并报警，红色警示灯以亮 1s 熄灭 1s 的规律闪烁指示，同时报警器（蜂鸣器）鸣叫。直到按下 SB6 才停止报警。待故障排除后，按下 SB5，送料机构重新开始工作。

任务准备

一、送料机构

送料机构结构如图 7-1-2 所示。

图 7-1-2 送料机构结构

1—转盘 2—转盘支架 3—驱动电动机 4—物料 5—物料检测光电传感器 6—物料检测支架

（1）转盘 转盘中共放三种物料，分别为金属物料、白色非金属物料和黑色非金属物料。

（2）驱动电动机 采用 24V 直流减速电动机，转速 6r/min，用于驱动转盘中的页扇旋转。

（3）物料检测支架 将物料有效定位，并确保每次只上一个物料。

（4）物料检测光电传感器 采用光电漫反射型传感器，主要为 PLC 提供一个输入信号，在运行中，若传感器没有检测到物料并保持若干秒钟，则应让系统停机然后报警。

二、电气电路

电气电路模块如图 7-1-3 所示。

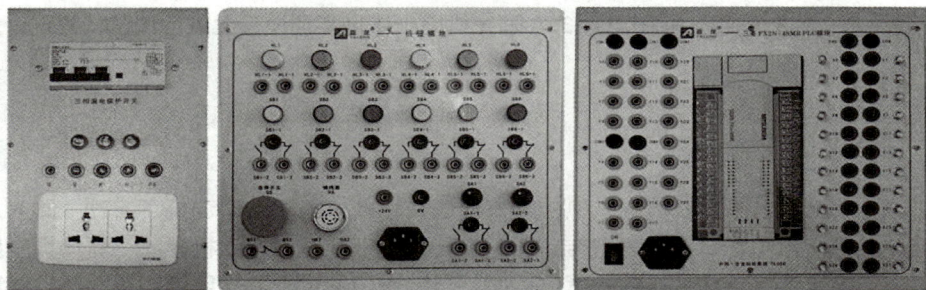

图 7-1-3 电气电路模块

（1）电源模块 包括三相电源总开关（带漏电和短路保护）和熔断器。单相电源插座用于模块电源连接和给外部设备提供电源，模块之间的电源采用安全导线方式连接。

（2）按钮模块　提供了多种不同功能的按钮和指示灯（DC 24V）以及急停按钮、转换开关、蜂鸣器等。所有接口采用安全插连接。内置开关电源（24V/6A 一组，12V/2A 一组，）为外部设备工作提供电源。

（3）PLC 模块　采用三菱 FX_{3U}-48MR 继电器输出，所有接口采用安全插连接。

（4）警示灯　共有红色和绿色两种颜色。引出线五根，其中并在一起的两根粗线是电源线（红线接"+24V"，黑红双色线接"GND"），其余三根是信号控制线（棕色线为控制信号公共端，如果将控制信号线中的红色线和棕色线接通；则红灯闪烁，将控制信号线中的绿色线和棕色线接通，则绿灯闪烁）。

三、光电传感器

1. 外形
光电传感器外形如图 7-1-4 所示。

2. 工作原理
光电传感器的工作原理如图 7-1-5 所示，漫反射式光电传感器是利用光照射到被测物体

图 7-1-4　光电传感器外形

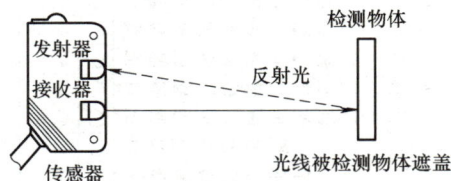

上后反射回来的光线工作的，由于物体反射的光线为漫射光，故称为漫反射式光电传感器。它的发射器与接收器处于同一侧位置，且为一体化结构。工作时，发射器始终发射检测光，若漫反射式光电传感器前方一定距离内没有物体，则没有光被反射到接收器，漫反射式光电传感器处于常态而不动作；反之，若漫反射式光电传感器的前方一定距离内出现物体，只要反射回来的光强度足够，接收器接收到足够的漫射光就会使漫反射式光电传感器动作而改变输出的状态。漫反射式光电传感器接线图如图 7-1-6 所示。

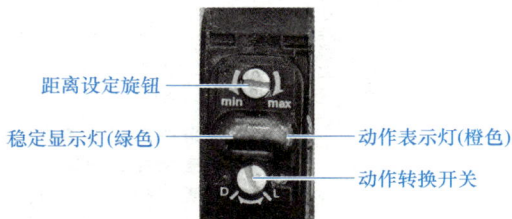

图 7-1-5　光电传感器的工作原理

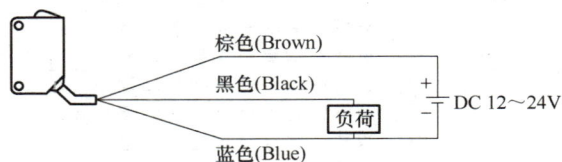

图 7-1-6　漫反射式光电传感器接线图

四、YL-235A 端子排与端子接线布置图

YL-235A 端子排（见图 7-1-7）。

图 7-1-7　YL-235A 端子排

YL-235A 端子接线布置图（见图 7-1-8）。

端子接线布置图

注:
1. 传感器引出线：棕色表示"正"，蓝色表示"负"，黑色表示"输出"。
2. 电控阀分单向和双向，双向两个线圈。图中"1""2"表示双向两个线圈的两个接头，单向一个线圈，"2"表示一个接头。

端子号	名称
1	驱动起停警示灯红
2	指示灯绿
3	警示灯红
4	转盘电机电源正
5	转盘电机电源负
6	驱动电机电源正
7	驱动电机电源负
8	触摸屏电源正
9	电源公共端
10	驱动手爪夹紧双向电控阀1
11	驱动手爪夹紧双向电控阀2
12	驱动手爪松开双向电控阀1
13	驱动手爪松开双向电控阀2
14	驱动手爪提升升开双向电控阀1
15	驱动手爪提升升开双向电控阀2
16	驱动手爪下降双向电控阀1
17	驱动手爪下降双向电控阀2
18	驱动手臂伸出双向电控阀1
19	驱动手臂伸出双向电控阀2
20	驱动手臂缩回双向电控阀1
21	驱动手臂缩回双向电控阀2
22	驱动手臂左转双向电控阀1
23	驱动手臂左转双向电控阀2
24	驱动手臂右转双向电控阀1
25	驱动手臂右转双向电控阀2
26	驱动推料缸一伸出单向电控阀1
27	驱动推料缸一伸出单向电控阀2
28	驱动推料缸二伸出单向电控阀1
29	驱动推料缸二伸出单向电控阀2
30	驱动推料缸三伸出单向电控阀1
31	驱动推料缸三伸出单向电控阀2
32	物料检测光电传感器正
33	物料检测光电传感器负
34	物料检测光电传感器输出
35	物料检测光电传感器正
36	物料检测光电传感器输出
37	手臂旋转左限位电感式传感器正
38	手臂旋转左限位电感式传感器负
39	手臂旋转左限位电感式传感器输出
40	手臂旋转右限位电感式传感器正
41	手臂旋转右限位电感式传感器负
42	手臂旋转右限位电感式传感器输出
43	手臂气缸伸出右限位电感式传感器正
44	手臂气缸伸出右限位电感式传感器负
45	手臂气缸伸出右限位电感式传感器输出
46	手臂气缸缩回限位电感式传感器正
47	手臂气缸缩回限位电感式传感器负
48	手臂气缸缩回限位电感式传感器输出
49	手爪提升气缸上限位磁性传感器正
50	手爪提升气缸上限位磁性传感器负
51	手爪提升气缸上限位磁性传感器输出
52	手爪提升气缸下限位磁性传感器正
53	手爪提升气缸下限位磁性传感器负
54	手爪提升气缸下限位磁性传感器输出
55	推料缸一气缸伸出磁性传感器正
56	推料缸一气缸伸出磁性传感器负
57	推料缸一气缸伸出磁性传感器输出
58	推料缸一气缸缩回磁性传感器正
59	推料缸一气缸缩回磁性传感器负
60	推料缸一气缸缩回磁性传感器输出
61	推料缸二气缸伸出磁性传感器正
62	推料缸二气缸伸出磁性传感器负
63	推料缸二气缸伸出磁性传感器输出
64	推料缸二气缸缩回磁性传感器正
65	推料缸二气缸缩回磁性传感器负
66	推料缸三气缸缩回磁性传感器输出
67	光电传感器正
68	光电传感器负
69	光电传感器输出
70	电感式传感器正
71	电感式传感器负
72	电感式传感器输出
73	光纤传感器一输出
74	光纤传感器一正
75	光纤传感器一负
76	光纤传感器二输出
77	光纤传感器二正
78	光纤传感器二负
79	电动机PE
80	电动机U
81	电动机V
82	电动机W
83	
84	

图7-1-8　YL-235A 端子接线布置图

任务实施

一、元器件检查

清点任务所需的设备、工具及材料，并利用万用表检查元器件好坏。

二、建立 I/O 分配表

根据任务，分析做出输入输出 I/O 分配表，见表 7-1-1。

表 7-1-1　输入输出 I/O 分配表

输入			输出		
输入元件	功能作用	输入继电器	输出元件	控制对象	输出继电器
SB5	起动按钮	X000	M	直流电动机	Y002
SB6	停止按钮	X001	HA	蜂鸣器	Y014
SQ	物料检测光电传感器	X011	HLR	红色警示灯	Y015
			HLG	绿色警示灯	Y016

三、电路连接

1. 电路的安装

根据 PLC 外部接线图，在 YL–235A 型光机电一体化实训设备中选择需要的模块，完成电路的连接。

1）完成输入电路的连接。24V 用红色插接线，0V、COM 用黑色插接线，连接到 PLC 输入端的用绿色插接线。输入电路连接示意图如图 7-1-9 所示。

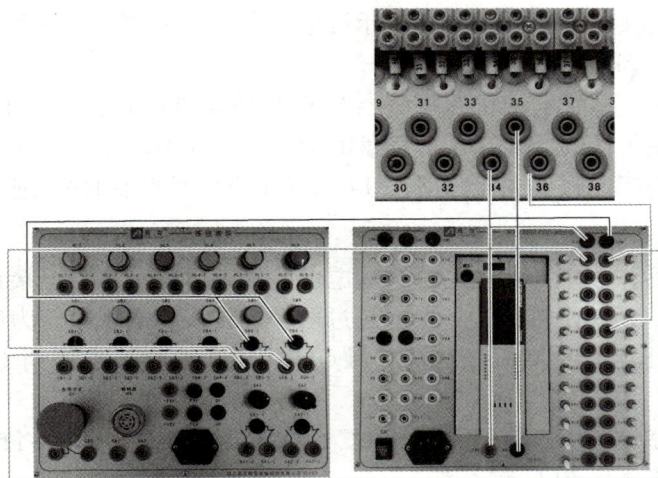

图 7-1-9　输入电路连接示意图

2）完成输入电路电源的连接。将 PLC 模块上的 24V 与 PLC 输入端的 S/S 和接线端

子排的 34 号端子（物料检测光电传感器棕色线）进行连接；将 PLC 模块的 COM 与接线端子排的 35 号端子（物料检测光电传感蓝色线）进行连接。

3）完成 SB5、SB6、物料光电传感器黑色线的连接。将 PLC 模块的 COM 与 SB5-1、SB6-1 连接；将 PLC 的输入端 X0、X1、X11 分别与 SB5-2、SB6-2、端子排 36 号端子（物料检测光电传感器黑色线）连接。

4）完成输出电路的连接。24V 用红色插接线，0V、COM 用黑色插接线，连接到 PLC 输出端用黄色插接线。输出电路连接示意图如图 7-1-10 所示。

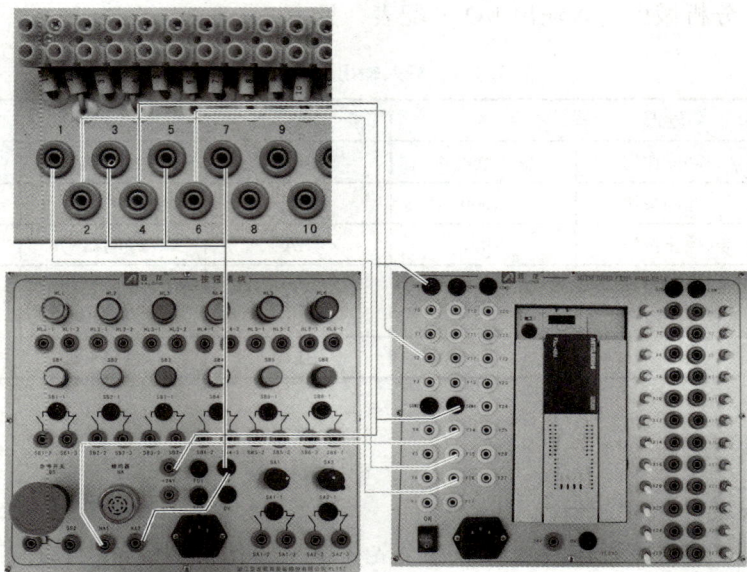

图 7-1-10　输出电路连接示意图

5）完成输出回路电源的连接。将按钮模块上的 24V 与 PLC 输出端的 COM1、COM4 和接线端子排的 4 号端子（警示灯电源正）进行连接；将按钮模块的 0V 与接线端子排的 3 号端子（警示灯公共端）、5 号端子（警示灯电源负）、7 号端子（转盘电动机负）和按钮模块蜂鸣器 HA2 进行连接。

6）完成警示灯、直流电动机、蜂鸣器与 PLC 输出端的连接。将 PLC 的输出端 Y2、Y15、Y16 分别与端子排的 6 号端子（转盘电动机正）、1 号端子（警示灯红灯）和 2 号端子（警示灯绿灯）连接，将 PLC 输出端 Y14 与按钮模块蜂鸣器 HA1 进行连接。

2. 电路的检测

电路安装结束后，一定要对电路进行通电前检查，以保证电路连接正确，确保没有插错或者漏插的插孔以及一个接线端子上有超过两个插接线头的现象。为确保电路中没有短路现象，用万用表电阻档检测按钮与开关触点，用万用表交流电压档（500V 档）检测电源电压。

在完成 PLC 电路连接时，必须确保 PLC 输入端连接正确，不可将按钮与指示灯模块的 DC 24V 电源直接接入 PLC 输入端。

设置两条 220V 专配电源线，一端插入电源模块两个 220V 电源插座，另一端插入按钮模块和 PLC 模块电源插孔，合上总开关，接通电源，打开 PLC 模块上的电源开关，观

察设备相关指示情况。动态检测各个输入对应的 PLC 输入指示灯是否点亮。

3. 电路的绑扎

电路连接完成后，需对导线进行绑扎。导线绑扎及其工艺步骤如下。

1）根据扎线工艺整形，并用尼龙扎带对导线进行绑扎，绑扎时，按照 30 ~ 50mm 均匀进行。

2）用剪刀对扎带进行工艺修剪。剪扎带时，要注意剪后的扎带头要稍带弧形，不要太尖，以防扎带刺伤人。

四、程序的编写与下载

根据控制要求，编写 PLC 控制程序，并写入 PLC。送料机构 PLC 梯形图如图 7-1-11 所示。

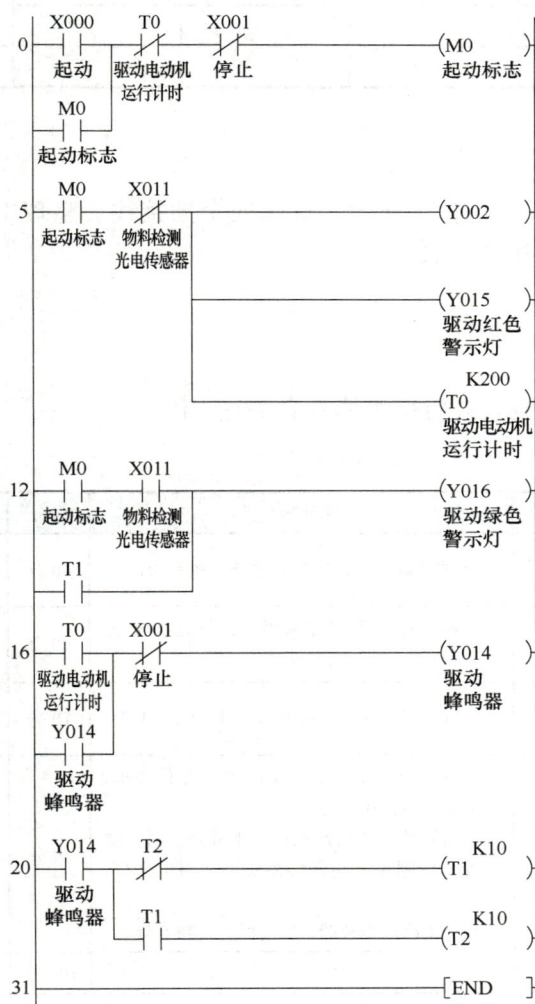

图 7-1-11　送料机构 PLC 梯形图

五、调试与运行

将 PLC 模块上的 RUN/STOP 开关拨到 RUN 位置，此时 PLC 模块 RUN 指示灯点亮。通过操作按钮与指示灯模块上的按钮，观察 PLC 输入输出量的状态，并将结果填入表 7-1-2 中。

表 7-1-2　送料机构 PLC 输入输出量状态记录表

按钮	按钮状态	物料检测光电传感器	驱动电动机状态	红色警示灯状态	绿色警示灯状态	蜂鸣器状态
SB5	不按下	有物料				
	按下	有物料				
	不按下	无物料				
	按下	无物料				
SB6	不按下	有物料				
	按下	有物料				
	不按下	无物料				
	按下	无物料				

六、实训场地现场清理

实训完后，将对所操作设备进行复位、还原。拆除安全插接线、整理工位、清点工具、清扫现场卫生，并填写设备使用登记表。

任务评价

对任务实施的完成情况进行检查，并将结果填入表 7-1-3 中。

表 7-1-3　任务测评表

序号	主要内容	考核要求	评分标准	配分	扣分	得分
1	电路的连接	根据任务要求，连接电路	不能正确连接，每处扣 5 分，扣完为止	40 分		
2	程序运行调试	根据任务要求，编写控制程序	控制程序达不到控制要求，每处扣 5 分，扣完为止	40 分		
3	工艺符合标准	根据任务要求，布线美观	不符合工艺规范，每处扣 2 分，扣完为止	10 分		
4	安全文明生产	遵守操作规程，尊重考评员，讲文明懂礼貌，考试结束整理现场	1. 考试中，违反安全文明生产考核要求，每项扣 2 分，扣完为止 2. 当教师发现操作有重大事故隐患时，要立即予以制止，并每次扣安全文明生产分，共 5 分 3. 小组协作不和谐、效率低下，扣 5 分	10 分		
合计				100 分		

开始时间：		结束时间：	
学生姓名：	指导教师：		任务实施日期：

任务二 PLC 控制气动机械手手动运行

任务目标

知识目标：1. 认识 YL-235A 型光机电一体化实训设备气动机械手。

2. 掌握气动机械手控制电路的连接与测试。

3. 掌握气动机械手 PLC 控制程序的编写。

能力目标：1. 了解气动机械手的组成。

2. 能进行气动机械手控制电路的连接与测试。

3. 能进行气动机械手 PLC 控制程序的编写与调试。

素质目标：1. 培养学生从点滴入手、脚踏实地的学习习惯。

2. 培养全方位分析问题和思考问题的能力。

3. 发扬团结互助的精神。

任务描述

请根据图 7-2-1 所示的气动机械手 PLC 外部接线图，选择电路需要的电器，并按照工艺要求进行气动机械手控制电路的连接。

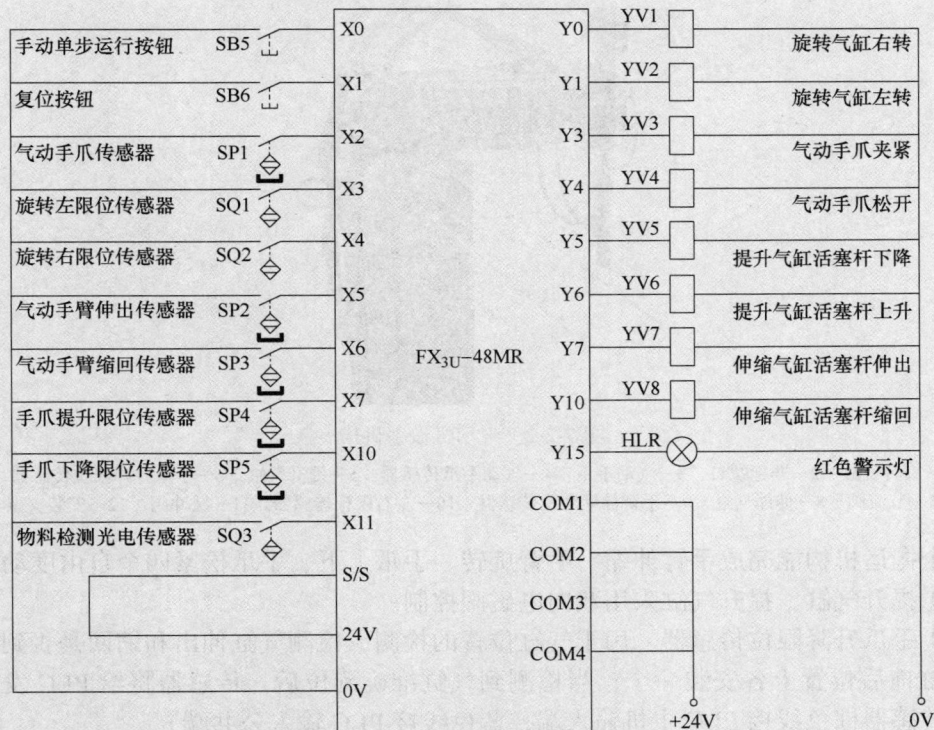

图 7-2-1 气动机械手 PLC 外部接线图

　　按照任务分析中的控制要求，编写 PLC 控制程序，并在 YL–235A 型光机电一体化实训设备上进行实验调试，实现任务要求的功能。

任务分析

　　在起动前或正常停止后机械手必须停留在原位，也就是初始位置。机械手的初始位置是机械手停留在左限位，提升气缸和伸缩气缸的活塞杆均缩回，气动手爪处于松开状态。

　　上电后，若机械手未处于初始位置，请手动复位机械手，使机械手处于初始位置。只有机械手处于初始位置，才能够起动运行。

　　当物料检测光电传感器检测到物料台有物料时，机械手工作方式采用手动单步运行。机械手的动作顺序为悬臂伸出→手臂下降→手爪夹紧→手臂缩回→悬臂缩回→悬臂右转→悬臂伸出→手臂下降→手爪松开→手臂缩回→悬臂缩回→悬臂左转。

任务准备

一、气动机械手机构

气动机械手机构如图 7-2-2 所示。

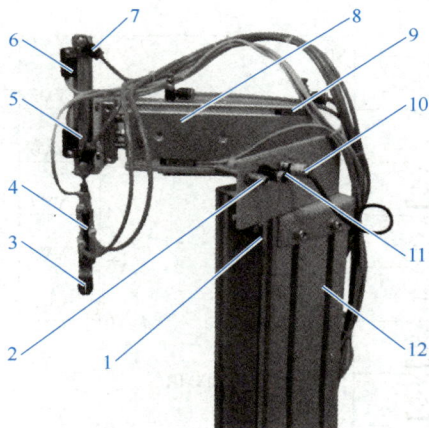

图 7-2-2　气动机械手机构

1—旋转气缸　2—非标螺钉　3—气动手爪　4—气动手爪传感器　5—提升气缸　6—手爪升降限位传感器　7—节流阀　8—伸缩气缸　9—手臂伸缩限位传感器　10—左右限位传感器　11—缓冲阀　12—安装支架

整个搬运机构能完成手臂伸缩、手臂旋转、手爪上下、手爪松紧四个自由度动作。

（1）提升气缸　提升气缸采用双向电磁阀控制。

（2）手爪升降限位传感器　用于气缸位置的检测，检测气缸伸出和缩回是否到位，为此在气缸前后位置上各安装一个，当检测到气缸准确到位后，传感器将给 PLC 发出一个信号（传感器棕色线接 PLC 主机输入端，蓝色线接 PLC 输入公共端）。

（3）气动手爪　抓取和松开物料由双向电磁阀控制，手爪夹紧时，气动手爪传感器有信号输出，指示灯亮，在控制过程中不允许两个驱动线圈同时得电。

（4）旋转气缸　实现机械手臂的正反转，由双向电磁阀控制。

（5）手臂伸缩限位传感器　机械手臂正转和反转到位后，手臂伸缩限位传感器信号输出（传感器棕色线接直流电源 24V "＋"端，蓝色线接直流电源 24V "－"端，黑色线接 PLC 主机输入端）。

（6）伸缩气缸　实现机械手臂伸出和缩回，由电磁阀控制。气缸上装有两个手臂伸缩限位传感器，检测气缸伸出或缩回位置。

（7）缓冲阀　当旋转气缸高速正转和反转时，起缓冲减速作用。

二、磁性开关

磁性开关是以磁性方式检测气缸活塞的位置。如图 7-2-3 所示，磁性开关直接安装在气缸上，当活塞到达位置时，发出控制信号；而当活塞离开时，切断信号。磁性开关通过铝、铜或钢制外壳壁检测活塞的环形磁铁，并给出出发信号，一般磁性开关和传感器磁环之间有动作范围，其中间位置一般为最高灵敏度位置，如图 7-2-4 所示。

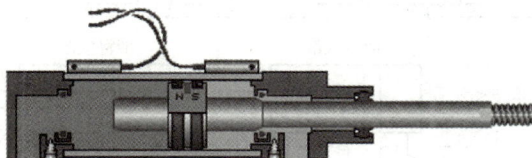

图 7-2-3　磁性开关的安装位置图

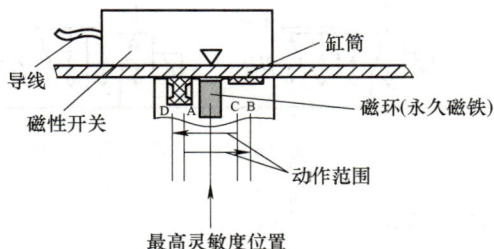

图 7-2-4　磁性开关和传感器磁环

磁性开关是用来检测气缸活塞位置的，即检测活塞的运动行程的。它可以分为有触点式和无触点式两种。YL-235A 型光机电一体化实训设备上用的磁性开关均为有触点式的，它是通过机械触点的动作进行开关的通（ON）和断（OFF）。

YL-235A 型光机电一体化实训设备的气动机械手使用了三种型号的磁性开关，分别是 SMC 公司的 D-C73、D-Z73 和 D-Y59B，如图 7-2-5 所示。其中 D-Z73 用于检测气动机械手伸缩气缸的位置；D-C73 用于检测气动机械手提升气缸和旋转气缸的位置；而 D-Y59B 用于检测气动机械手手爪是否夹紧。

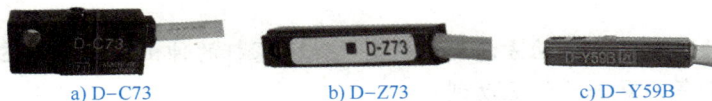

a) D-C73　　　　　b) D-Z73　　　　　c) D-Y59B

图 7-2-5　气动机械手上使用的磁性开关

三、气动原理

1）气动机械手执行元件部分有双作用单杆气缸、双作用双杆气缸、旋转气缸和气动手爪。

2）气动机械手控制元件部分有单控电磁换向阀、双控电磁换向阀和节流阀。

3）气动机械手气动回路图如图 7-2-6 所示。

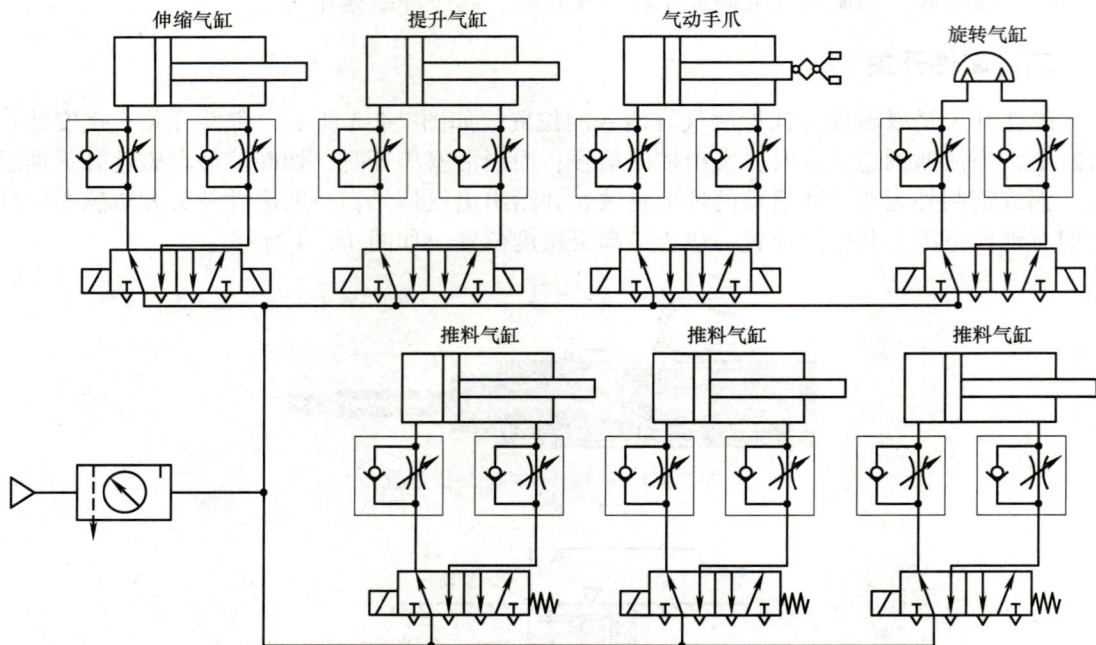

图 7-2-6　气动机械手气动回路图

4）气缸示意图如图 7-2-7 所示。

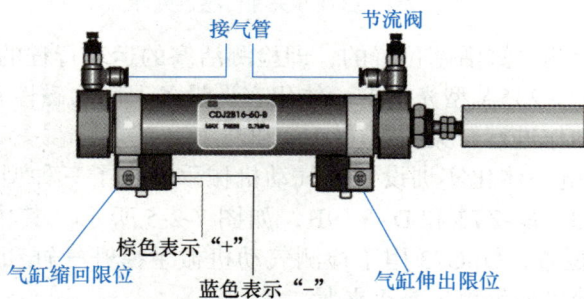

图 7-2-7　气缸示意图

注：只要交换气缸进出气的方向就能改变气缸活塞杆的伸出（缩回）运动，气缸两侧的磁性开关可以识别气缸是否已经运动到位。

5）双向电磁阀示意图如图 7-2-8 所示。

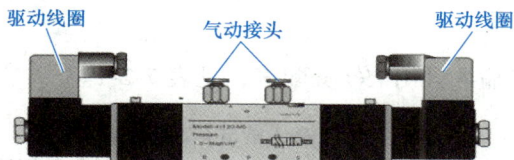

图 7-2-8　双向电磁阀示意图

注：双向电磁阀用来控制气缸进气和出气，从而实现气缸活塞杆的伸出和缩回。电磁阀内装的红色指示灯有正负极性，当极性接反了，虽然电磁阀也能正常工作，但指示灯不会亮。

6）单向电磁阀示意图如图 7-2-9 所示。

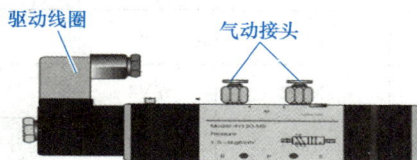

图 7-2-9　单向电磁阀示意图

注：单向电磁阀用来控制气缸单个方向运动，实现气缸活塞杆的伸出和缩回。与双向电磁阀区别在于双向电磁阀初始位置是任意的，可以随意控制两个位置；而单向电磁阀初始位置是固定的，只能控制一个方向。

7）气动手爪示意图如图 7-2-10 所示。

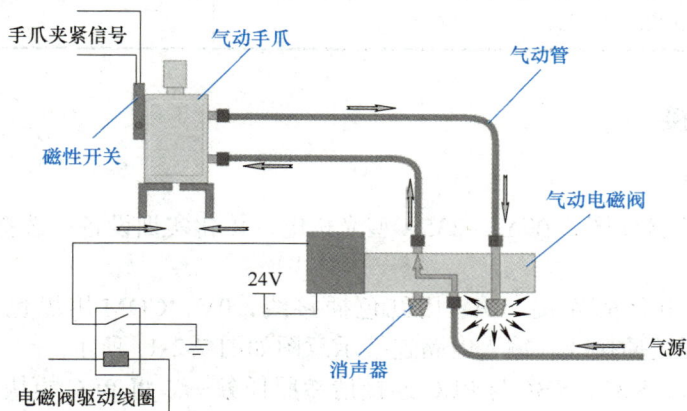

图 7-2-10　气动手爪示意图

当气动手爪由单向电磁阀控制时，电磁阀得电，手爪夹紧；电磁阀断电，手爪张开。

当手爪由双向电磁阀控制时，手爪夹紧和松开分别由一个驱动线圈控制，在控制过程中不允许两个驱动线圈同时得电。

任务实施

一、元器件检查

清点任务所需的设备、工具及材料，并利用万用表检查元器件好坏。

二、建立 I/O 分配表

根据任务，分析做出输入输出 I/O 分配表，见表 7-2-1。

表 7-2-1　输入输出 I/O 分配表

输入			输出		
输入元件	功能作用	输入继电器	输出元件	控制对象	输出继电器
SB5	手动单步运行按钮	X000	YV1	旋转气缸右转	Y000
SB6	复位按钮	X001	YV2	旋转气缸左转	Y001
SQ3	物料检测光电传感器	X011	YV3	气动手爪夹紧	Y003
SP1	气动手爪传感器	X002	YV4	气动手爪松开	Y004
SQ1	旋转左限位传感器	X003	YV5	提升气缸活塞杆下降	Y005
SQ2	旋转右限位传感器	X004	YV6	提升气缸活塞杆上升	Y006
SP2	气动手臂伸出传感器	X005	YV7	伸缩气缸活塞杆伸出	Y007
SP3	气动手臂缩回传感器	X006	YV8	伸缩气缸活塞杆缩回	Y010
SP4	手爪提升限位传感器	X007	HLR	红色警示灯	Y015
SP5	手爪下降限位传感器	X010			

三、电路连接

1. 电路的安装

根据 PLC 外部接线图，在 YL–235A 型光机电一体化实训设备中选择需要的模块，完成电路的连接。

1）完成输入电路的连接。24V 用红色插接线，0V、COM 用黑色插接线，连接到 PLC 输入端的用绿色插接线。输入电路连接示意图如图 7-2-11 所示。

根据任务要求，SB5、SB6 与 PLC 连接请参照任务一。将 PLC 模块上的 24V 与 PLC 输入端的 S/S 和接线端子排的 34、37、40 进行连接；将 PLC 模块的 COM 与接线端子排的 35、38、41、44、46、48、50、52 进行连接；PLC 的输入端 X11、X3、X4、X5、X6、X7、X10、X2 分别与端子排的 36、39、42、43、45、47、49、51 进行连接。输入电路连接示意图如图 7-2-11 所示。

2）完成输出电路的连接。24V 用红色插接线，0V、COM 用黑色插接线，连接到 PLC 输出端用黄色插接线。输出电路连接示意图如图 7-2-12 所示。

将按钮模块上的 24V 与 PLC 输出端的 COM1、COM2、COM3、COM4，端子排的 4 进行连接；将按钮模块的 0V 与接线端子排的 3、5、11、13、15、17、19、21、23、25 进行连接；将 PLC 的输出端 Y0、Y1、Y3、Y4、Y5、Y6、Y7、Y10、Y15 分别与端子排的 24、22、10、12、16、14、18、20、1 进行连接。

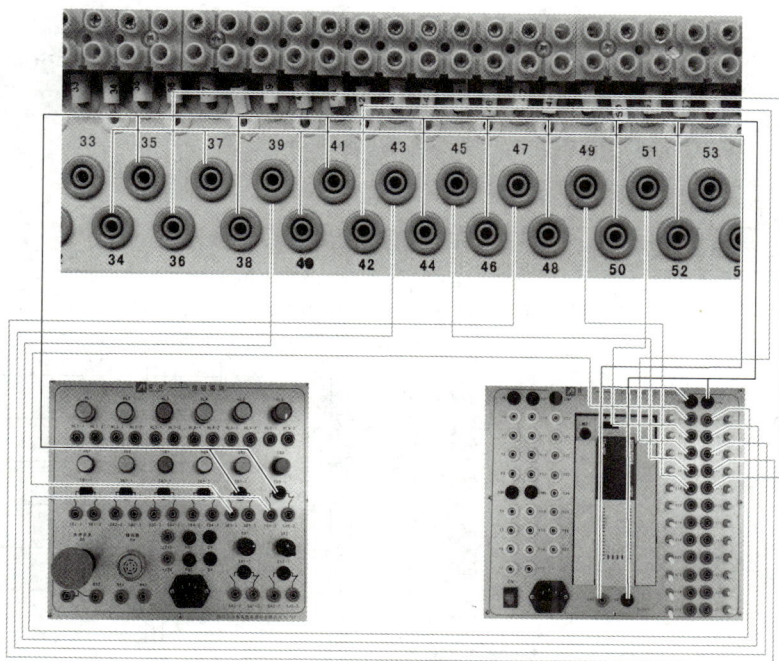

图 7-2-11　输入电路连接示意图

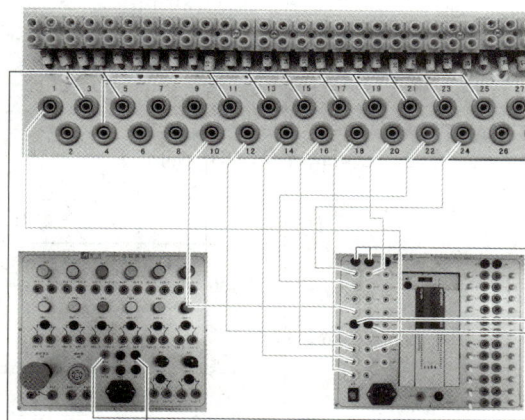

图 7-2-12　输出电路连接示意图

2. 电路的检测

参照任务一进行电路的检测。

3. 电路的绑扎

参照任务一进行电路的绑扎。

四、程序的编写与下载

根据控制要求，编写 PLC 控制程序，并写入 PLC 中。气动机械手手动运行 PLC 梯形图如图 7-2-13 所示。

PLC 控制机械
手机构运行

手动单步运行程序

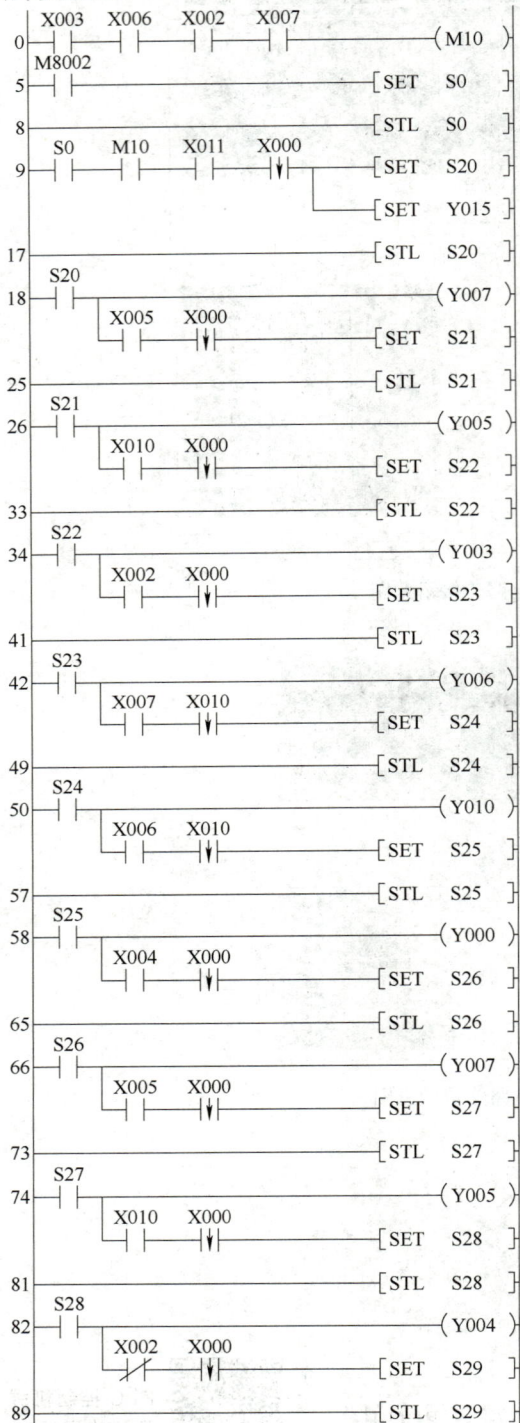

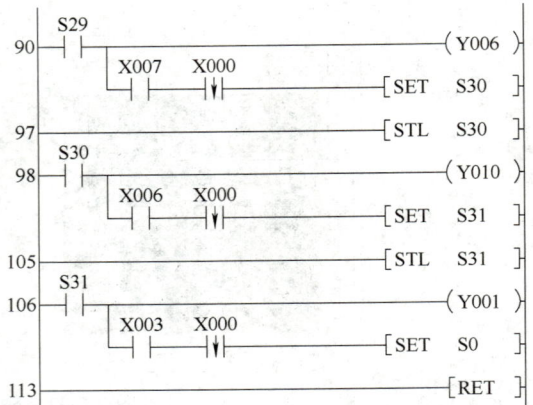

```
       X003  X006  X002  X007
  0    ─┤├──┤├──┤├──┤├──────────────( M10 )
       M8002
  5    ─┤├──────────────────────────[ SET   S0 ]
  8    ──────────────────────────────[ STL   S0 ]
        S0   M10   X011   X000
  9    ─┤├──┤├──┤├──┤↓├───────────[ SET   S20 ]
                                    ─[ SET   Y015 ]
 17    ──────────────────────────────[ STL   S20 ]
        S20
 18    ─┤├───────────────────────────( Y007 )
              X005  X000
             ─┤├──┤↓├─────────────[ SET   S21 ]
 25    ──────────────────────────────[ STL   S21 ]
        S21
 26    ─┤├───────────────────────────( Y005 )
              X010  X000
             ─┤├──┤↓├─────────────[ SET   S22 ]
 33    ──────────────────────────────[ STL   S22 ]
        S22
 34    ─┤├───────────────────────────( Y003 )
              X002  X000
             ─┤├──┤↓├─────────────[ SET   S23 ]
 41    ──────────────────────────────[ STL   S23 ]
        S23
 42    ─┤├───────────────────────────( Y006 )
              X007  X010
             ─┤├──┤↓├─────────────[ SET   S24 ]
 49    ──────────────────────────────[ STL   S24 ]
        S24
 50    ─┤├───────────────────────────( Y010 )
              X006  X010
             ─┤├──┤↓├─────────────[ SET   S25 ]
 57    ──────────────────────────────[ STL   S25 ]
        S25
 58    ─┤├───────────────────────────( Y000 )
              X004  X000
             ─┤├──┤↓├─────────────[ SET   S26 ]
 65    ──────────────────────────────[ STL   S26 ]
        S26
 66    ─┤├───────────────────────────( Y007 )
              X005  X000
             ─┤├──┤↓├─────────────[ SET   S27 ]
 73    ──────────────────────────────[ STL   S27 ]
        S27
 74    ─┤├───────────────────────────( Y005 )
              X010  X000
             ─┤├──┤↓├─────────────[ SET   S28 ]
 81    ──────────────────────────────[ STL   S28 ]
        S28
 82    ─┤├───────────────────────────( Y004 )
              X002  X000
             ─┤/├──┤↓├────────────[ SET   S29 ]
 89    ──────────────────────────────[ STL   S29 ]
```

```
        S29
 90    ─┤├───────────────────────────( Y006 )
              X007  X000
             ─┤├──┤↓├─────────────[ SET   S30 ]
 97    ──────────────────────────────[ STL   S30 ]
        S30
 98    ─┤├───────────────────────────( Y010 )
              X006  X000
             ─┤├──┤↓├─────────────[ SET   S31 ]
105    ──────────────────────────────[ STL   S31 ]
        S31
106    ─┤├───────────────────────────( Y001 )
              X003  X000
             ─┤├──┤↓├─────────────[ SET   S0 ]
113    ──────────────────────────────[ RET ]
```

复位程序

```
        X001
114    ─┤├───────────────────────[ZRST  S0   S31 ]
        M12
       ─┤├────────────────────────[ SET   S40 ]
123    ──────────────────────────────[ STL   S40 ]
        S40
124    ─┤├───────────────────────────( Y004 )
              X002
             ─┤/├─────────────────[ SET   S41 ]
129    ──────────────────────────────[ STL   S41 ]
        S41
130    ─┤├───────────────────────────( Y006 )
              X007
             ─┤├──────────────────[ SET   S42 ]
135    ──────────────────────────────[ STL   S42 ]
        S42
136    ─┤├───────────────────────────( Y010 )
              X006
             ─┤├──────────────────[ SET   S43 ]
141    ──────────────────────────────[ STL   S43 ]
        S43
142    ─┤├───────────────────────────( Y001 )
              X003
             ─┤├──────────────────[ SET   S0 ]
                                   ─[ RST   Y015 ]
148    ──────────────────────────────[ RET ]
149    ──────────────────────────────[ END ]
```

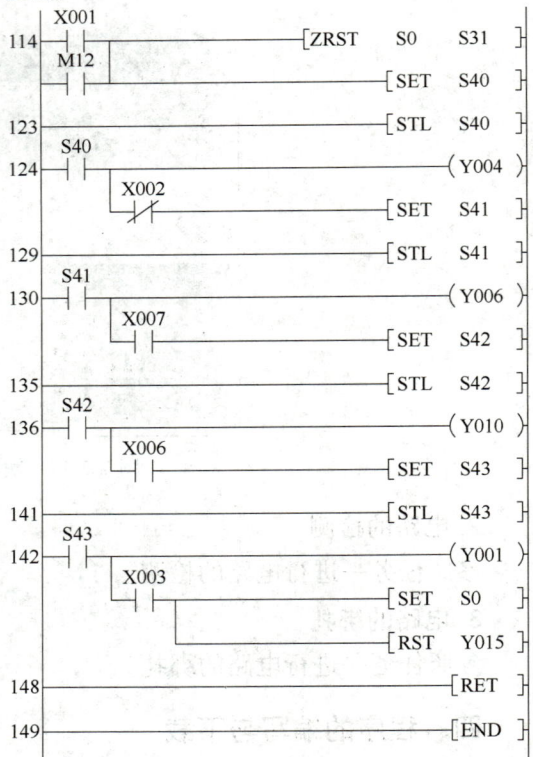

图 7-2-13　气动机械手手动运行 PLC 梯形图

五、调试与运行

将 PLC 模块上的 RUN/STOP 开关拨到 RUN 位置，此时 PLC 模块 RUN 指示灯点亮。通过操作按钮与指示灯模块上的按钮，观察 PLC 输入输出量的状态，并将结果填入表 7-2-2 中。

表 7-2-2　气动机械手手动运行 PLC 输入输出量状态记录表

按钮	物料情况	气动机械手动作状态
按下 SB5	无物料	
	有物料	
按下 SB6		

六、实训场地现场清理

实训完后，将对所操作设备进行复位、还原。拆除安全插接线、整理工位、清点工具、清扫现场卫生，并填写设备使用登记表。

任务评价

对任务实施的完成情况进行检查，并将结果填入表 7-2-3 中。

表 7-2-3　任务测评表

序号	主要内容	考核要求	评分标准	配分	扣分	得分
1	电路的连接	根据任务要求，连接电路	不能正确连接，每处扣 5 分，扣完为止	40 分		
2	程序运行调试	根据任务要求，编写控制程序	控制程序达不到控制要求，每处扣 5 分，扣完为止	40 分		
3	工艺符合标准	根据任务要求，布线美观	不符合工艺规范，每处扣 2 分，扣完为止	10 分		
4	安全文明生产	遵守操作规程，尊重考评员，讲文明懂礼貌，考试结束要整理现场	1. 考试中，违反安全文明生产考核要求，每项扣 2 分，扣完为止 2. 当教师发现操作有重大事故隐患时，要立即予以制止，并扣安全文明生产分，共 5 分 3. 小组协作不和谐、效率低下，扣 5 分	10 分		
	合计			100 分		

开始时间：		结束时间：		
学生姓名：		指导教师：		任务实施日期：

任务三　PLC 控制变频器运行

任务目标

知识目标：1. 认识 YL-235A 型光机电一体化实训设备变频器。

2. 掌握变频器电路的连接与测试。

3. 掌握 PLC 控制变频器程序的编写。

能力目标：1. 了解变频器的结构。

2. 能进行变频器电路的连接与测试。

3. 能进行 PLC 控制变频器程序的编写与调试。

素质目标：1. 培养学生从点滴入手、脚踏实地的学习习惯。

2. 培养全方位分析问题和思考问题的能力。

3. 发扬团结互助的精神。

任务描述

请根据图 7-3-1 所示的 PLC 与变频器接线图，按照工艺要求进行 PLC 与变频器电路的连接。

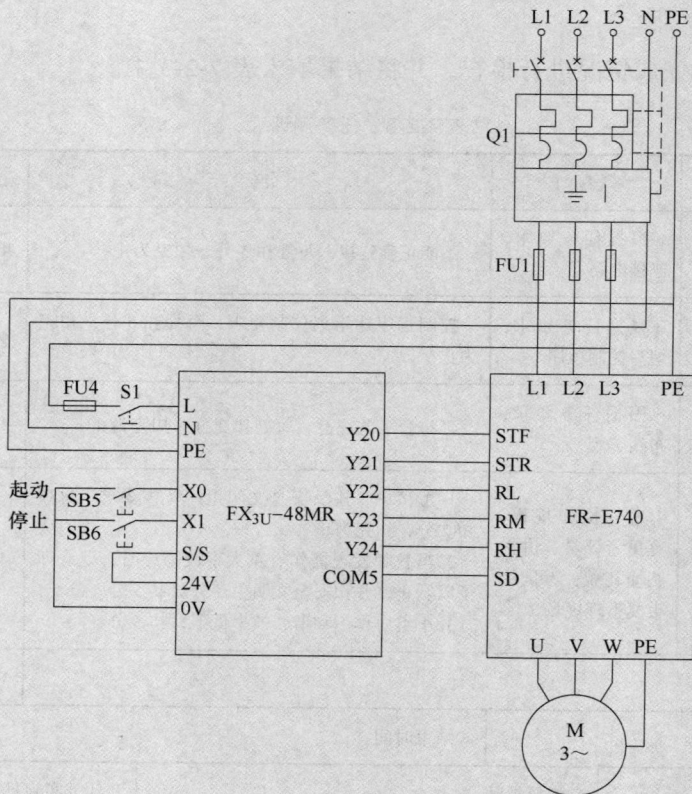

图 7-3-1　PLC 与变频器接线图

按照任务分析中的控制要求，编写 PLC 控制程序，并在 YL-235A 型光机电一体化实训设备上进行实验调试，实现任务要求的功能。

任务分析

设备接通电源后，按下 SB5，变频器以 10Hz 的频率驱动电动机正转运行→3s 后以 15Hz 的频率驱动电动机正转运行→3s 后以 20Hz 的频率驱动电动机正转运行→3s 后以 25Hz 的频率驱动电动机正转运行→3s 后以 30Hz 的频率驱动电动机正转运行→3s 后以 35Hz 的频率驱动电动机正转运行→3s 后以 40Hz 的频率驱动电动机正转运行→5s 后以 40Hz 的频率驱动电动机反转运行→3s 后以 35Hz 的频率驱动电动机反转运行→3s 后以 30Hz 的频率驱动电动机反转运行→3s 后以 25Hz 的频率驱动电动机反转运行→3s 后以 20Hz 的频率驱动电动机反转运行→3s 后以 15Hz 的频率驱动电动机反转运行→3s 后以 15Hz 的频率驱动电动机反转运行，……如此反复循环。

按下 SB6，在完成当前循环后，系统停止运行。

备注：加速时间为 0.5s，减速时间为 0.5s。

任务准备

一、三菱 FR-E740 变频器

1. 认识三菱 FR-E740 变频器

三菱 FR-E740 变频器的外形和型号含义如图 7-3-2 所示

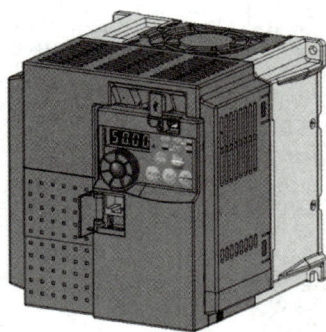

a) 外形　　　　　　b) 型号含义

图 7-3-2　三菱 FR-E740 变频器的外形和型号含义

2. 三菱 FR-E740 变频器的基本接线

1）主电路接线。主电路接线时，电源输入端连接 380V 三相交流电源，电源线必须连接至变频器输入端 R/L1、S/L2、T/L3，绝对不能接到输出端 U、V、W，否则会损坏变频器。三相异步电动机接到变频器的输出端 U、V、W，如图 7-3-3 所示。

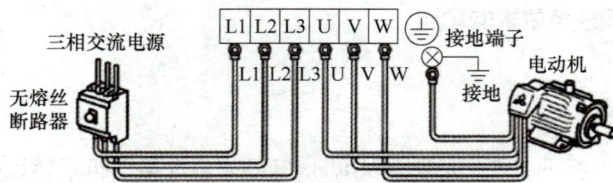

图 7-3-3　变频器主电路接线

2）控制电路接线。图 7-3-4 为三菱 FR-E740 变频器控制电路外接线端子，可根据系统的控制要求进行接线。

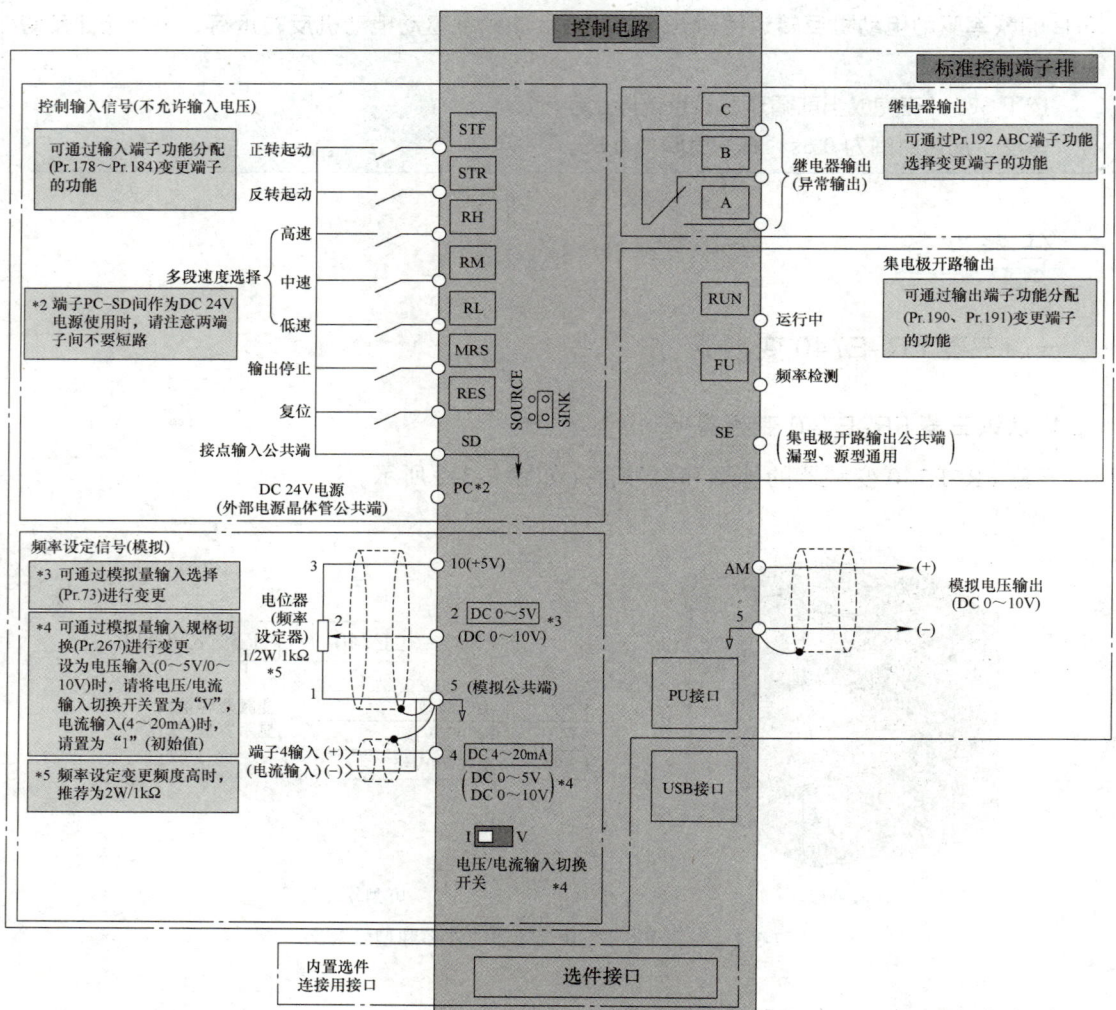

图 7-3-4　三菱 FR-E740 变频器控制电路外接线端子

3）操作面板。三菱 FR-E740 变频器操作面板如图 7-3-5 所示。

运行模式显示
PU：PU运行模式时亮灯
EXT：外部运行模式时亮灯(初始设定
　　状态下，在电源ON时点亮)
NET：网络运行模式时亮灯
PU、EXT：在外部/PU组合运行模式1、
　　2时点亮；操作面板无指令
　　权时，全部熄灭

单位显示
* Hz：显示频率时亮灯(显示设定频率
　　监视时闪烁)
* A：显示电流时亮灯(显示上述以外的
　　内容时，"Hz""A"一齐熄灭)

监视器(4位LED)
显示频率、参数编号等

M旋钮
(M旋钮：三菱变频器的旋钮)
用于变更频率设定、参数的设定值
按该旋钮可显示以下内容：
* 监视模式时的设定频率
* 校正时的当前设定值
* 错误历史模式时的顺序

模式切换
用于切换各设定模式
和PU/EXT同时按下也可以用来切换运行
模式
长按此键(2s)可以锁定操作

各设定的确定
运行中按此键，则监视器出现以下显示：
运行频率
输出电流
输出电压

运行状态显示
变频器动作中亮灯/闪烁
　* 亮灯：正转运行中
缓慢闪烁(1.4s循环)：
　　反转运行中
快速闪烁(0.2s循环)：
* 按(RUN)键或输入起动指令都无法
　运行时
* 有起动指令，频率指令在起动频
　率以下时
* 输入了MRS信号时

参数设定模式显示
参数设定模式时亮灯

监视器显示
监视模式时亮灯

停止运行
停止运转指令
保护功能(严重故障)生效时，也可以
进行报警复位

运行模式切换
用于切换PU/外部运行模式
使用外部运行模式(通过另接的频率
设定旋钮和起动信号起动的运行)时
请按此键，使表示运行模式的EXT处
于亮灯状态(切换至组合模式时，可
同时按(MODE)(0.5s)，或者变更参数Pr.79)
PU：PU运行模式
EXT：外部运行模式
也可以解除PU停止

起动指令
通过Pr.40的设定，可以选择旋转方向

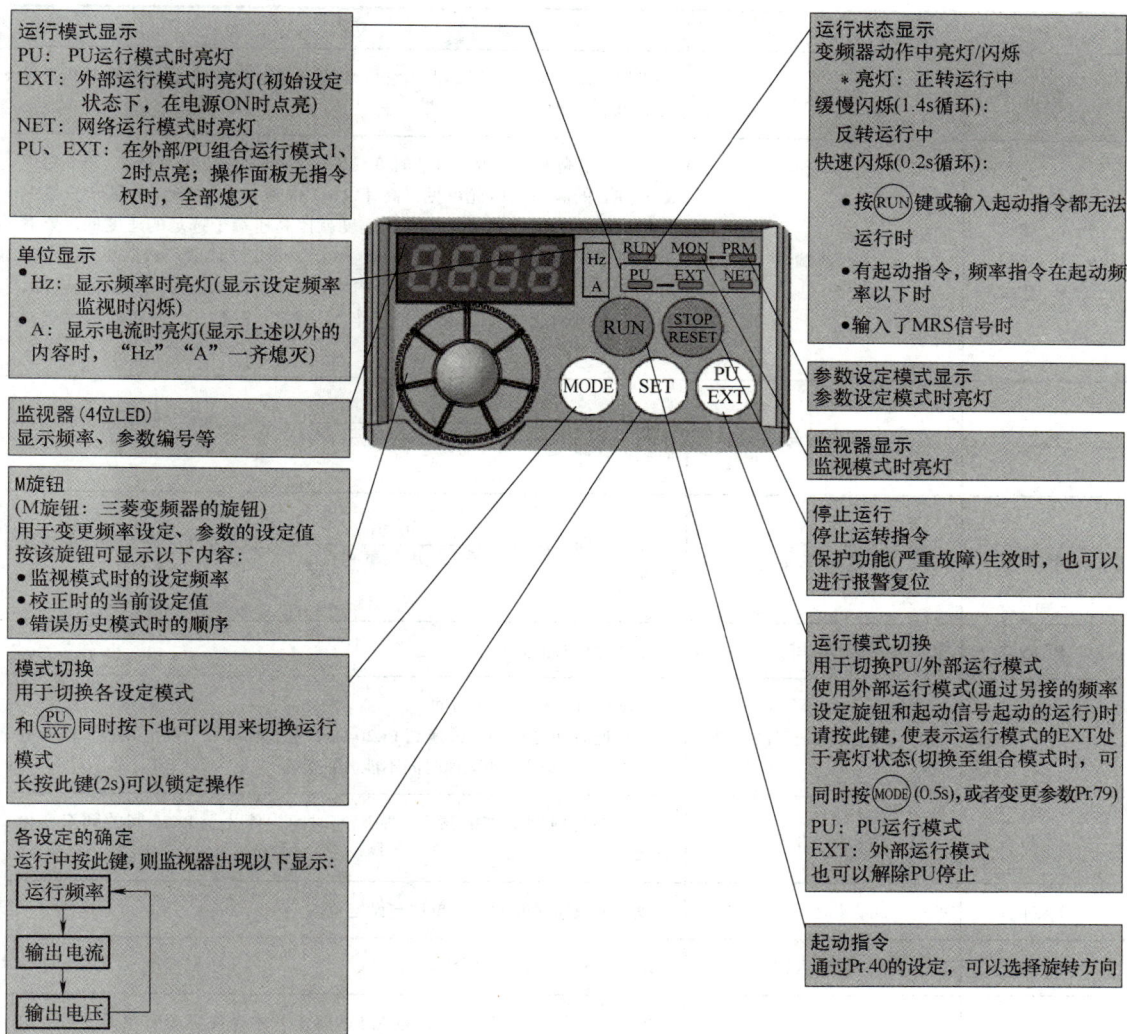

图 7-3-5　三菱 FR-E740 变频器操作面板

4）变频器的运行模式与参数。变频器的控制中必须考虑的两个问题是起动信号由谁给出（控制面板还是外部开关）、频率命令以什么方式改变（M 旋钮 +SET 键、外部端子、通信）。变频器常用参数见表 7-3-1。

表 7-3-1　变频器常用参数

参数号	名称	功能
Pr.1	上限频率	此参数设定变频器输出给电动机的最高频率，使电动机的工作频率在额定频率以下，可以用此参数保护电动机超速。出厂时 Pr.1=120Hz，国内很多电动机的额定频率是 50Hz 和 60Hz，因此使用变频器时必须把此参数设定在电动机铭牌标注的额定频率以下
Pr.2	下限频率	限定变频器起动信号有效后最低的工作频率，可以防止电动机起动时因转矩小发生过载

（续）

参数号	名称	功能
Pr.3	基准频率	变频器以此频率变速，大于它则加速，低于它则减速，一般把 Pr.3 设成电网频率即可
Pr.4 ～ Pr.6 Pr.24 ～ Pr.27 Pr.232 ～ Pr.239	多段速端子	Pr.4 指定高速端子 RH 有效时变频器输出的频率，同理 Pr.5、Pr.6 对应 RM、RL 的频率。由此可见，高速 RH、中速 RM、低速 RL 端子只是一个标记，不一定低速端子选定的速度就比高速端子选定的速度低，要看 Pr.4 和 Pr.6 的设定值谁高。Pr.24 ～ Pr.27 设定 7 段速，Pr.232 ～ Pr.239 设定 15 段速，Pr.183 是 MRS 端子的功能选定，默认值为 6，为停止功能，当设为 8 时，就变为 REX 端子，作为与 RH、RM、RL 一样的速度选择端子
Pr.7	加速时间	加速时间设定值 $= \dfrac{Pr.20}{最大使用频率 - Pr.13} \times$ 从停止到最大使用频率的加速时间
Pr.8	减速时间	减速时间设定值 $= \dfrac{Pr.20}{最大使用频率 - Pr.13} \times$ 从最大使用频率到停止的减速时间
Pr.15	点动频率	点动运行时的频率
Pr.16	点动加减速时间	点动运行时的加减速时间 加减速时间是指加、减速到 Pr.20 加减速基准频率中设定频率（初始值为 50Hz）的时间，加减速时间不能分别设定
Pr.20	加减速基准频率	为加减速时间基准的频率，加减速时间为停止至 Pr.20 间的频率变化时间
Pr.21	加减速时间单位	改变加减速时间的设定单位与设定范围
Pr.73	模拟量输入选择	端子 2 模拟量输入选择
Pr.77	参数禁止写入选择	Pr.77=0 时，变频器停止，且在 PU 模式下才允许更改变频器参数（出厂默认值）；Pr.77=1 时，禁止更改变频器的参数（Pr.75、Pr.77、Pr.79 除外）；Pr.77=2 时，变频器处于运行状态，也能更改参数
Pr.267	端子 4 输入选择	通过电压 / 电流输入切换开关，选择端子 4 的模拟量输入
Pr.79	运行模式选择	Pr.79=0 时，为外部 /PU 切换模式；Pr.79=1 时，固定为 PU 运行模式；Pr.79=3 时，为外部 /PU 组合运行模式 1（注意频率指令和起动指令）；Pr.79=4 时，为外部 /PU 组合运行模式 2（注意频率指令和起动指令）；Pr.79=6 时，为切换模式（可以保持运行状态的同时，进行 PU 运行、外部运行、网络运行的切换）；Pr.79=7 时，为外部运行模式（PU 运行互锁），X12 信号 ON，可切换到 PU 运行模式（外部运行中输出停止），X12 信号 OFF，禁止切换到 PU 运行模式
Pr.125	端子 2 频率设定增益频率	端子 2 输入增益（最大）的频率
Pr.126	端子 4 频率设定增益频率	端子 4 输入增益（最大）的频率

（续）

参数号	名称	功能
Pr.178	STF 端子功能选择	0：低速运行指令（RL） 1：中速运行指令（RM） 2：高速运行指令（RH） 3：第 2 功能选择（RT） 4：端子 4 输入选择（AU） 5：点动运行选择（JOG） 7：外部过电流继电器输入（OH） 8：15 速选择（REX） 10：变频器运行许可信号（X10）(FR-HC/FR-CV 连接) 12：PU 运行外部互锁（X12） 14：PID 控制有效端子（X14） 15：制动器开放完成信号（BRI） 16：PU-外部运行切换（X16） 18：V/F 切换（X18） 24：输出停止（MRS） 25：启动自保持选择（STOP） 60：正转指令（STF），仅 Pr.178 可设定 61：反转指令（STR），仅 Pr.179 可设定 62：变频器复位（RES） 65：PU-NET 运行切换（X65） 66：外部-网络运行切换（X66） 67：指令权切换（X67） 9999：无功能
Pr.179	STR 端子功能选择	见 Pr.178
Pr.180	R$_H$ 端子功能选择	见 Pr.178
Pr.181	R$_M$ 端子功能选择	见 Pr.178
Pr.182	R$_L$ 端子功能选择	见 Pr.178

二、通过开关设定频率（7 速设定）

1. 要点

1）起动指令通过"RUN"键发出。

2）必须设置 Pr.79=4（外部/PU 组合运行模式 2）。

3）端子 RH 初始值为 50Hz、RM 初始值为 30Hz、RL 初始值为 10Hz（可通过 Pr.4、Pr.5、Pr.6 进行变更，其他段速通过 Pr.24 ～ Pr.27 进行设定）。

4）当 2 个（或 3 个）端子同时设置为 ON 时，可以以 7 速运行（**注意：STF 为 ON，正转指令；STR 为 ON，反转指令**）。

2. 接线

请参照图 7-3-1 所示接线图进行接线。

3. 参数设置

1）变频器 7 段速组合如图 7-3-6 所示。

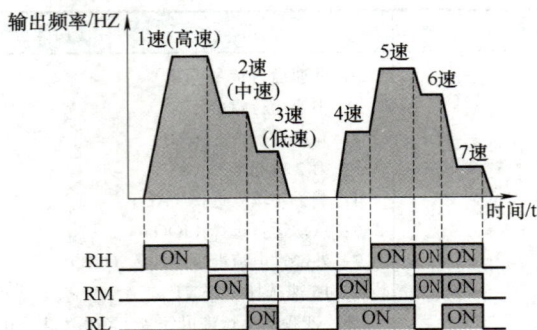

图 7-3-6 变频器 7 段速组合

2）变频器 7 段速对照表见表 7-3-2。

表 7-3-2 变频器 7 段速对照表

速度	STF	STR	RH	RM	RL	参数编号	参数设定值
3 速	1/0	1/0	0	0	1	Pr.6	20
2 速	1/0	1/0	0	1	0	Pr.5	15
4 速	1/0	1/0	0	1	1	Pr.24	25
1 速	1/0	1/0	1	0	0	Pr.4	10
5 速	1/0	1/0	1	0	1	Pr.25	30
6 速	1/0	1/0	1	1	0	Pr.26	35
7 速	1/0	1/0	1	1	1	Pr.27	40

4. 操作过程

1）设置 Pr.79=4。

2）按照表 7-3-2 设置相应参数。

3）将"RUN"键设置为 ON（无频率指令时，"RUN"按钮指示灯会快速闪烁）。

4）按照表 7-3-2 将相应的端子设置为 ON。

5）将"STOP"键设置为 OFF。

三、通过开关发出起动指令和频率指令（7 速设定）

1. 要点

1）用端子 STF（STR）–SD 发出起动指令。

2）通过端子 RH、RM、RL–SD 进行频率设定。

3）"EXT"指示灯须亮灯（如果"PU"指示灯亮灯，请用"PU/EXT"键进行切换）。

4）端子 RH 初始值为 50Hz、RM 初始值为 30Hz、RL 初始值为 10Hz（可通过 Pr.4、Pr.5、Pr.6 进行变更，其他段速通过 Pr.24 ～ Pr.27 进行设定）。

5）2 个（或 3 个）端子同时设置为 ON 时，可以以 7 速运行（**注意：STF 为 ON，正转指令；STR 为 ON，反转指令**）。

2. 接线

请参照图 7-3-1 所示接线图进行接线。

3. 参数设置

请参照表 7-3-2 进行相关参数设置。

4. 操作过程

1）设置 Pr.79=3。

2）按照表 7-3-2 设置相应参数。

3）将"RUN"键设置为 ON（无频率指令时"RUN"按钮指示灯会快速闪烁）。

4）按照表 7-3-2 将相应的端子设置为 ON。

5）将"STOP"键设置为 OFF。

任务实施

一、元器件检查

清点任务所需的设备、工具及材料，并利用万用表检查元器件好坏。

二、建立 I/O 分配表

根据任务，分析做出输入输出 I/O 分配表，见表 7-3-3。

表 7-3-3　输入输出 I/O 分配表

输入			输出		
输入元件	功能作用	输入继电器	输出元件	控制对象	输出继电器
SB5	手动单步运行按钮	X000	变频器正转指令	STF	Y020
SB6	复位按钮	X001	变频器反转指令	STR	Y021
			变频器低速指令	RL	Y022
			变频器中速指令	RM	Y023
			变频器高速指令	RH	Y024

三、电路连接

1. 电路的安装

根据图 7-3-1，在 YL–235A 型光机电一体化设备中选择需要的模块，完成电路的连接。电路连接示意图如图 7-3-7 所示。

1）输入电路的连接参照任务一。

2）完成输出电路的连接。将变频器模块的 SD 与 PLC 输出端的 COM5 进行连接；将 PLC 的输出端 Y20、Y21、Y22、Y23、Y24 分别与变频器模块的 STF、STR、RL、RM、RH 进行连接。

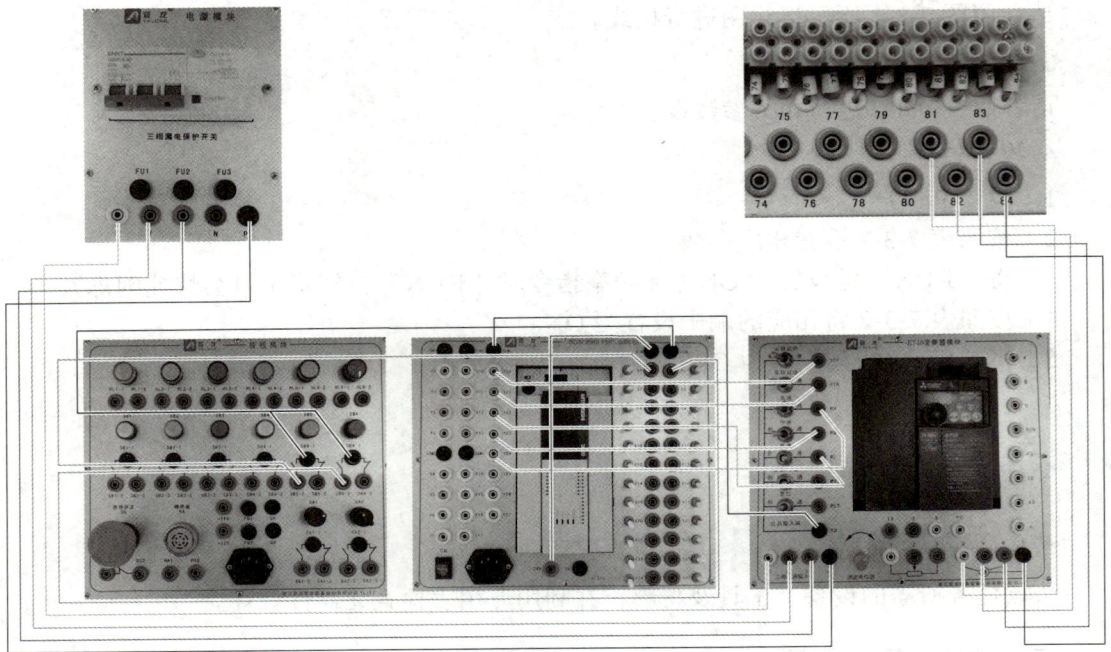

图 7-3-7　电路连接示意图

2. 电路的检测

参照任务一进行电路的检测。

电源模块、变频器与交流电动机的连接时务必注意：电源必须接变频器的 R、S、T 端子，不能接变频器的 U、V、W 端子，否则会损坏变频器，在接线时不必考虑电源相序。电动机接到变频器的 U、V、W 端子。

3. 电路的绑扎

参照任务一进行电路的绑扎。

四、程序的编写与下载

根据控制要求，编写 PLC 控制程序，并写入 PLC 中。变频器运行 PLC 梯形图如图 7-3-8 所示。

PLC 控制变频器运行

五、调试与运行

将 PLC 模块上的 RUN/STOP 开关拨到 RUN 位置，此时 PLC 模块 RUN 指示灯点亮。通过操作按钮与指示灯模块上的按钮，观察变频器运行状态，并将结果填入表 7-3-4 中。

六、实训场地现场清理

实训完后，将对所操作设备进行复位、还原。拆除安全插接线、整理工位、清点工具、清扫现场卫生，并填写设备使用登记表。

```
0   X001 ──┬──[ZRST  S0    S37]
           ├──[ZRST  Y020  Y021]
           ├──[RST   D0]
           └──[SET   S0]
    M8002
16  ──┤├──────[SET   S0]
19  ──────────[STL   S0]
    S0   X000
20  ──┤├──┤├──┬──[SET   S20]
             └──[SET   Y020]
25  ──────────[STL   S20]
    S20
26  ──┤├──┬──────(Y022)
         ├──────(T0  K30)
         ├──[MOV  K1  D0]
    T0
    ──┤├─────[SET   S21]
39  ──────────[STL   S21]
    S21
40  ──┤├──┬──────(Y024)
         ├──────(T1  K30)
    T1
    ──┤├─────[SET   S22]
48  ──────────[STL   S22]
    S22
49  ──┤├──┬──────(Y023)
         ├──────(T2  K30)
    T2
    ──┤├─────[SET   S23]
57  ──────────[STL   S23]
    S23
58  ──┤├──┬──────(Y023)
         ├──────(Y024)
         ├──────(T3  K30)
    T3
    ──┤├─────[SET   S24]
67  ──────────[STL   S24]
    S24
68  ──┤├──┬──────(Y022)
         ├──────(Y024)
         ├──────(T4  K30)
    T4
    ──┤├─────[SET   S25]
77  ──────────[STL   S25]
    S25
78  ──┤├──┬──────(Y022)
         ├──────(Y023)
         ├──────(T5  K30)
    T5
    ──┤├─────[SET   S26]
87  ──────────[STL   S26]
    S26
88  ──┤├──┬──────(Y022)
         ├──────(Y023)
         ├──────(T5  K30)
    T5
    ──┤├─────[SET   S30]
```

```
97  ──────────[STL   S30]
    S30
98  ──┤├──┬──[RST   Y020]
         ├──────(T7  K50)
    T7
    ──┤├──┬──[SET   S31]
         └──[SET   Y021]
107 ──────────[STL   S31]
    S31
108 ──┤├──┬──────(Y022)
         ├──────(Y023)
         ├──────(Y024)
         ├──────(T8  K30)
    T8
    ──┤├─────[SET   S32]
118 ──────────[STL   S32]
    S32
119 ──┤├──┬──────(Y022)
         ├──────(Y023)
         ├──────(T9  K30)
    T9
    ──┤├─────[SET   S33]
128 ──────────[STL   S33]
    S33
129 ──┤├──┬──────(Y022)
         ├──────(Y024)
         ├──────(T10  K30)
    T10
    ──┤├─────[SET   S34]
138 ──────────[STL   S34]
    S34
139 ──┤├──┬──────(Y023)
         ├──────(Y024)
         ├──────(T11  K30)
    T11
    ──┤├─────[SET   S35]
    S35
149 ──┤├──┬──────(Y022)
         ├──────(T12  K30)
    T12
    ──┤├─────[SET   S36]
157 ──────────[STL   S36]
    S36
158 ──┤├──┬──────(Y024)
         ├──────(T13  K30)
    T13
    ──┤├─────[SET   S37]
166 ──────────[STL   S37]
    S37
167 ──┤├──┬──────(Y022)
         ├──────(T14  K30)
    T14
    ──┤├──┬──[RST   Y021]
         └──[SET   S20]
176 ──────────[RET]
177 ──────────[END]
```

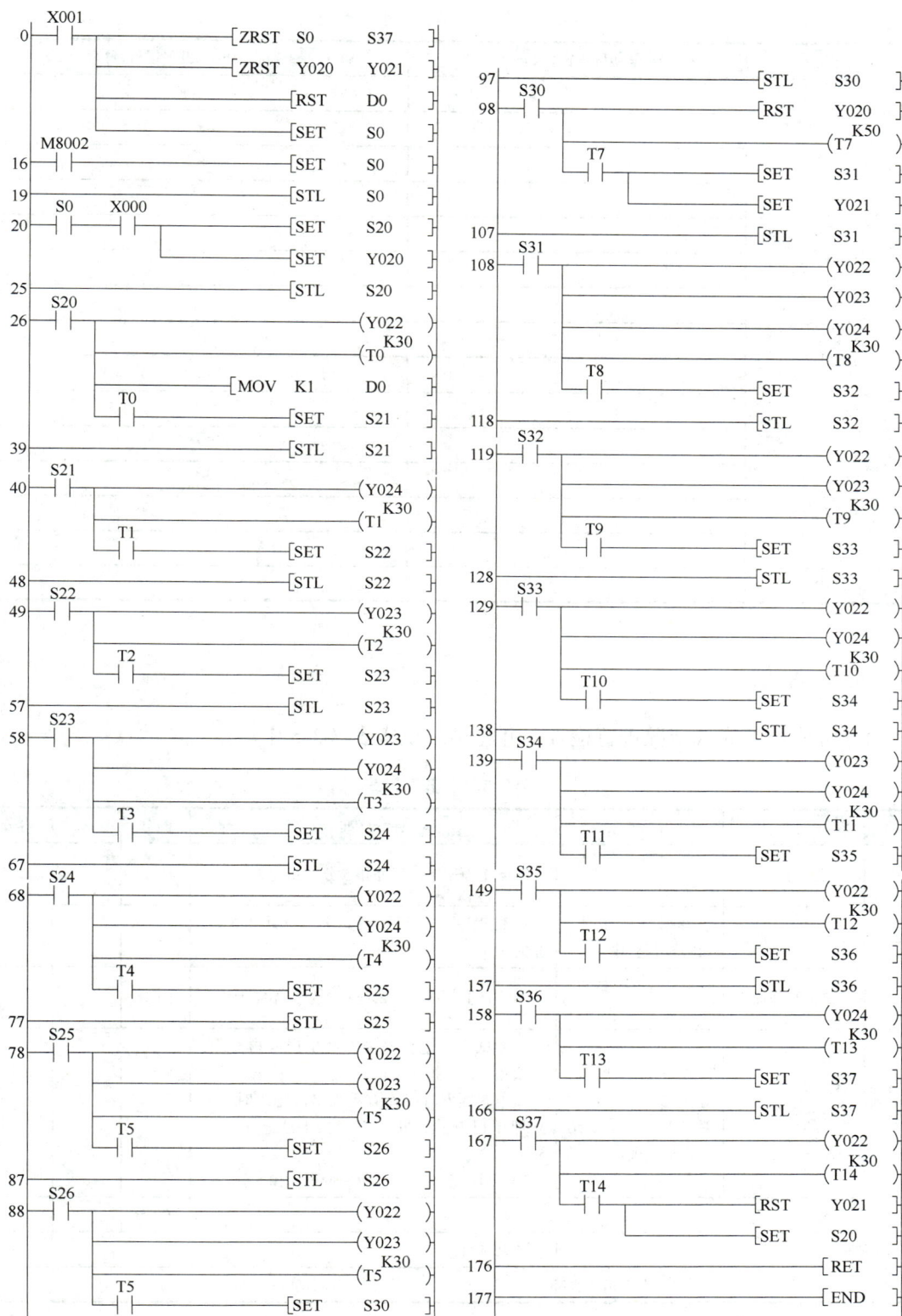

图 7-3-8　PLC 控制变频器梯形图

表 7-3-4　变频器运行状态记录表

按钮	电动机正转 / 反转	变频器（电动机）运行频率
按下 SB5		
按下 SB6		

任务评价

对任务实施的完成情况进行检查，并将结果填入表 7-3-5 中。

表 7-3-5　任务测评表

序号	主要内容	考核要求	评分标准	配分	扣分	得分
1	电路的连接	根据任务要求，连接电路	不能正确连接，每处扣 5 分，扣完为止	40 分		
2	程序运行调试	根据任务要求，编写控制程序	控制程序达不到控制要求，每处扣 5 分，扣完为止	40 分		
3	工艺符合标准	根据任务要求，布线美观	不符合工艺规范，每处扣 2 分，扣完为止	10 分		
4	安全文明生产	遵守操作规程，尊重考评员，讲文明懂礼貌，考试结束要整理现场	1. 考试中，违反安全文明生产考核要求，每项扣 2 分，扣完为止 2. 当教师发现操作有重大事故隐患时，要立即予以制止，并扣安全文明生产分，共 5 分 3. 小组协作不和谐、效率低下，扣 5 分	10 分		
合计				100 分		

开始时间：		结束时间：	
学生姓名：	指导教师：		任务实施日期：

任务四　PLC 控制物料识别与分拣系统自动运行

任务目标

知识目标：1. 认识 YL–235A 型光机电一体化实训设备物料识别与分拣机构。

2. 掌握物料识别与分拣机构控制电路的连接与测试。

3. 掌握物料识别与分拣机构 PLC 控制程序的编写。

4. 了解物料识别与分拣机构的组成。

能力目标：1. 能进行物料识别与分拣机构控制电路的连接与测试。

2. 能进行物料识别与分拣机构 PLC 控制程序的编写与调试。

素质目标：1. 培养学生从点滴入手、脚踏实地的学习习惯。

2. 培养全方位分析问题和思考问题的能力。

3. 发扬团结互助的精神。

任务描述

请根据图 7-4-1 所示的物料识别与分拣系统 PLC 外部接线图，选择电路需要的电器，并按照工艺要求进行控制电路的连接。

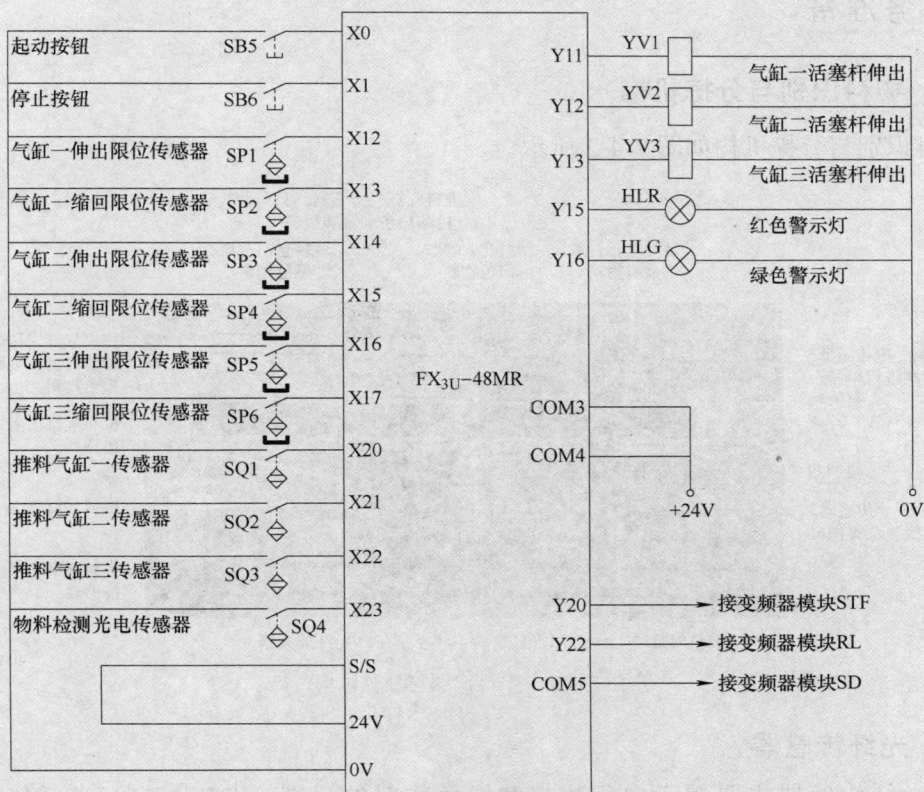

图 7-4-1　物料识别与分拣机构 PLC 外部接线图

　　编写 PLC 控制程序，并在 YL–235A 型机电一体化实训设备上进行实训调试，实现任务要求的功能。

任务分析

　　1）YL–235A 型光机电一体化实训设备中皮带输送机的三相交流异步电动机由变频器进行调速控制。

　　2）推料气缸活塞杆必须是缩回状态才可以起动系统，如果不在缩回状态请手动进行复位。

　　3）按下 SB5，绿色警示灯闪烁，红色警示灯熄灭，允许放物料。

　　4）物料检测光电传感器检测到工件后，皮带输送机通过变频器以 20Hz 的频率驱动正转运行，同时红色警示灯闪烁，绿色警示灯熄灭，不允许放物料。

　　5）如果皮带输送机上的物料是金属物料，物料到达位置 A 时，由推料气缸一将物料推入 1# 料仓；如果是白色物料，物料到达位置 B 时，由推料气缸二将物料推入 2# 料仓；如果是黑色物料，物料到达位置 C 时，由推料气缸三将物料推入 3# 料仓。

　　6）物料推入料仓后，推料气缸活塞杆缩回，皮带输送机停止，同时绿色警示灯闪烁，红色警示灯熄灭，等待放入下一个物料。

　　7）任意时刻按下 SB6，系统停止。

任务准备

一、物料识别与分拣机构

物料识别与分拣机构如图 7-4-2 所示。

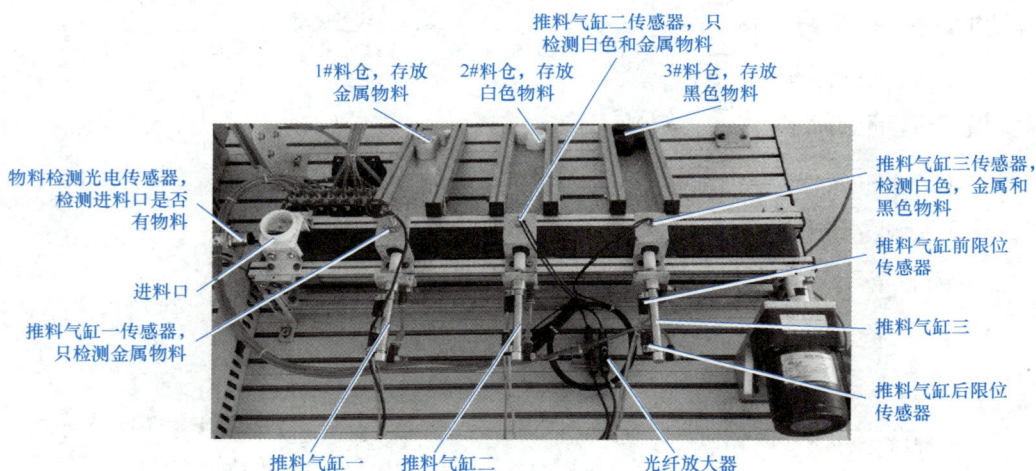

图 7-4-2　物料识别与分拣机构

二、光纤传感器

　　1）光纤传感器主要用于白色物料和黑色物料的识别，E3X–NALL 光纤传感器如图 7-4-3 所示。在实际操作过程中，将白色物料和黑色物料分别放在光纤传感器下方，调

节灵敏度旋钮。因为黑色物料的反射入光量小于白色物料，所以只需要分别调节两个光纤传感器灵敏度，如其中一个光纤传感器只能检测到白色物料（检测不到黑色物料），这样就可以检测出白色物料与黑色物料。

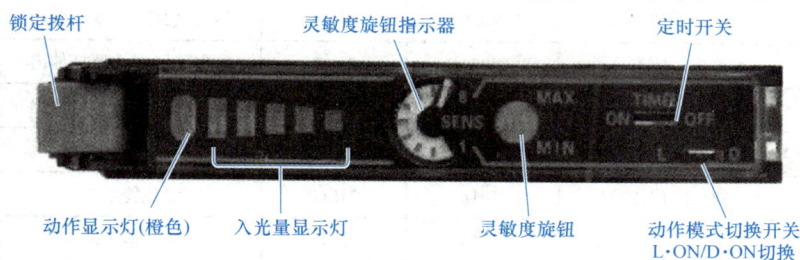

图 7-4-3　E3X−NALL 光纤传感器

2）E3X−NALL 光纤传感器输出动作显示灯亮情况说明如图 7-4-4 所示。

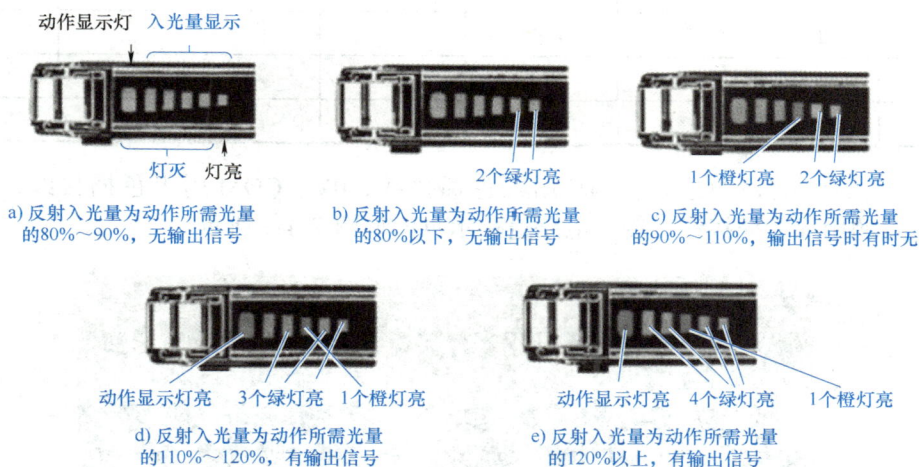

a) 反射入光量为动作所需光量的80%～90%，无输出信号

b) 反射入光量为动作所需光量的80%以下，无输出信号

c) 反射入光量为动作所需光量的90%～110%，输出信号时有时无

d) 反射入光量为动作所需光量的110%～120%，有输出信号

e) 反射入光量为动作所需光量的120%以上，有输出信号

图 7-4-4　E3X−NALL 光纤传感器输出动作显示灯亮情况说明

任务实施

一、元器件检查

清点任务所需的设备、工具及材料，并利用万用表检查元器件好坏。

二、建立 I/O 分配表

根据任务，分析做出输入输出 I/O 分配表，见表 7-4-1。

三、电路连接

1. 电路的安装

根据 PLC 外部接线图，在 YL−235A 型机电一体化实训设备中选择需要的模块，完成电路的连接。

表 7-4-1　输入输出 I/O 分配表

输入			输出		
输入元件	功能作用	输入继电器	输出元件	控制对象	输出继电器
SB5	起动按钮	X000	YV1	推料气缸一活塞杆伸出	Y011
SB6	停止按钮	X001	YV2	推料气缸二活塞杆伸出	Y012
SP1	气缸一伸出限位传感器	X012	YV3	推料气缸三活塞杆伸出	Y013
SP2	气缸一缩回限位传感器	X013	HLR	红色警示灯	Y015
SP3	气缸二伸出限位传感器	X014	HLG	绿色警示灯	Y016
SP4	气缸二缩回限位传感器	X015	STF	变频器 STF	Y020
SP5	气缸三伸出限位传感器	X016	RL	变频器 RL	Y022
SP6	气缸三缩回限位传感器	X017			
SQ1	推料气缸一传感器	X020			
SQ2	推料气缸二传感器	X021			
SQ3	推料气缸三传感器	X022			
SQ4	物料检测光电传感器	X023			

1）完成输入电路的连接。24V 用红色插接线，0V、COM 用黑色插接线，连接到 PLC 输入点的用绿色插接线。输入电路连接示意图如图 7-4-5 所示。

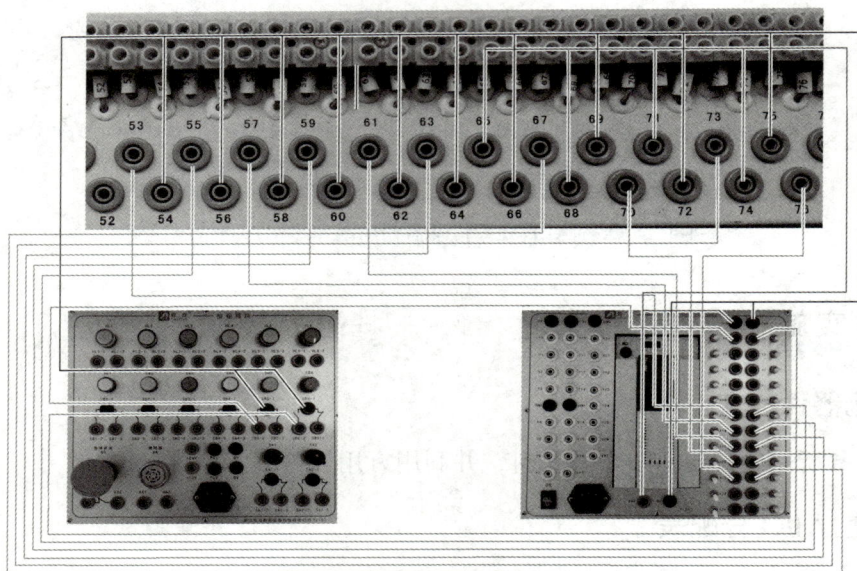

图 7-4-5　输入电路连接示意图

2）完成输出电路的连接。24V 用红色插接线，0V、COM 用黑色插接线，连接到 PLC 输出端用黄色插接线。输出电路连接示意图如图 7-4-6 所示。

2. 电路的检测

参照任务一进行电路的检测。

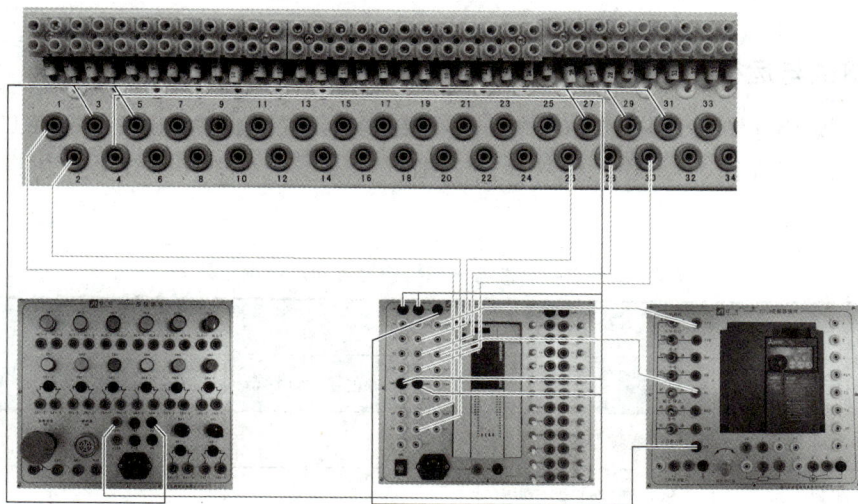

图 7-4-6　输出电路连接示意图

3.电路的绑扎

参照任务一进行电路的绑扎。

四、程序的编写与下载

根据控制要求，编写 PLC 控制程序，并写入 PLC 中。物料识别与分拣系统自动运行 PLC 梯形图如图 7-4-7 所示。

PLC 控制物料识别与分拣机构自动运行

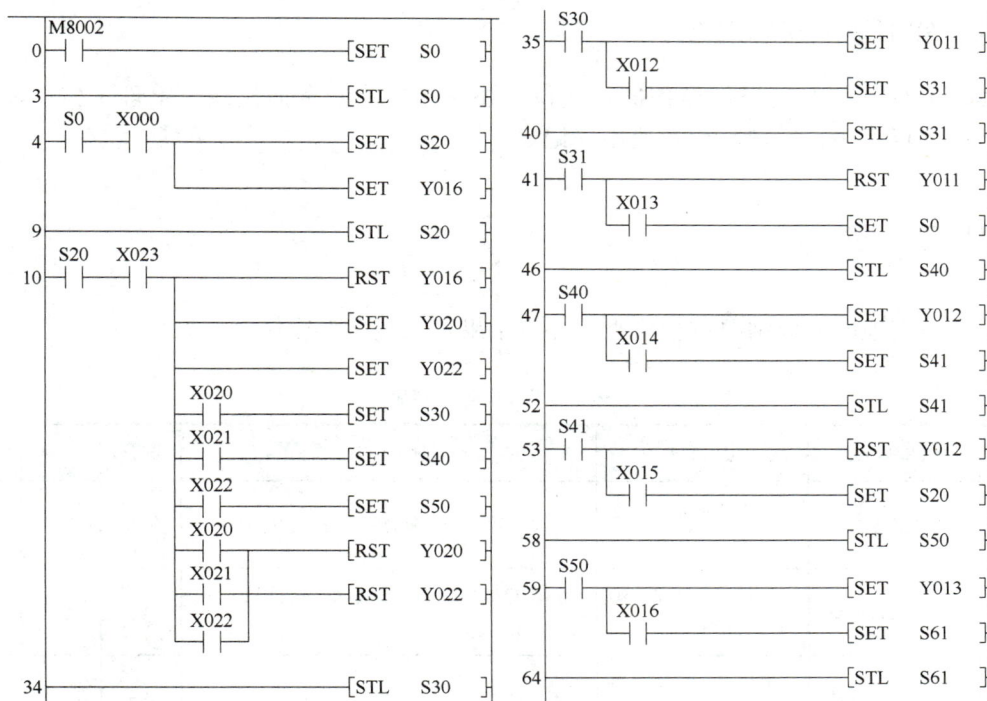

```
0    M8002
     ├┤├──────────────────[SET  S0 ]
3    ────────────────────[STL  S0 ]
     S0    X000
4    ├┤├──┤├─────────────[SET  S20 ]
                          [SET  Y016]
9    ────────────────────[STL  S20 ]
     S20   X023
10   ├┤├──┤├─────────────[RST  Y016]
                          [SET  Y020]
                          [SET  Y022]
          X020
          ┤├──────────────[SET  S30 ]
          X021
          ┤├──────────────[SET  S40 ]
          X022
          ┤├──────────────[SET  S50 ]
          X020
          ┤├──────────────[RST  Y020]
          X021
          ┤├──────────────[RST  Y022]
          X022
          ┤├
34   ────────────────────[STL  S30 ]

     S30
35   ├┤├─────────────────[SET  Y011]
          X012
          ┤├──────────────[SET  S31 ]
40   ────────────────────[STL  S31 ]
     S31
41   ├┤├─────────────────[RST  Y011]
          X013
          ┤├──────────────[SET  S0 ]
46   ────────────────────[STL  S40 ]
     S40
47   ├┤├─────────────────[SET  Y012]
          X014
          ┤├──────────────[SET  S41 ]
52   ────────────────────[STL  S41 ]
     S41
53   ├┤├─────────────────[RST  Y012]
          X015
          ┤├──────────────[SET  S20 ]
58   ────────────────────[STL  S50 ]
     S50
59   ├┤├─────────────────[SET  Y013]
          X016
          ┤├──────────────[SET  S61 ]
64   ────────────────────[STL  S61 ]
```

图 7-4-7　物料识别与分拣机构自动运行 PLC 梯形图

285

五、调试与运行

将 PLC 模块上的 RUN/STOP 开关拨到 RUN 位置，此时 PLC 模块 RUN 指示灯点亮。通过操作按钮与指示灯模块上的按钮，观察系统的运行情况，并将结果填入表 7-4-2 中。

表 7-4-2　物料识别与分拣机构运行状态情况记录表

按下 SB5（系统起动）				按下 SB6（系统停止）
物料检测光电传感器状态	动作状态	绿色警示灯状态	红色警示灯状态	
进料口检测到物料	变频器频率			
位置 A 检测到物料	气缸一活塞杆是否伸出			
位置 B 检测到物料	气缸二活塞杆是否伸出			
位置 C 检测到物料	气缸三活塞杆是否伸出			
气缸一活塞杆伸出到位检测	气缸一活塞杆是否缩回			
气缸二活塞杆伸出到位检测	气缸二活塞杆是否缩回			
气缸三活塞杆伸出到位检测	气缸三活塞杆是否缩回			

六、实训场地现场清理

实训完后，将对所操作设备进行复位、还原。拆除安全插接线、整理工位、清点工具、清扫现场卫生，并填写设备使用登记表。

任务评价

对任务实施的完成情况进行检查，并将结果填入表 7-4-3 中。

表 7-4-3　任务测评表

序号	主要内容	考核要求	评分标准	配分	扣分	得分
1	电路的连接	根据任务要求，连接电路	不能正确连接，每处扣 5 分，扣完为止	40 分		
2	程序运行调试	根据任务要求，编写控制程序	控制程序达不到控制要求，每处扣 5 分，扣完为止	40 分		
3	工艺符合标准	根据任务要求，布线美观	不符合工艺规范，每处扣 2 分，扣完为止	10 分		

（续）

序号	主要内容	考核要求	评分标准	配分	扣分	得分
4	安全文明生产	遵守操作规程，尊重考评员，讲文明懂礼貌，考试结束要整理现场	1. 考试中，违反安全文明生产考核要求每项扣 2 分，扣完为止 2. 当教师发现操作有重大事故隐患时，要立即予以制止，并每次扣安全文明生产分，共 5 分 3. 小组协作不和谐、效率低下，扣 5 分	10 分		
		合计		100 分		

开始时间：		结束时间：	
学生姓名：	指导教师：		任务实施日期：

参 考 文 献

[1] 史宜巧，侍永寿 . PLC 技术及应用项目教程 [M]. 3 版 . 北京：机械工业出版社，2020.
[2] 郁汉琪 . 电气控制与可编程序控制器应用技术 [M]. 南京：东南大学出版社，2019.
[3] 岳庆来 . 变频器、可编程控制器及触摸屏综合应用技术 [M]. 北京：机械工业出版社，2006.
[4] 耿淬，熊家慧 .PLC 控制技术项目训练教程 [M]. 3 版 . 北京：高等教育出版社，2024.